COMUNICACIONES DIGITALES

CLARK - VILLARREAL - MIRALLES

COMUNICACIONES

DIGITALES

UNIVERSITAS
CÓRDOBA
EDITORIAL CIENTÍFICA UNIVERSITARIA

Pje España 1467. Te/Fax: 4680913. (5000) Córdoba. Argentina – editorialuniversitas@yahoo.com.ar

Diseño de Tapa: Universitas

Producción Gráfica Universitas

EMAIL: ventasuniversitas@gmail.com
www.universitaseditorial.com.ar

Hecho el depósito que marca la ley 11.723.
Impreso en Argentina - Printed in Argentine

UNIVERSITAS
Editorial
Científica
Universitaria
CÓRDOBA

*Si partimos de una certeza, acabaremos con dudas,
pero si partimos de incertidumbres,
y procedemos entre ellas con paciencia
terminaremos por alcanzar la certeza.*

Francis Bacon

INDICE

CAPÍTULO 15: El Modem en la Transmisión de Datos 335

Prólogo

"Comunicaciones Digitales" sucede a "Principios de Comunicaciones digitales" como libro de texto y manual de referencia y consulta.

El cambio de titulo obedece a una mayor cobertura y profundidad en el alcance de los temas abordados.

Son varias las innovaciones que hemos introducido en esta ocasión, contando con el valioso aporte de los profesores Villarreal y Miralles. Entre las más importantes podemos citar wireless donde se aborda el tema con profundidad y claridad conceptual, alcanzando incluso la exposición del sistema de telefonía celular.

El desarrollo de los temas se trata en forma amena y respetando la filosofía de enseñanza- aprendizaje, con numerosos cuadros y dibujos preparados para un fácil entendimiento y de acuerdo a modernas técnicas de diseño gráfico.

Como el libro de que reemplaza "Comunicaciones Digitales" tiene la intención de propiciar la discusión técnica de los problemas y conceptos teóricos que se ocupan de la transferencia digital de información.

Por otra parte, se han actualizado los capítulos de Interfaces de Conexión con la inclusión de puerto USB y un enfoque novedoso de las distintas interfaces para un tratamiento más dinámico del tema, en un todo de acuerdo a las normas en vigencia en la actualidad.

Hemos agregado Ethernet con un enfoque actualizado y respetando la premisa de textos claros y profusión de información grafica.

La modificación del capítulo de "MODEM en la transmisión de Datos" esta dirigida a la aplicación práctica de los conceptos alcanzados en los capítulos anteriores. Por ese motivo se ha prestado especial interés al desarrollo gráfico del esquema de conexión con técnicas que nos remiten a los esquemas lógicos clásicos de los sistemas telefónicos, con un moderno enfoque que resalta la claridad del concepto a transmitir.

Finalmente, creemos que la cualidad principal de este libro en relación con los cursos universitarios y técnicos, no está en el carácter de manual o guía de trabajos prácticos (por lo cual no se han incluido en el mismo ningún ejercicio o problema de resolución o aplicación) sino más bien en la presentación de los de los principios generales en que se asientan las actuales formas de transferencia de información; de manera tal que sirva de base teórica a las experiencias que se realicen en el curso, y como una manera más de realzar la utilidad didáctica de estos prácticos.

Los autores hemos tenido la fortuna de estar en contacto con estudiantes y profesores por nuestra actividad académica por un lado, y por otro con ámbitos no académicos de investigación aplicada, desarrollo, montajes y mantenimiento de sistemas en el área de las telecomunicaciones y la informática en el desempeño cotidiano de nuestra profesión. Gran parte de esa experiencia ha sido crudamente expuesta en estas páginas, lo que realza nuestra intención de que esta obra sea una contribución útil para el trabajo de todos.

Córdoba, Argentina
Mayo de 2019
Juan Carlos Clark - Gustavo Villarreal - Fernando Miralles

CAPÍTULO 1

INTRODUCCIÓN

El hombre, por su propia naturaleza social, siempre ha sentido la necesidad de intercambiar información.

Esta necesidad lo llevo a crear y perfeccionar distintos medios y sistemas para el intercambio de informaciones, al principio lo logró con señales visuales (espejos, humo, fogats, etc.) métodos estos que estaban limitados por el alcance visual. Su expansión sobre la tierra lo obligó a perfeccionar e innovar en forma constante en busca de nuevos y más perfectos medios de comunicación.

Actualmente, el método más rápido, eficiente y de mayor cobertura es la transmisión y recepción de mensajes en forma eléctrica. El avance logrado en esta área prácticamente ocupa los últimos 150 años y su desarrollo ha sido vertiginoso. Hoy asistimos a un mundo de comunicaciones globales e instantáneas, transmisiones de eventos y sucesos en cualquier parte del mundo, que hacen que una persona de nuestro siglo reciba en un dia más información que una persona de la edad media en toda su vida.

Podemos remitirnos a una referencia cronológica de estos últimos años de los descubrimientos más importantes.

Periodo	Descubrimiento/Desarrollo
1870-1880	Teléfono, micrófono
1890-1900	Señales de radio, telegrafía inalámbrica
1900-1920	Amplificador de radio, A.M
1920-1930	Radar, cable coaxial
1930-1940	F.M, Televisión
1940-1950	Transistor
1950-1960	Laser
1960-1970	Comunicación por satélites
1970-1990	Transmisión espacial, RDSI, comunicaciones personales.

Los primeros pasos se dan alrededor de 1838 con la telegrafía alambrada o telégrafo de Morse; unas décadas después (1879) aparece el teléfono y solo a comienzos del siglo XX aparece la radio. Luego surgen el radar y la T.V. Es en las dos últimas décadas del siglo pasado donde se desarrolla la Internet y el concepto de "Aldea Global".

Se observa un crecimiento del tipo exponencial en el área del conocimiento científico, más precisamente en el desarrollo de nuestra área específica de interés, es decir las telecomunicaciones, crecimiento que lamentablemente no sigue la misma tendencia en otras áreas humanísticas y donde el crecimiento es muy lento. (De otra manera no habría guerras ni conflictos en el mundo)

Es decir en periodo de tiempo relativamente corto se han sucedido una serie de invenciones que han llevado al desarrollo de los **Sistemas de Comunicaciones** tal como los conocemos actualmente.

1.1. ELEMENTOS DE UN SISTEMA DE COMUNICACIONES

Siguiendo la idea de los párrafos anteriores, podemos decir que un *sistema de comunicaciones* (ver **Fig.Nº2**) es aquel que logra transmitir información en el tiempo o en la distancia de un punto llamado fuente a otro denominado destino, en general como señal electromagnética.

Es importante destacar que la información a transmitir puede ser de naturaleza o significados muy diversos, pero lo que nos interesa a los fines del estudio no es la información intrínseca, sino su "forma", por lo que podemos expresar estas formas o generalidades valiéndonos de la herramienta matemática para su representación y estudio.

De esta forma, al prescindir de la información en si, estamos realizando el estudio de las señales en forma genérica y con validez universal.

De acuerdo a esto, es necesario que en el desarrollo de nuestro estudio necesitemos conocer:

- La representación matemática de las señales eléctricas.
- Las modificaciones que sufren estas señales para poder ser transmitidas.
- Los posibles medios de transmisión.
- Los problemas básicos de los sistemas de comunicaciones, como solucionarlos y el efecto de elementos de perturbación en dichos sistemas, por ejemplo el ruido al cual es necesario encontrarle una descripción estadística.

Volviendo ahora a la generación del mensaje en si, es decir a la "información" esta puede ser producido por máquinas o por el hombre y normalmente no es de naturaleza eléctrica, como ejemplos tenemos: una escena a ser transmitida por T.V., sonidos, música, datos, o parámetros físicos de un proceso tales como temperatura, presión, humedad, señales biológicas, etc. El transductor es el encargado de convertir cualquiera de estos mensajes en una señal eléctrica equivalente (voltaje o corriente).

Según la ISA (Instrument Society of America): "Un transductor es un dispositivo que proporciona una salida utilizable en respuesta a una medición específica". La medición es "una cantidad, propiedad o condición física medible". La salida es "la cantidad eléctrica producida por el transductor, la cual es función de la medición aplicada".

Como ejemplos de transductores de entrada se pueden mencionar: cámara de T.V., micrófono, electrodos, transductores de presión, húmedad, temperatura, posición, etc.

Transmisor

Adapta el mensaje ya convertido en señal eléctrica al medio de transmisión. Esta adaptación por lo general implica un proceso de modulación el cual consiste en alterar algún elemento de una señal fija, llamada portadora, de acuerdo a las variaciones del mensaje. La clasificación más general de los métodos de modulación depende del tipo de portadora utilizada. Así se tiene:

    a) Modulación de onda contínua: si la portadora es una sinusoide.

    b) Modulación discreta en tiempo o de pulsos: si la portadora es un tren períodico de pulsos

El objetivo fundamental de la modulación es acoplar el mensaje al medio de transmisión ya que:

1) Si el medio de transmisión es el aire se necesitan antenas de transmisión y recepción que deben tener al menos un tamaño de $\lambda/4$ para que la radiación sea eficiente. Pero λ es inversamente proporcional a la frecuencia, por lo tanto si la señal a transmitir es de baja frecuencia (como en general lo son las señales producidas por el hombre) se necesitarían antenas de dimensiones colosales. Mas adelante se demostrará que la modulación permite trasladar en frecuencia los mensajes a transmitir y por lo tanto es posible utilizar emisores o antenas de menores dimensiones. Esto también permite asignar canales de transmisión como es el caso de radiodifusión y T.V. Es decir:

2) Si el medio de transmisión es un cable coaxial, por ejemplo, también se puede lograr el multiplexaje; es decir, se pueden enviar varios mensajes simultáneamente utilizando el principio de modulación.

3) Algunos métodos de modulación fortalecen la transmisión frente al ruido. Un ejemplo de esto es modulación en frecuencia ó F.M.

Aparte de modular, el transmisor puede efectuar otras modificaciones. Por ejemplo se puede utilizar una clave que proteja la privacidad de la comunicación. También se puede comprimir o expandir el mensaje previo a la transmisión.

Medio de transmisión

Es el lazo entre el transmisor y el receptor. Pueden ser líneas de transmisión, el aire, fibras ópticas, guías ondas, etc.

Como uno de los medios de transmisión más utilizados es el aire, donde se transmite a través de ondas electromagnéticas, es importante organizar y asignar bandas de transmisión para los diversos usos que estén estandarizadas para poder comunicarse con cualquier parte del mundo. Esta coordinación la ofrece una agencia de las Naciones Unidas llamada Unión Internacional de Telecomunicaciones (ITU). La ITU tiene 3 órganos principales: dos de ellos se ocupan de la difusión internacional de radio, por ej. el CCIR (International Radio Consultative Committe Ahora ITU-R) y el otro está fundamentalmente relacionado con sistemas telefónicos y de comunicación de datos. A este se le conoce como CCITT (Internacional Telegraph & Telephone Consultative Committe Ahora ITU-T) y a él están adscritos las administradoras de las comunicaciones en los diferentes países del mundo. Su misión es promover las recomendaciones técnicas sobre aspectos telefónicos, telegráficos e interfase de comunicación de datos. Adicionalmente en cada nación existen organismos con el propósito de asignar canales nacionales y regular su uso.

La Tabla de la Fig. N° 1 muestra las asignaciones de frecuencia clasificadas y sus usos más comunes.

Para cada banda de frecuencias, es importante conocer que existen estructuras físicas apropiadas para enviar señales a través dc ellas . Por ejemplo, la zona inferior a los 300 KHz permite utilizar cables paralelos. Por encima de esta frecuencia se comienza a preferir el cable coaxial; éste comienza a tener pérdidas muy grandes y problemas de radiación alrededor de los GHz. A partir de esta banda se aplican guías de ondas conductoras. Solo para frecuencias ópticas se emplean las conocidas fibras ópticas, que no son más que guías de ondas dieléctricas. Asimismo, dentro de cada banda existen normas internacionales y locales para la asignación de cada una de las frecuencias. Por ejemplo Radiodifusión AM se ubica en la banda de 540 a 1600 KHz. Radiodifusión FM en la banda de 88 a 108 MHz. Canales de televisión 2 al 6 entre 54 a 88 MHz.

Asignacion de Frecuencias

Frecuencia	Longitud de Onda	Designación
3 A 30 Khz	100.000 A 10.000 M	VLF- Muy Baja Frecuencia
30 A 300 Khz	10.000 A 1.000 M	LF - Baja Frecuencia
300 A 3000 Khz	1.000 A 100 M	MF- Frecuencias Medias
3 A 30 Mhz	100 A 10 M	HF - Alta Frecuencia
30 A 300 Mhz	10 A 1 M	VHF - Muy Alta Frecuencia
300 A 3000 Mhz	1 A 0,1 M	UHF - Ultra Alta Frecuencia
3 A 30 Ghz	10 A 1 Cm	SHF - Super Alta Frecuencia
30 A 300 Ghz	1 A 0,1 Cm	EHF - Extra Alta Frecuencia

FIGURA 1-1.

Por otra parte, es en el medio de transmisión donde la señal sufre alteraciones indeseadas que degradan su calidad, como son:

a) **Atenuación:** Reduce el valor de la señal y puede hacerla tan pequeña como el ruido y perderla en éste.

b) **Distorsión**: Es el resultado de la respuesta imperfecta de un sistema a la señal misma. En la práctica se diseña tratando siempre de minimizarlo.

c) **Interferencia**: Es la contaminación debida a señales externas de la misma naturaleza que el mensaje que queremos transmitir.

d) **Ruido:** Si un electrón se encuentra a una temperatura diferente al cero absoluto tendrá una energía térmica que se manifestará con movimientos aleatorios; y si el medio donde se encuentra el electrón es conductor se producirá un voltaje aleatorio conocido como ruido térmico. Obviamente es inevitable en cualquier sistema, sin embargo se puede tratar de minimizar. Existen otras fuentes de ruido como el sol, las estrellas, las descargas atmosféricas, el ruido "fabricado" por el hombre en sus industrias, etc.

Receptor

Tiene como función rescatar la señal del medio de transmisión y realizar las operaciones inversas del transmisor con la finalidad de obtener el mensaje. Por lo dicho anteriormente para el modulador, la principal labor del receptor es la demodulación. Esto implica que debe existir un acuerdo absoluto entre transmisor y receptor en cuanto al tipo de funciones que cada uno debe realizar de forma de que operación sea equivalente a no haber alterado el mensaje original.

Transductor de salida (destino)

Normalmente el destino de las transmisiones es el hombre o una máquina, por lo tanto es necesario convertir la señal eléctrica en un mensaje adecuado para ellos. Como ejemplos: parlante, pantalla o display gráfico, télex, tarjetas perforadas, graficador, la memoria de un computador, etc.

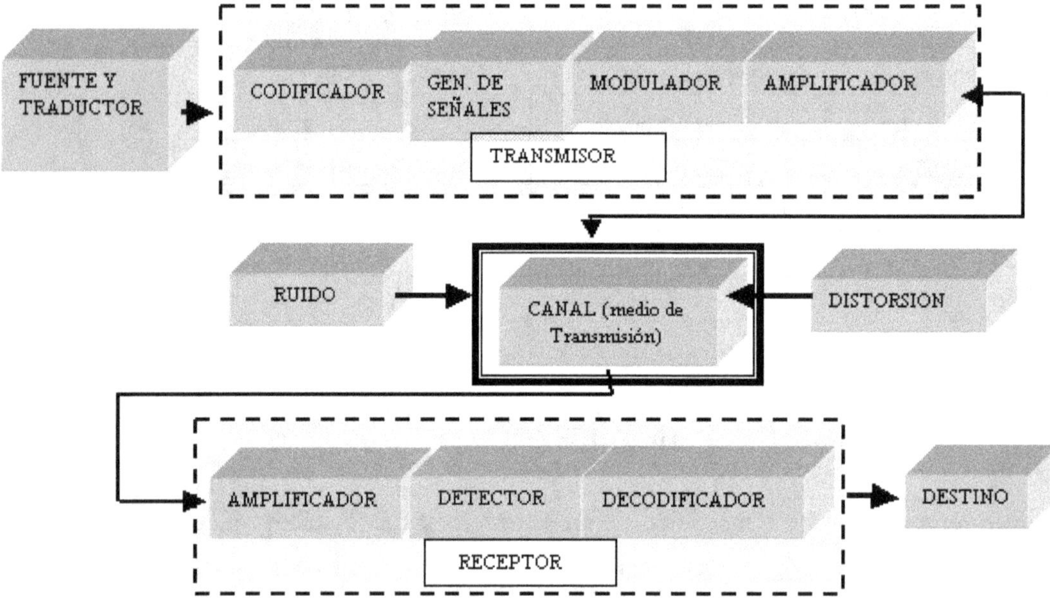

FIGURA 1-2.

A continuación se pretende dar una visión general de las herramientas más empleadas en el mundo de las telecomunicaciones. Analizaremos herramientas en el dominio del tiempo y de la frecuencia que además nos permitirán visualizar diferentes aspectos del problema de transmitir una señal eléctrica entre dos puntos diferentes.

1.2. SEÑALES: TIPOS Y COMPONENTES

Tal y como se dijo anteriormente, los sistemas de comunicación eléctrica son los que han tenido más éxito debido a que logran la mayor eficiencia al transmitir mayor información a mayores distancias. La base de estos sistemas son las señales eléctricas que, aunque generalmente dependen del tiempo, puede ocurrir que la variable independiente sea otra (Por ejemplo en una imagen fija existen dos variables espaciales independientes). En la mayoría de las aplicaciones de comunicaciones las señales manejadas eran de tiempo continuo; las aplicaciones de señales de tiempo discreto tuvieron sus orígenes en el análisis numérico, la estadística y el análisis de series temporales. Sin embargo el advenimiento de las computadoras permitiendo cada vez mayores velocidades de procesamiento, y el desarrollo de dispositivos de almacenamiento de alta densidad, impulsaron la discretización y digitalización de las señales.

Pero no solo es en los sistemas de comunicaciones eléctricas modernos donde se usan señales discretas en tiempo. A partir de 1950 se comenzaron a aplicar técnicas sencillas de procesamiento digital sobre señales de muy baja frecuencia en áreas diversas tales como: control de procesos, biomedicina, audio, sísmica, procesamiento de imágenes, etc. Las principales ventajas del procesamiento digital de señales radican en que al limitarse el número de símbolos a manejar, el procesamiento se realiza más rápida y fácilmente además de fortalecerse el proceso frente al ruido.

El objetivos de este capítulo de Señales es conseguir dominar las herramientas matemáticas que nos permiten representar las señales eléctricas y sus efectos al excitar cualquier sistema, es decir se desea:

1)   Representar convenientemente la entrada "x"

2)   Representar convenientemente al sistema.

3)   Obtener la salida "y"

Analicemos ahora los distintos tipos y clasificaciones de:

1.2.1. Señales

Son funciones de 1 o más variables. Generalmente la variable es el tiempo y la señal representa una cantidad física que varía con él (p.e voltaje, corriente). Sin embargo, hay otros ejemplos, como la luminancia de una imagen que es función de 2 variables espaciales (Horizontal y Vertical). Las señales se pueden clasificar:

a)   De acuerdo a la certidumbre de su descripción: En **Aleatorias y Determinísticas**, si existe incertidumbre o nó sobre el valor de la señal en todo tiempo. En el caso de las determinísticas se puede especificar la señal mediante una fórmula cerrada (Ej: Sen2t), mediante algún conjunto de valores (0,1, 3.2,....) ó mediante una fórmula recursiva (x(n)=x(n-1)+2).

Ejemplos:

al) x(t) = u(t) = {1 para t > 0; 0.5 para t=0 y 0 para t <0 }

Esta señal se le conoce como escalón unitario y es determinística.

a2) x(t) = at

donde a es el valor de la cara superior de un dado al ser lanzado. Esta señal es aleatoria antes de lanzar el dado.

b)   De acuerdo a la naturaleza de la amplitud (A) y a las características de la variable independiente que generalmente es el tiempo (t) en:

Señales continuas o analógicas

t y A son variables continuas.

Señales discretas o de tiempo discreto

t discreto, A continua.

Señales cuantificadas

t contínuo, A discreta.

Señales digitales

t y A son variables discretas.

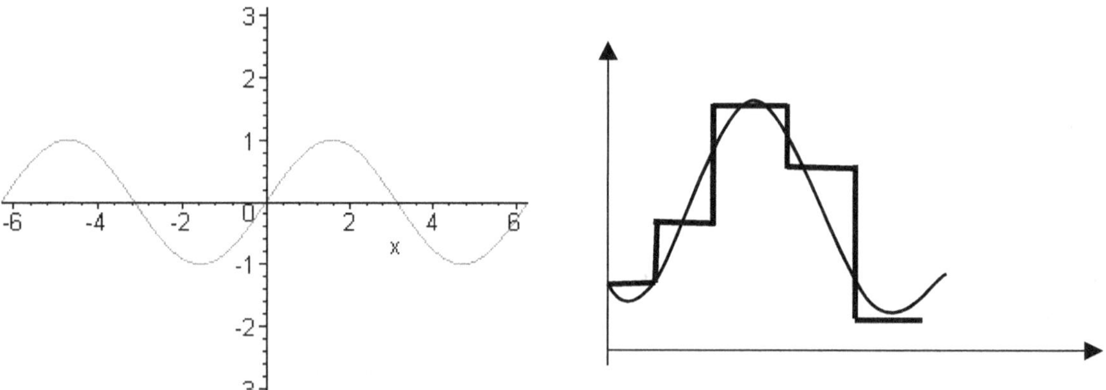

FIGURA 1-3. Señal analógica – función continua   **FIGURA 1-4.** Función discreta de variable discreta

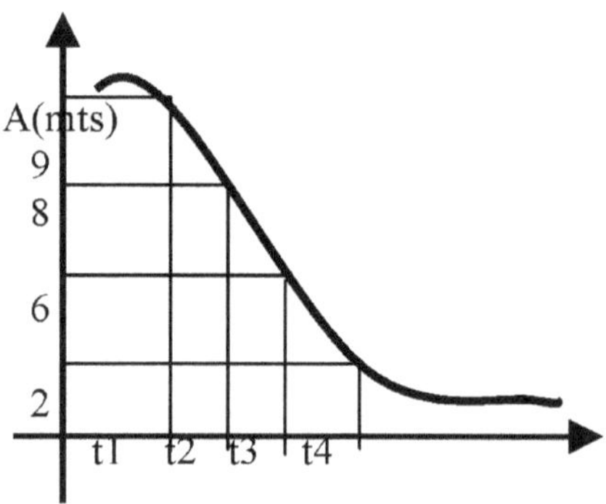

FIGURA 1-5.

Este caso es matemáticamente una función discreta de una variable continua. La función solo toma valores cuantificados permitidos cuando la variable lo hace en forma continua.

Siempre se puede, con algunas restricciones, convertir una señal analógica en una digital mediante el proceso de muestreo, cuantificación y digitalización de las muestras:

La información digital es Matemáticamente una Función discreta de una Variable discreta. En el Ejemplo:

Información: R E D E S

Código: 2 6 5 6 4

Orden: 1 2 3 4 5

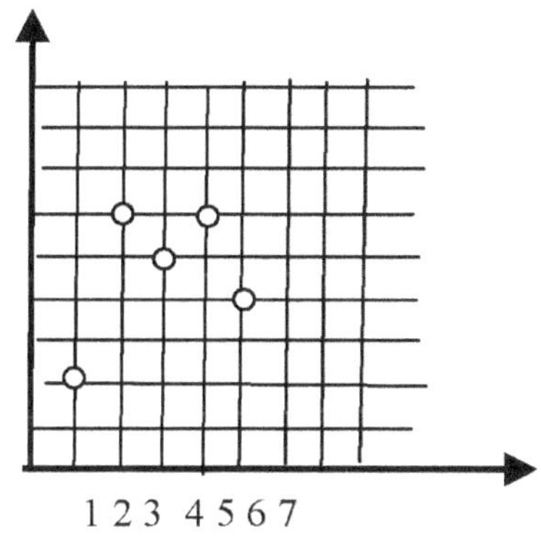

FIGURA 1-6.

Una señal digital que puede tomar solo dos valores, será más fácil de procesar, presentará mayor fortaleza frente al ruido, pero al tener más cambios por unidad de tiempo, ocupará mayor ancho de banda que una señal analógica.

Todos estos tipos de señales ocuparán nuestro interés y sería conveniente poder expresarlas en función de alguna señal que sea común al tipo de problemas eléctricos a tratar y que además facilite la determinación del efecto de los sistemas sobre las señales que lo excitan. Esa señal será la más común en nuestro campo: exponenciales complejas y sinusoides.

Si revisamos la Teoría de Circuitos encontraremos que las respuestas de los sistemas pasivos R, L, C siempre incluyen exponenciales reales o complejas; por otra parte la caracterización   de   estas redes se logra con ecuaciones diferenciales cuya solución es inmediata si se considera como excitación cualquier función exponencial.

Estas ecuaciones, son muy fáciles de resolver si vi(t) (la función de entrada) es una función exponencial. Por otra parte, en nuestro estudio daremos especial importancia al análisis de Fourier que permite representar cualquier señal periódica en función de sinusoides y si dicha señal alimenta a un sistema, la salida se podrá calcular como superposición de las respuestas individuales a cada sinusoide.

Todas estas razones han definido la importancia de representar cualquier señal en función de exponenciales y ésto a su vez ha facilitado el estudio de la acción de un sistema sobre cualquier entrada. En particular una señal sinusoidal que no es más que la parte real de una exponencial compleja, se puede representarse completamente mediante tres alternativas:

1) En tiempo o representación temporal

Necesitamos amplitud, frecuencia y fase:

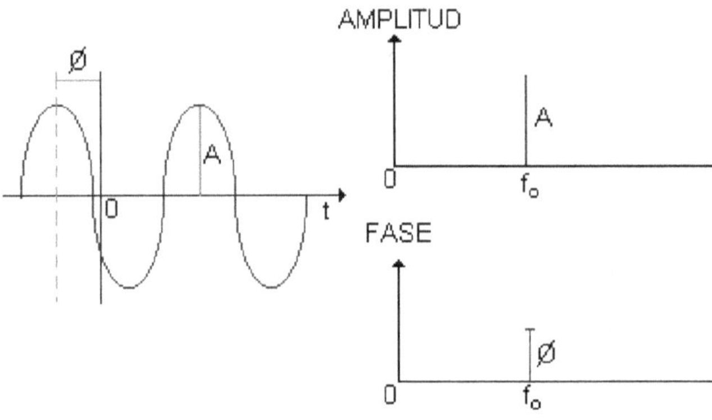

FIGURA 1-7.

2) Representación fasorial

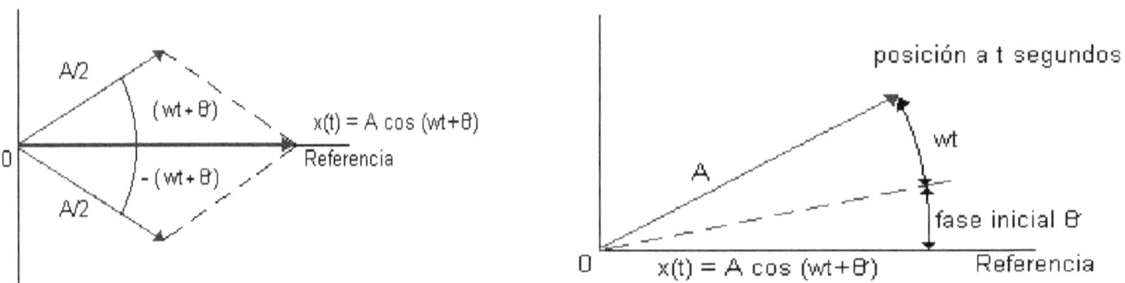

FIGURA 1-8.

3) Representación espectral

En este caso solo necesitamos amplitud y fase, ya que f será la variable independiente. A esto se le conoce como espectro unilateral de la señal x(t) y nos proporcionará un método de análisis poderosísimo en el campo de las comunicaciones.La representación de la siguiente función será la mostrada en la figura 9.

$$y = 3+4\ \text{sen}(2\pi 15t+\pi/2) - 5\cos(2\pi\ 25t) + 2\cos(600t+\pi/6)$$

Veamos ahora el **CONCEPTO DE ONDA,** ya que en el resto de nuestro estudio nos abocaremos a trabajar con señales senoidales y cuadradas tratadas por Fourier, como resolución de series de ondas senoidales y cosenoidales.

La definición más general establece que la onda consiste en una perturbación que se propaga con una determinada dependencia espacio-temporal, que avanza o que se propagaen un medio material o incluso en el vacío .Dado que la perturbación de una magnitud física consiste a menudo en una variación periódica y, sobre todo, oscilatoria, la onda puede considerarse como la propagación de una vibración originada en un punto.

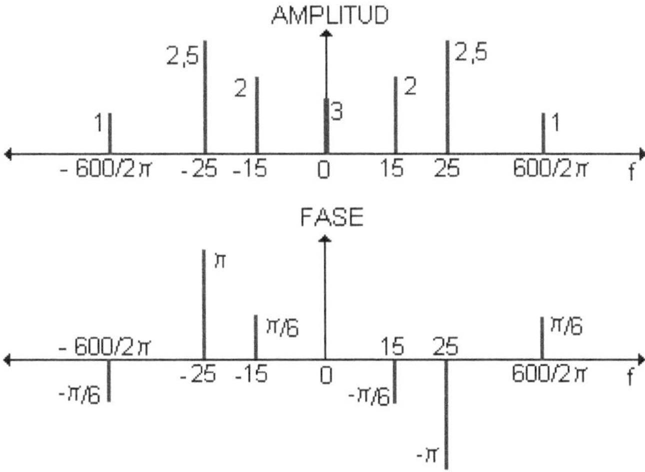

FIGURA 1-9.

Consideremos las ondas definidas por las funciones trigonométricas:

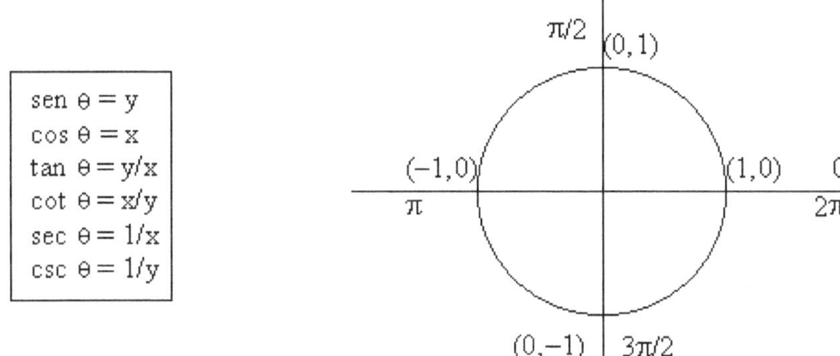

FIGURA 1-10.

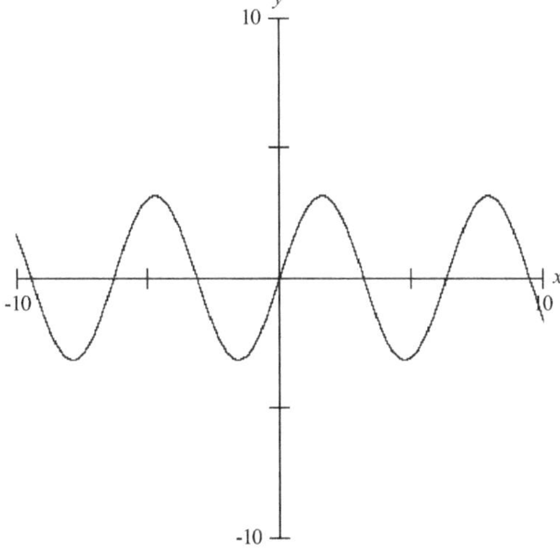

FIGURA 1-11.

Movimiento Ondulatorio

Es el tipo de movimiento característico de las ondas y su propiedad esencial es que no implica un transporte demateria de un punto a otro. Si tiramos un trozo de papel a la superficie de un lago, y luego generamos una onda arrojando una piedra, veremos que el papel no se mueve de su lugar (se mueve apenas unos centímetros adelante y atrás, quedándose al final en el mismo sitio). Ello quiere decir que lo que desplazan el movimiento ondulatorio es la perturbación.

El movimiento ondulatorio supone únicamente un transporte de energía y de cantidad de movimiento.

Analisis de una Onda

En una onda se pueden distinguir (o definir) los siguientes conceptos:

Longitud de onda:Es la distancia mínima entre dos puntos con el mismo valor de la perturbación (se toman como referencia los picos). Es, por tanto, una distancia, con lo que su unidad de medida es el metro.

Amplitud: Es el valor máximo de la función de onda y corresponde al máximo valor que alcanza la perturbación en un punto Es la medida entre el pico (o el valle) y el punto de equilibrio.

Período: Es el tiempo mínimo transcurrido para que en un punto se repita un mismo valor de la perturbación.

Frecuencia: Es el numero de veces que en la unidad de tiempo se repite el mismo valor de la perturbación en un punto. Equivale a la inversa del periodo. Dicho de otro modo, es el número de vibraciones por unidad de tiempo (el segundo), y su unidad es el ciclo por segundo o **Hertzio ó Hz.**

La Longitud de onda, frecuencia y periodo están relacionados, con lo que podemos calcular la frecuencia de una onda si conocemos su longitud, y viceversa. Así, la longitud es inversamente proporcional a su frecuencia. A mayor longitud de onda, menor será su frecuencia y viceversa. Ahora bien: las ondas electromagnéticas siguen una trayectoria rectilínea y su velocidad es siempre constante (en el vacío, su velocidad es la de la luz, es decir, alrededor de 300.000 km por segundo). Por lo tanto, podemos establecer la siguiente fórmula:

$$\lambda = C\,T$$

Donde "λ"es la longitud de onda, "C"la velocidad de la luz en el vacío y "T"el período.

Esta fórmula se puede también expresar de la siguiente manera:

$$\lambda = C / f$$

Donde "f"es la frecuencia, medida, como ya se ha indicado, en Hertzios (Hz) o ciclos por segundo.

1.3. EL DECIBEL

Por otra parte, para el estudio de las líneas de transmisión, las mismas se modelizan como redes de dos puertos, o cuadripolos, resultando muy importante comparar el cambio de magnitud entre las señales de entrada y de salida de la línea, analizando la función de atenuación (o ganancia) que introduce la misma.

Esta perturbación se manifiesta como una pérdida/ganancia de amplitud de la señal y una alteración de la fase relativa de la misma (salvo en redes puramente resistivas), siendo generalmente ambas una función de la frecuencia.

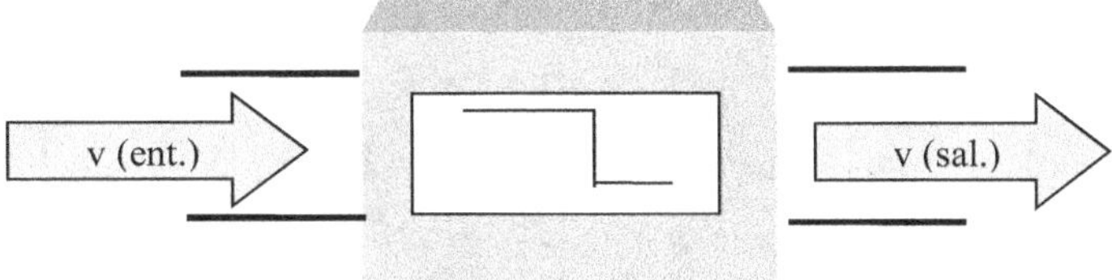

FIGURA 1-12.

Para cuantificar esta atenuación entre los módulos de las tensiones, o de las intensidades, de salida y de entrada de la línea, originalmente se definió el **neper** como el logarítmo natural de su cociente respectivo; y por lo tanto resultaba ser un número adimensional.

Atenuación de tensión en Neper: ln (Vsal / Vent)

Atenuación de corriente en Neper: ln (Isal / Ient)

Pero el Neper no es, en general, una unidad que se use para medir relación de potencias. Surge así la necesidad de definir una unidad que diera una idea clara de la reducción de potencia a la salida de la línea en relación con la entrada.

Se determinó experimentalmente que si a una milla (1,609 Km) de cable calibre 19 tomado como patrón, se le inyectaba una potencia P1 a la entrada a una frecuencia de 800 hz, se obtenía a la salida una potencia P2 tal que la relación entre ambas era:

$$\frac{P1}{P2} = 1.26 = 10^{1/10}$$

Al valor obtenido se le llamo originalmente UT. y posteriormente **dB**. (Decibel)

1.3.1. Definicion

Por ejemplo, si la potencia de entrada es 10 veces la potencia de salida, se dice que la atenuación es de un bel. Si la potencia de entrada es 100 veces la potencia de salida, la atenuación es de dos bel. Entonces, la definición general, empleando logaritmos de base diez, resulta:

Atenuación de potencia en bel: **log (Psal / Pent)**

Pero como el bel es una unidad muy grande para uso práctico, se suele emplear un submúltiplo denominado decibel (dB), que resulta ser la décima parte de aquel.

Atenuación de potencia en decibel: **10 log (Psal / Pent)**

Nótese que si la potencia de entrada es igual a la potencia de salida, la atenuación es de 0 dB. Resulta de interés examinar algunos valores ilustrativos:

1 dB	Corresponde a una razón de potencias cercana a	1,26
3 dB	Corresponde a una razón de potencias cercana a	2
20 dB	Corresponde a una razón de potencias cercana a	100
23 dB	Corresponde a una razón de potencias cercana a	200
30 dB	Corresponde a una razón de potencias cercana a	1000
-20 dB	Corresponde a una razón de potencias cercana a	0,01
-30 dB	Corresponde a una razón de potencias cercana a	0,001

Como puede observarse, si la razón de potencias se duplica, el valor en decibeles se incrementa en cerca de 3 dB, mientras que los dB de los números recíprocos difieren sólo en el signo.

Además puede establecerse la siguiente regla práctica: los decibeles se suman, en tanto las respectivas relaciones se multiplican.

En general, la razón de dos valores cualesquiera de potencias puede medirse apropiadamente en decibeles. Si bien la idea de la medición de potencias nació para las líneas de transmisión, por extensión se aplica a diversos campos donde hay relaciones de potencias. Así puede hablarse de la ganancia en decibeles de un amplificador o de las pérdidas en decibeles de un cable.

Por otro lado, como en el caso particular de las redes simétricas de dos puertos terminadas en su impedancia característica (Recordar el Teorema de la Máxima Transferencia de Energía) se cumplen las siguientes relaciones entre los cocientes de los módulos de potencias, tensiones y corrientes:

$$(Psal / Pent) = (Vsal / Vent)^2 = (Isal / Ient)^2$$

Entonces se tiene:

Atenuación en decibel:

$$10 \log (Psal / Pent) = 10 \log (Vsal / Vent)^2 = 20 \log (Vsal / Vent)$$
$$10 \log (Psal / Pent) = 10 \log (Isal / Ient)^2 = 20 \log (Isal / Ient)$$

Este último resultado se suele aplicar más ampliamente: una relación de potencias en decibeles puede determinarse de una relación de tensiones o de corrientes suponiendo que las potencias son proporcionales a los cuadrados de las tensiones o corrientes en cuestión. Esto es estrictamente cierto si las tensiones o corrientes están alimentados a impedancias iguales, pero no de otra manera.

dBm

Por otro lado, la potencia (no la razón de potencias) se mide algunas veces en dBm. Esta es una expresión de decibeles de la relación entre la potencia en cuestión y un valor de referencia que se fija en 1 mW.

Potencia en dBm: 10 log (Psal / 0,001 W) dB en relación a 1 mW

Una ventaja de utilizar una unidad logarítmica como el decibel es que la pérdida total de un determinado conjunto de redes conectadas en cascada resulta ser igual a la suma de las pérdidas de las redes individuales. Asimismo, las funciones de transferencia (entrada/salida) de la mayoria de los sistemas generalmente contienen productos y cocientes, que al operarse en dB se transforman en sumas y restas respectivamente.

1.3.2. Intensidad Sonora

Como dijimos anteriormente, el uso de los decibeles se generalizó a distintos campos de la ciencia y de la técnica. Uno de los casos mas conocidos es el de la medición de niveles de ondas sonoras.

El oido humano puede percibir sonidos en la banda que va de los 20 a los 20.000 Hz aproximadamente, y es un órgano muy sensible. Por ejemplo, en la gama de los 2500 Hz puede percibir sonidos cuya intensidad es tan solo de 10^{-12} W/m² (ó 10^{-16} W/cm²) y la intensidad puede aumentar 10^{12} veces sin que la sensación llegue a ser dolorosa.

Siendo tan grande la variación posible de la intensidad, para su medida conviene establecer una escala logarítmica. Para tal fin se recurre al concepto de nivel de intensidad en decibeles, utilizando un valor base que corresponde aproximadamente a la intensidad del menor sonido audible:

1.3.3. Nivel de intensidad sonora en decibel

10 log (Is / Is0)

Donde:

$$\mathbf{Is0} = 10^{-12} \ \mathbf{W/m^2}$$

Entonces el valor inferior de la banda indicada anteriormente corresponde a un nivel de intensidad sonora de 0 dB y el valor superior (1 W/m²) corresponde a un nivel de intensidad de 120 dB.

La intensidad de una onda sonora puede medirse con instrumentos, sin intervención del oido humano. Sin embargo, la experiencia indica que la sensación sonora subjetiva, o sonoridad, no puede medirse directamente con aparatos, y que tal sensación no crece directamente con la intensidad del movimiento vibratorio, sino más bien, proporcionalmente con su logaritmo.

Por tal motivo, la sonoridad resulta proporcional al nivel de intensidad en decibeles, por lo que para la medición del nivel de sonoridad se ha definido el fon, para un tono puro de 1.000 Hz, diciéndose que la sonoridad aumenta en un fon cuando el nivel de intensidad sonora aumenta en un decibel.

1.4. GANANCIA DE ANTENAS

Otro uso muy familiar del concepto de decibel es aquel que se aplica en instalaciones de antenas.

Así el mérito de una antena suele expresarse como ganancia de la misma.

La ganancia en decibeles se toma a partir de la razón de potencias entre la antena en cuestión y otra que se toma como patrón de referencia, para que ambas produzcan resultados similares.

Si las antenas son transmisoras deberán producir las mismas intensidades de campo en una misma antena receptora, mientras que si las antenas son receptoras deberán estar sumergidas dentro de la misma intensidad de campo.

Entonces, la ganancia de una antena dada en decibeles resulta de aplicar la expresión:

Ganancia de una antena en decibel:

10 log (Ps / Ps0)

Donde Ps0 es la potencia de la señal en un dipolo plegado simple.

Sin embargo es más común que la ganancia se calcule a partir de las tensiones en las antenas (con igual impedancia), usando la fórmula correspondiente:

Ganancia de una antena en decibel:

20 log (Vs / Vs0)

Por ejemplo, si un dipolo usado como antena receptora produce una tensión de 1 mV a la entrada del televisor, mientras que una antena directiva de alta ganancia produce 4 mV; entonces la ganancia de esta última resulta de 12 dB.

1.5. MEDICIONES CON MULTÍMETRO

El multímetro analógico o Volt-Ohm-Miliamperímetro (VOM) es un instrumento de prueba combinado con alcances y circuitos internos para medir básicamente tensión de cc, tensión de ca, resistencia e intensidad de cc, constando esencialmente de un instrumento de bobina móvil y un conmutador que conecta dicho instrumento en el circuito correcto para una medición determinada. Son muy populares ya los multímetros digitales que presentan la información en un display de cuarzo líquido y que en este caso no dependen para las mediciones de un instrumento de bobina móvil (normalmente es un amperímetro) ya que el proceso de medición es básicamente una conversión de la magnitud que se está midiendo en una señal digital perfectamente ponderada.

Este tipo de multímetros suelen incluir otras aplicaciones, como probadores de transistores, de continuidad, de pilas, medición de capacidad, de temperatura, etcétera.

Sin perjuicio de lo anterior, difícilmente se encuentre un multímetro que no posea la correspondiente escala graduada en decibeles, pero paradójicamente, suelen ser pocos los usuarios que saben aplicar prácticamente esta función del instrumento; que por ejemplo puede utilizarse para el ajuste de receptores y amplificadores.

La escala de decibeles surge de la aplicación de la ecuación que se presenta a continuación, tomando un valor de referencia Pref de 1 mW.

Potencia en dBm:

10 log (Psal / Pref)

De esta manera, por ejemplo, 20 dBm corresponde a 100 mW.

Pero como el multímetro no mide potencias, se debe adaptar esta expresión para que pueda manejar tensiones.

Para no introducir ecuaciones muy complejas, daremos una explicación simplificada. La resistencia Rref se ha normalizado en 600 ohm, por ser un valor típico en telecomunicaciones. Entonces se tiene:

Potencia en dBm:

10 log (Psal / Pref) = 10 log [(V²sal / Rsal) / (V²ref / Rref)] = = 10 log [(V²sal / V²ref) . (Rref / Rsal)] = 10 log (V²sal / V²ref) + 10 log (Rref / Rsal)

Para Rsal = Ref.

10 log (Psal / Pref) = 10 log [V²sal / V²ref] =

= 20 log [Vsal / Vref]

Para 1 mW y 600 ohm resulta Vref = 0,7746 V, que es la tensión correspondiente a 0 dBm.

Si tomamos niveles de tensión: dBu: = dB en relación a 0,7746 V

Es decir la tensión que genera 1mW sobre 600Ω = $\sqrt{(0.001*600)}$

Por todo lo anterior, la escala de decibeles puede verse como una forma distinta de trazar la escala de tensiones para aplicarla en redes y circuitos que cumplan con las exigencias indicadas.

Es conveniente hacer notar que los valores que se pueden medir en la práctica se ven influenciados por una serie de factores que impiden obtener resultados con gran exactitud. Por lo tanto, los resultados de las mediciones siempre deben someterse a un análisis crítico para identificar las posibles fuentes de error, y eventualmente replantear la forma de ejecución de los ensayos.

Asimismo no debe olvidarse que como algunas mediciones se realizan mediante la inyección de una determinada tensión contra tierra, debe efectuarse una manipulación cuidadosa de los conductores y puntas de pruebas pertinentes, situación esta que suele ser obviada muy frecuentemente por los técnicos, como así tambien el uso de muñequeras de descarga a tierra para la manipulación de los circuitos sometidos a ensayos.

CAPÍTULO **2**

TEORÍA DE LA INFORMACIÓN

2.1. INTRODUCCION

No habría necesidad de comunicaciones si no hubiera información que transmitir y no habría uso de la información para la toma de decisiones, sin un adecuado sistema de comunicaciones.

A partir de la acelerada difusión y especialización, que experimentan los medios de comunicación en el procesamiento y transmisión de información, durante la primera mitad de nuestro siglo, se desarrolla el primer modelo científico del proceso de comunicación conocido como la Teoría de la Información o Teoría Matemática de la Comunicación.

Específicamente, se desarrolla en el área de la telegrafía donde surge la necesidad de determinar, con la máxima precisión, la capacidad de los diferentes sistemas de comunicación para transmitir información.

La primera formulación de las leyes matemáticas que gobiernan dicho sistema fue realizada por Hartley (1928) y sus ideas son consideradas actualmente como la génesis de la Teoría de la Información.

Posteriormente, Shannon y Weaver (1949) desarrollaron los principios definitivos de esta teoría. Su trabajo se centró en algunos de los siguientes problemas que surgen en los sistemas destinados a manipular información: cómo hallar los mejores métodos para utilizar los diversos sistemas de comunicación; cómo establecer el mejor método para separar las señales del ruido y cómo determinar los límites posibles de un canal.

El concepto de comunicación en el contexto de la Teoría de la Información es empleado en un sentido muy amplio en el que "quedan incluidos todos los procedimientos mediante los cuales una mente puede influir en otra". De esta manera, se consideran todas las formas que el hombre utiliza para transmitir sus ideas: la palabra hablada, escrita o transmitida (teléfono, radio, telégrafo, etc.), los gestos, la música, las imágenes, los movimientos, etc.

En el proceso de comunicación es posible distinguir por lo menos tres niveles de análisis diferentes: el técnico, el semántico y el pragmático.

- En el nivel técnico se analizan aquellos problemas que surgen en torno a la fidelidad con que la información puede ser transmitida desde el emisor hasta el receptor.

- En el semántico se estudia todo aquello que se refiera al significado del mensaje y su interpretación.

- En el nivel pragmático se analizan los efectos conductuales de la comunicación, la influencia o efectividad del mensaje en tanto da lugar a una conducta.

Es importante destacar que la Teoría de la Información se desarrolla como una respuesta a los problemas técnicos del proceso de comunicación, aun cuando sus principios puedan aplicarse en otros contextos.

2.2. MODELO DE COMUNICACIÓN

El modelo comunicacional desarrollado por Shannon y Weaver se basa en un sistema de comunicación general (véase CAPITULO I) que puede ser representado de la siguiente manera:

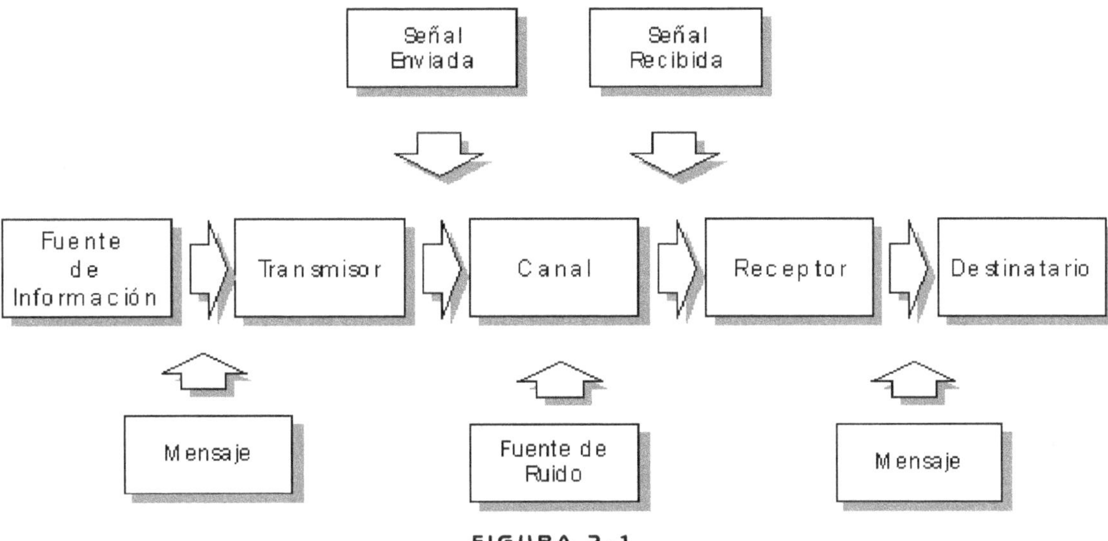

FIGURA 2-1.

Donde:

- FUENTE DE INFORMACION: Componente de naturaleza humana o mecánica que determina el tipo de mensaje que se transmitirá y su grado de complejidad. Selecciona el mensaje deseado de un conjunto de mensajes posibles.

- TRANSMISOR: Recurso técnico que transforma el mensaje originado por la fuente de información en señales apropiadas al canal.

- SEÑAL: Mensaje codificado por el transmisor.

- CANAL: Medio generalmente físico que transporta las señales en el espacio (cumple funciones de mediación y transporte), hasta el punto de recepción.

- FUENTE DE RUIDO: Conjunto de distorsiones o adiciones no deseadas por la fuente de información que afectan a la señal. Pueden consistir en distorsiones del sonido (radio, teléfono), distorsiones de la imagen (T.V.), errores de transmisión (telégrafo), etc.

- RECEPTOR: Recurso técnico que transforma las señales recibidas . Decodifica o vuelve a transformar la señal transmitida en el mensaje original o en una aproximación de este, haciéndolo llegar a su destino.

- DESTINO: Componente terminal del proceso de comunicación, al cual está dirigido el mensaje.
- RUIDO: Expresión genérica utilizada para referirse a las distorsiones originadas en forma externa al proceso de comunicación

Este sistema de comunicación es lo suficientemente amplio como para Incluir los diferentes contextos en que se da la comunicación (conversación, T.V., danza, etc.).

Tomemos como ejemplo lo que ocurre en el caso de la radio. La fuente de información corresponde a la persona que habla por el micrófono. El mensaje son las palabras y sonidos que esta persona emite. El micrófono y el resto del equipo electrónico constituyen el transmisor que transforma este mensaje en ondas electromagnéticas, las cuales corresponden a la señal. El espacio que existe entre las antenas transmisoras y receptoras es el canal, mientras que lo que altera la señal original constituye la fuente de ruido. El aparato de radio de cada hogar es el receptor y el sonido que éste emite corresponde al mensaje recobrado. Las personas que escuchan este mensaje radial son los destinatarios.

También podemos ejemplificar esto mediante este artículo que usted está leyendo en este momento.

En este caso, nuestros cerebros son la fuente de información y nuestros pensamientos, el mensaje. La máquina de escribir constituye el transmisor que transforma nuestros pensamientos en lenguaje escrito, el cual corresponde a la señal. El papel es el canal y cualquier error de tipeo o puntuación, manchas, espacios en blanco, etc., constituyen la fuente de ruido. Por último, usted que está leyendo este ejemplo es a la vez el receptor y destinatario, que a través de la lectura recobra el mensaje por nosotros enviado.

Es importante considerar que el problema del significado del mensaje no es relevante en este contexto. El interés principal de la Teoría de la Información lo constituye todo aquello relacionado con la capacidad y fidelidad para transmitir información de los diferentes sistemas de comunicación.

En el ejemplo anterior, el mensaje podría haber consistido en una secuencia de letras carentes de todo significado e igualmente el problema de cuánta información es transmitida estaría presente.

En un sentido amplio, la Teoría de la Información trata acerca de la cantidad de información que es transmitida por la fuente al receptor al enviar un determinado mensaje, sin considerar el significado o propósito de dicho mensaje.

No interesa tanto la pregunta: "¿Qué tipo de información?" sino más bien, "¿Cuánta información?" es la que transmite la fuente.

Algunas referencias planteadas por Shannon respecto de los *efectos de la información* son:

- "Información es lo que reduce la incertidumbre"
- "Es el conjunto de datos que permiten tomar una decisión".
- "Información es una extensión (mensaje), enviada por un ente emisor que es aceptada como integrante de una comprensión de un ente receptor"

En estas definiciones, existe concordancia en que:

- Para que sea posible la comunicación, tanto el emisor como el receptor deben tener un alfabeto común.

- La aceptación, (o comprensión) puede constituir, por ejemplo, en la mera recepción para almacenamiento en la memoria, en otro caso (el más significativo), la aceptación consiste en el **cambio** que se produce en una red neuronal cuando está en proceso de aprendizaje

Por tanto, una definición más cercana al fenómeno de comunicación sería:

- "Información es un cambio estructural producido en un organismo (receptor), a partir de un estímulo (mensaje) originado en el entorno (emisor).

2.3. LA INFORMACIÓN

2.3.1. Definición de Informacion

> *"Definimos como información a todas aquellas representaciones simbólicas que por el significado que le asigna quien la recibe e interpreta, contribuyen a disminuir la incertidumbre de forma que pueda decidir un curso de acción entre varios posibles"*
>
> *(N. J. Cura Comunicaciones de Datos y Redes de Información – Ed. Universitas 1999)*

Una información es un conjunto de datos, que nos permiten aclarar algo, sobre aquello que nos es desconocido. Cuando se sabe que un hecho va a ocurrir, no contiene información alguna.

> *"Un suceso, por lo tanto, contendrá mayor cantidad de información, cuanto menor sea la probabilidad de ocurrencia del mismo".*

Antes de analizar lo que se refiere a la capacidad y fidelidad de un canal determinado para transmitir información, es necesario que precisemos los alcances de este último concepto.

El concepto de información es definido en términos estrictamente estadísticos, bajo el supuesto que puede ser tratado de manera semejante a como son tratadas las cantidades físicas como la masa y la energía.

La palabra "información" no está relacionada con lo que decimos, sino más bien, con lo que podríamos decir. El concepto de información se relaciona con la libertad de elección que tenemos para seleccionar un mensaje determinado de un conjunto de posibles mensajes. Si nos encontramos en una situación en la que tenemos que elegir entre dos únicos mensajes posibles, se dice, de un modo arbitrario, que la información correspondiente a esta situación es la unidad. La Teoría de la Información, entonces, conceptualiza el término información como el grado de libertad de una fuente para elegir un mensaje de un conjunto de posibles mensajes.

De esta forma, entonces el concepto de información supone la existencia de duda o incertidumbre: la incertidumbre implica que existen diferentes alternativas que pueden ser elegidas, seleccionadas o discriminadas.

Las alternativas se refieren a cualquier conjunto de signos construidos para comunicarse, sean estos letras, palabras, números, ondas, etc.

En este contexto, las señales contienen información en virtud de su potencial para hacer elecciones. Estas señales operan sobre las alternativas que conforman la incertidumbre del receptor y proporcionan el poder para seleccionar o discriminar entre algunas de estas alternativas.

Se asume que en los dos extremos del canal de comunicación -fuente y receptor- se maneja el mismo código o conjunto de signos (alfabeto común). La función de la fuente de información será seleccionar sucesivamente aquellas señales que constituyen el mensaje y luego transmitirlas al receptor mediante un determinado canal.

Existen diversos tipos de situaciones de elección. Las más sencillas son aquellas en que la fuente escoge entre un número de mensajes concretos. Por ejemplo, elegir una entre varias postales para enviarle a un amigo.

Otras situaciones más complejas son aquellas en que la fuente realiza una serie de elecciones sucesivas de un conjunto de símbolos elementales tales como letras o palabras. En este caso, el mensaje estará constituido por la sucesión de símbolos elegidos. El ejemplo más típico aquí es el del lenguaje.

Al medir cuánta información proporciona la fuente al receptor al enviar un mensaje, se parte del supuesto que cada elección está asociada a cierta probabilidad, siendo algunos mensajes más probables que otros.

Uno de los objetivos de esta teoría es determinar la cantidad de información que proporciona un mensaje, la cual puede ser calculada a partir de su probabilidad de ser enviada.

El tipo de elección más simple es el que existe entre dos posibilidades, en que cada una tiene una probabilidad de 1/2 ó 0,5.(equiprobable) Por ejemplo, al tirar una moneda al aire ambas posibilidades -cara y cruz- tienen la misma probabilidad de salir.

El caso del lenguaje e idioma es diferente. En éstos la elección de los símbolos que formaran el mensaje dependerá de las elecciones anteriores. Por ejemplo, si en el idioma español el último símbolo elegido es "un", la probabilidad que la siguiente palabra sea un verbo es bastante menor que la probabilidad que sea un sustantivo o un adjetivo.

Asimismo, la probabilidad que a continuación de las siguientes tres palabras "el esquema siguiente" aparezca el verbo "representa" es bastante mayor que la probabilidad que aparezca "pera".

Incluso se ha comprobado que, en el caso del lenguaje, es posible seleccionar aleatoriamente letras que luego son ordenadas según sus probabilidades de ocurrencia y éstas tienden a originar palabras dotadas de sentido.

2.3.2. La Jerarquía de la Información

En cualquier mensaje, independiente de su probabilidad de ocurrencia, podremos distinguir:

- Datos
- Sabiduría
- Conocimiento
- Información

Los *datos* son fragmentos inconexos *(140 km/*h*)*.

La *información* son datos organizados o procesados (140 km/h, circulando por autopista).

El *conocimiento* es información procesada *(*velocidad excesiva).

La *sabiduría* es conocimiento destilado e integrado (si circulo a velocidad excesiva y hay un Inspector voy a "ganar" una multa).

2.3.3. Medida de la Información: el Valor

La información (hemos dicho) podemos definirla como aquello *incomprensible* que posee un mensaje, es decir lo *original* que contiene.

A partir de este concepto, también podemos definir con más claridad la idea de *mensaje,* sólo cuando contiene, o es portador de información.

Un mensaje de *información máxima*, en el cual cada uno de sus elementos son originales es un 100%, es ininteligible

Si un menaje es aquello que sirve para modificar el comportamiento del receptor (aprendizaje), el *VALOR* de este mensaje es mayor en cuanto es *más nuevo*, ya que aquello que es conocido por el receptor está integrado y es parte de su estado anterior.

Por tanto, Medir la cantidad de información de un mensaje es medir lo INESPERADO, lo IMPREVISIBLE, lo ORIGINAL que contiene

Esto es equivalente a medir la *PROBABILIDAD* de que algo sea imprevisible para el receptor.

2.4. PRINCIPIOS DE LA MEDICIÓN DE INFORMACIÓN

2.4.1. Primer Principio

De acuerdo a estas consideraciones probabilísticas es posible establecer un primer principio de la medición de información.

> *"Este establece que mientras más probable sea un mensaje menos información proporcionará".*

Esto puede expresarse de la siguiente manera:

$$I(x_i) > I(x_k) \qquad \text{si y sólo si} \qquad p(x_i) < p(x_k)$$

Donde:

$I(x_i)$: cantidad de información proporcionada por x_i

$p(x_i)$: probabilidad de x_i

De acuerdo a este principio, es la probabilidad que tiene un mensaje de ser enviado y no su contenido, es lo que determina su valor informativo.

El contenido sólo es importante en la medida que afecta la probabilidad. La cantidad de información que proporciona un mensaje varía de un contexto a otro, porque la probabilidad de enviar un mensaje también varía de un contexto a otro.

Entonces podemos decir que la información que suministra un evento es *función de la inversa de probabilidad de ocurrencia del mismo.*

$$I = f(\frac{1}{P})$$
(1)

Vamos a analizar esta definición partiendo de un ejemplo:

En un Centro de Control Hídrico se reciben las señales que emiten transductores que están censando el estado de dos embalses de agua, en forma simultanea.

El dique A puede enviar un solo mensaje que diga:

- "tengo agua",
- sino, "ningún mensaje".

El dique B puede enviar:

- "tengo agua"
- " tengo poco agua"
- " tengo mucha agua"
- sino, "ningún mensaje".

Ahora bien, analicemos cuidadosamente los mensajes recibidos:

Si se recibe "tengo agua" del dique A lo único que podemos asegurar que el dique no esta seco.

Si se recibe "tengo agua" del dique B, sabemos que la situación no está muy bien, pero tampoco está mal.

Conclusión 1

Un *mismo mensaje* puede suministrar *diferente información* bajo determinadas circunstancias.

Si el dique B envía ahora (que antes había enviado "tengo agua") "tengo mucha agua" o "tengo poca agua" como ya sabemos lo más importante -que no está seco- este mensaje suministra *menos* información que el primero. Si vuelve a enviar "tengo agua" no aporta nada nuevo, por lo tanto, *no suministra información*

Conclusión 2

cuando *menos se conoce* de un hecho, una noticia de este proporciona *mayor información.*

Analicemos ahora los mensajes en función de las probabilidades. Como el dique A tiene dos mensajes posibles:

    1) Tengo agua

    2) Ningún mensaje (que también es una posibilidad)

Cada mensaje de a tiene una probabilidad = 1/2

Según este mismo razonamiento, cada mensaje de B tiene una probabilidad = $\frac{1}{4}$

Vimos al comienzo que los mensajes de B suministran mayor información ya que dan más detalles de la situación del dique. Arribamos así a la:

Conclusión 3

> *Cuanto menos probable es un hecho, la noticia de este suministra mayor información.*

(Nota: algunos autores definen a esta última conclusión como "Medida de la Información")

De acuerdo a esta última conclusión podemos decir que la información que suministra un evento es función de la inversa de probabilidad de ocurrencia del mismo.(1)

2.4.2. Segundo Principio

Un segundo principio (también conocido como *información mutua*), guarda relación con las elecciones sucesivas.

Establece que si son seleccionados los mensajes X e Y, la cantidad de información proporcionada por ambos mensajes será igual a la cantidad de información proporcionada por X más la cantidad de información proporcionada por Y, dado que X ya ha sido seleccionada.

Esto puede ser expresado así:

$$I(x_i \; e \; y_j) = f \, p(x_i) + f \, p(y_j/x_i)$$

donde

    $I(x_i \; e \; y_j)$: cantidad de información proporcionada por los mensajes x_i e y_j

    f: función

    $p(x_i)$: probabilidad de x_i

    $p(y_j/x_i)$: probabilidad de y_j dado que x_i ha sido seleccionado.

Supongamos que ocurren dos eventos simultáneamente: **a** y **b**, que nos aportan información.

La información total recibida será la suma de las informaciones mutuas:

$$I = Ia + Ib = f(1/Pa) + f(1/Pb) \ (1)$$

Por otra parte, la información deberá ser esa misma función de a y b simultáneamente, es decir:

$$I = f(1 \ / \ Pa \ \underline{y} \ b)$$

Suponiendo que los eventos sean independientes, habíamos visto que la probabilidad de que ocurran simultáneamente era:

$$P(a \ y \ b) = P(a)*P(b) \ (2)$$

De (1) y (2) vemos que las informaciones se suman, mientras que las probabilidades se multiplican.

La función que nos permite realizar esto es evidentemente una función logarítmica, o sea:

$$I = \log(1/P)$$

2.5. Unidad de Información

Una vez que hemos seleccionado el mensaje expresado en un lenguaje determinado es posible transcribirlo a un código de tipo binario.

Este consta de sólo dos tipos de señales que indican Si o No, y que generalmente se codifican como 1 o 0. La cantidad de información proporcionada por cada elección entre dos alternativas posibles constituye la unidad básica de información, y se denomina dígito binario, o abreviadamente bit.

La elección existente al tener un bit de información puede ser esquematizada de la siguiente manera:

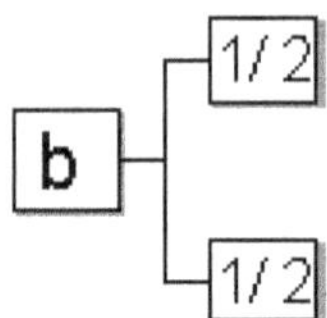

En la elección (b) tanto la línea superior como la inferior, es decir ambas posibilidades, pueden ser elegidas con la misma probabilidad de 1/2.

Si existen N posibilidades, todas igualmente probables, la cantidad de información será igual a $\log_2 N$. Es, entonces, el $\log_2 N$ la función matemática que nos indicará la cantidad de bits de información de una situación determinada.

La siguiente figura nos muestra una situación con 8 posibilidades, cada una con una misma probabilidad de 1/8.

Para poder determinar una posibilidad específica de estas 8, la elección requiere como mínimo 3 etapas, cada una de las cuales arroja un bit de información.

El primer bit corresponde a la elección entre las primeras cuatro o segundas cuatro posibilidades.

El segundo bit corresponde al primer o segundo par de las 4 posibilidades ya elegidas. El último bit determina el primer o segundo miembro del par y especifica la posibilidad elegida.

Como vemos, el primero de bits que se requieren en esta situación para determinar una posibilidad específica es de 3, lo que corresponde al $Log_2 8$.

Esto puede esquematizarse de la siguiente manera:

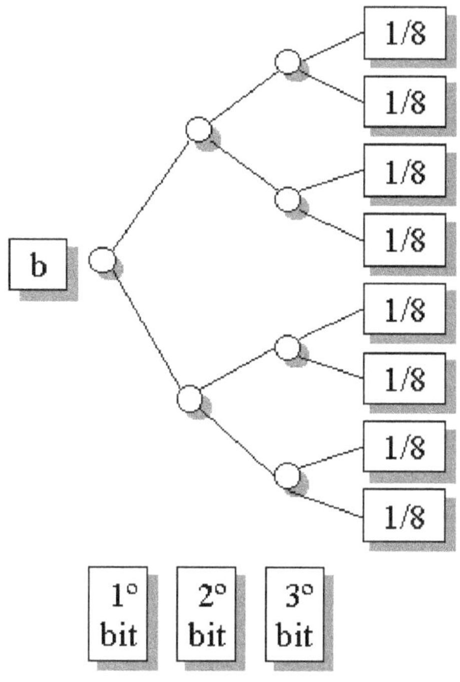

FIGURA 2-2.

Veamos ahora algunos ejemplos de lo recién expuesto:

Alfabeto de ocho signos A, B, C, D, E, F, G, H

Signo	Elecciones		
	1º	2º	3º
A	1	1	1
B	1	1	0
C	1	0	1
D	1	0	0
E	0	1	1
F	0	1	0
G	0	0	1
H	0	0	0

FIGURA 2-3.

Esta cuadro nos muestra un alfabeto compuesto por sólo 8 signos. Pensemos que una fuente de información selecciona un signo y de alguna manera se lo señala al receptor. La pregunta sería entonces, ¿cuánta Información deberá conocer el receptor para identificar correctamente el signo escogido?

Asumamos que a partir de elecciones anteriores sabemos que cada uno de los 8 signos tiene la misma probabilidad de ser seleccionado. La incertidumbre, entonces, se ha repartido uniformemente sobre nuestro "alfabeto", o lo que es lo mismo, las probabilidades *a priori* de los signos son iguales; en este caso 1/8.

Las señales que llegan al receptor representan instrucciones para seleccionar alternativas. La primera instrucción responde a la pregunta ¿está en la primera mitad del alfabeto, si o no? (en la figura, si = 1 y no = O).

La respuesta nos proporciona un bit de información y reduce el rango de incertidumbre exactamente a la mitad. Luego, una segunda instrucción divide cada mitad nuevamente en la mitad y, una tercera instrucción, otra vez en la mitad. En este caso, bastan tres simples instrucciones Si-No (1-0) para identificar un signo cualquiera de un total de ocho.

La letra F, por ejemplo, podría ser identificada de la siguiente manera: 010. La respuesta a nuestra pregunta es entonces, ¡el receptor deberá obtener tres bits de información para identificar correctamente el signo escogido!

El típico juego de las "Veinte Preguntas" ilustra también algunas de las ideas mencionadas. Este juego consiste en que una persona piensa en un objeto mientras el resto de los jugadores intenta adivinar de que objeto se trata, haciendo no más de veinte preguntas que sólo pueden ser respondidas Si o No.

De acuerdo a la Teoría de la Información, cada pregunta y su respuesta pueden proporcionar desde ninguna información hasta un bit de información ($Log_2 2$), dependiendo de si las probabilidades de obtener resultados -Si o No- son muy desiguales o casi iguales, respectivamente.

Para obtener la mayor cantidad de información posible los jugadores deberán hacer preguntas que dividan el conjunto de posibles objetos en dos grupos igualmente probables.

Por ejemplo, si mediante preguntas previas se ha establecido que se trata de una ciudad de Córdoba, una buena pregunta sería "¿Está al sur del río Suquia?".

Así se dividen las ciudades posibles en dos grupos aproximadamente iguales. (al norte o al sur del río Suquia)

La segunda pregunta podría ser "¿Está al sur del río Xanaes?".

Y así sucesivamente hasta determinar de que ciudad se trata. Si fuera posible hacer preguntas que tuvieran la propiedad de subdividir las posibilidades existentes en dos grupos relativamente iguales, seria posible identificar mediante veinte preguntas un objeto entre aproximadamente un millón de posibilidades. Esta cifra corresponde a los 20 bits que se requieren para identificarla (Log_2 1.000.000).

2.6. REDUNDANCIA

No obstante lo anterior, la mayoría de las fuentes de información producen mensajes que no consisten en una única elección entre posibilidades de igual probabilidad, sino en elecciones sucesivas entre posibilidades de probabilidad variable y dependiente.

A este tipo de secuencias se les denomina procesos estocásticos. Como ya lo mencionamos, el caso más típico son las letras y palabras que conforman el lenguaje. El escribir en español constituye un proceso de elecciones dependientes.

Por ejemplo, al formar una palabra se elige una primera letra de todas las posibles primeras letras con diferentes probabilidades; luego, se elige la segunda letra cuya probabilidad depende de la primera letra seleccionada, y así sucesivamente hasta formar la palabra deseada. Lo mismo ocurre en el caso de las palabras para formar oraciones.

Lo importante aquí es señalar el hecho de que, en la medida que se avanza en la formación de una palabra u oración, el rango de posibles letras o palabras a ser seleccionadas va disminuyendo y la probabilidad de que ciertas letras o palabras específicas sean seleccionadas va aumentando.

Dicho de otra forma, tanto la incertidumbre como la información de las últimas letras de una palabra o de las últimas palabras de una oración es menor comparada con las primeras.

Por ejemplo, cuando enviamos "mensajitos" con nuestro teléfono celular:

- Si la secuencia de envío es 7 - 8 - 3
- Las letras posibles serán: **PQRS – TUV – DEF**
- Y de todas las combinaciones posibles solo **QUE** tiene sentido en idioma castellano

Evidentemente, elegida como primer letra Q, la incertidumbre de las otras probables se reduce completamente, por lo que el teléfono "sabe" que quiero escribir.

La mayoría de los mensajes se constituyen a partir de un número limitado de posibilidades, por ejemplo, sólo 29 letras en el caso de nuestro idioma.

Como vimos, la probabilidad de ocurrencia de una de estas posibilidades dentro de un mensaje depende de las posibilidades seleccionadas previamente; por ejemplo, la probabilidad de que ocurra la letra "T" luego de una "Q" es O.

Son estos dos hechos los que en conjunto determinan que todo mensaje contenga cierto grado de redundancia.

En otras palabras, la redundancia se refiere a que las posibilidades dentro de un mensaje se repiten, y se repiten de una cierta manera predecible.

Mientras mayor sea, entonces, la redundancia de un mensaje, menor será su incertidumbre y menor la información que contenga.

El inglés escrito es un tipo de fuente de información que ha sido ampliamente estudiado. Se ha llegado a determinar que la redundancia de la lengua inglesa esta muy próxima al 50%.

Es decir, al escribir ingles aproximadamente la mitad de las letras y palabras que se emplean dependen de la libre elección de quien escribe, mientras que la otra mitad está determinada por la estructura probabilística del idioma.

La redundancia de los idiomas permite que si se pierde una fracción de un mensaje sea posible completarlo en forma muy aproximada al original.

Este hecho se puede observar al eliminar varias letras de una oraci6n sin que ello impida al lector completar las omisiones y rehacer la oración.

Pr jmpl, n st frs qtms ls vcls.

Otra función importante de la redundancia es que nos permite ahorrar tiempo en la decodificación de los mensajes.

Generalmente, no leemos cada una de las letras y palabras que conforman un texto, sino que vamos adivinando lo que viene.

> *"Sgeun un etsduio de una uivenrsdiad ignlsea, no ipmotra el odren en el que las ltears etsan ersciats, la uicna csoa ipormtnate es que la pmrirea y la utlima ltera esten ecsritas en la psiocion cocrrtea. El rsteo peuden estar ttaolmntee mal y aun pordas lerelo sin pobrleams".*

> *(Etso es pquore no lemeos cada ltera por si msima preo la paalbra es un tdoo).*

En el caso del telégrafo, por ejemplo, podríamos ahorrar tiempo ideando un código poco redundante y transmitiendo el mensaje a través de un canal sin ruido.

Sin embargo, cuando el canal utilizado tiene ruido es conveniente no emplear un proceso de codificación que elimine toda la redundancia, pues la redundancia nos ayuda a minimizar el efecto del ruido.

Si se pierde parte del mensaje por el ruido que afecta al canal, la redundancia nos permite rehacer en forma aproximada el mensaje. Por el contrario, la fracción de un mensaje no redundante que se pierde por el ruido es imposible de ser recuperada.

La redundancia de los mensajes nos permite, entonces, corregir con facilidad los errores u omisiones que hayan podido ocurrir durante la transmisión.

2.7. UNIDADES DE INFORMACION

De acuerdo a lo visto, la información de un mensaje "a" es:

$$I_{(a)} = \log \frac{1}{P_{(a)}} = \text{unidades de información}$$

La elección de la base del logaritmo, que interviene en la definición de la cantidad de información, implica determinar la unidad, con que se medirá dicho parámetro.

$$I_{(a)} = \log_2 \frac{1}{P_{(a)}} \quad \text{BIT (ó también: SHANNON)}$$

$$I_{(a)} = \log_e \frac{1}{P_{(a)}} \quad \text{(NAT)}$$

$$I_{(a)} = \log_{10} \frac{1}{P_{(a)}} \quad \text{(HARTLEY)}$$

Las relaciones entre las diferentes unidades mencionadas son las siguientes:

- 1 HARTLEY = 3,32 BIT
- 1 NAT = 1,44 BIT
- 1 HARTLEY = 2,30 NAT

La unidad de información depende de la base de logaritmos que se utilice. Como en el resto de nuestro estudio nos abocaremos a las señales digitales y estas están conformadas por dos estados posibles (cero - uno, alto - bajo, todo - nada) lógicamente la base de logaritmos será 2 y la unidad de información será el *bit*.

2.7.1. Bit y Binits

En comunicaciones digitales dijimos que se usan señales con solo dos estados posibles, y como normalmente para la transmisión de esas señales utilizamos medios eléctricos ó electromagnéticos, diferenciamos las señales (0 y 1) con dos niveles de tensión distintos.

Se trata de *señales binarias*, por lo que al cero y al uno se les llama dígitos binarios. Si suponemos que cada dígito es equiprobable tendrán igual posibilidad de ocurrencia, es decir:

P(0) = P(1) = 1/2,

por lo que la información suministrada por cada dígito binario será:

$$I_{(a)} = \log_2 \frac{1}{1/2} = \log_2 2 = 1 Bit$$

Dígito binario se dice en ingles **binary digit**, por contracción de esas dos palabras formamos bit. O sea un bit es la información que transporta un dígito binario.

Ahora bien, sobre este punto corresponde hacer una salvedad muy importante:

> *"No siempre un dígito binario transporta un bit de información".*

Veamos:

Si los dígitos binarios son conocidos de antemano, por ejemplo una sucesión 01010101... éstos no nos suministran información (Lo obvio no informa)

Si los ceros y los unos *no son equiprobables* sus probabilidades son distintas a 1/2 y por lo tanto un cero (ó un uno) *pueden tener más o menos de un bit de información*.

Es importante destacar aquí que se establece una diferencia:

- A un dígito binario se lo llama *binit*
- A la unidad de información se la llama *BIT*.

(Pero la costumbre y el uso generalizado hace que se llame indistintamente bit a la unidad de información y al dígito binario.)

Para saber si hay o no información en un dígito binario, una regla empírica es determinar si supri-
miéndolo se altera la información transmitida.

Dígitos binarios que CONTIENEN información

Forman códigos, representan letras, números y símbolos especiales.

Dígitos binarios que NO CONTIENEN información

Indican paridad para detección de errores, bits de sincronismo para principio y fin de transmisiones
asincrónicas.

Simbolos y Datos

A medida que nos adentramos en el estudio de la Teoría de la Información (o de las señales) la información -como definición literal- deja de tener sentido para ser más importante la simbología que
en definitiva representa información.

Podemos definir:

Símbolo

Todo aquello que por una convención predeterminada hace alusión a algo que *no necesariamente
debe estar presente.*

El mejor ejemplo de esto es la palabra escrita. Su significado está presente de acuerdo a nuestro
entendimiento

No existe una relación natural o intrínseca entre el símbolo y su significado, hay que remitirse a la
convención que establece la relación que los liga. Una misma palabra escrita en dos idiomas diferentes puede tener significados distintos de acuerdo a la convención que cada idioma establece.

Por otra parte, no solo la palabra escrita son símbolos (o la palabra hablada, que también nos remite
a algo que no necesariamente está presente), sino que el hombre por su naturaleza (hombre = ser
gestual-simbólico) puede referirse -mediante símbolos- a hechos, cosas o sucesos que no están de
por si en la relación establecida entre comunicador y comunicado.

Atributos

Las *propiedades o cualidades* de los sucesos al representarse simbólicamente constituyen lo que se
denomina *atributos* de los mismos (pueden representarse en forma oral o escrita).

Cuando asignamos cantidad o calidad un atributo se dice que se le está asignando un valor. Generalmente, los atributos conocidos como entes o sucesos, son *datos* que sirven de referencia para un
accionar concreto, presente o futuro.

Por lo tanto, puede decirse que los *datos* son *representaciones simbólicas de propiedades o cualidades de entes o sucesos* que pueden ser utilizados en algún momento para decidir (en función de
esos datos) un tipo de acción en particular.

Los datos tienen la propiedad de que pueden ser almacenados, transformados y/o transmitidos.

Información de un símbolo

Tenemos una fuente sin memoria que entrega símbolos de entre un alfabeto $\mathscr{S}= \{s_0, s_1, ... s_{K-1}\}$ con probabilidades de aparición p_0, p_1, ... p_{K-1} para cada símbolo, respectivamente. Por supuesto se cumple que $\displaystyle\sum_{i=0}^{K-1} p_i = 1$.

En un momento dado la fuente entrega símbolo s_i, si la probabilidad de este símbolo es $p_i = 1$, es decir, sabemos de antemano qué símbolo va a entregar, la fuente no está entregando información ya que todo es conocido.

En cambio, cuando la fuente entrega un símbolo "que no esperábamos para nada" (es decir, la probabilidad de aparición de ese símbolo es pequeña) la información que aporta es grande.

En realidad, el proceso de aparición de un símbolo puede describir mediante los siguientes pasos:

- Antes de la aparición del símbolo: estado de incertidumbre, desconocimiento del símbolo que aparecerá.
- En la aparición del símbolo: sorpresa, debida a la aparición de un símbolo no esperado.
- Tras la aparición del símbolo: aumento en la información que tenemos ya que no tenemos la incertidumbre anterior.

Como hemos visto, a mayor sorpresa (menor probabilidad de aparición de un símbolo) mayor es la información que aporta ese símbolo.

De esta manera se define la información que aporta un símbolo en función de su probabilidad de aparición como:

$$I(s_i) = \log_2\left(\frac{1}{p_i}\right)$$

Aunque la base del logaritmo se puede tomar arbitrariamente, tal como dijimos, nosotros tomaremos en el resto de este estudio la base 2. De este modo, la información de un símbolo la mediremos en *bits*.

La información de un símbolo tiene las siguientes propiedades:

- $I(s_i) \geq 0$, ya que la probabilidad siempre está comprendida entre 0 y 1. Esta propiedad nos dice que un símbolo podrá aportar mucha, poca o ninguna información, pero nunca supondrá una pérdida de información.
- $I(s_i) = 0 \Leftrightarrow p_i = 1$. Como habíamos visto antes, si sabemos de antemano que símbolo va a aparecer, éste no aporta ninguna información nueva. (Recordar que: "Lo obvio no informa")
- $I(s_i) < I(s_j)$ para $p_i > p_j$, es decir, a mayor sorpresa, mayor información.
- $I(s_i s_j) = I(s_i) + I(s_j)$. Esto quiere decir que la información aportada por un símbolo que es la concatenación de otros dos es la suma de las informaciones de ambos símbolos.

2.8. Fuente de Información

Una fuente de información es un elemento que entrega información, como pueden ser una persona hablando, un ordenador entregando datos... La visión de la persona hablando (por ejemplo), nos puede servir para ver los elementos más importantes en la emisión de la información.

La información viaja sobre la voz de la persona (como una onda de presión). La voz es lo que llamamos señal, que es el soporte de la información. Pero es el hombre quien emite la voz, y es el hombre la verdadera *fuente de información*.

Esto se puede formalizar con unas definiciones más rigurosas. Una *fuente de información* es un elemento que entrega una señal, y una *señal* es una *función* de una o más *variables* que contiene información acerca de la naturaleza o comportamiento de algún fenómeno.

Es decir, vamos a considerar *señal* tanto al fenómeno físico que transporta la información como a la función matemática que representa a ese fenómeno. Cualquiera de las dos formas sirve como soporte a la información.

En esta discusión, consideraremos únicamente señales unidimensionales, es decir, aquellas que dependen únicamente de una variable. Además a esta variable la llamaremos tiempo, aunque no represente necesariamente el tiempo.

Las fuentes de información se clasifican basándose en el tipo de señal que entregan (Véase CAPITULO I).

Según *el tipo de variable independiente* (tiempo) se pueden clasificar en:

Fuentes de tiempo continuo: la función está definida para cualquier valor de la variable independiente.

Fuentes de tiempo discreto: la función sólo está definida para un conjunto contable de instantes de tiempo.

Pero se pueden clasificar también *según el rango de valores* que cubren las señales. En este caso los tipos de fuentes de información serán:

Fuentes continuas o de amplitud continua: el valor de la función toma un rango continuo de valores.

Fuentes discretas o de amplitud discreta: el valor de la función sólo toma un conjunto finito de valores. A cada uno de estos valores lo llamamos *símbolo*. El conjunto de todos los símbolos se suele llamar *alfabeto*. La elección del alfabeto es, en cierto modo, arbitraria, ya que podemos varios símbolos para crear otros, por ejemplo.

Estas dos clasificaciones son ortogonales, es decir, existen fuentes continuas de tiempo continuo, fuentes continuas de tiempo discreto, fuentes discretas de tiempo continuo y fuentes discretas de tiempo discreto.

Aunque en la práctica sólo se encuentran dos tipos: las llamadas fuentes analógicas, que son fuentes continuas de tiempo continuo; y las llamadas fuentes digitales, que son fuentes discretas de tiempo discreto.

Las fuentes digitales se suelen clasificar según la relación que tenga un símbolo con los que le preceden de la siguiente manera:

Fuentes sin memoria: Aquella en que los símbolos que emite son estadísticamente independientes. De esta manera, los símbolos que hayan aparecido hasta el momento no van a condicionar al símbolo presente ni a posteriores.

Fuentes con memoria: la aparición de los símbolos no es estadísticamente independiente. Es decir, si han aparecido M–1 símbolos, el símbolo M-ésimo está condicionado por los anteriores.

2.9. ENTROPIA

La entropía H de un sistema de transmisión es igual a la cantidad de información media de sus mensajes, es decir:

$$H = Imed$$

Se le suele llamar entropía como un concepto prestado de la termodinámica y puede ser intuitivamente entendida como cantidad de información en un sistema.

- Entropía (Física) Magnitud termodinámica que mide la parte de la energía que no puede utilizarse para producir un trabajo. En un sentido más amplio se interpreta como la medida del desorden de un sistema.

- Entropía (Teoría de la información) Magnitud que mide la información contenida en un flujo de datos, es decir, lo que nos aporta sobre un dato o hecho concreto.

Por ejemplo, que nos digan que las calles están mojadas, sabiendo que acaba de llover, nos aporta poca información, porque es lo habitual. Pero si nos dicen que las calles están mojadas y *sabemos* que no ha llovido, aporta mucha información (porque no las riegan todos los días).

Nótese que en el ejemplo anterior la cantidad de información es diferente, pese a tratarse del mismo mensaje: *Las calles están mojadas*. En ello se basan las técnicas de compresión de datos, que permiten empaquetar la misma información en mensajes más cortos.

Si en un conjunto de mensajes sus probabilidades son iguales, la entropía total será:

$$H = \log_2 N$$

donde N es el número de mensajes posibles en el conjunto.

Ejemplo:

Transmitamos mensajes basados en un abecedario. ¿Cuál será la entropía?

Supongamos: las combinaciones son aleatorias y los mensajes son equiprobables;

- La cantidad de letras es 26
- La cantidad de signos de puntuación es 5
- La cantidad de signos especiales es 1 (espacio en blanco)
- La cantidad total de símbolos es entonces 32

La entropía será: $H = \log_2 32 = 5$

Visto desde la óptica binaria, esto significa que se necesitan 5 bits para codificar cada símbolo: 00000, 00001, 00010, 11111, etc., resultado éste que coincide con la recíproca de la probabilidad p.

En resumen, la entropía nos permite ver la cantidad de bits necesarios para representar el mensaje que se va a transmitir.

2.10. Información de una Fuente

Vimos anteriormente que no todos los binits pueden traer un bit de información, ya que la información es función de la probabilidad.

También vimos que la información mutua dependía de los mensajes individuales o símbolos que una fuente puede producir.

Estas definiciones no resultan útiles en lo que se refiere a los sistemas, ya que el diseño de estos es para el caso general, (todo tipo de mensajes) y no el caso particular de un único mensaje.

Por lo tanto, lo correcto es definir a la fuente en términos de la ***información promedio*** o ***entropía de la fuente***.

2.10.1. Entropía de Fuentes sin Memoria

Vamos a analizar las fuentes sin memoria, es decir, aquellas en que los símbolos son estadísticamente independientes.

Definiremos como entropía de una fuente de memoria nula H, a la expresión siguiente:

$$H = \sum_{k=1}^{n} P_{(xk)} \log_2 P_{(xk)} \; \text{Bit/simbolo}$$

La entropía H, representa la "incertidumbre media" en la ocurrencia de cada símbolo.

Características

Continuidad. Pequeños cambios en la probabilidad del evento, implican pequeños cambios en la cantidad de información y por ende de la entropía.

Simetría. El orden en que se presentan los eventos, no altera la entropía del sistema.

Aditividad. Las entropías para un mismo sistema, son aditivas.

Maximilidad. Si los símbolos que genera la fuente de memoria nula son equiprobables, la entropía es máxima.

Podemos afirmar que para una fuente discreta, cuyos símbolos son estadísticamente independientes, la expresión de la Entropía permite describir la fuente en términos de la información promedio producida por ella.

Cabe señalar que la probabilidad de cada símbolo es $1/x$, cuando la entropía es máxima.

Se puede tener el caso de que varias entropías sean iguales pero una más rápida (entrega más símbolos por unidad de tiempo) que otra. (Véase más adelante tasa de Información)

Análisis

En las fuentes sin memoria (aquellas en que los símbolos son estadísticamente independientes.), esto se puede expresar matemáticamente como:

$$P(s_i s_j) = P(s_j) \cdot P(s_i \mid s_j) = P(s_i) \cdot P(s_j \mid s_i) = P(s_i) \cdot P(s_j)$$

siendo s_i y s_j dos símbolos cualquiera de la fuente.

Si consideramos que un símbolo s_i tiene una probabilidad de aparición muy pequeña, estamos afirmando que la información que aporta es muy grande, pero debido a que su aparición es muy esporádica, la información que aporta la fuente con el conjunto de todos los símbolos no es tan grande.

De hecho, veremos que la "información de una fuente" está acotada.

Por ahora nos conformaremos con ver que la información que aporta un símbolo en promedio está acotado, ya que depende de su frecuencia de aparición.

A continuación se ve representada la función

$$p(s) \cdot I(s) = p(s) \cdot \log_2 \left(\frac{1}{p(s)} \right)$$

cuando la probabilidad varía de 0 a 1. Concretamente, la función tiene un máximo en $p(s) = e^{-1}$.

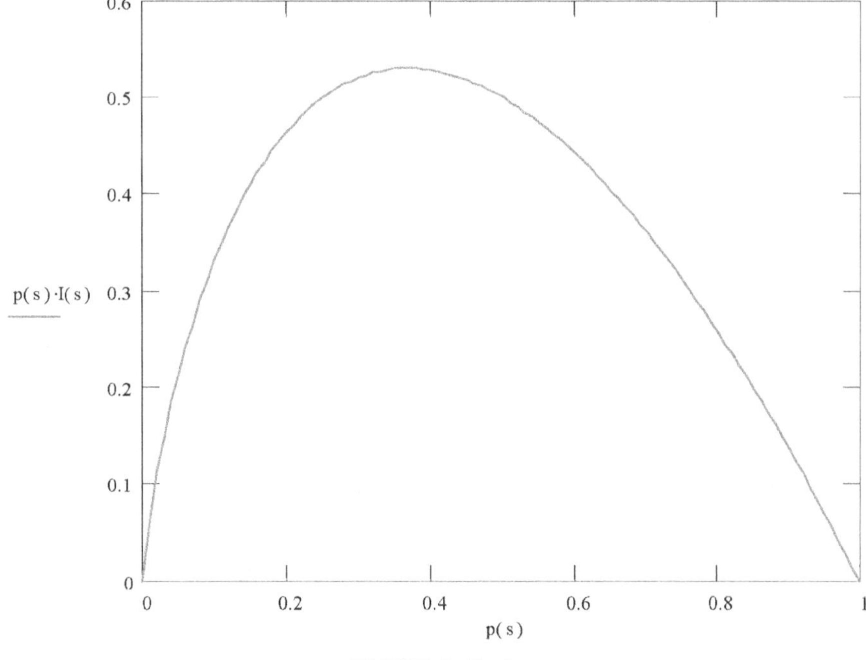

FIGURA 2-4.

La información que entregue la fuente será el *valor medio de las informaciones que entregue cada símbolo individualmente* cada vez que aparezcan. Este parámetro se llama **Entropía** de la fuente, y se puede expresar como:

$$H(S) = E\{I(s_k)\} = \sum_{i=0}^{K-1} p_i \cdot I(s_i)$$

donde $E\{\cdot\}$ es la esperanza matemática.

Como podemos ver la entropía es una suma de un número finito de términos como el analizado anteriormente, por lo que también va a estar acotada.

> *"La entropía mide la información media, y por tanto, la cantidad media de símbolos necesarios".*

Se puede ver fácilmente que H(S)>=0. Esto corresponde al caso de menor incertidumbre

La entropía de una fuente tiene las siguientes propiedades:

$$0 \le H(S) \le \log_2(K),$$

es decir, que la entropía de una fuente no es negativa y está acotada superiormente. Esto quiere decir que la fuente no puede suponer una pérdida de información, así como tampoco puede entregar una cantidad de información ilimitada (para un número de símbolos limitado).

$$H(S) = 0 \iff p_i = 1 \qquad \text{para algún } i.$$

En este caso el resto de las probabilidades serán nulas. No habrá sorpresa y por tanto la entropía será nula.

$$H(S) = \log_2(K) \iff p_i = \frac{1}{K} \; \forall i$$

Cuando todos los símbolos sean equiprobables, la incertidumbre sobre lo que va a ocurrir será máxima, y por tanto nos encontraremos en el límite superior de la entropía.

Se mide en bits/símbolo.

Para comparar la entropía de fuentes con diferente número de símbolos, podemos definir una entropía normalizada como:

$$\hat{H}(S) = \frac{H(S)}{\log_2(K)} \quad \text{de manera que } 0 \le \hat{H}(S) \le 1.$$

Es como si estuviésemos normalizando en número de símbolos a 2 (número mínimos de símbolos).

La medida de la entropía puede aplicarse a información de cualquier naturaleza, y nos permite codificarla adecuadamente, indicándonos los elementos de código necesarios para transmitirla, eliminando toda redundancia. (Para indicar el resultado de una carrera de caballos basta con transmitir el código asociado al caballo ganador, no hace falta contar que es una carrera de caballos ni su desarollo).

La entropía nos indica el límite teórico para la compresión de datos.

Su cálculo se realiza mediante la siguiente fórmula:

$$H = p_1 * \log(1/p_1) + p_2 * \log(1/p_2) + .. + p_m * \log(1/p_m) \text{ (a)}$$

Donde H es la entropía, las p son las probabilidades de que aparezcan los diferentes códigos y m el número total de códigos. Si nos referimos a un sistema, las p se refieren a las probabilidades de que se encuentre en un determinado estado y m el número total de posibles estados

Como hemos definido la utilización del logaritmo en base 2, entonces la entropía la medimos en bits.

Por ejemplo: El lanzamiento de una moneda al aire para ver si sale cara o cruz (dos estados con probabilidad 0,5) tiene una entropía, de acuerdo a (a):

$$H = 0{,}5 * \log_2(1/0{,}5) + 0{,}5 * \log_2(1/0{,}5) = 0{,}5 * \log_2(2) + 0{,}5 * \log_2(2) = 0{,}5 + 0{,}5 = 1 \text{ bit}$$

Analicemos ahora que información promedio por dígito trae una señal BINARIA cuyos dígitos no son equiprobables.

El dígito *menos probable* traerá *más información* pero aparecerá *menos veces* y lo contrario con el dígito más probable. Podemos calcular la *entropía o información promedio* de la siguiente forma:

Supongamos una sucesión de un millón de dígitos binarios. De estos, 700.000 son ceros y 300.000 son unos. Dada la gran cantidad de dígitos que se toman en cuanta se puede inferir que:

$$P(0) = 7/10$$
$$P(1) = 3/10$$

Luego, la información que trae cada dígito será:

$$I(0) = \log 1/(7/10)$$
$$I(1) = \log 1/(3/10)$$

Y la que trae el millón de dígitos:

$$I \text{ total} = 700.000 * I(0) + 300.000 * I(1)$$

En promedio, cada dígito traerá una información:

$$\frac{H(\text{inf. promedio o entropia})}{1.000.000} = \frac{I(\text{total})}{1.000.000} = \frac{700.000 \, x I(0)}{1.000.000} + \frac{300.000 \, x I(1)}{1.000.000}$$

que se puede poner: $H = 7/10 \, I(0) + 3/10 \, I(1)$ siendo 7/10 y 3/10 las probabilidades de los ceros y los unos respectivamente. Por lo tanto:

$$H = P(0)xI(0) + P(1)xI(1) = P(0) \log 1/P(0) + P(1) \log 1/P(1) \quad (1)$$

Si estamos considerando un sistema binario, podemos expresar:

$$P(0) = P \quad (2)$$
$$P(1) = 1\text{-}P$$

A fin de poner toda la expresión en función de P, independiente de si esta probabilidad corresponde a un uno o a un cero, con lo que

De (1) y (2) tenemos:

$$H = p \log 1/P + (1\text{-}P) \log 1/(1\text{-}P)$$

Nota: *P es la probabilidad de ocurrencia de uno cualquiera de los símbolos BINARIOS*

Graficando tendremos:

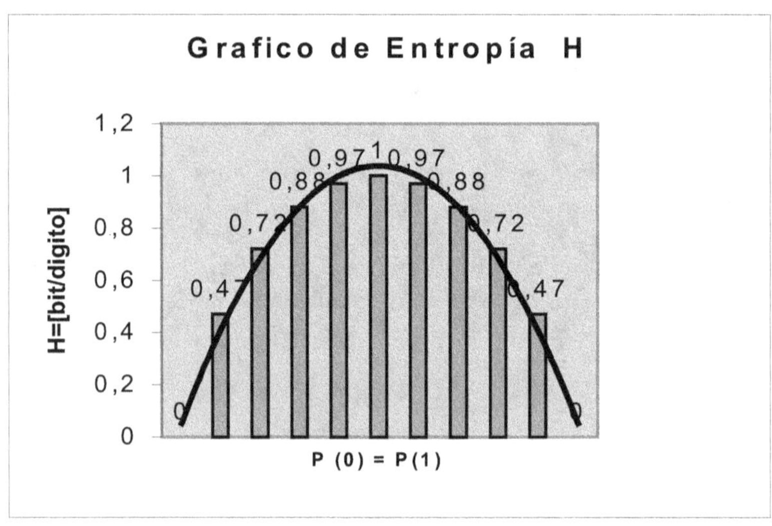

FIGURA 2-5.

Se observa que la mayor información promedio se tiene cuando los dígitos son equiprobables. La importancia de esto reside en que *un mensaje suministra la mayor cantidad de información cuando todos los elementos del mensaje son equiprobables*.

Por lo tanto la entropía máxima se puede definir como:

$$H = H_{max} = \log m$$

Siendo **m** el número de símbolos diferentes con probabilidades **P = 1/m**

También, como puede verse en el gráfico:

$$0 \leq H \leq \log m$$

2.10.2. Fuentes extendidas: agrupación de símbolos

Dada una fuente que entrega símbolos pertenecientes a un alfabeto $\mathscr{S} = \{s_0, s_1, \dots s_{K-1}\}$ con probabilidades de aparición $p_0, p_1, \dots p_{k-1}$ para cada símbolo respectivamente, podemos reagrupar los símbolos para formar otro alfabeto

$$S' = \left\{ \underbrace{s_i s_j \cdots s_l}_{\text{M símbolos}} \ \forall i, j, \cdots l \right\}$$

en que cada símbolo es la concatenación de M símbolos. Por tanto este nuevo alfabeto $\mathscr{S}$ tiene K^M símbolos. Un símbolo cualquiera $s_i s_j \dots s_l$ tendrá una probabilidad de aparición $p_i \cdot p_j \cdot \dots \cdot p_l$.

La entropía para este nuevo alfabeto está relacionada con el anterior mediante:

$$H(S') = M \cdot H(S)$$

Debido a que el alfabeto se elige arbitrariamente, debe cumplirse que la entropía de la fuente sea igual para un alfabeto cualquiera. Para hacer esta comparación hacemos uso de la entropía normalizada:

$$\hat{H}(S) = \frac{H(S)}{\log_2(K)}$$

$$\hat{H}(S') = \frac{H(S')}{\log_2(K^M)} = \frac{M \cdot H(S)}{M \cdot \log_2(K)} = \hat{H}(S)$$

Aquí vemos claramente que la entropía normalizada depende de la fuente, y no del alfabeto elegido. Por lo tanto en la representación de la entropía normalizada $\hat{H}(S)$ podemos prescindir de $\mathscr{S}$ (el alfabeto) como parámetro, y escribir $\hat{H}(S) = \hat{H}$ para una fuente concreta.

2.11. TASA DE INFORMACIÓN (R)

Supongamos que dos fuentes tienen la misma entropía, pero una es más rápida que la otra es decir produce más símbolos por unidad de tiempo.

En un periodo dado, será transferida más información de la fuente más rápida lo que implica mayor necesidad de recursos del sistema.

La descripción de una fuente no queda definida solo por su entropía sino también por su velocidad para transferir información.

Esto es particularmente importante en sistemas de datos porque la mayor velocidad de una fuente con respecto a otra (aún con la misma entropía) hace que sea necesario destinar mayores recursos del sistema para atender la mayor velocidad de entrada de datos (buffer más potentes, mayor capacidad de memoria o almacenamiento, etc.) es por lo tanto necesario conocer la *tasa de información media* en bit/seg.

> *"Se define velocidad o tasa de información como el Cociente entre la entropía de la fuente respecto de la duración promedio de los símbolos que ésta envía"*

Nos brinda la cantidad de información producida por una fuente, en un determinado tiempo.

$$R = \frac{H(x)}{\tau}$$ bits por seg. (bps) ó Shannon por seg.

τ = duración *promedio* de los símbolos (se mide en seg/símbolo).

2.12. VELOCIDAD DE SEÑALIZACIÓN (R)

Normalmente, las señales son transmitidas a través de los canales como secuencias de elementos de señal (símbolos) de alguna duración fija.

Cada elemento de señal puede tener un valor finito seleccionado entre un cierto valor (finito) de niveles de señal.

Cuando la cantidad de niveles de señal es 2, la señal se llama "señal binaria".(Como ya hemos dicho, valores alto y bajo, 1 y 0, etc)

La *duración de cada dígito* determina la velocidad de señalización y se expresa en BAUDIOS que se define como el número de elementos de señal (símbolos) que puede ser transmitido por segundo.

Es la tasa de dígitos o binits: la cantidad de dígitos por segundo que es transmitida y se mide en *[binits/seg.] ó BAUDIOS*

Se define como la inversa del ancho de pulso (ó símbolo) enviado.

$$r = \frac{1}{\tau}$$ *[binits/seg.]=Baudio*

Podemos decir entonces que **el Baudio mide**

> *"La velocidad de señalización indicando por lo tanto, la velocidad de los símbolos".*

2.13. UNIDAD DE LA TASA DE INFORMACION

Usando la Velocidad de señalización, nuestra Tasa de información nos queda:

$$R = r \cdot H(x)$$

Habíamos visto que H era la información promedio, o sea los bits que transportaba en promedio cada binits, y se medía en *[bits/binits]*, por lo tanto, la unidad de **R** será:

R = [binits/seg.] x [bits/binits] = [bits/seg.]

2.14. Velocidad de señalizacion maxima posible (S)

Inversa de la medida del intervalo de tiempo nominal más corto, entre dos instantes significativos sucesivos de la señal modulada.

También se suele definir como "la inversa del intervalo del tiempo que dura el elemento más corto de señal que se utiliza para crear un pulso".

Resumiendo, es la inversa del periodo más corto de los pulsos que contenga el mensaje.

Con pulsos de señal de igual duración, la velocidad de modulación medida en Baudios, es el número de dichos pulsos por segundo, o el máximo número de transiciones de estados del canal por segundo.

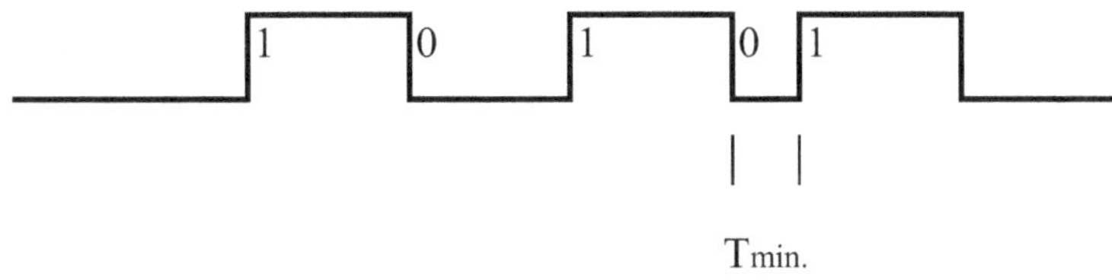

FIGURA 2-6.

$$S = \frac{1}{T\min (seg)} \quad \rightarrow \quad S = (Baudios)$$

es decir: r(max) = S

Veamos un ejemplo práctico:

Tenemos un sistema de teleprocesamiento de datos que transmite a una baja tasa una serie de datos codificados en forma de pulsos bipolares a una estación central.

La baja tasa de velocidad es a los fines de que el sistema sea altamente confiable para transmitir sobre líneas telefónicas.(de poco ancho de banda)

De todos modos no hay una gran densidad de datos ya que solo se censan y envían datos de estado de equipos en forma regular.

Se transmite con ceros y unos bipolares (+/-12 volt) siete binits cada 150 mseg según el gráfico siguiente:

Señalización típica del teleprocesador

Como ya dijimos la amplitud de la señal varía entre más y menos 12 voltios. Vemos también que hay pulsos de 20 mseg. (los de códigos de datos) y de 30 mseg.(los de fin o parada). El pulso más corto es:

Tmin. = 20 mseg.

por lo tanto:

S = 1/ Tmin. = 1/20 mseg = 50 baudios

Señalización típica del teleprocesador

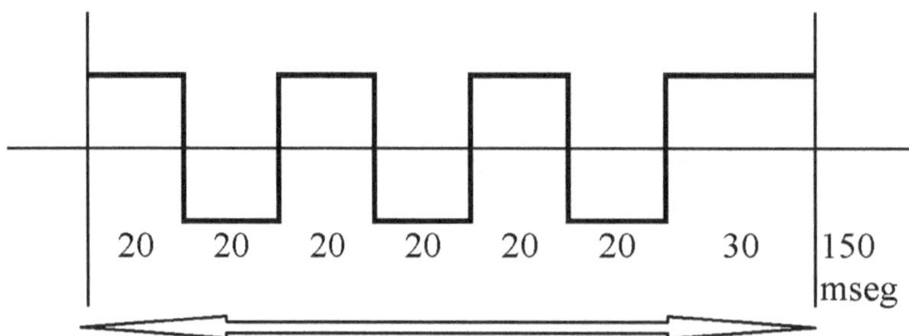

FIGURA 2-7.

Calculemos ahora la información transmitida si tenemos siete binits cada 150 mseg.:

$$r = \frac{7}{150\,(mseg)} = 46\,binits\,/\,seg$$

Pero podemos considerar que el bit de parada no suministra información ya que es esperado y su probabilidad de ocurrencia es 1 (log 1/1 = 0) por otra parte los bits de datos son equiprobables y cada uno de ellos transporta un bit de información, por lo que tenemos ahora 6 bits de información cada 150 mseg, esto es:

$$R = \frac{6\,binits}{150\,(mseg)} = 40\,bits\,/\,seg$$

con estos datos podemos calcular la entropía o información promedio que entrega el sistema del ejemplo ya que:

$$R = r \cdot H(x)\ \text{será...}$$

$$H = \frac{R}{r} = \frac{40\,bits\,/\,seg}{46\,binits\,/\,seg} = 0,869\,bits\,/\,binits$$

con lo que la información promedio es 0.869 bits por cada símbolo que entrega la fuente.

Conclusión: los baudios son la cantidad de pulsos por segundo que habría si todos los pulsos duraran lo que dura el tau mínimo. Por eso en el ejemplo dado teníamos 50 baudios y solo 46 pulsos por segundo. La "culpa" la tiene el pulso de parada que dura 30 mseg.

> *"Si todos los pulsos, incluyendo el de parada, duraran 20 mseg. evidentemente habría 50 pulsos por seg".*

2.15. Capacidad del Canal

Ahora que ya hemos precisado el concepto -de información y los conceptos relacionados con este, podemos volver a plantearnos el problema inicial de definir la capacidad de un canal determinado para transmitir información.

Dado un canal con una capacidad de C unidades por segundo que recibe señales de una fuente de información de H unidades por segundo, la pregunta es ¿cuánto es el máximo número de bits por segundo que puede ser transmitido a través de este canal?

Por ejemplo, un teletipo consta de 32 símbolos posibles que supondremos son empleados con igual frecuencia. Cada símbolo representa entonces 5 bits ($Log_2 32$) de información.

De esta forma, si en ausencia total de ruido podemos enviar N símbolos por segundo a través de este canal, entonces podremos enviar 5N bits de información por segundo a través de dicho canal.

Son estas dos cantidades, la tasa de transmisión H por la fuente de información y la capacidad C del canal, las que determinan la efectividad del sistema para transmitir información.

Si H > C será ciertamente imposible transmitir toda la información de la fuente, no habrá suficiente espacio disponible.

Si H =< C será posible transmitir la información con eficiencia.

> *La información, entonces, puede ser transmitida por el canal solamente si H no es mayor que C.*

El teorema fundamental para un canal sin ruido que transmite símbolos discretos afirma que si se emplea un procedimiento adecuado de codificación para el transmisor es posible conseguir que el ritmo medio de transmisión de símbolos por el canal sea muy próximo a C/H.

Por muy perfecto que sea el procedimiento de codificación, dicho ritmo nunca podrá ser mayor de C/H.

Sin embargo, el problema de calcular la capacidad del canal se complica por la presencia de ruido. La presencia de ruido durante la transmisión provocará que el mensaje recibido contenga ciertos errores que contribuirán a aumentar la incertidumbre.

Recordemos que la información es una medida del grado de libertad de elección que poseemos al momento de seleccionar un mensaje. Cuanto mayor sea la libertad de elección, mayor será la falta de seguridad en el hecho de que el mensaje enviado sea uno determinado.

La incertidumbre será mayor y mayor la cantidad de información posible. De esta forma, si el ruido aumenta la incertidumbre, aumentará la información.

Esto parecería indicar que el ruido es beneficioso, puesto que cuando hay ruido, la señal recibida es seleccionada a partir de un mayor conjunto de señales que las deseadas por el emisor. Sin embargo, la incertidumbre originada por la libertad de elección del emisor es una incertidumbre deseable; la incertidumbre debida a errores por la influencia del ruido es una incertidumbre no deseable.

Para extraer la información útil de la señal recibida es necesario suprimir la ambigüedad introducida por el ruido. Para ello se recurre a un factor de corrección matemático que no es tema de este trabajo.

El teorema para la capacidad de un canal con ruido se define como el ritmo máximo a que la información útil (incertidumbre total menos la incertidumbre debida al ruido) puede ser transmitida a través del canal.

Canal Ideal

Puede definirse al *canal ideal de comunicación* como aquel que teniendo a la entrada un conjunto **m** de símbolos, a su salida reproduce exactamente los mismos símbolos. (En el canal ideal no se consideran ruido ni distorsión)

2.16. CAPACIDAD DEL CANAL

Definimos como *Capacidad de un Canal* a la capacidad de transportar información (se la mide en bits/seg). Para que una tasa de información pueda enviarse por un canal deberá ser, en todos los casos:

$$R \leq C$$

Supongamos un mensaje de duración T compuesto de pulsos de igual duración t (aquí se cumple que s = r y por lo tanto la cantidad de pulsos por segundo transmitida es la máxima para una cierta s)

Los pulsos pueden tener **n** niveles distintos y la señal puede ser por ej.:

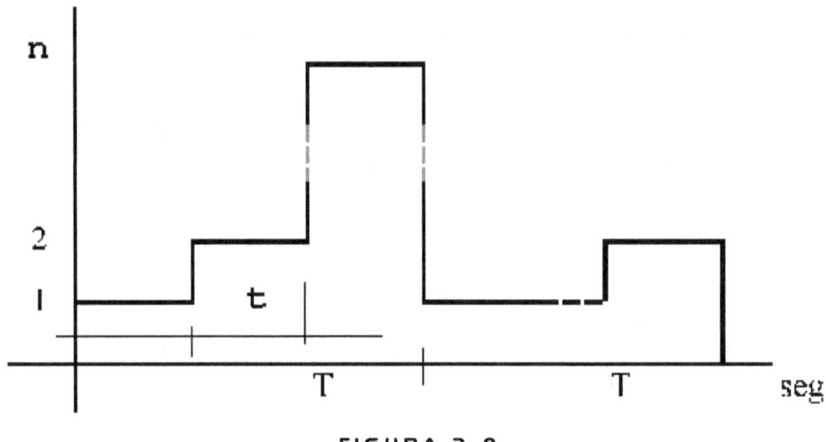

FIGURA 2-8.

La longitud del mensaje (la cantidad de pulsos que tiene éste) será: T/t y la cantidad de símbolos distintos estará dada por la cantidad de niveles distintos, o sea **n**: La cantidad de mensajes distintos que se pueden formar (en un periódo **T**) será:

$$M_{(T)} = n^{T/t}$$

Si todos los mensajes son equiprobables (es decir que tenemos la máxima cantidad de información) la probabilidad de que aparezca un cierto mensaje en un tiempo **T** será:

$$Pm = \frac{1}{M_{(T)}}$$

con lo que la información de cada mensaje es:

$$I = \log \dfrac{1}{\left(\dfrac{1}{M_{(T)}}\right)} = \log M_{(T)} \qquad (1)$$

Por lo que, dividiendo a (1) por **T** obtenemos los bit/seg. o sea la velocidad de información:

$$R = \dfrac{I}{T} = \dfrac{\log M_{(T)}}{T} = \dfrac{\log n^{\frac{T}{t}}}{T}$$

Tomando el último miembro de la igualdad, y por propiedad del logaritmo de la potencia, podemos expresar:

$$R = \dfrac{I}{T}.(T/t)\log n = \dfrac{1}{t}.\log n$$

Como la velocidad de señalización S es igual a **1/t** resulta:

R = S log n

Lo cual significa simplemente que un canal que quiera transportar esa cantidad de información (en bits/seg.) deberá tener una capacidad:

C = S log n (3)

Si el sistema en el que trabajamos es binario, como hemos dicho que son todas las aplicaciones de los Sistemas de Datos, tendremos que **n = 2** (por lo tanto el log. de 2 es igual a 1) con lo que:

C =S [bits/seg.] = [baudios]

Por lo tanto podemos decir que la capacidad del canal ideal nos refiere a las características del canal con relación a la capacidad de la información que puede transportar. La expresión (3) es la mayor información por unidad de tiempo que puede transportar el canal.

2.17. TEOREMA DE NYQUIST

La velocidad de señalización esta relacionada con el *ancho de banda* del canal. El teorema de Nyquist establece que:

$S \leq 2\,B$

Siendo **B** el ancho de banda del canal.

Esta expresión general de Nyquist expresa la máxima velocidad de datos posibles en un canal sin ruido y con un ancho de banda infinito.

Nyquist demostró la existencia de una frecuencia de muestreo llamada *Frecuencia de Nyquist*, que no puede ser superior al doble de la frecuencia natural de entrada, es decir la frecuencia de la señal que se va a muestrear.

Lo que Nyquist sostiene es que si se hace un muestreo con una frecuencia superior al doble, la información recuperada es "redundante" Esto en realidad se debe interpretar como que la cantidad

Llamamos FN a la frecuencia de Nyquist, tal que:

$$FN = 2\ f$$

Para los canales de información, en lugar de indicar la frecuencia de la señal, conviene usar como referencia el pasabanda, de tal modo que:

$$\textbf{FN} <= 2\ \Delta F$$

Siendo $\Delta F = f_{(sup)} - f_{(inf)} = \textbf{B}$

Sobre la base de este límite, estableció y comprobó que si los canales son sin ruido, y si las señales son binarias con una transmisión mononivel, la FN coincide con la máxima velocidad binaria, ya que:

$$bps <= 2\ B$$

Y esto opera como un límite físico, dado que se necesita oscilar para transmitir una información cuya señal está entre 0 y 1. Pero es posible remover este máximo, si la transmisión es multinivel, dado que por cada instante de muestreo, se transmitirá un símbolo que contiene más que dos bits y por lo tanto $I > 1$

$$bps = 2\ B\ \log 2\ m$$

en donde **m** es la cantidad de niveles de la modulación. De este modo, se relaciona la máxima velocidad binaria con el ancho de banda y la cantidad de niveles y también con la entropía.

> *"A esta velocidad binaria la llamamos Límite de Nyquist".*

$$bps = 2\ B\ .\ H$$

Veamos algo real: en un canal de transmisión se usa una modulación 64QAM y es del tipo "canal de voz". ¿Cuál será el límite de Nyquist?:

Modulación 64QAM: 64 niveles de modulación

Canal de voz: 4 KHz de pasabanda

$$bps = 2\ .F\ H = 2 \times 4 \times \log_2 64 = 8 \times 6 = 48\ Kbps$$

(Nótese que la frecuencia está en KHz, bps está en Kbps

Recuérdese que el límite es válido en los canales sin ruido.

Veamos otro ejemplo: el ancho de banda del canal telefónico (cable par trenzado telefónico) que nos permite el uso del sistema telefónico conectado a la RTC (red telefónica conmutada) tiene una repuesta en frecuencia muy buena hasta los 3.400 Hz.

Por encima de esa valor los filtros, bobinas de pupinzación (ecualización) y otros condicionantes eléctricos hacen que el corte de la repuesta esté limitado a ese valor. Importante es destacar que en el caso de los equipos de audio de alta fidelidad el ancho de banda alcanza los 20.000 Hz y aún más arriba -aunque el "ancho de banda" del oído humano (los distintos niveles de frecuencia que podemos oir) tenga "limitaciones" para reconocer esas frecuencias.

Volviendo al canal telefónico, y de acuerdo a lo que ya hemos visto, podemos decir a priori que no será posible transmitir señales binarias a más de 6.800 bits/seg.

Esto, lógicamente considerando un canal telefónico ideal, sin ruido ni distorsión, cosa que en la practica real es imposible de lograr para este tipo de sistemas

Es verdad también que, hoy contamos con importantes herramientas que nos permiten aumentar la capacidad de los canales en función, por ejemplo de los distintos tipos de modulación que se utilizan.

Si codificamos los bits de a pares (codificación en dibits) obtendríamos un código de cuatro niveles. El intervalo del pulso aumenta el doble con lo que la velocidad se reduce a la mitad.

Se están enviando así *dos bits por baudio*, de la misma manera se puede agrupar en tribits (8 niveles) con lo que se envían 3 bits por seg. por baudio. De esta forma es posible enviar por un canal telefónico real (con ruido y distorsión podemos alcanzar los 2.400 baudios con dos niveles de modulación) por ej. 9.600 bit/seg. agrupando en cuatribits (16 niveles).

2.18. TEOREMA DE SHANNON - HARTLEY

Hagamos un poco de historia. En que años, en que épocas, se desarrollan las relaciones que se han planteando?

Pues bien, ya en el año 1929 Nyquist establece la relación entre el ancho de banda y el número de pulsos independientes. Un año antes, en 1928, Hartley establecía la relación entre las constantes del canal y la información por unidad de tiempo. Plantea la "capacidad del canal" En 1948 Winer desarrolla la teoría de los filtros óptimos para recuperar la S/N.

En 1948, Shannon inicia el estudio matemático de la Teoría de la Información, trabajando en sistemas de comunicaciones por Radio enlaces donde su evolución en la post guerra fue vertiginosa y de **gran** crecimiento.

Por ende aumentaban también los requerimientos. Por ser contemporáneo con nosotros (falleció en 1999) y seguir trabajando hasta su muerte, quizás sea el más reconocido.

No obstante a **Shannon** le suceden una gran cantidad de científicos trabajando en todo el mundo ya que esta disciplina técnica – científica, es una de las más recientes en el campo del conocimiento y las telecomunicaciones han experimentado un crecimiento arrollador, uniendo a todo el planeta y llevando información a cualquier rincón del mundo en el mismo instante en que esta se esta produciendo.

A modo de ejemplo gráfico, una persona de la edad media recibía en toda su vida tanta información como cualquiera de nosotros ¡en un solo día!

Hartley, y después Shannon, han demostrado que la capacidad de un canal de transportar información en presencia de ruido vale:

$$C = B \log (1 + S/N) \text{ [bits/seg.] (4)}$$

Donde:

B = ancho de banda del canal

S = potencia media de la señal

N = potencia media del ruido

Es decir que *S/N* es la relación señal a ruido expresada en *número de veces* (no en dB).

Comparando esta expresión con la (3) (capacidad de un canal sin ruido) vemos lo siguiente:

Si consideramos el ancho *de banda mínimo* previsto por el *Teorema de Nyquist* B= S/2, tenemos que:

$$C = S \log n = 2 B \log n = B \log n^2$$

Ahora bien, comparando con (4) vemos que:

$$n^2 = 1 + S/N$$

$$\sqrt{n} = \sqrt{1 + \frac{S}{N}} = \frac{\sqrt{S+N}}{\sqrt{N}}$$

Si consideramos que trabajamos sobre resistencias de 1 Ω podemos asimilar que:

$\sqrt{S+N}$ es el valor eficaz de la señal más el ruido

$\sqrt{N}$ es el valor eficaz del ruido

Por otra parte, se puede determinar el número máximo de niveles de la señal como el valor pico de la señal dividido por la separación mínima entre niveles para que el ruido superpuesto en cada nivel no interfiera con el siguiente (o sea, sería el valor pico del ruido si este lo poseyera).

Este mismo concepto está contenido en la formula de Shannon Hartley, pero aquí el cociente se hace sobre valores eficaces:

$$n = \sqrt{\frac{S+N}{\sqrt{N}}} \qquad \frac{\text{Valor eficaz de la señal con ruido superpuesto}}{\text{Valor eficaz del ruido}}$$

Volvamos al ejemplo del canal telefónico: habíamos dicho que el ancho de banda era de 3.400 hz. Supongamos ahora que la relación señal a ruido es de 20 dB ó 100 veces (para una señal a -15 dBm y un ruido a -35 dBm) entonces:

$$C = 3.400 \log (1 + 100) = 22.624 \text{ [bits/seg.]}$$

2.19. CAPACIDAD DE UN CANAL Y LA TASA DE INFORMACIÓN

La capacidad de un canal "**C**" medida en bps, nos indica la cantidad de información que el canal puede transportar por unidad de tiempo.

Depende de la relación señal a ruido (S/N) y del ancho de banda, y es independiente de la tasa de información de la fuente.

La relación entre la tasa de información y la capacidad del canal está establecida a través de la tasa de error del sistema (BER), de tal forma, que se puede establecer lo siguiente:

> *"Si la tasa de información es mayor que la capacidad del canal no es posible transmitir sin errores".*

2.20. LOS LIMITES EN LA VELOCIDAD BINARIA

2.20.1. Consecuencias de los límites

- No hay que olvidar que en el cálculo del límite interviene la relación de las respectivas potencias en unidades de potencia y por lo tanto S/N es adimensional, es decir en veces; no es la ganancia del circuito ni la pérdida del medio.
- En el canal se considera el ruido gaussiano. No debe usarse para calcular el impacto de los ruidos impulsivos o no correlacionados que puedan existir.
- La sola aplicación de la ley de Shannon no permite determinar la máxima velocidad de un modulador cualquiera en un canal real, sino la máxima capacidad del canal.

Si un canal tiene un ancho de banda de 2,7 KHz, y la relación entre Señal y Ruido es S/N = 1000, ¿Cuál será el límite de Shannon? ¿Cuántos estados deberá manejar el modulador?

$$\text{bps} = .F \log2 (1 + S/N) = 2700 \log2 (1001) = 26.900$$

Sin embargo, recordando el límite de Nyquist, se requerirá al menos un modulador de 32 estados para alcanzar esa tasa de bits en un canal con ese ancho de banda.

El límite de Shannon impacta sobre las técnicas de modulación y de transmisión que se desarrollan.

En la actualidad, las redes públicas de voz, llamadas PSTN, tienen un valor típico S/N de 35 dB, aunque les cuesta mucho mejorar ese valor debido especialmente a uno de los ruidos principales que se presentan fijos u omnipresentes, que es ruido de cuantificación. (Véase CAPITULO VI PCM)

Los valores típicos de la relación S/N pueden llegar a 39 dB y, sólo en casos, superar ligeramente ese valor.

Definiciones

Definición de Byte

Número de bits necesarios, en un determinado sistema de codificación, para poder representar un carácter.

Cuantos más bits son necesarios en un sistema de codificación para tener un Byte, mayor es la cantidad de información que lleva cada carácter.

Definición de Palabra

Número de caracteres fijos (Bytes), que un computador trata como una unidad, cuando los transfiere entre sus distintas unidades o los somete a distintos procesos, como lectura, escritura en memoria, operación aritmética, etc. Entendiendo por caracteres, letras, números o símbolos especiales.

Concepto de Bloque

Conjunto formado por algunas decenas de bits, que recibe un tratamiento único a los efectos de la transferencia que un computador realiza entre su memoria y los equipos periféricos.

Velocidad de Señalización (R)

Es el número de veces por segundo que la señal física puede cambiar su valor (p.e. cambios de tensión). Se expresa en baudios y mide por tanto la cantidad de cambios de estado por segundo que se pueden producir en la transmisión.

Velocidad e Transmisión (V$_t$)

Es el número de bits transmitidos por segundo, independientemente que estos lleven o no información. Se expresa en bits/s ó bps. En general, si el número de estados posibles de la línea es *n*, cada variación de la señal codificará *log$_2$n* bits de información, por lo tanto la velocidad de transmisión será:

$$V_t = r \log_2 n \qquad \text{SE USAN PARA SISTEMAS SINCRONICOS.}$$

$$V_t = \sum_{i=1}^{m} \frac{1}{T_i} \log_2 n_i$$

donde *m* es el número de canales; *n* es el número de niveles; *T$_i$* es la menor duración de un elemento de señal

Si hay un solo canal entonces

$$V_t = \frac{1}{T} \log_2 n$$

Si además, la modulación es binaria entonces $V_t = \dfrac{1}{T} = r$

> *"Al aumentar el numero de estados significativos de la señal es posible aumentar la velocidad binaria o de transmisión sin aumentar la velocidad de señalización".*

2.21. VELOCIDAD DE TRANSFERENCIA DE DATOS

Aparte de la información a transmitir propiamente dicha es necesario también añadir datos adicionales que permitan la detección/corrección de errores, control de conexión, control de flujo, etc, que asegure un intercambio de datos libre de errores.

Esto introduce el concepto de velocidad de transferencia de datos que es la cantidad de información útil que puede transmitirse por unidad de tiempo. Por tanto es un concepto asociado, no al canal, sino al enlace de datos.

Numero medio de bits por unidad de tiempo que se transmiten entre equipos correspondientes a un sistema de transmisión de datos.

$$V_{td} = \frac{\textit{número de bits transmitidos}}{\textit{tiempo empleado}} \qquad \text{se mide en bps.}$$

2.21.1. Velocidad real de transferencia de datos (ó throughput)

Número medio de bits por unidad de tiempo que se transmiten entre los equipos de un sistema de transmisión de datos, y que el receptor acepte como válidos.

$$V_{rtd} = \frac{\textit{número de bits transmitidos y aceptados}}{\textit{tiempo empleado}} \qquad \text{se mide en bps.}$$

2.22. EFICIENCIA DEL SISTEMA DE COMUNICACIONES

$$\textit{Tiempo a emplear(en segundos)} = \frac{\textit{longitud del archivo(bits)}}{V_{td}\,(bps)}$$

$V_t > V_{td} \Rightarrow V_t = \alpha V_{td}$

$V_{td} > V_{rtd} \Rightarrow V_{td} = \beta V_{rtd}$

$V_t = \alpha\beta\, V_{rtd} \Rightarrow V_t = \gamma\, V_{rtd} \Rightarrow V_{rtd}/V_t = 1/\gamma \Rightarrow \varepsilon = 1/\gamma$

Tasa de errores (BER: Bit Error Rate): relación de bits recibidos erróneamente respecto a la cantidad total de bits transmitidos

$$BER = \frac{bits\ erróneos\ recibidos}{bits\ transmitidos}$$

Se intenta que el tiempo de transmisión sea mínimo porque:

Para lograr que el procesamiento de la información sea más eficiente es necesario que llegue la mayor cantidad de datos por unidad de tiempo.

Cuando se opera en tiempo real los operadores deben esperar una respuesta en el menor tiempo posible.

La mayoría de las comunicaciones se cobran en función de lo que duran.

Transmisión Multinivel

Aquella en la que el numero de niveles que puede tomar la señal es mayor que 2. Si n = 2 entonces es binaria.

Surge a partir de la consecuencia de que al aumentar la velocidad de señalización sin un aumento del ancho de banda hace que la tasa de errores aumente.

Entonces el aumento de la velocidad de transmisión sin aumentar la velocidad de señalización se logra subiendo la cantidad de niveles.

Dibit: tomo de a dos los bits de una cadena, tendré los siguientes números posibles: 00, 01, 10, 11 (cuatro niveles).

Tribits y Cuatribits: $N = 2^n$ siendo n: cantidad de bits por pulso; N: numero de niveles a transmitir

CAPÍTULO **3**

SERIE DE FOURIER

Las ondas periódicas son aquellas cuyo tipio de variación se repite periódicamente con el transcurrir del tiempo *t,* de acuerdo a las consideraciones que hiciéramos en capítulos anteriores, y su ejemplo más representativo eran las señales sinusoidales.

Considerando una onda sinusoidal arbitraria es equivalente escribir

$$x(t) = A \cos (wt + \phi) \text{ ó } x(t) = Re\,[A\,e^{j\,(wt + \phi)}]$$

con w = pulsación, ϕ: fase inicial. *Re* expresa la parte real.

El término exponencial se llama representación fasorial ya que puede representarse como un vector giratorio de longitud A, con ángulo inicial ϕ y velocidad angular w. La proyección de este vector sobre el eje de abcisas es el valor real de *x(t)*.

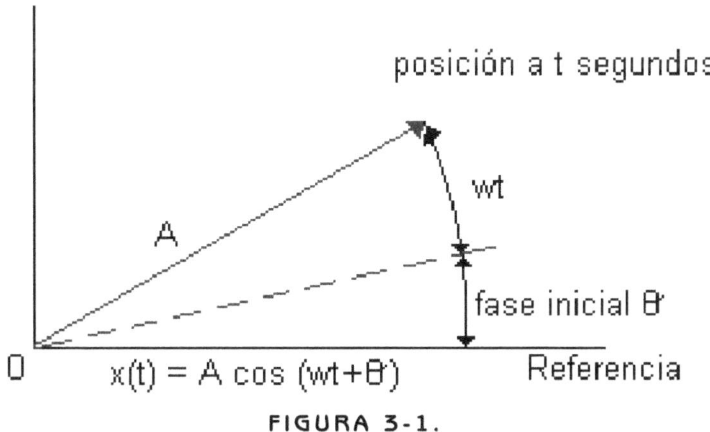

FIGURA 3-1.

El vector descrito puede representarse en el dominio de la frecuencia, mediante un sistema cartesiano con la frecuencia en las abcisas y en las ordenadas separadamente la amplitud y la fase, obteniendo asi el espectro de rayas de la figura en el que se representa una sinusoide de frecuencia f_0 y de fase inicial ϕ. La fase inicial se toma como la diferencia temporal entre la sinusoide descrita y la función *cos wt*.

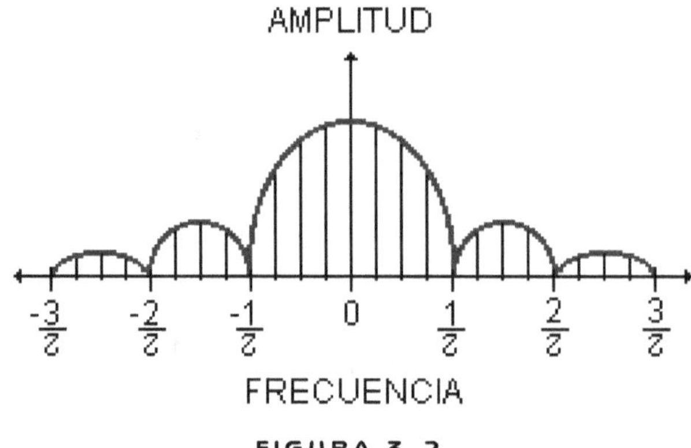

FIGURA 3-2.

En general en los análisis de señales y la construcción de espectros de rayas se adoptan los siguientes convenios:

1. La variable independiente es la frecuencia y se representa en las abcisas.
   Los ángulos de fase inicial se referencias respecto a señales cosenoidales, esto quiere decir que para representar señales seno se tomará en complementario del coseno:

   $$\text{sen } wt = \cos (wt - pi/2).$$

2. Los ángulos de fase se miden en radianes.
3. La amplitudes son siempre números reales positivos.

3.1. FASORES Y DESARROLLO EN SERIE DE FOURIER

Esta representación es unilateral o de frecuencias positivas. Otra forma de representación es la bilateral o de frecuencias positivas y negativas, que se basa en la relación de Euler para números complejos que se describe a continuación.

Un número complejo admite la siguiente representación exponencial:

$$p \, e^{zy} = p \, (cos \, z + j \, sen \, z)$$

En la que z representa el argumento y p el módulo.

Realizando la suma:

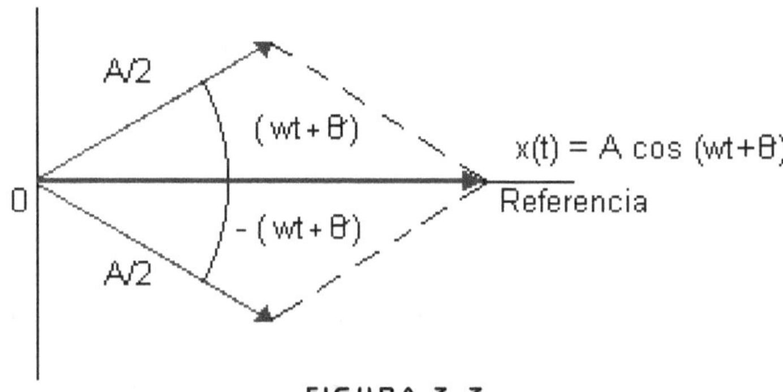

FIGURA 3-3.

La representación bilateral se puede escribir de la forma:

$$x(t) = A \cos (wt + \o) = A/2 \left(e^{j\,(wt + f)} + e^{-j\,(wt + f)}\right)$$

La amplitud de la señal viene determinada por la suma de dos fasores de igual longitud pero con fases iniciales y velocidades angulares opuestas. En este caso para obtener el valor de $x(t)$ no es preciso realizar la proyección del fasor sobre el eje de abcisas, sino que viene dada por la suma de ambos fasores en el instante t.

$$e^{zj} + e^{-zj} = (\cos z + j \operatorname{sen} z) + \frac{1}{(\cos z + j \operatorname{sen} z)} = \frac{(\cos z + j \operatorname{sen} z)^2 + 1}{(\cos z + j \operatorname{sen} z)}$$

$$e^{zj} + e^{-zj} = \frac{\cos^2 z - \operatorname{sen}^2 z + 2\cos z\, j \operatorname{sen} z + 1}{\cos z + j \operatorname{sen} z} = \frac{2\cos^2 z + 2\cos z\, j \operatorname{sen} z}{\cos z + j \operatorname{sen} z}$$

$$e^{zj} + e^{-zj} = \frac{2\cos z(\cos z + j \operatorname{sen} z)}{\cos z + j \operatorname{sen} z} = 2\cos z$$

$$\cos z = \frac{e^{zj} + e^{-zj}}{2}$$

Este tipo de representación es el más cómodo para el análisis matemático, pero deben reseñarse las siguientes particularidades:

1) Las frecuencias negativas no tienen realidad física y se eliminan en una representación gráfica normalizada.
2) La amplitud de las líneas es la mitad de la amplitud de la señal.
3) El espectro de amplitud es simétrico respecto al origen y el de fase antisimétrico.

En general el espectro de amplitud será el mas utilizado en análisis espectral. Este indica que frecuencias están presentes y en que proporción relativa. La completa identificación de la señal requiere el conocimiento de los espectros de amplitud y de fase, pero en nuestro caso el de fase es rara vez usado.

3.2. SERIE DE FOURIER

Se ha definido una señal periódica $x(t)$ de periodo P si para todo t se verifica que: $x(t) = x(t + P)$. Esto implica que la duración de $x(t)$ es infinita por lo cual, es sólo un modelo matemático que aproximadamente describe una señal física, cuya duración ha de ser necesariamente finita.

$x(t)$ puede representarse de modo único mediante un desarrollo en serie de exponenciales complejas, conocido como **desarrollo en serie de Fourier** de la forma:

$$x(t) = \frac{A\tau}{T_0} + \sum_{n=1}^{\infty} \operatorname{sinc} n\, f_0 \tau\, e^{-jn\omega_0 t}$$

siendo los coeficientes en general números complejos dados por:

Observese que c_n es el valor medio de $x(t)$ e^{-jnwt} en un periodo y que c_0 es el valor medio de $x(t)$ en un periodo.

$$x(t) = \sum_{n=-\infty}^{\infty} c_x e^{jn\omega t} \qquad \text{con} \qquad \omega = \frac{2\pi}{P}$$

Para obtener el valor de los coeficientes Cn se procede de igual forma que en la ecuación del movimiento ondulatorio, para ello, basta sustituir en el desarrollo los términos de la forma

$$c_m e^{j(m-n)wt}$$

por su equivalente

$$c_m [\cos (m-n)wt + j \, sen \, (m-n)wt]$$

La existencia del desarrollo esta supeditada a que la serie sea convergente hacia $x(t)$, esto es, que tomando un número de términos suficientemente grande la difererencia entre el valor de la función y la suma de la serie sea infinitesimal. Para ello son suficientes las condiciones:

1) Para que existan los coeficientes la integral debe ser finita en un periodo de $|x(t)|$.
2) Para que la serie sea convergente debe ser finita la integral de $|x(t)|^2$ en un periodo, es decir, $x(t)$ debe ser una función de cuadrado integrable, lo que en términos físicos representa que su potencia debe ser finita

El desarrollo en serie de Fourier expresa que $x(t)$ puede escribirse como una combinación lineal de infinitos fasores, y por tanto admitirá una representación en el dominio de la frecuencia en forma de esprectro de rayas, con la particularidad de que las líneas espectrales estarán situadas en frecuencias múltiplos enteros de la fundamental.

Se puede demostrar que cualquiera sea la forma de onda, esta se puede descomponeer en una suma de ondas sinosoidales (serie de Fourier). Esta suma puede poseer un termino constante (independiente de la frecuencia) que representa a la componente continua de la onda.

Antes de continuar con un ejemplo de aplicación se hace preciso definir una función que aparece comúnmente en el estudio de señales en forma de trenes de pulsos (o de impulsos - que son las señales más comunes en los sistemas de comunicaciones digitales) y que nos permite normalizar los resultados de las transformadas y de los desarrollos en serie de Fourier refiriéndolos a esta función.

3.3. LA FUNCIÓN SINC

La función tiene un máximo en el origen porque se tiene en él un punto de discontinuidad evitable con el paso al límite.

$$\text{sinc}\, x = \frac{sen \, \lambda \, x}{\lambda \, x}$$

Su representación gráfica es:

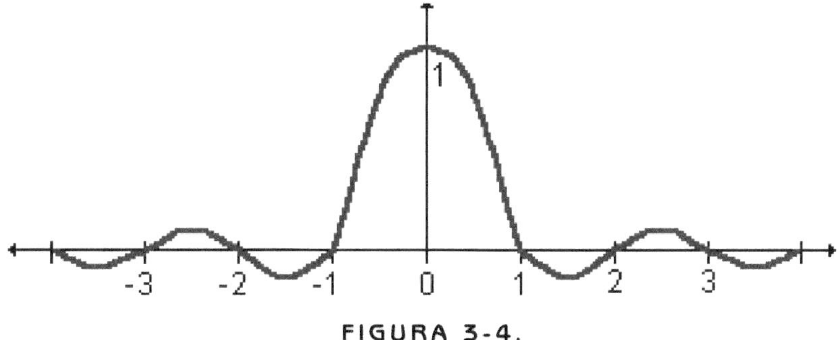

FIGURA 3-4.

Como es evidente la función se anula para los valores enteros de x y es una función par pues:

$$sinc\ x = sinc\ \text{-}x.$$

3.3.1. Espectro de un Tren de Pulsos

Sea $x(t)$ un tren de pulsos rectangulares cuya función y gráfica es:

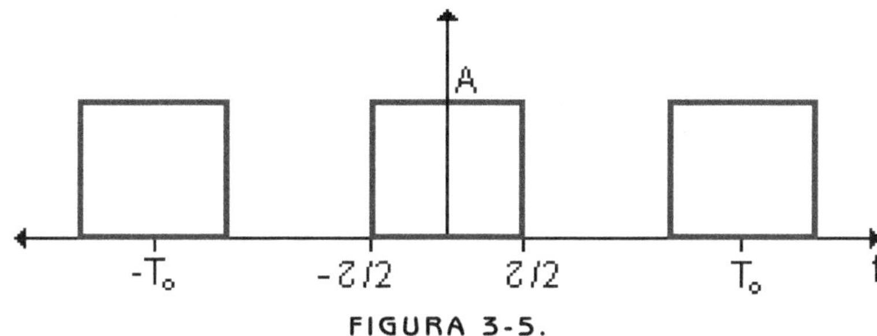

FIGURA 3-5.

La función $x(t)$ es real y por tanto los coeficientes de C_n serán reales; esto quiere decir que en el integrando el término $j\ sen\ x$ sera nulo y por tanto:

$$x(t) = \frac{A\tau}{T_0} + \sum_{n=1}^{\infty} sinc\, n\, f_0 \tau\, e^{-jn\omega_0 t}$$

$$x(t) = \frac{A\tau}{T_0} + \Sigma(\frac{2A\tau}{T_0}\, sinc\, (\frac{n\tau}{T_0})(2\pi.nf_0 t))$$

donde el primer término de esta serie representa el valor de la componente continua ya que no tiene dependencia de la frecuencia, por otra parte, la sumatoria esta dada por valores cuantificados de n = 1, 2, 3 ...∞, es decir:

$$x(t) = \frac{A\tau}{T_0} + \frac{2A\tau}{T_0}\, sinc\, (\frac{\tau}{T_0})\cos 2\pi f_0 t\, sinc\, (\frac{2A\tau}{T_0})\cos 2\pi 2 f t_0 +$$

tal como dijimos:

$$\frac{A\tau}{T_0}$$

representa la componente continua

$$\frac{2A\tau}{T_0} \ \text{sinc} \ (\frac{\tau}{T_0})$$

es la amplitud de las armónicas

La frecuencia de cada armónica es es nfo, siendo fo = 1/To la frecuencia de la fundamental. A n se le llama *orden de la armónica*

Por otra parte, la amplitud de las armónicas esta dada por:

$$(\frac{2A\tau}{T_0}) \ \text{sinc} \, (nf_0 t)$$

tal como esta expresada en la ecuación inicial de la onda pulsante **(Fig. N° 24)**

Observese que existe una correspondencia entre el orden de la armónmica y la fundamental:

0	1	2	3	4	5	6	n
	fo	2fo	3fo	4fo	5fo	6fo	f

De manera que podemos definir una "envolvente" de la amplitud de las armónicas dada por:

$$\frac{2A\tau}{T_0} \ \text{sinc} \ (f\tau)$$

donde f = nfo, pero definimos la envolvente aún para los n no enteros

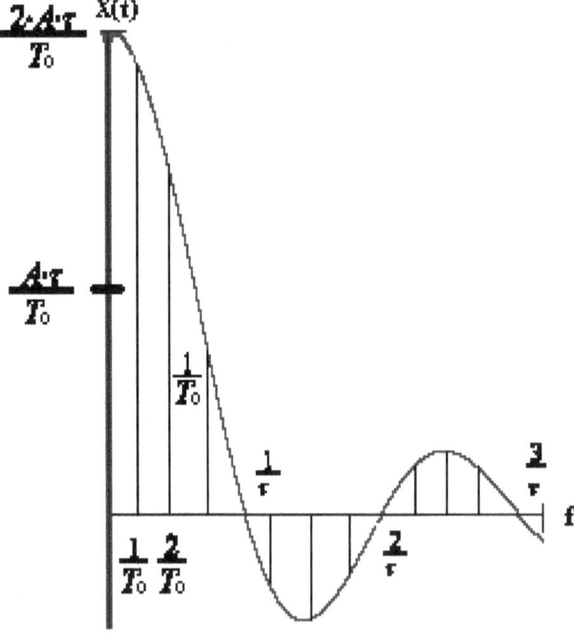

FIGURA 3-6.

Una representación, indicando amplitud y fase sería como sigue:

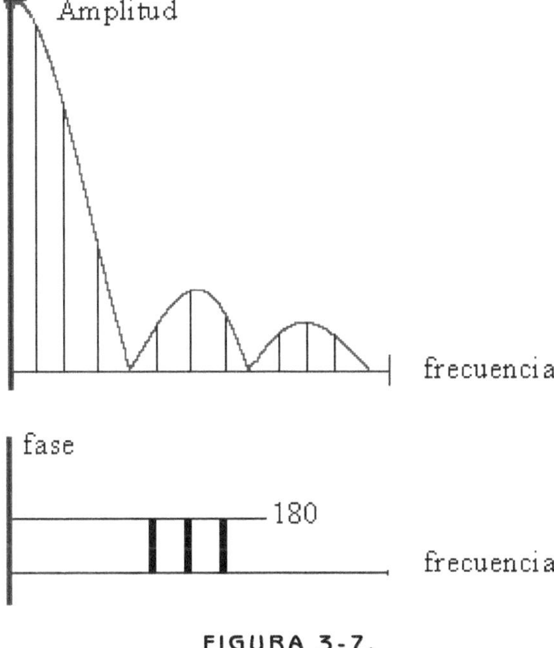

FIGURA 3-7.

Debe considerarse siempre que en estas representaciones se ha producido un cambio de la variable independiente: lo que usualmente representábamos en el eje de las abscisas como "t" (variable independiente tiempo) ahora es "f" y representa a las frecuencias, por lo que ahora hablaremos del eje de las frecuencias en lugar del eje del tiempo)

De la **Fig. N° 25** resulta importante observar lo siguiente:

- La separación entre armónicas es igual a la frecuencia del tren de pulsos
- Las armónicas de mayor amplitud se encuentran entre cero y y la frecuencia $1/\tau$ (que es el primer cruce por cero de la función sinc)

Veamos ahora distintos trenes de pulsos y sus correspondientes espectros:

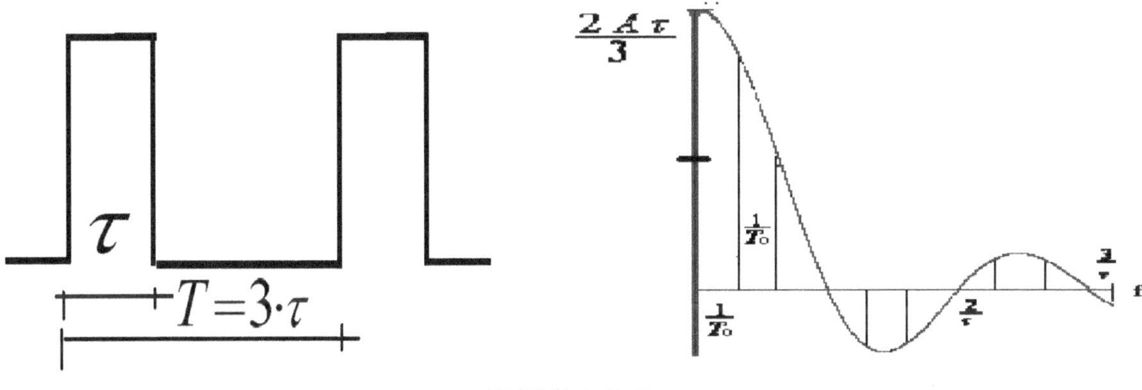

FIGURA 3-8.

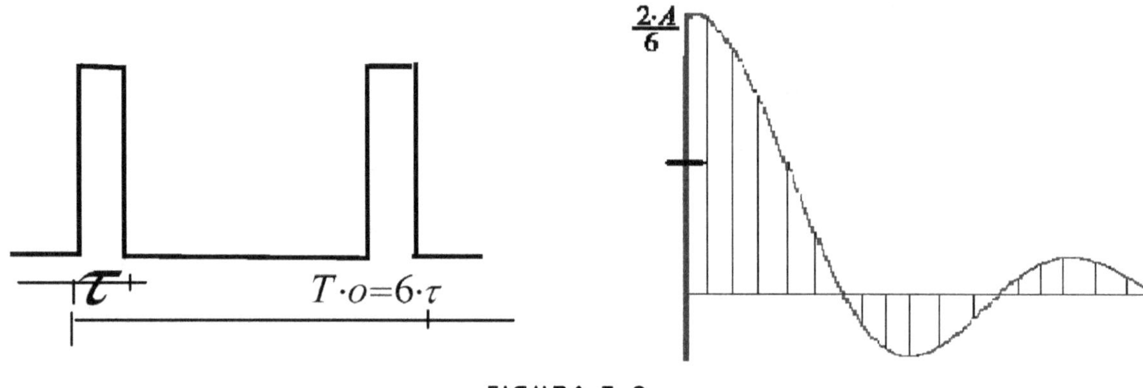

FIGURA 3-9.

Se observa que el tren de pulsos de la Fig. N° 28 tiene la misma frecuencia que el de la figura anterior, pero sus pulsos son la mitad de angostos y en consecuencia la "envolvente" (la función sinc) del espectro se expande y las armónicas superiores toman mayor importancia, en conclusión:

> *El ancho del pulso determina la envolvente del espectro y la frecuencia la separación de las armónicas.*

3.3.2. Ancho de banda de un Tren de Pulsos

En función del desarrollo de Fourier que hemos estudiado, podríamos decir que el ancho de banda de un tren de pulsos es infinito, ya que existen armónicas para cualquier múltiplo entero de la frecuencia fundamental. Pero también se observa de los gráficos anteriores que las amplitudes de las armónicas superiores van haciéndose cada vez más pequeñas. Ya habíamos expresado que las armónicas más importantes se hallan por debajo del punto de corte determinado por $1/\tau$.

En general, podemos considerar a $1/\tau$ como el *ancho de banda práctico* de un tren de pulsos. Se puede demostrar además que, transmitiendo ese ancho de banda *es posible transmitir más del 90% de la potencia total del tren de pulsos.*

Se puede deducir intuitivamente, que transmitiendo a nivel del ancho de banda práctico, los pulsos, al estar "recortados" en su potencia total, estarán "deformados", lo cual es correcto:

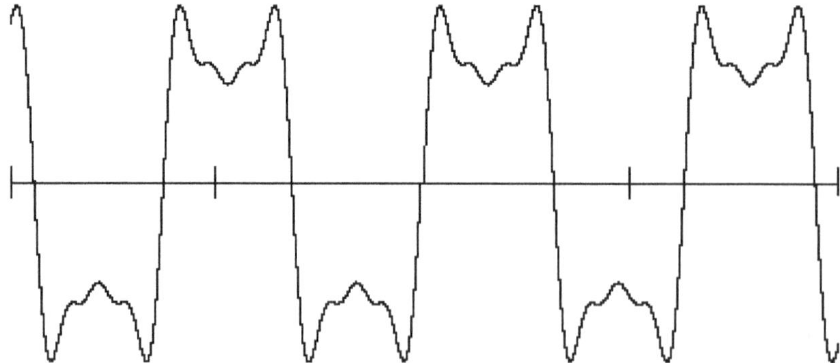

FIGURA 3-10. Pulsos transmitidos a la línea con ancho de banda $1/\tau$

FIGURA 3-11. Pulsos originales

De la figura 29 se puede observar que si bien los pulsos se ven bastante deformados con respecto a su forma original, no obstante lo cual, *se identifican claramente* los instantes en que ocurren los pulsos. Como se trata de pulsos binarios (es decir solo dos estados: "0" y "1") esto es lo que verdaderamente importa, ya que identifican perfectamente los niveles altos y bajos.

Por otra parte es de hacer notar que $1/\tau$ es además la *velocidad de señalización* del tren de pulsos dado ya que esta velocidad era la inversa del pulso más corto. (ver capitulo anterior Teoría de la Información)

En función de lo expresado, podemos decir que se puede tomar un ancho de banda práctico (en Hz) para el tren de pulsos igual a la velocidad de señalización (en baudios)

De todas formas, más adelante veremos que el ancho de banda práctico no es el *ancho de banda mínimo.*

3.4. TRANSFORMADA DE FOURIER

3.4.1. Espectros Continuos

Analizamos anteriormente que cuando los pulsos se separaban más en el tiempo -es decir su frecuencia se hacia menor- las barras de su espectro se iban juntando cada vez más.

Si consideramos un solo pulso aislado, es decir razonar en un tren de pulsos de frecuencia cero (periodo infinito: To tiende a ∞), en este caso las barras de su espectro se juntan unas a otras formando un "espectro continuo"

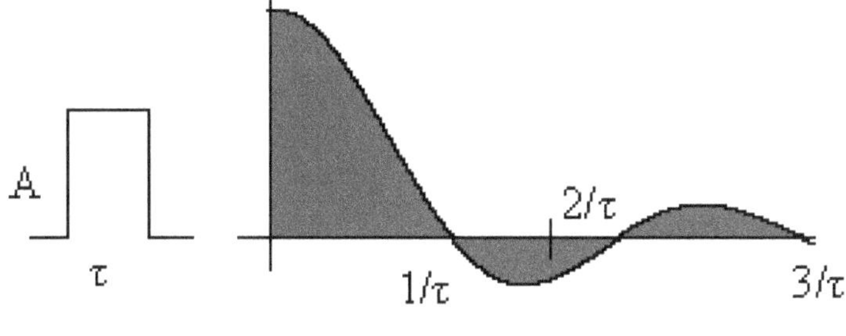

FIGURA 3-12.

No hemos colocado nada sobre el eje de las abscisas, ex profeso, ya que vimos que la amplitud de la función sinc era función inversa del periodo, pero aquí definimos como un tren de pulsos de periodo infinito.

Para solucionar este inconveniente matemático, a la función que representa el pulso aislado no se la desarrolla en serie sino que se le aplica una operación llamada

3.4.2. Transformada de Fourier

Con esto, el espectro del pulso resulta:

$$X(t) = A \, \tau \, \text{sinc} \, \tau \, f$$

Con lo que, si la amplitud de la señal se mide en volts, el eje de las ordenadas tendrá unidades en [volt/Hz]

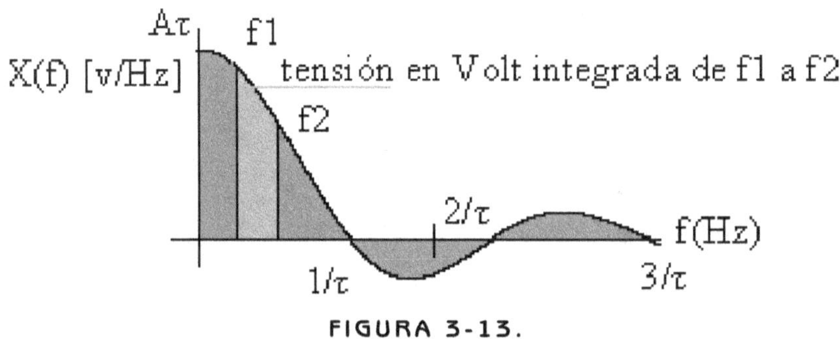

FIGURA 3-13.

Lo que este gráfico nos indica es que si medimos el pulso con un voltímetro que sea sensible a las frecuencias comprendidas entre f1 y f2 la tensión medida será proporcional al area rayada

Lo que hemos visto para un tren de pulsos y un pulso aislado tiene aplicación general y asi podemos decir que:

- Ondas periódicas tienen espectro de barras y se pueden analizar por serie de Fourier
- Ondas no periódicas tiene espectro continuos y se pueden analizar por Transformada de Fourier

Con este razonamiento,. podemos inferir que el espectro de la figura 32 corresponde no solo a un pulso aislado sino también a *un tren de pulsos no periódico*, esto es, los pulsos que se tienen en la práctica.

Debemos recordar que un tren de pulsos periódico no aporta ninguna información, ya que la probabilidad de ocurrencia de cada pulso es uno.

Cabe preguntarse ahora

¿Qué pasa si a una onda periódica (por ejemplo un tren de pulsos) le aplicamos la transformada de fourier?

Dado que aquí la tensión de las armónicas está dada por el área encerrada por el espectro (figura 32) no podemos hacer un espectro de barras ya que una barra no encierra ninguna figura (no hay área medible), por otra parte, el espectro no puede tener ninguna otra forma, ya que en los únicos lugares donde existen armónicas son exactamente -y nada más- que en estas frecuencias. Para solucionar esto recurrimos a un artilugio matemático, colocando en lugar de las barras funciones impulsos o delta de Dirac, que son como las barras pero encierran una superficie.

En efecto, el impulso es una solución matemática, que podemos visualizar a partir de lo siguiente. Supongamos un pulso de ancho U y altura 1/U, el área encerrada será:

$$S = U \times 1/U = 1$$

Si vamos haciendo a U cada vez más chico, como se ve en la figura:

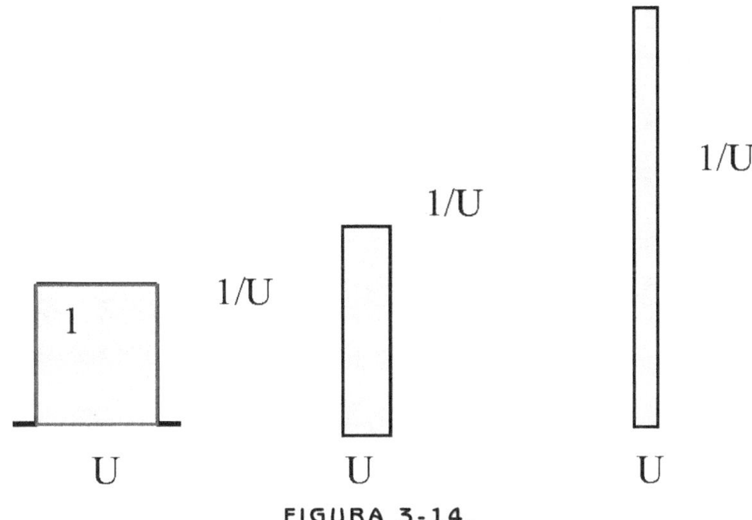

FIGURA 3-14.

Cuando el ancho del pulso tiende a cero, su altura tiende a infinito, y el pulso se transforma en impulso, y se representa asi:

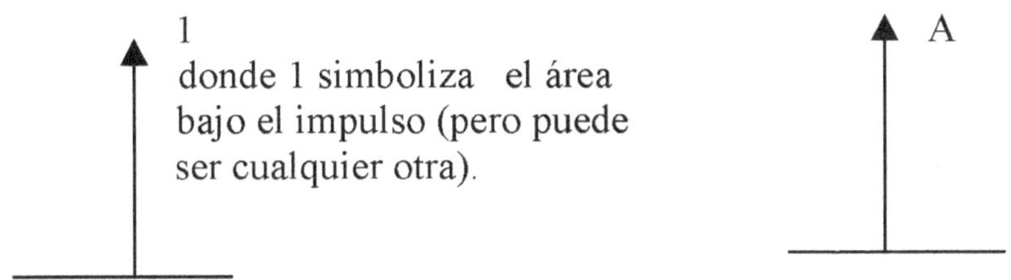

FIGURA 3-15.

Con lo que, al reemplazar las barras del espectro, por la función impulso, el resultado es exactamente idéntico a lo que obteníamos con la serie de Fourier.

La conclusión más importante de todo esto es que es más conveniente trabajar con la Transformada de Fourier ya que con esta podemos representar los espectros de ondas periódicas y no periódicas, mientras que con la serie solo podemos representar funciones periódicas.

3.4.3. Espectro de un Tren de Impulsos

Pensemos en un tren de pulsos extremadamente angostos, de manera que podamos asimilarlos a un tren de impulsos. El espectro será el de un tren de pulsos de ancho nulo, es decir $\tau = 0$, en consecuencia, el primer cruce por cero de la envolvente del espectro (la frecuencia $1/\tau$) será en el infinito, con lo que el espectro de un tren de impulsos está constituido por infinitas armónicas, todas de la misma amplitud.

3.4.4. Espectro de un Tren de Pulsos Bipolares

En este caso debemos pensar que simplemente está desplazado el eje de las abscisas, pero ese desplazamiento hace que el término independiente de la frecuencia en la Serie de Fourier este dado por:

$$\frac{A \cdot \tau}{T} - \frac{A}{2} \qquad \text{donde } \mathbf{T} \text{ es el período}$$

Como es lógico suponer, la única diferencia con el espectro de los pulsos monopolares es la componente continua. En particular si $\tau/T = \frac{1}{2}$ o sea $T = 2\tau$, la componente continua es nula.

Por otra parte, resulta muy interesante comparar las potencias medias de un tren de pulsos monoplar y bipolar de iguales características, es decir ancho de pulso, periodo y frecuencia.

Tren de pulsos monopolares

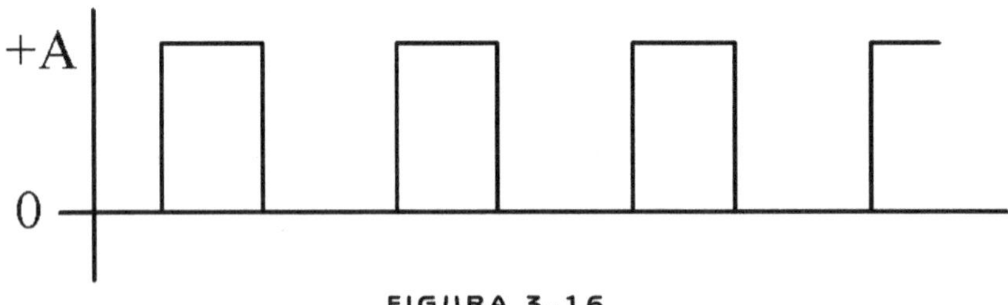

FIGURA 3-16.

Tren de pulsos bipolares

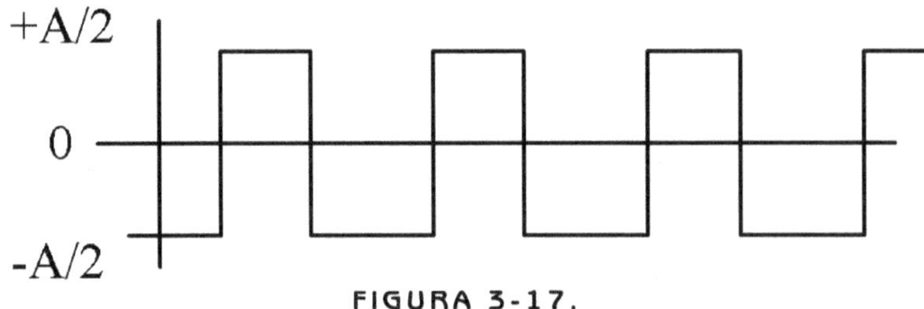

FIGURA 3-17.

Las figuras 35 y 36 representan trenes de pulsos de similares características, solo que uno es monopolar y el otro bipolar, es decir toma valores por encima y por debajo del nivel 0 de tensión. Comparemos sus potencias:

3.4.5. Niveles de Potencia

Para la onda monopolar

P (nivel A) = A^2

P (nivel 0) = 0

Potencia media = (A^2 + 0)/2 = **A^2/2**

Para la onda bipolar

$$P \text{ (nivel } \left(\frac{A}{2}\right)^2) = A^2/4$$

$$P \text{ (nivel } \left(\frac{-A}{2}\right)^2) = A^2/4$$

Potencia media = [A^2/4 + A^2/4]/2 = **A^2/4**

Lo cual nos dice que el tren de pulsos bipolar requiere menos potencia para su transmisión. Resulta lógico el razonamiento ya que ambas señales tienen el mismo contenido armónico, pero la bipolar no posee componente continua.

Estos conceptos serán vistos nuevamente cuando estudiemos los tipos de modulación de la señal, sus niveles de potencia y ancho de banda necesarios.

CAPÍTULO **4**

TÉCNICAS DE MODULACIÓN

4.1. MODULACION DIGITAL

4.1.1. Tipos de Modulacion

Cuando es necesario transmitir las señales digitales a distancias apreciables, es necesario contar con un vehículo apropiado para tal fin, como pueden ser las ondas radioeléctricas. Para que ello sea posible, y con el fin de obtener el mayor rendimiento posible del medio de transmisión, ya sea en cantidad de información transmitida por unidad de tiempo o por ocupación de canal, o por cualquier consideración que el diseñador tuviera en cuenta, es necesario hacer un traslado de frecuencias del tren de pulsos lo cual se consigue con un proceso de *modulación.*

Dicho de otro modo: MODULAR significa "transferir" los datos de la señal a transmitir a un carrier ó portadora.

Normalmente, la señal portadora es una senoidal pura del tipo:

$$A \operatorname{sen}(\omega t + \theta)$$

Al modular se modifica la amplitud, (A) la frecuencia (wt) o la fase (θ) de esa portadora, en función del mensaje (la señal "modulante").

Si la señal modulante es una señal analógica, se tiene una modulación *analógica.*

Si la señal modulante es un tren de pulsos, la modulación será *digital,* que es el caso que nos interesa.

En el caso de que el mensaje sea una señal binaria, podemos hacer variar uno de los tres parámetros de la señal portadora (la senoide pura) con lo que obtendríamos una *modulación por cambio de amplitudes* (ASK=Amplitude Shift Keying - manipulación por desplazamiento de amplitud) en caso de variar (A), *modulación por cambio de frecuencias* (FSK= Frequency Shift Keying - manipulación por desplazamiento de frecuencias) en el caso de variar (wt) o modulación por cambio de fase (PSK= Phase Shift Keying - manipulación por desplazamiento de fase) si lo que varia es el ángulo de fase θ.

A continuación analizaremos las características más importantes de estos tipos de modulación como son: La potencia, el espectro y el ancho de banda.

4.1.2. ASK: Modulación digital de amplitud

Consiste en cambiar la amplitud de la sinusoide entre dos valores posibles; si uno de los valores es cero se le llama OOK (On-Off keying). La aplicación más popular de ASK son las transmisiones con fibra óptica ya que es muy fácil "prender" y "apagar" el haz de luz; además la fibra soporta las desventajas de los métodos de modulación de amplitud ya que posee poca atenuación. Otra aplicación es el cable transoceánico.

El modulador es un simple multiplicador de los datos binarios por la portadora. Este tipo de modulador se llama modulador del producto o modulador balanceado

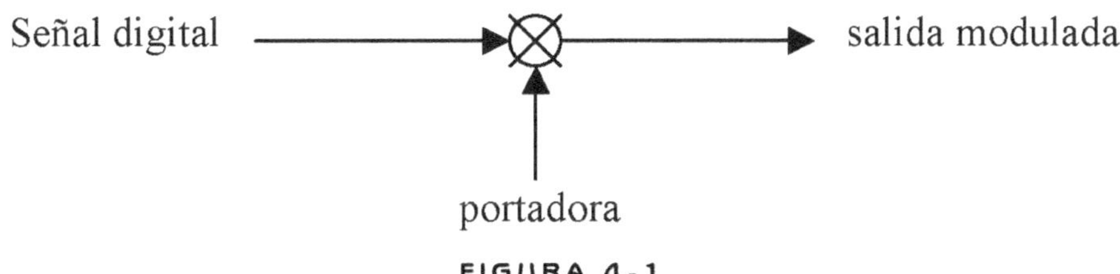

FIGURA 4-1.

La salida modulada es el producto de la señal digital con la portadora.

ASK puede ser definido como un sistema banda base con una señal para el "1" igual a $s_1(t)$ y una señal para el cero igual a $s_0(t) = 0$.

$$s_1(t) = \sqrt{2P_s}\ \operatorname{sen}\omega_c t = A\operatorname{sen}\omega_c t$$

$$P_s = \frac{A^2}{2}$$

definimos ahora una nueva señal b(t) para una onda bipolar, ya que dijimos en el capitulo anterior que este tipo de señal (sin retorno a cero ó NRZ) era más conveniente porque requiere menos potencia para su transmisión. La consideración ahora es que la señal vale 1 cuando el bit a transmitir es uno y -1 cuando el BIT es cero. Podemos expresar la señal ASK como:

$$s_{ASK}(t) = \sqrt{2P_s}\left(\frac{b(t)+1}{2}\right)\operatorname{sen}\omega_c t = \sqrt{\frac{P_s}{2}}\left(b(t)+1\right)\operatorname{sen}\omega_c t$$

Tal como definimos, b(t) es una onda NRZ, por lo tanto su espectro, que es infinito, quedará trasladado a fc . Como el espectro de b(t) es un Sinc^2 con cortes cada $f_b = 1/t_b$, y como siempre se elige fc mucho mayor que f_b, entonces el espectro de la señal ASK quedará

$$G_{S_{ASK}}(f) = \frac{P_s}{8}\left[\delta(f - f_c) + \delta(f + f_c) + t_b\operatorname{sinc}^2\left(f + f_c\right)t_b + b\operatorname{sinc}^2\left(f - f_c\right)t_b\right]$$

Es fácil darse cuenta que la señal ASK resulta el producto de las señales Fc (portadora) y fb (señal binaria digital). El espectro de la señal binaria es como ya conocemos (una sinc) mientras que la portadora es simplemente una línea en una única frecuencia. Es decir estamos componiendo las frecuencias fc - fb y fc + fb. (si hace lo mismo con todas las frecuencias se tiene el espectro de la fig. Nº 38)

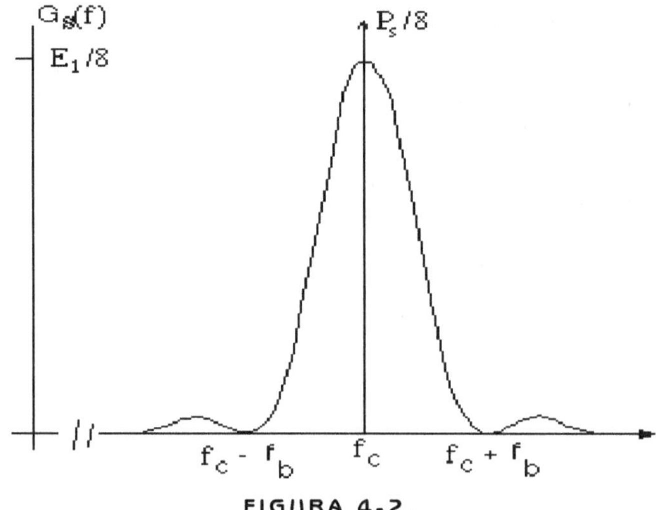

FIGURA 4-2.

La conclusión más importante a la que arribamos es que el ancho de banda de transmisión duplica al de banda base. Se puede considerar un ancho de banda práctico de 2fb.

Veamos ahora en este grafico generado por el computador donde podemos simular la modulación de una portadora por una señal digital (en este caso 01010). En el se ha dispuesto una modulación al 100%, es decir OOK (On - Off - Key)

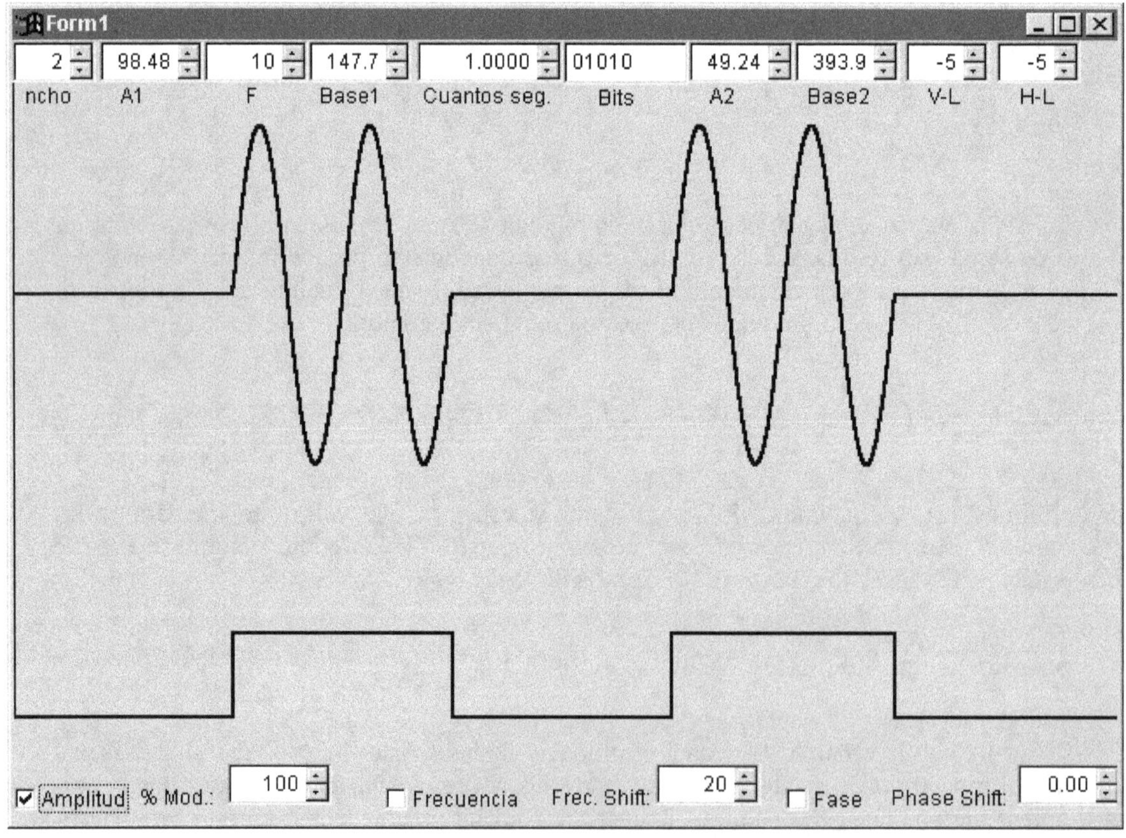

FIGURA 4-3.

4.1.3. FSK: Modulación digital de frecuencia

Consiste en variar la frecuencia de la portadora de acuerdo a los datos. En este caso la portadora toma un valor de frecuencia cuando tenemos un cero y otro distinto cuando tenemos un uno. Esto puede asimilarse a la superposición de dos señales ASK de diferente frecuencia: una frecuencia modulada por los unos y otra modulada por los ceros.

Si la fase de la señal FSK es continua, es decir entre un BIT y el siguiente la fase de la sinusoide no presenta discontinuidades, a la modulación se le da el nombre de CPFSK (Continuous Phase FSK) y será la que analizaremos a continuación.

La siguiente figura ilustra un mensaje y la señal CPFSK resultante (se ha tomado el mismo tren de pulsos del ejemplo anterior)

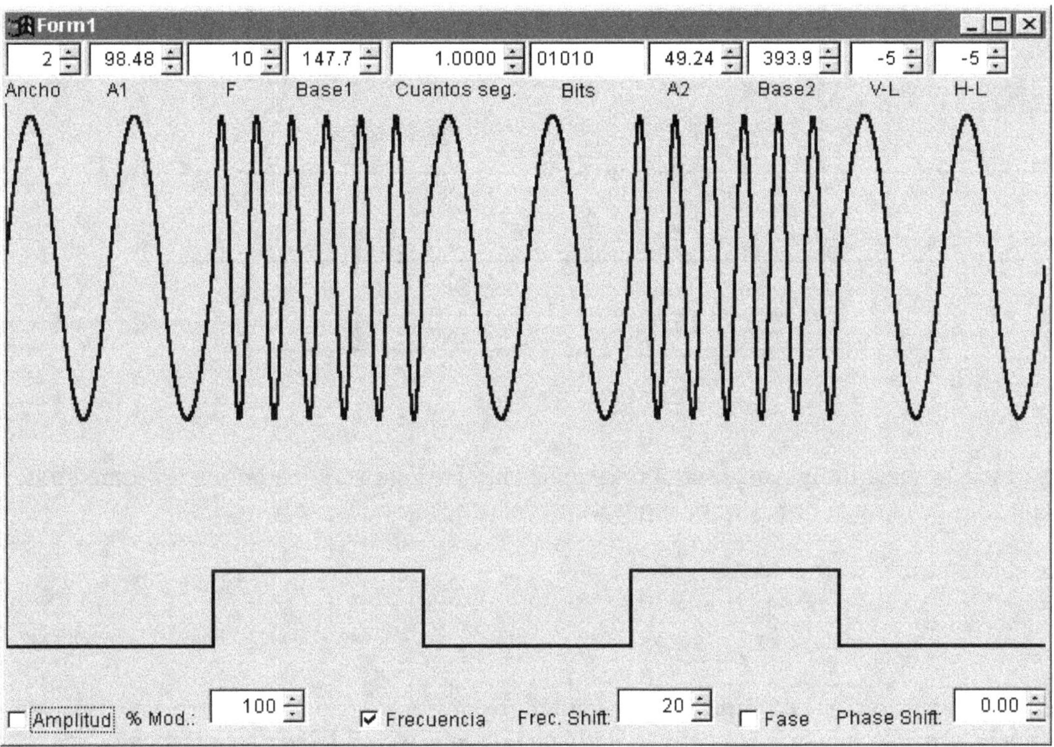

FIGURA 4-4.

La expresión matemática para una señal binaria del tipo de la figura es:

$$s_{FSK}(t) = \sqrt{2P_s}\,\cos\!\left(\omega_c t + b(t)\Omega\right)t =$$

$$= \sqrt{2P_s}\,\cos\Omega t\cos\omega_c t - \sqrt{2P_s}\,b(t)\,\mathrm{sen}\,\Omega t\,\,\mathrm{sen}\,\omega_c t$$

La señal será una sinusoide de frecuencia fA = (wc+W)/2p si se transmite un UNO y una sinusoide de frecuencia fB = (wc-W)/2p cuando se transmita un CERO. La frecuencia de portadora sin modular es (fA+fB)/2 = fc .

El espectro de la señal FSK será entonces la superposición de dos espectros ASK:

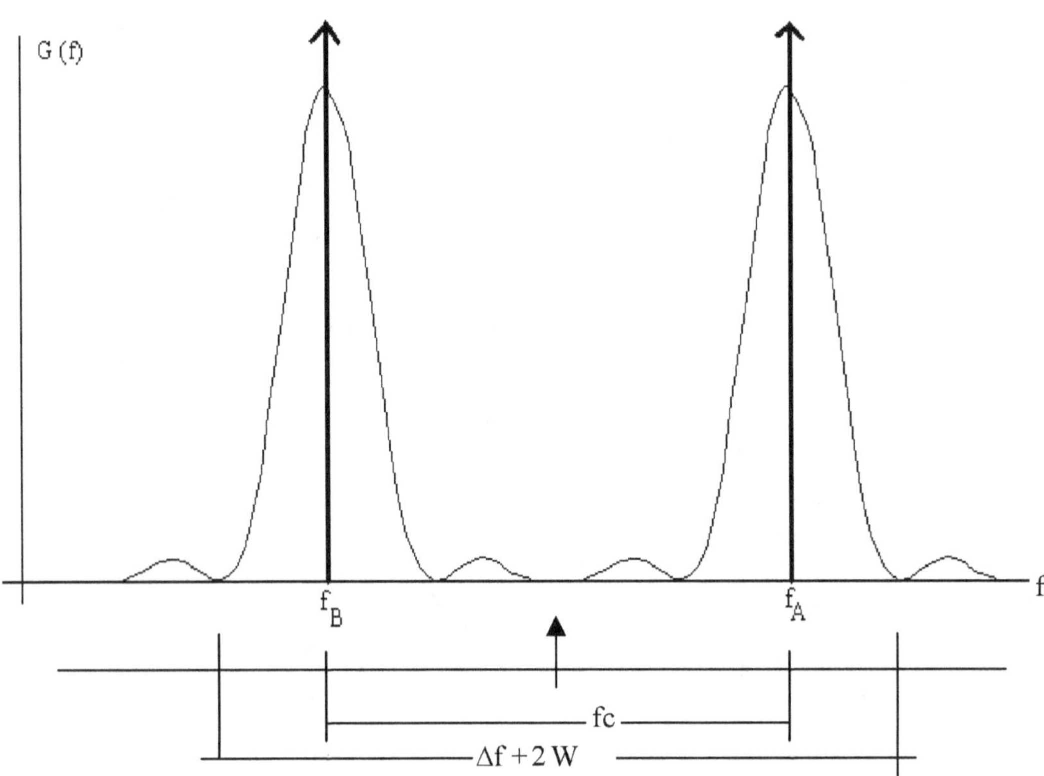

FIGURA 4-5.

En algunos casos se suele definir una portadora inexistente fc. Esta se toma como el promedio de las dos frecuencias de la señal FSK y se dice que estas frecuencias son Fc -Δf y fc + Δf.

El ancho de banda resultará ser entonces:

$$2 \Delta f + 2 W$$

De esta forma, si la separación entre frecuencias (entre tonos, ya que las portadoras en este caso son dos tonos fijos) es mucho mayor que el ancho de banda de la señal en banda base, tenemos que el ancho de banda de la señal FSK puede aproximarse a $2 \Delta f$, o sea independiente del ancho de banda de la señal en banda base (FSK de banda ancha).

Por otro lado, si la separación entre tonos es muy pequeña comparada con W el ancho de banda se aproxima a 2W o sea igual que con ASK y dependiendo del ancho de banda de la señal en banda base (FSK de banda angosta)

4.1.4. PSK: Modulación digital de fase

Aunque PSK no es usado directamente, es la base para entender otros sistemas de modulación de fase multinivel.

Consiste en variar la fase de la sinusoide de acuerdo a los datos. Para el caso binario, las fases que se seleccionan son 0 y π. En este caso la modulación de fase recibe el nombre de PRK (Phase Reversal Keying). Observemos, en la siguiente figura, una señal PRK tomando el mismo ejemplo de las modulaciones anteriores:

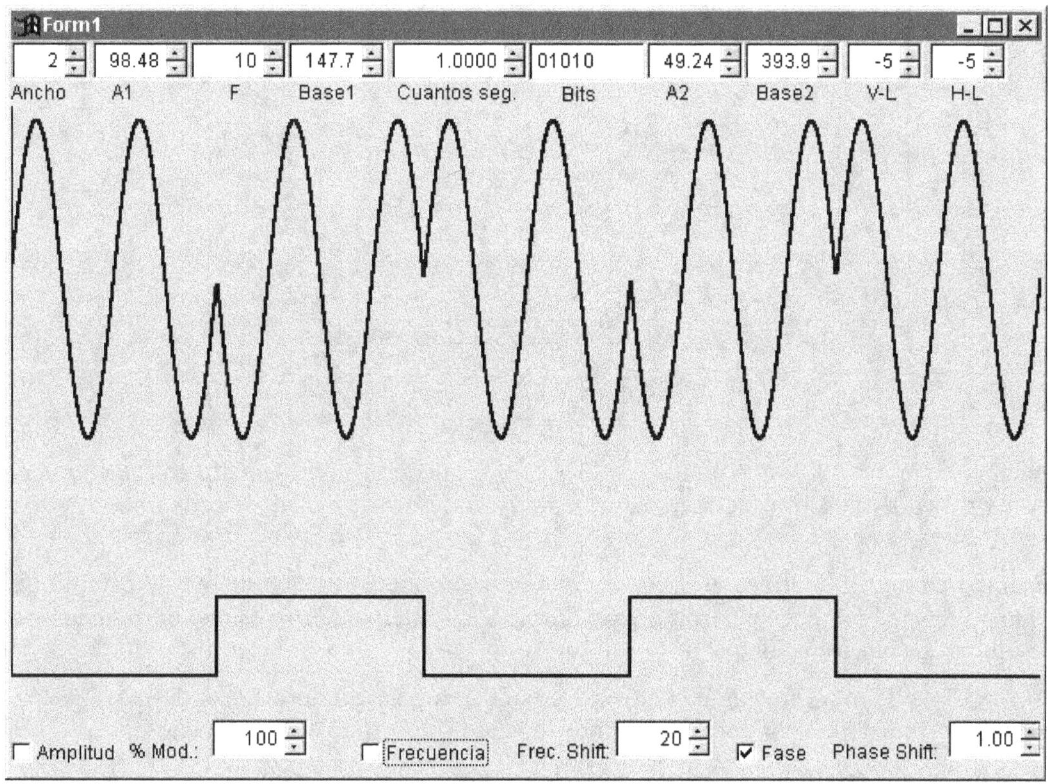

FIGURA 4-6.

Veamos ahora como resultaría el espectro de esta señal:

4.1.5. Desplazamiento de Fase en Cuadratura

El desplazamiento de fase en cuadratura (QPSK) es una extensión del método de PSK simple, y tal como planteamos al comienzo del desarrollo de PSK, es una modulación multinivel.

Lo que buscamos es lograr la mayor cantidad de de bits/seg. que pueden transmitirse por cada Hz de ancho de banda ocupado.

Para el ejemplo anterior de PRK (modulación binaria de 0 - 180·) se transmite un bit/seg. por Hz de ancho de banda.

En QPSK la señal puede tomar uno de los cuatro ángulos de fase posibles, mutuamente en cuadratura, donde cada uno corresponde a una condición de entrada de datos particular.

Considere el formato de datos NRZ en el cual cada palabra es dividida en pares de bit en lugar de bits individuales. Hay cuatro modos posibles de paridad binaria 1 y 0. Estos son:

00 01 10 11

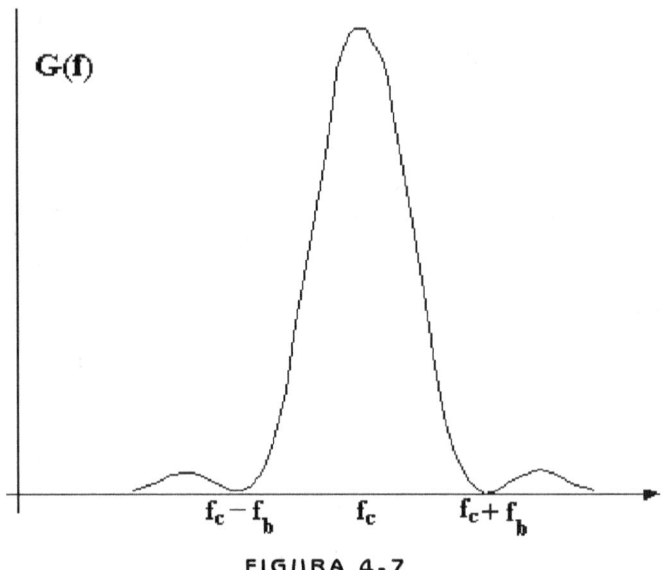

FIGURA 4-7.

Cualquier palabra de información con un número par de bits puede ser representado por una combinación de estos pares de bits. Uno de los cuatro ángulos de fase es asignado a cada uno de estos pares de bits.

QPSK comparado con el PSK ofrece el doble de bits de información por portadora de cambio de fase. Su ventaja comparativa encuentra amplia aplicación en sistemas de transmisión de datos de portadora-modulada de alta-velocidad.

Por ejemplo, si la tasa de transferencia de datos tiene 9600 bits por segundo la tasa de señalización de línea de transmisión tendrá 4800 pares de bits por segundo y así estará a 4800 baudios.

Se comprueba que el ancho de banda de de la señal de cuatro niveles es lña mitad de la de dos niveles. En general, el ancho de banda de una señal de n niveles será:

$$Bn = B/\log m$$

donde B es el ancho de banda de la señal de dos niveles (el log es en base dos)

O sea que con ocho niveles el ancho de banda disminuye a la tercera parte, con dieciséis a la cuarta, etc.

Lógicamente, se paga un precio por esta ventaja: al disminuir la distancia entre niveles la relación señal a ruido se desmejora.

La representación más conveniente en estos casos no es un diagrama de amplitudes en función del tiempo, sino un diagrama polar, donde la amplitud y la fase de un vector representa la amplitud y la fase de cada nivel modulado, por ejemplo para PSK de dos niveles:

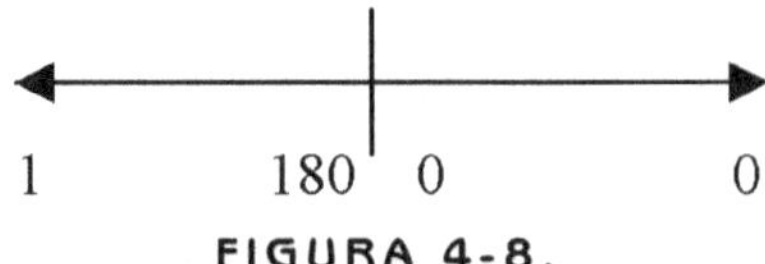

FIGURA 4-8.

Y usualmente se representa mediante un punto, solamente el extremo de los vectores.

Como se representa en la fig.

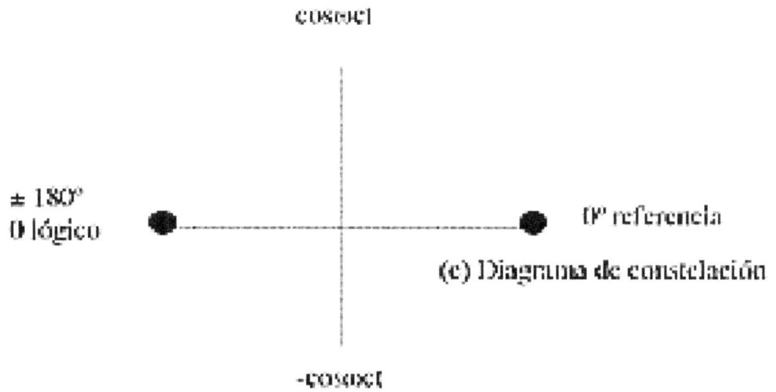

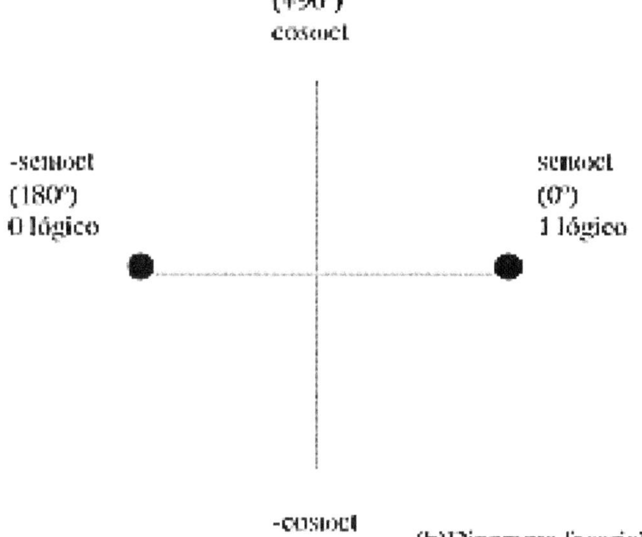

Entrada binaria	Fase de salida
0 lógico	180°
1 lógico	0°

(a) Tabla de verdad

FIGURA 4-9.

Típicamente, las cuatro fases elegidas para QPSK son + /- 45 grados y + /-135 grados. Cada uno de estos es asignado a un par de bits (dibit).

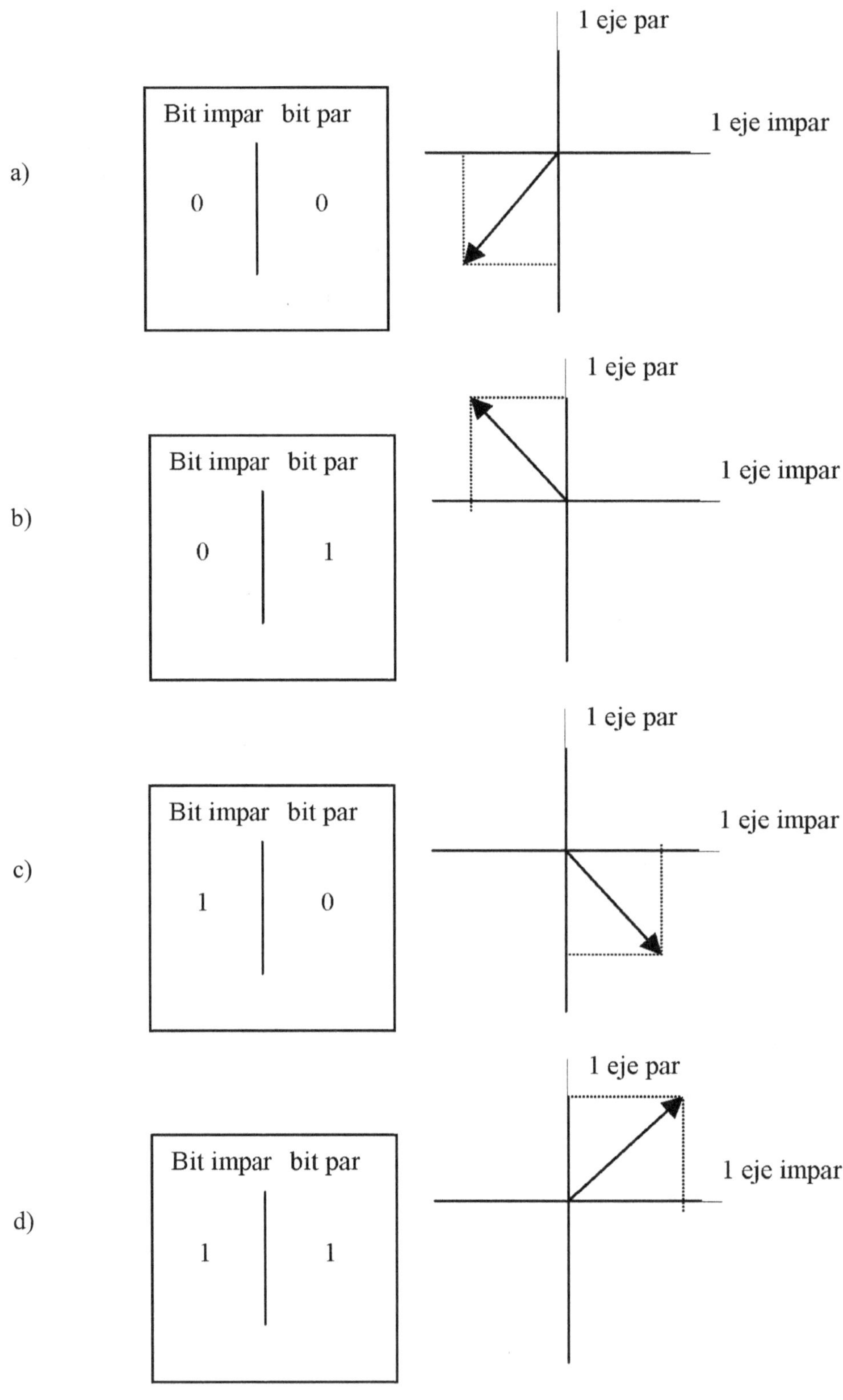

FIGURA 4-10. a) b) c) d)

En resumen sería:

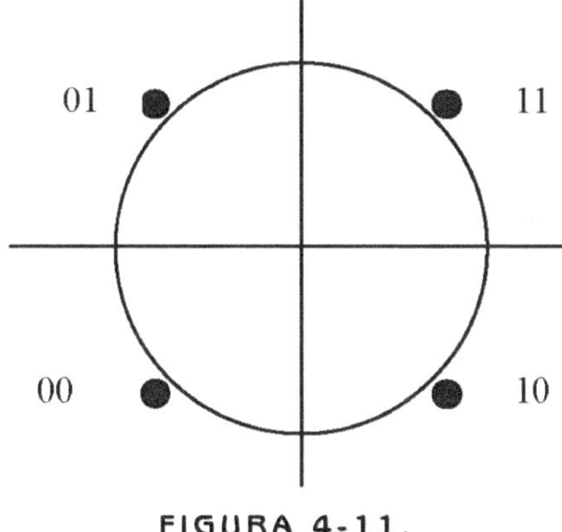

FIGURA 4-11.

La modulación de dos portadoras en cuadratura puede hacerse también vriando los niveles de amplitud de las portadoras. De esta forma obtenemos una combinación de ASK y PSK llamada QAM (cuadrature amplitude modulation)

Lógicamente, esto permite elevar el número de niveles de modulación. Por ejemplo en la figura siguiente se ve el diagrama QAM de cuatro niveles, que permite codificar 16 estados distintos y reducir 4 veces el ancho de banda.

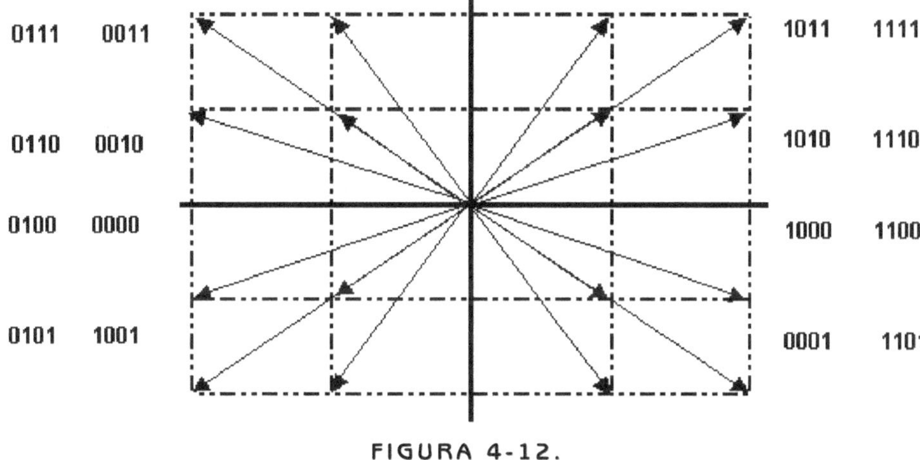

FIGURA 4-12.

4.2. Modulación Analógica de Pulsos y Multiplexación

4.2.1. Modulacion Analógica de Pulsos

A diferencia de la modulación de ondas continuas (AM, FM, PM) en la que la portadora es generalmente una onda senoidal, en la modulación de pulsos la portadora (o quien hace de portadora) es un tren de pulsos. Por otra parte, así como en la modulación de ondas continuas algún parámetro de la onda varía continuamente con el mensaje, en la modulación de pulsos *algún parámetro de cada pulso* es modificado en función del valor de diferentes muestras del mensaje.

Normalmente, los pulsos son más cortos que el tiempo de ocurrencia entre ellos, de manera que la energía transmitida (potencia) puede ser concentrada en el instante de emisión del pulso y no enviarse en forma continua, (lo que supondría un desperdicio de enrgía no productiva) de esta forma, los espacios entre pulsos pueden ser llenados con pulsos de *otros mensajes*, en lo que es un proceso de múltiplexación.

Podemos decir que la modulación de pulsos es en realidad una técnica de "procesamiento" del mensaje antes que una modulación en el sentido corriente, dado que los trenes de pulsos tienen un apreciable contenido de bajas frecuencias y CC (corriente continua).

El concepto de modulación analógica es correcto si se piensa que la modulante es una onda continua analógica y por lo tanto los parámetros de los pulsos se varían de forma continua.

Veamos: en el instante de ocurrencia del pulso, se toma una muestra de la señal y se varia algún parámetro del pulso de acuerdo a la amplitud de la muestra.

Los parámetros más utilizados son: amplitud, duración y posición, lo que da origen a las tres formas clásicas de modulación analógica de pulsos:

PAM...........(Pulse Amplitude Modulation)........modulación por amplitud del pulso

PDM ....(Pulse Duration Modulation) ....modulación por duración del pulso

PPM...........(Pulse Position Modulation) ....modulación por posición del pulso

En ocasiones PDM y PPM se agrupan juntas bajo el nombre de modulación por tiempo del pulso PTM (Pulse Time Modulation).

Como dijimos más arriba, el gran contenido de CC y bajas frecuencias hace prácticamente imposible la transmisión directa (salvo para distancias muy pequeñas) por lo quie necesario modular con estos pulsos una portadora de Rfsi se quiere transmitir a mayores distancias.

De todas formas, la modulación analógica de pulsos no se usa para la transmisión de señales, sino que forma parte del procesamiento de la señal, el cual termina generalmente con una información digital de la información a transmitir.

4.2.2. PAM: Modulacion por Amplitud del Pulso

Es importante concentrar nuestro estudio en tres aspectos de suma importancia:

- Potencia requerida
- Ancho de banda de transmisión
- Ruido

Comparada con la transmisión de la señal original, la potencia se reduce en función directa con el ciclo de actividad de los pulsos, es decir:

$P_{PAM} = P(\tau/T_s)$ donde

P = potencia de la señal original

τ = duración de los pulsos

T_s = tiempo entre muestras

Por su parte, el ancho de banda práctico es:

$$B_{PAM} = 1/\tau$$

Ahora bien, en el muestreo práctico siempre se hace que el ancho del pulso sea mucho menor que el intervalo de muestreo, es decir:

$$\tau << T_s => 1/\tau >> 1/T_s$$

pero debemos recordar que, de acuerdo a Nyquist debía ser:

$$1/T_s >= 2\,W$$

donde W es el ancho de banda de la señal original, de todo esto podemos decir:

$$B_{PAM} >> 2\,W$$

Es decir el ancho de banda se incrementa mucho con respecto a la señal original.

Con respecto al ruido, se puede demostrar que el comportamiento de la señal PAM no es mejor que el de la señal original, y esto siempre que se use PAM bipolar y se muestree a la tasa de Nyquist, de otra manera, el comportamiento de la señal PAM es peor que la señal original.

En conclusión:

- Hay una importante reducción de potencia
- El ancho de banda aumenta considerablemente
- La relación señal a ruido es igual o peor respecto de la señal original.

4.2.3. PDM: Modulacion por Duracion del Pulso

Una forma de generar las señales PDM es utilizando el circuito siguiente:

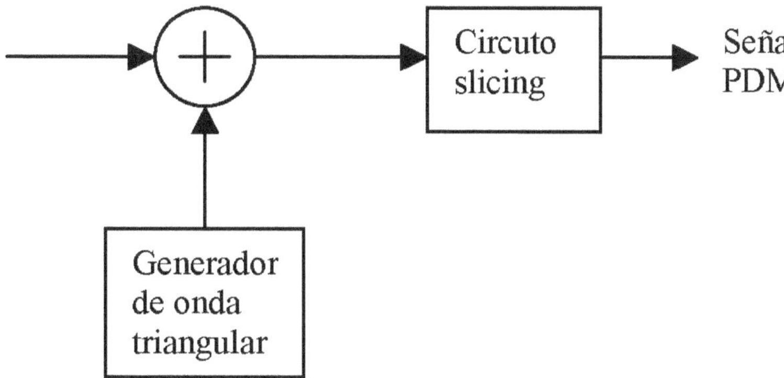

FIGURA 4-13.

El símbolo $\oplus$ representa un sumador y el circuito Slicing produce pulsos que duran el tiempo que la señal de entrada supere un cierto nivel, de forma tal que cuando mayor es la señal de entrada más cerca de la base de la onda triangular intercepta el nivel de Slicing y por lo tanto, el pulso producido es más ancho.

La potencia requerida es arbitraria, dado que todos los pulsos tienen la misma amplitud y siempre $\tau \ll T_s$.

Para el ancho de banda vale lo mismo que dijimos para PAM.

En cuanto al ruido aquí influye menos que en la señal original, aunque la reducción no es tan efectiva como en una FM, por ejemplo. Por otra parte, si la señal PDM modula a una portadora, lógicamente las condiciones del ruido empeoran un poco más todavía.

Es importante resaltar que aquí se consigue una reducción del ruido a expensas de un aumento del ancho de banda. Este "intercambio" ruido - ancho de banda no puede realizarse indefinidamente dado que existe un "efecto umbral" de alrededor de 3 dB.

4.2.4. PPM: Modulacion por Posición del Pulso

La manera más usual de generar las señales PPM es a partir de una señal PDM con el siguiente circuito:

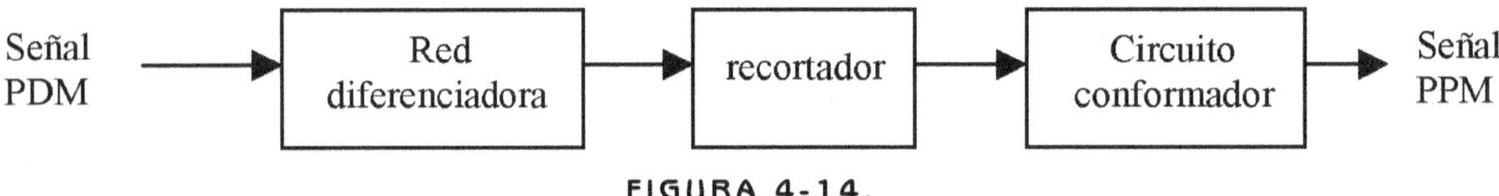

FIGURA 4-14.

El circuito del diagrama anterior trabaja de la siguiente forma:

Con el diferenciador se marcan las posiciones de las caras de los pulsos de la señal PDM y luego con el recortador se elige la cara anterior o posterior.

Luego el conformador genera pulsos en esas posiciones. La reconstrucción de la señal original se consigue mediante un filtro pasabajos y una integración posterior.

PPM tiene las siguientes ventajas respecto a PDM:

- La potencia requerida es menor
- Mejora la relación señal - ruido (aunque sin llegar al nivel de FM)

De acuerdo a esto podemos decir que PPM es el método más eficaz de modulación analógica para la transmisión de señales.

4.2.5. Multiplexacion por Division de Tiempo

Tal como dijimos anteriormente, en la modulación por pulsos el tiempo libre entre pulsos podía ser aprovechado para incluir pulsos correspondientes a otros canales de información. Esta técnica se conoce como multiplexación de canales por división de tiempo (TDM: Time Division Multiplexing). Esta Técnica es una forma relativamente sencilla para permitirnos aprovechar los "tiempos muertos" que hay en toda señal digital, es decir, donde no hay información.¿Para que transmitir esos espacios "vacíos" sin información y no aprovecharlos "llenándolos" con otras informaciones a ser transmitidas?

Una forma sencilla de representar este proceso se ejemplifica en la figura siguiente:

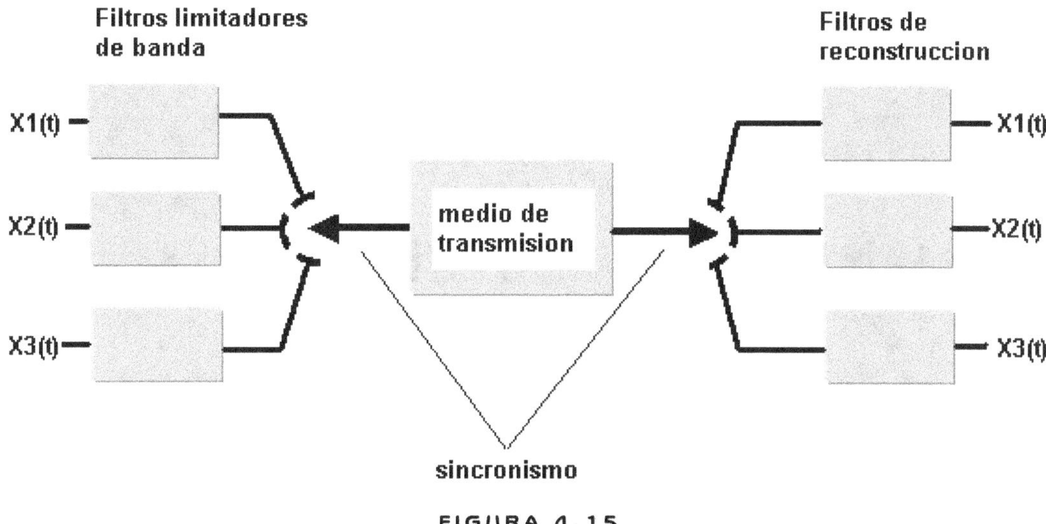

FIGURA 4-15.

El funcionamiento de este circuito es simple:

La llave rotativa a la izquierda del medio de transmisión va tomando sucesivamente muestras de cada canal cuya banda ha sido limitada previamente mediante filtros limitadores de banda (pasa bajos). En el receptor hay una llave rotativa similar (a la derecha del medio de Tx) que esta sincronizada con la anterior que se encarga de entregar las muestras en el momento correcto (definido por el sincronismo) a los filtros de reconstrucción correspondientes. En la práctica, lógicamente las llaves rotativas son electrónicas y su sincronización exige la presencia de señales de sincronismo intercaladas en la señal multiplexada.

Puede decirse que la etapa de sincronización es el proceso más delicado de una multiplexación por división de tiempo.

Las muestras de cada canal que forman un grupo de pulsos se llaman tramas (frame en ingles)y los pulsos de sincronismo suelen colocarse al inicio o al fin de cada trama.

Si comparamos el TDm con el multiplexado por división de frecuencias (FDM) podemos decir que TDM trabaja con señales separadas en el tiempo pero en la misma banda de frecuencias, mientras que en FDM las señales son separadas en frecuencias, pero enviadas al mismo tiempo. Puede decirse que TDM resulta más fácil de implementar, (no requiere moduladores, demoduladores y filtros pasabanda para cada mensaje) pero por otra parte la sincronización es critica en TDM.

Asimismo, TDM es invulnerable a las fuentes usuales de diafonía intercanal que si afectan a FDM. Sin embargo, es causa de diafonía en TDM la distorsión de fase (que no afecta a FDM).

A estos problemas nos referiremos en el próximo capítulo cuando analicemos los inconvenientes con la señal digital y la forma de solucionarlos.

CAPÍTULO 5

PROBLEMAS CON LA SEÑAL DIGITAL

5.1. RECOMPOSICIÓN DE PULSOS

Evidentemente, al transmitir una señal digital, por el medio que fuera y con la modulación que hayamos elegido, el objetivo final es lograr la *recomposición de la señal original*, esto es, lograr reproducir exactamente la información tal cual salió del equipo transmisor.

Esta quizás sea la propiedad más importante que poseen los sistemas digitales, ya que es posible la reconstrucción de la señal original aunque esta haya sido afectada por ruidos, distorsiones y atenuaciones propias del medio en el que fueron transmitidas.

En efecto, sabemos que la información está contenida en una señal que esta formada por pulsos con un cierto tiempo de duración y un ancho determinado, por lo que con solo determinar el **nivel de cada pulso**, para determinar la presencia de un cero o un uno, en el caso de pulsos binarios monopolares.

Veamos el siguiente ejemplo:

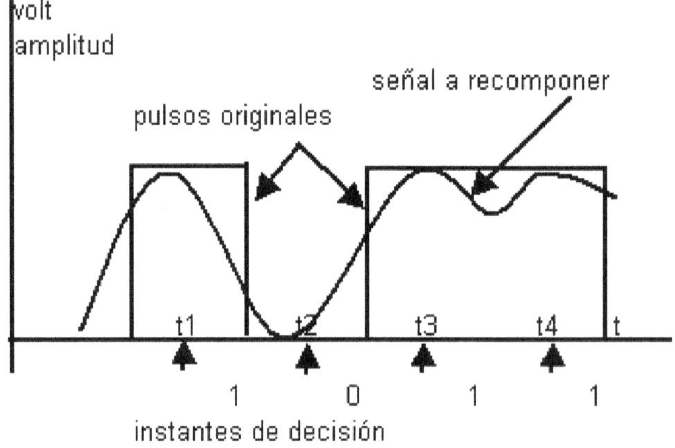

FIGURA 5-1.

Lógicamente, la señal ha llegado deformada, pero en los instantes de decisión o de muestreo, determinados por el clock (↑) de sincronismo y que puede coincidir perfectamente con el centro del pulso, la señal tiene el valor correcto (Esta es una situación real), de manera que es posible determinar fehacientemente la presencia de un valor cero o uno.

En estas condiciones, los errores que puedan cometerse en la determinación de los valores correctos están dados por la presencia de ruido, que pueda enmascarar la señal, hasta llegar a confundir un cero por un uno (situación más probable).

Ahora bien, cual sería una forma de determinar si el nivel de tensión presente en la entrada corresponde efectivamente a un uno?

Hagamos la siguiente consideración: si la amplitud de los pulsos es igual a **A**, y en el instante de comparación la amplitud es menor que **A/2**, consideramos que hay un cero, si por el contrario, es mayor que **A/2,** es un uno.

Pulso > A/2 = uno

Pulso < A/2 = cero

Por otra parte, veamos cual es la probabilidad de efectuar la decisión equivocada, considerando ruido térmico, el cual presenta una distribución de probabilidades gaussiana, con lo cual tendremos:

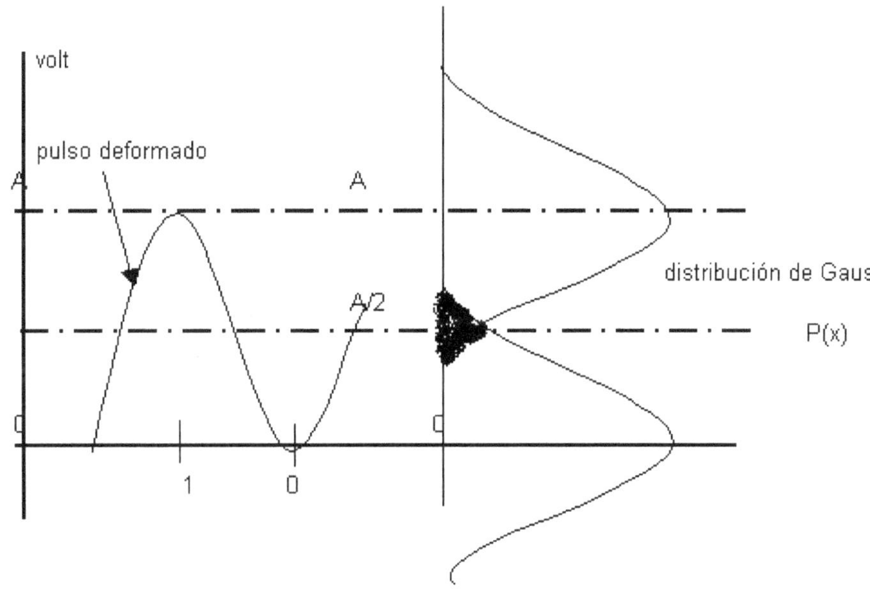

FIGURA 5-2.

El área con el sombreado (entre A y A/2) que queda entre las dos distribuciones gaussianas representa la probabilidad de que el ruido superpuesto al nivel cero, supere al nivel A/2, o sea es la probabilidad de que decidamos que tenemos un uno cuando en realidad es un cero.

Por otra parte, el sombreado entre 0 y A/2 representa la probabilidad de que decidamos por un cero cuando tenemos un uno.

El área rayada total representa la probabilidad de error en la decisión.

Se puede probar que el nivel horizontal A/2 (nivel de decisión) es el óptimo, es decir el que ofrece la menor probabilidad de error, cualquiera sea el tren de pulsos que se reciba.

5.2. PROBABILIDAD DE ERROR

Hemos representado el pulso deformado, de manera tal que si el ruido superpuesto al nivel cero supera el nivel **A/2**, se tomará como uno lo que en realidad es un cero. También se ha representado la situación inversa, por lo que el área rayada en la cola de la distribución de Gauss, (tanto hacia arriba, como hacia abajo) representa la probabilidad de error en la decisión en ambos casos, tomando como centro el valor medio de la amplitud, como habíamos establecido, es decir **A/2,** valor este que puede considerarse óptimo, ya que es el que representa la menor probabilidad de error en la decisión.

Las áreas rayadas bajo la cola gaussiana representan el desvío estándar hasta el punto donde comencemos a considerar el área (determinada por el corte de A/2) donde el nivel de decisión está libre de errores, en este caso para el nivel por encima como por debajo de **A/2.**

Si consideramos una transmisión a la tasa de Nyquist:

$$B = r/2$$

Donde B = ancho de banda en Hz

Y **r** = tasa de binits en **binits/seg**

Es posible demostrar que la posibilidad de error vale:

$$\boldsymbol{Pe} = Q\sqrt{\frac{S/N}{2}}$$

Y para pulsos bipolares, como la potencia de la señal es la mitad:

$$Pe = Q\sqrt{S/N} \quad (1)$$

donde S/N es la relación señal a ruido medida en veces, no en dB

Las consideraciones que hemos efectuado corresponden a señales binarias puras (es decir ceros y unos con valores fijos y predeterminados), en el caso de señales multinivel (de n niveles distintos) donde la decisión se hace de la misma forma es decir eligiendo entre dos niveles de tensión, la expresión toma la forma:

$$P_e = 2(1 - \frac{1}{n})Q(\sqrt{\frac{3}{n^2 - 1} \cdot \frac{S}{N}})$$

Si es una señal bipolar, n es igual a 2 con lo que esta expresión queda como (1)

5.3. BER (BIT ERROR RATE)

Resulta posible, mediante una tabla de distribución gaussiana, de donde podamos obtener el valor de Q, representar estas formulas. Por ejemplo, si tomáramos pulsos bipolares (binarios) obtendríamos algo así:

Bit Error Rate

S/N (dB)	Pe
0	$3.09*10^{-1}$
1	$2.85*10^{-1}$
5	$1.87*10^{-1}$
10	$5.69*10^{-2}$
12	$2.33*10^{-2}$
15	$2.46*10^{-3}$
20	$2.87*10^{-7}$
22	$1.55*10^{-10}$
25	$3.06*10^{-19}$

FIGURA 5-3.

Se observa que a medida que aumenta la relación **S/N**, es decir, cuanto mejor es la señal, la probabilidad de error –**BER**- resulta significativamente menor.

Ahora bien, en la práctica, cual podemos decir que es una buena **Pe**? La repuesta está condicionada al tipo de datos que se estén transmitiendo, la tasa de información que se curse, etc.

Para formarnos una idea, podemos decir que una **Pe** = 10^{-3} -un error cada mil pulsos- es una tasa francamente mala, y que una **Pe** = 10^{-9} -un error en mil millones-, es una buena perfomance. (Los equipos actuales trabajan a tasas superiores a 10^{-12} **!)**

5.4. DISTORSION DE LA SEÑAL DIGITAL

Resulta lógico suponer que la señal digital sufrirá distorsiones en el proceso de transmisión, como sucede con cualquier señal. (No vamos a considerar distorsiones no lineales).

La distorsión puede ser:

- **DE AMPLITUD**: lo cual significa que las distintas armónicas trasmitidas sufren **atenuaciones distintas en su propagación.**
- **DE FASE (JITTER)**: se manifiesta como retardos distintos de cada una de las armónicas que componen la señal digital.

Un canal de transmisión ideal (el cual sabemos que no existe), tendría las siguientes curvas (o funciones) de transferencia de la señal:

Estas curvas de transferencia nos dicen que para evitar la distorsión, la atenuación *debe ser la misma* para todas las frecuencias, mientras que la fase *debe variar linealmente* con la frecuencia.

Es fácil considerar el caso de la atenuación, ya sea que se lo analice intuitivamente como matemáticamente, por ej. con un desarrollo en serie de Fourier.

Para el caso de la frecuencia es conveniente detenerse un momento a fin de visualizar con mayor detenimiento porque la variación debe ser distinta para cada frecuencia.

Para el caso del corrimiento de fase debemos hacer una consideración más elaborada y que pretendemos demostrar en forma gráfica.

Para que dos armónicas sufran el mismo retardo, deben sufrir distintos corrimientos de fase.

Habiamos demostrado por el análisis de Fourier que era posible tener pulsos cuadrados periódicos como la suma de señales senoidales, dada por una fundamental y algunas armónicas de orden superior.

Veamos gráficamente

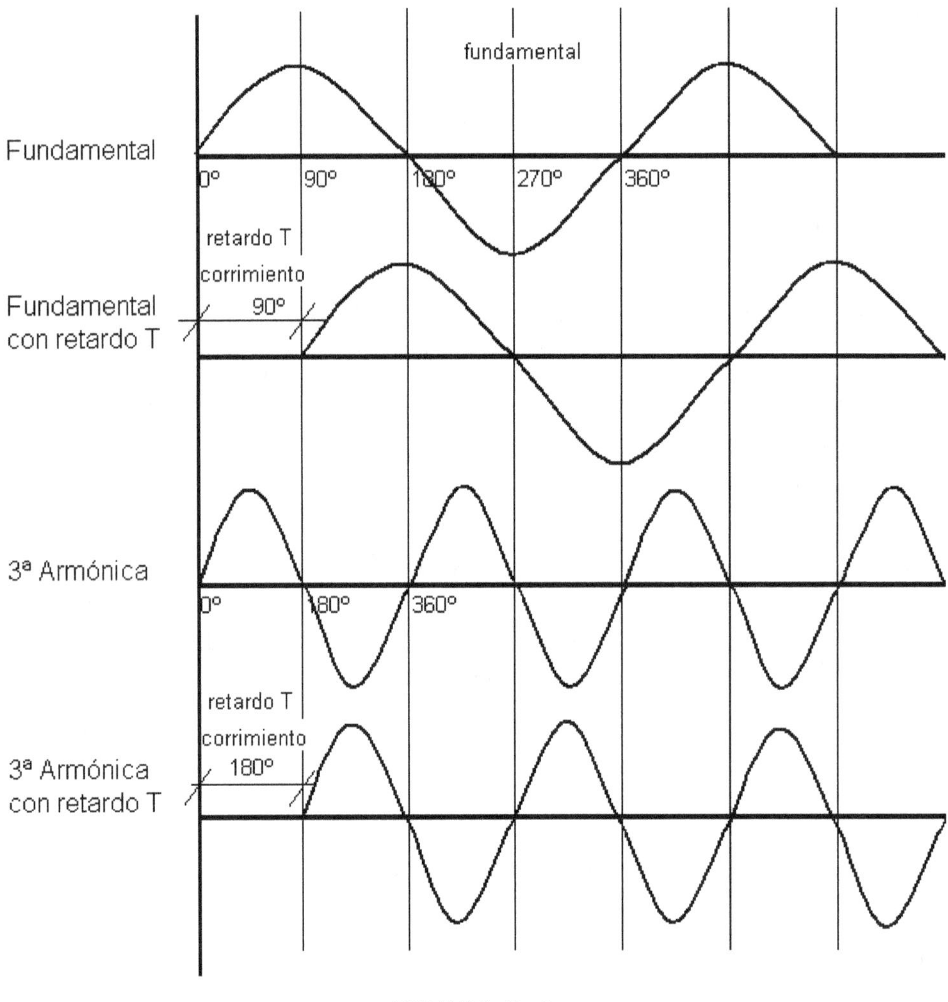

FIGURA 5-4.

Se puede observar en este gráfico, que tanto la fundamental de frecuencia f como la tercera armónica (frecuencia $3f$) han sido sometidas al mismo retardo T.

Ahora bien, la fundamental ha sufrido un corrimiento de fase de 90° mientras que la tercera armónica ha sido desplazada en fase 180°.

Como corolario natural de esta observación podemos decir:

> *"Para que todas las armónicas sufran el mismo retardo, el corrimiento de fase debe aumentar linealmente con la frecuencia"*

Podemos decir también que la distorsión de fase (JITTER) es sumamente molesta para las trasmisiones digitales, dado que una distorsión severa (por ejemplo corrimientos de los circuitos tanques, resonadores, o filtros mal ajustados) puede impedir la regeneración de la señal.

Puede solucionarse este problema si antes del proceso de regeneración de la señal se hace pasar esta por un ecualizador que corrija las eventuales distorsiones de fase que se hubieran producido en la transmisión de la señal.

Este es un problema típico de las líneas de par trenzado tipo telefónicas, dado que para la transmisión de señales vocales (analógicas) la distorsión de fase no representa mayores problemas, por lo que generalmente la presencia de bobinas de pupinización (bobinas Pupin), desigualdades de impedancia de cada pierna del par, mal aislamiento entre conductores o entre estos y tierra, hacen que la línea tenga características de fase muy malas –reitero- para las trasmisiones digitales, aún en muy bajas velocidades.

Y que de la distorsión de amplitud?

La distorsión de amplitud no es tan perniciosa en una transmisión digital y puede considerarse que la señal "se achata" en forma relativamente constante para todas las frecuencias, salvo en aquellas de extremos de banda.

No obstante, no es posible aceptar cualquier tipo de atenuación, por lo que conviene analizar en detalle esta situación.

5.5. ANCHO DE BANDA DE TRANSMISIÓN

Cuando tratamos Series de Fourier y analizamos sus espectros, establecimos que el ancho de banda práctico de trasmisión podía limitarse a $\dfrac{1}{\tau}$, pero también habíamos dicho, de acuerdo con el teorema de Nyquist:

$$S \leq 2B$$

donde **S** es la velocidad de señalización (en baudios)

        B es al ancho de banda en hz.

Y como:

$$S = \frac{1}{\tau \min}$$

resulta

$$\frac{1}{\tau \min} \leq 2B \implies B \geq \frac{1}{2\tau \min}$$

Por lo que *B* resulta ser incluso hasta la mitad de lo que habíamos dado en llamar ancho de banda práctico

Es posible analizar esto desde una sucesión de unos y ceros del tipo:

101010101010

En teoría, no hay otra sucesión que requiera un ancho de banda mayor, si tomamos por ej.

1100110011001100

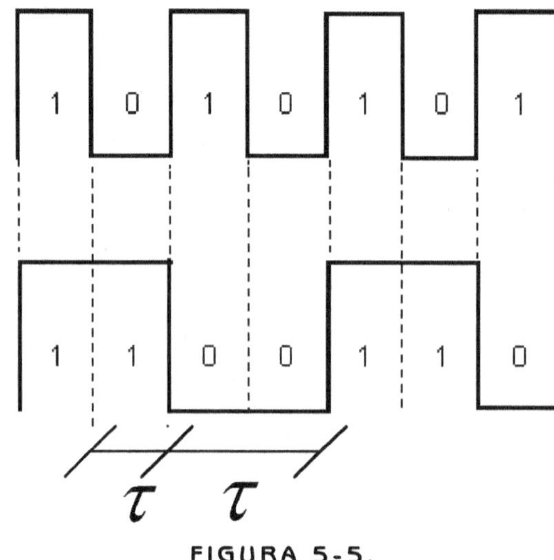

FIGURA 5-5.

Podemos ver claramente que el τ ha aumentado, por lo que disminuye el ancho de banda.

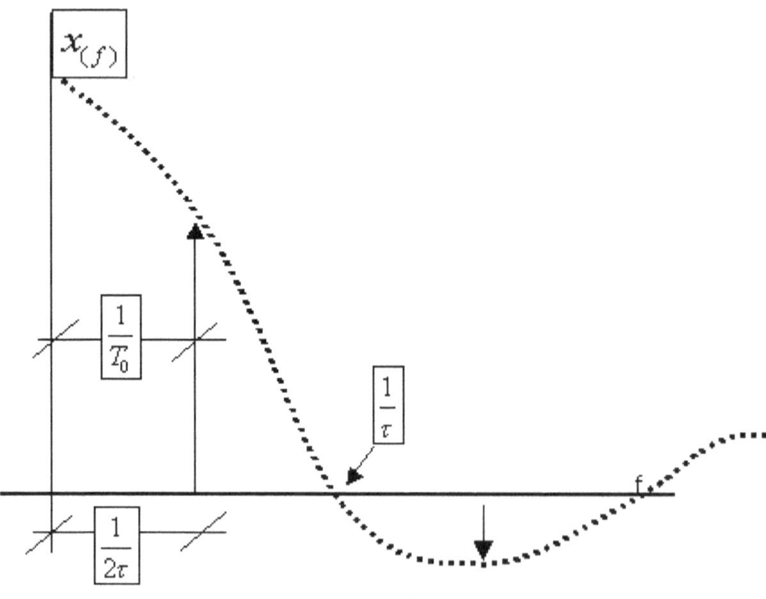

FIGURA 5-6.

Para la sucesión 10101010 podemos decir que es un tren de pulsos de ancho τ y periodo $To = 2\tau$. Veamos su espectro:

Si transmitimos el ancho de banda mínimo, es decir $Bmin = \dfrac{1}{2\tau}$ simplemente estamos transmitiendo la componente continua y la fundamental, obsérvese:

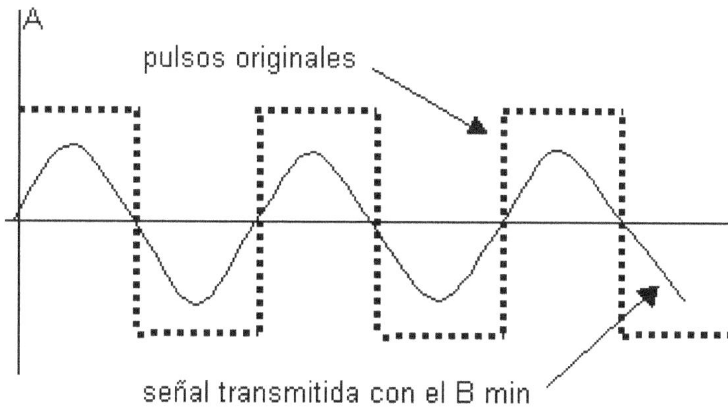

FIGURA 5-7.

Desde esta señal se pueden recomponer perfectamente los pulsos originales de la sucesión 101010101010.

Ahora bien si pretendiéramos transmitir con una tasa $B < \dfrac{1}{2\tau}$ lo que estaríamos haciendo sería eliminar la fundamental, se transmite solo la componente continua y en esas condiciones es virtualmente imposible reconstruir absolutamente nada. La información se ha perdido.

5.6. ISI – INTERFERENCIA INTERSIMBOLO

Si bien en muchos casos y a los fines del desarrollo matemático o simplemente teórico, a los fines de poder expresar más fácilmente las relaciones de las ondas cuadradas simplemente trabajamos con trenes de pulsos periódicos, también sabemos –por la Teoría de Probabilidades- que una señal de este tipo no aporta ninguna información, y no es un caso que se de en la práctica.

En realidad lo correcto sería analizar una onda cuadrada no periódica. Para ello tomemos un pulso aislado.

Si limitamos este pulso en banda, sufrirá una deformación como se muestra en la figura 60:

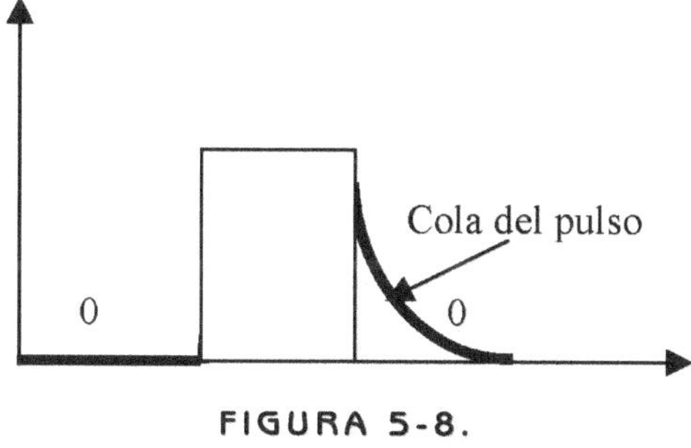

FIGURA 5-8.

La cola de este pulso deformado puede hacer que al momento de decisión –es decir al comparar el valor de la amplitud del pulso-, ésta este por encima de A/2 con lo que se tomaría el cero siguiente al impulso como otro 1.

Este error, independiente del ruido térmico se denomina Interferencia Intersímbolo (**ISI** por su sigla en ingles: **I**nter **S**imbol **I**nterference).

Es posible que intuitivamente imaginemos que si hago el pulso más "finito" voy a reducir la estela de la cola y con ello la posibilidad de interferencia con el símbolo siguiente. Esto simplemente equivale a separar los pulsos unos de otros.

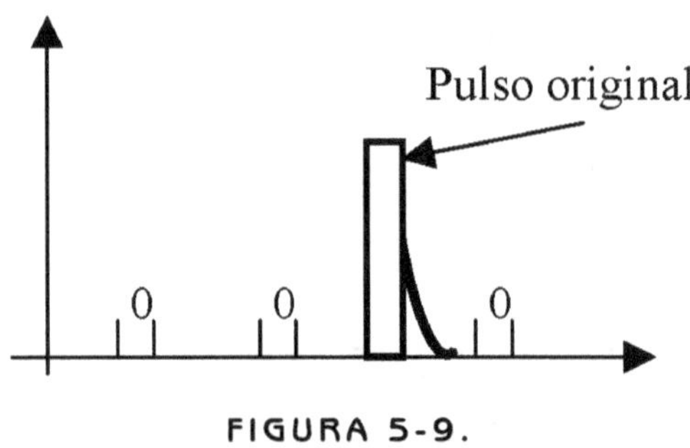

FIGURA 5-9.

En este caso, al separar los pulsos unos de otros es donde el concepto de *velocidad de señalización y el Teorema de Nyquist* adquieren su significado más general: podemos decir que lo que define el ancho de banda mínimo de transmisión no es el ancho mínimo de los pulsos sino el *espaciamiento mínimo entre pulsos*, lo que definiríamos como periodo de los pulsos o periodo de muestreo Ts.

Cuando teníamos una señal del tipo 101100

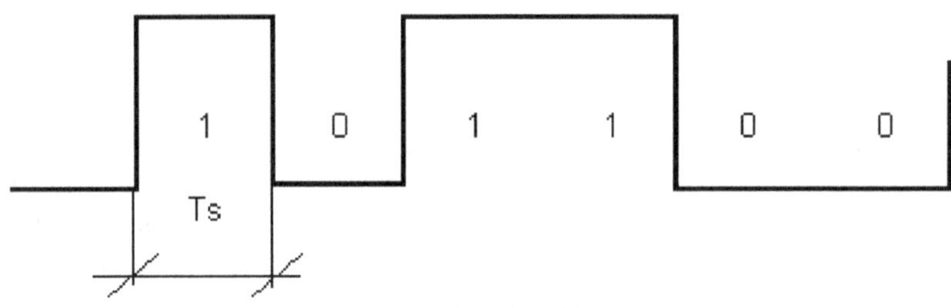

FIGURA 5-10.

El ancho de los pulsos coincide con el periodo de muestreo, (es decir de centro a centro entre pulsos) con lo que podemos decir que el *ciclo de actividad* (Duty Cycle) es

$$D = 1$$

Definiendo a D como $\dfrac{\tau}{ts}$

Por lo que cuando decimos que una solución a la ISI sería separar los pulsos unos de otros, sería equivalente decir que reducimos el ciclo de actividad (Duty Cycle)

Esta solución, equivalente a mantener el To idéntico a cuando el ciclo de actividad era unitario, pero con el τ más chico. Su espectro será entonces:

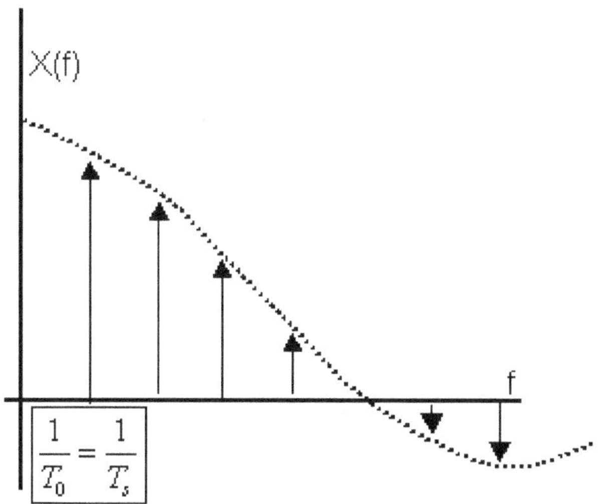

FIGURA 5-11. (comparar con Figura N° 58)

Para poder recomponer los pulsos, solo es necesario la transmisión de la frecuencia fundamental, que es la misma que antes (ver Fig. N° 59)

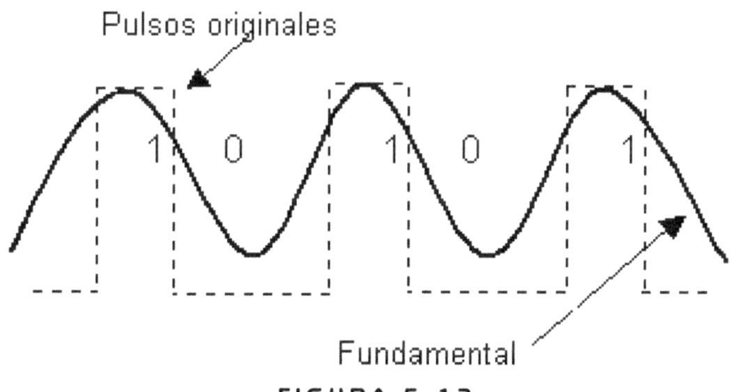

FIGURA 5-12.

Aquí aparece claramente el verdadero concepto del teorema de Nyquist:

$$B = \frac{1}{2Ts_{\,min}}$$ (pero en el caso particular en que Ts = τ_s

En el caso de todos los τ_s sean iguales, situación muy común, tenemos un pulso cada Ts seg. O sea:

$$\Gamma = \frac{1}{Ts}$$ (en pulsos / seg.)

donde Γ = fs frecuencia de muestreo, con lo que el teorema de Nyquist se puede expresar como:

$$B \geq \frac{\Gamma}{2}$$

de donde $\Gamma_{max} = 2B$, o tasa de Nyquist.

Para el caso de que tuviéramos una sucesión de unos tal como:

111111111

Con un D menor que uno, tendríamos una componente fundamental de mayor frecuencia que el B mín. De todos modos esto no representa problemas, ya que al transmitir al B mín, solo pasará la componente continua, lo que lógicamente representa una sucesión de unos, por lo que en el instante de decisión será fácil reconocer un uno.

El problema es que la mayoría de los circuitos electrónicos, no están preparados para trabajar con CC (generalmente hay capacitores en el camino que bloquean la componente continua)

De acuerdo con esto, para poder recomponer la serie 111111 es necesario transmitir al menos la fundamental

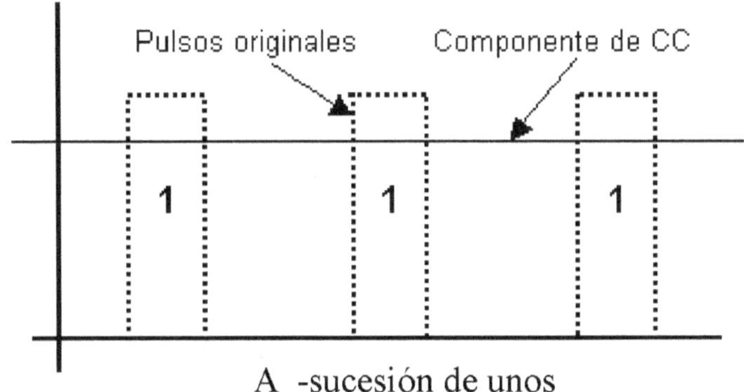

A -sucesión de unos

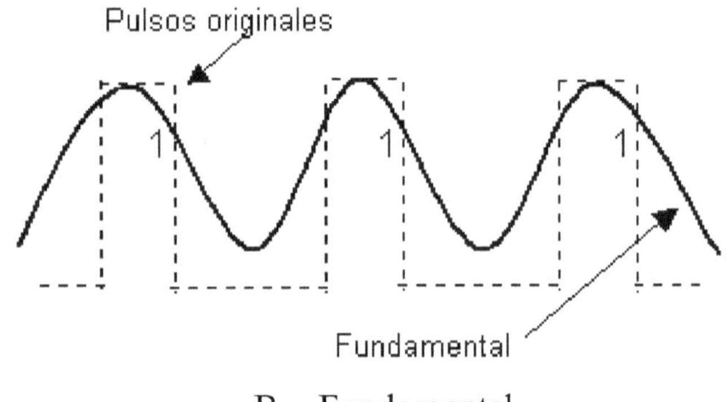

B - Fundamental

FIGURA 5-13. A y B

Se puede ver que hay un ciclo que hay un ciclo de la fundamental por cada BIT, con lo que

$$B_{min} = \Gamma$$

La conclusión es que para solucionar el problema de la ISI, ha sido necesario un aumento del ancho de banda B previsto originalmente por Nyquist. |

Este problema puede solucionarse si se utiliza un código de transmisión AMI, tal como veremos, con lo cual podremos transmitir a la tasa de Nyquist sin tener ISI.

Por otra parte, se puede reducir el ciclo de actividad de los pulsos cuanto queramos, hasta que se conviertan en impulsos pudiéndose demostrar que no habrá ISI si se transmite a una tasa de: $\Gamma = 2B$.

5.7. DIAGRAMA DE OJO

Se puede aprovechar la característica de las transmisiones digitales en el sentido de que las señales no son periódicas para visualizar su comportamiento en cualquier parte de la red (generalmente se toman muestras a la salida de los ecualizadores) observando en la pantalla de un osciloscopio (o de un emulador para PC) lo que se conoce como *diagrama de ojo*.

Si se sincroniza un periodo, o semiperiodo, veremos la superposición de diferentes trazos que correspondan a diferentes periodos de la señal.

Si estamos analizando una señal del tipo AMI, tal como:

FIGURA 5-14.

Si analizamos ahora esta señal de acuerdo a lo que hemos dicho, la superposición de todos los "trozos" de la señal compuestos en un pedacito, tal cual nos mostraría la pantalla del osciloscopio sería algo como:

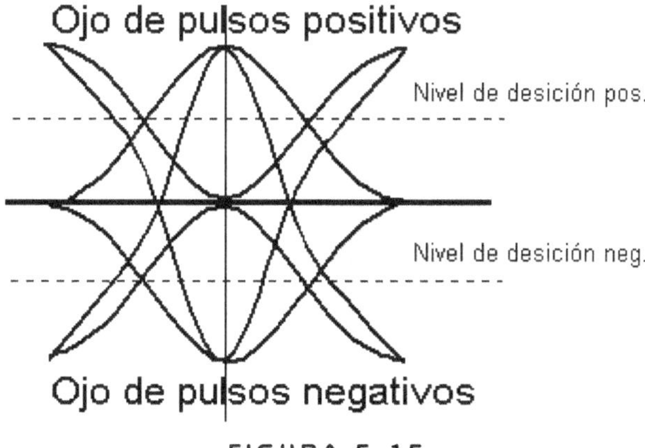

FIGURA 5-15.

Esto es lo que se llama "DIAGRAMA DE OJO" que en este caso se ha supuesto perfecto, es decir sin ningún tipo de interferencia, ni ruido que produzcan deformaciones en la señal.

Así, podemos decir que cuando más abierto están los ojos mejor será la señal recibida, ya que esto influye en la toma de decisión del valor del pulso, reduciendo la probabilidad de error.

También es posible analizar en este diagrama las fluctuaciones de fase (jitter) y la ISI, las que aumentan la probabilidad de error

En este punto debe prestarse especial cuidado al ecualizador, ya que si este no corrige en forma adecuada la distorsión de fase, el diagrama se distorsiona de tal forma que ya no se parece a un ojo (y no es posible reconocer la "apertura" del mismo)

Veamos:

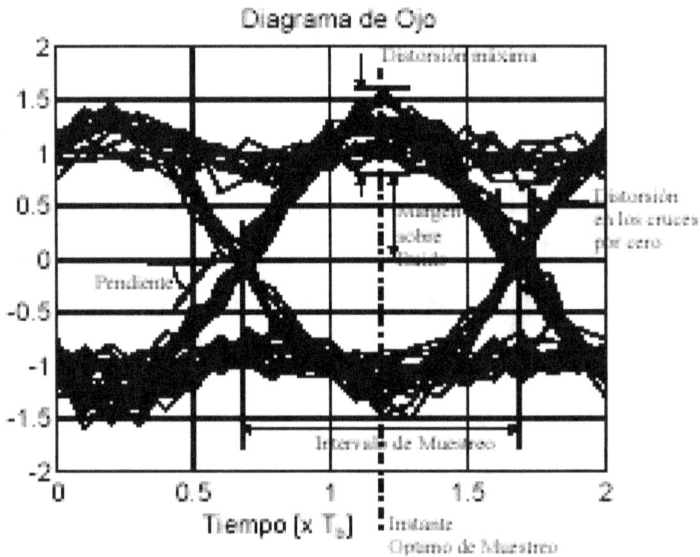

FIGURA 5-16.

En este caso, si bien se reconocen los "ojos" en la figura, los trazos ya no son tan "limpios" como en el ejemplo anterior, por lo que podemos inferir que la señal recibida tiene ruido.

A pesar de eso, en los circuitos de recepción no habría problemas para la determinación de los ceros y los unos de la señal digital, porque se reconocen fácilmente los "ojos" del diagrama.

Resulta muy conveniente en el estudio de redes o circuitos, la posibilidad de la simulación del comportamiento futuro del caso de estudio.

Esto puede lograrse hoy muy fácilmente con varios programas específicos para nuestras PC que nos permiten simular con exactitud el comportamiento real de estos.

A modo de ejemplo podemos citar a Communications Toolbox, que es una biblioteca de funciones de MATLAB que facilita el diseño de componentes y algoritmos. .

Este conjunto de herramientas se basa en las funciones de MATLAB y Signal Processing Toolbox, proporcionando funciones para modelar los componentes de la capa física de un sistema de comunicaciones.

Estas funciones pueden usarse para analizar y desarrollar componentes en productos tales como teléfonos móviles y estaciones de base, teléfonos inalámbricos, líneas de abonado digitales (DSL), módems de cable y telefónicos, redes de área local (LAN), LAN inalámbricas y sistemas de satélites.

Ofrece también unas bases para la investigación y la enseñanza en Ingeniería de Sistemas de Comunicaciones.

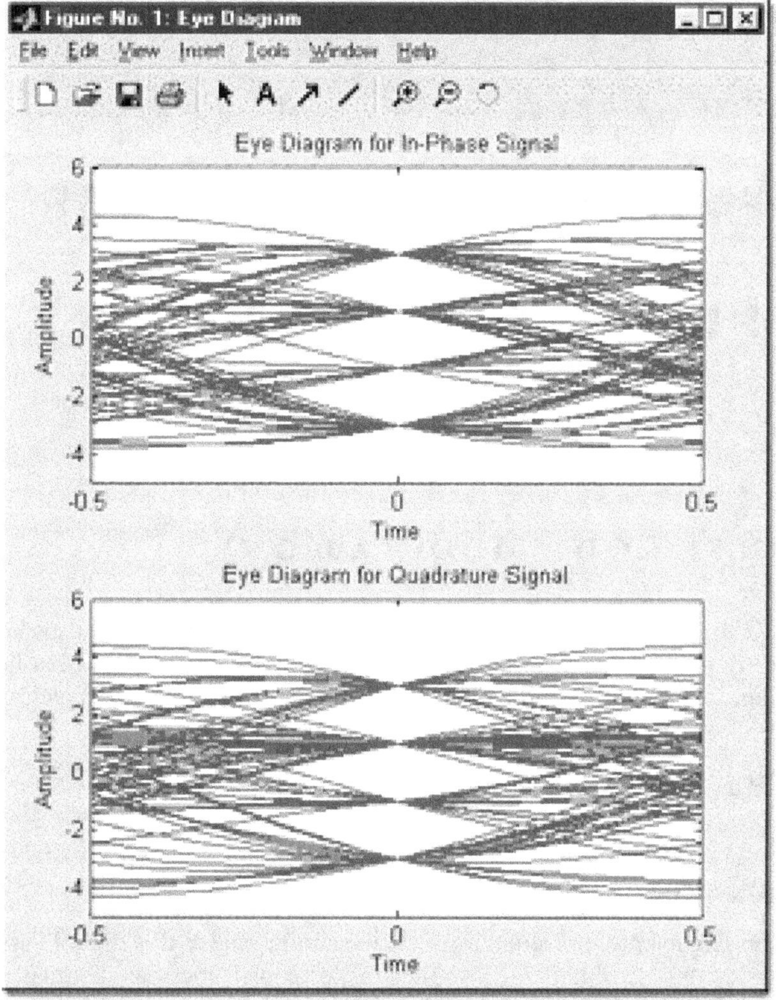

FIGURA 5-17.

Representación en PC de un diagrama de ojo correspondiente a un estudio de líneas de transmisión de una red LAN (en este caso se han representado señales en fase y cuadratura)

Como ve en la Fig. N°66 el circuito de decisión compara la salida del canal lineal con un valor umbral y decide si hay un bit "uno" o un bit "cero" en el intervalo T.

Es importante dentro de este valor de tiempo de bit saber en que tiempo es mejor realizar la comparación. Una manera de saberlo es a través del diagrama de ojo, que hemos formado "superponiendo" secuencias de dos-tres bit en las cuales queda una región de máxima separación entre señales. Este momento es el mejor para realizar la comparación, por lo que el diagrama de ojo también nos da una idea rápida si la comunicación se está comportando adecuadamente.

CAPÍTULO **6**

SISTEMAS DE MODULACIÓN POR PULSOS CODIFICADOS

6.1. PCM (PULSE CODE MODULATION)

Podemos decir que el PCM es el más común de los sistemas de modulación de pulsos codificados, aunque en un sentido estricto de lo que es modulación, este sistema resulta más bien un ***procesamiento de la información,*** una digitalización de la información antes que una modulación en si.

6.1.1. Muestreo y Cuantificacion

Para poder llevar a cabo la digitalización de las señales analógicas, es necesario realizar los procesos de muestreo y cuantificación.

El muestreo es condición excluyente, por cuanto no tiene sentido hablar de "digital" en una señal continua. La manera más común de digitalizar las muestras, es codificando las distintas amplitudes que pueden tomar las mismas, con valores cuantificados discretos.

Ahora bien, si las muestras que se tomen son de una señal analógica que puede tomar cualquier valor (entre extremos) y los valores de cuantificación son discretos (finitos) y codificados, habrá que redondear los valores de las muestras al más cercano de los valores codificados.

> *"Si una señal f(t) es muestreada a intervalos regulares de tiempo y a una tasa mayor a dos veces la frecuencia más significativa de la señal, entonces las muestras contienen la información de la señal original y es posible recomponerla exactamente igual."*

6.2. TEOREMA DEL MUESTREO

Cabe preguntarse ahora porque necesitamos dos muestras por segundo -necesarias para reconstruir posteriormente la señal de entrada.

Analicemos el caso desde este punto de vista:

> *"cualquiera que sea la forma de onda de la señal de entrada, esta puede ser descompuesta en componentes armónicos (descomposición de Fourier). De esta manera, la separación entre muestras debe ser lo suficientemente pequeña (dicho de otra manera, la frecuencia de muestreo lo suficientemente alta) como para permitir la reconstrucción de la componente de frecuencia más alta de la señal de entrada. Si se consigue esto, las demás componentes seguramente podrán ser reconstruidas, ya que estas varían de amplitud con mayor lentitud."*

De acuerdo, pero volvamos a la pregunta original: ¿Por qué son necesarias como mínimo dos muestras de la frecuencia m para reconstruir una componente cualquiera?

Partamos de la base de que estas varían según una ley senoidal (por Fourier), por lo que solo necesitamos conocer dos datos:

- Amplitud máxima
- Frecuencia

Si tomáramos dos muestras S1 y S2 en los instantes t1 y t2 tendríamos:

$$S_1 = A\max.\operatorname{sen} 2\pi f t_1$$

$$S_2 = A\max.\operatorname{sen} 2\pi f t_2$$

es decir un sistema de dos ecuaciones con dos incógnitas, del cual se pueden averiguar fácilmente Amax y f, por lo tanto, podemos decir:

> *Con solo dos muestras es posible reconstruir cualquier componente*

pero debe tenerse en cuenta que al variar la señal de entrada, la onda cambia y sus componentes de frecuencia también lo hacen, en consecuencia deberíamos determinar cada una de estas componentes, con lo cual necesitaríamos dos muestras por cada ciclo de la componente.

No obstante, de acuerdo a lo dicho al principio, nos importa la componente de mayor frecuencia (que llamaremos w). El periodo será

$$T_w = \frac{1}{w}$$

Y en ese periodo se deben tomar dos muestras, es decir que la separación entre muestras debe ser:

$$T_s = \frac{T_w}{2} \equiv \frac{1}{f_s} = \frac{\frac{1}{w}}{2} = \frac{1}{2w}$$

si sustituimos

$$T_s = \frac{1}{f_s} \qquad y \qquad T_w = \frac{1}{w}$$

nos queda:

$$f_s = 2w$$

> *La conclusión del **Teorema del Muestreo**. (La frecuencia de muestreo debe ser por lo menos igual al doble de la frecuencia más alta).*

Vamos a realizar ahora el mismo análisis anterior pero desde el punto de vista de la señal muestrada y el desarrollo en serie de Fourier.

Supongamos una señal cualquiera cuyo espectro limitado en banda a la frecuencia W sería:

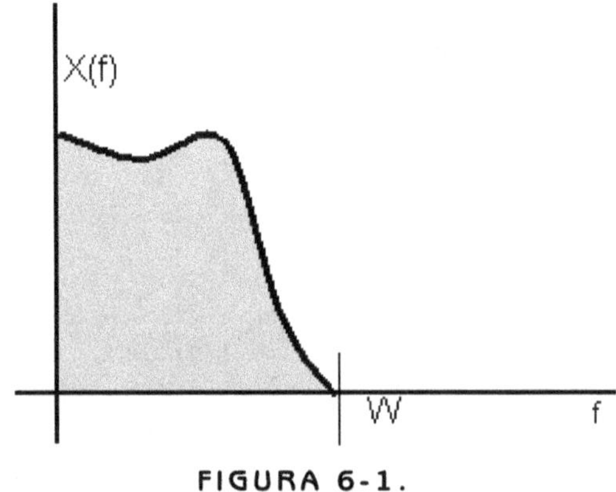

FIGURA 6-1.

El espectro de la señal de conmutación (es decir cuando habilitamos la toma de la muestra), suponiendo impulsos unitarios, que surge de la transformada de Fourier será:

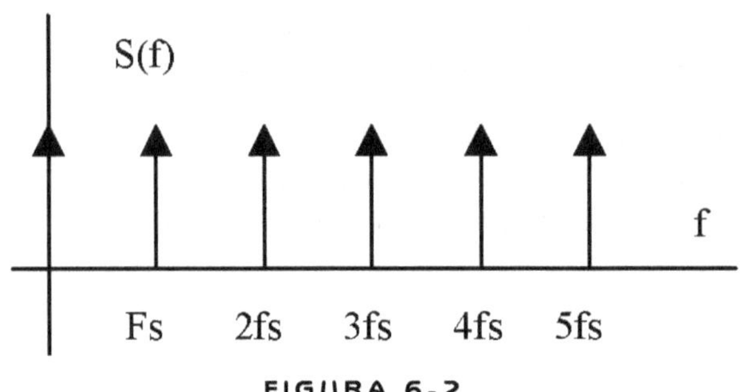

FIGURA 6-2.

Con 1/Ts = Fs: frecuencia de muestreo.

Por lo tanto, de acuerdo a Fourier, el desarrollo en serie de la función de conmutación (ideal) será:

$$S_t = \frac{A\tau}{T_s} + \sum_{n=1}^{\infty} 2\frac{A\tau}{T_s}\text{sinc}.nf\tau.\cos w_s t =$$

$$= \frac{1}{T_s} + \frac{2}{T_s}\cos\omega t + \frac{2}{T_s}\cos 2\omega t + \frac{2}{T_s}\cos 3\omega t + ...$$

dado que $\tau \to 0$ pero $A\tau \to 1$

la señal de salida será el producto de la señal de entrada y la señal de conmutación:

$$X_{s(t)} = X_t.S_t = \frac{1}{T_s}X_t + \frac{2}{T_s}X_t \cos \omega_s t +$$

$$+ \frac{2}{T_s}X_t \cos 2\omega_s t + \frac{2}{T_s}X_t \cos 3\omega_s t + ...$$

como vemos, nos queda el desarrollo en serie de $X_{(t)}$, esto nos dice que *el espectro de la señal de salida será el mismo de la señal de entrada*, repetido en las posiciones de los impulsos de la señal de conmutación.

Para una mejor comprensión, tomemos en lugar de $X_{(t)}$ una frecuencia cualquiera del espectro de $X_{(t)}$, por ejemplo w, a fin de poder graficar. Tendríamos:

$$X_{s(t)} = \cos 2\pi\omega t.S_t = \frac{1}{T_s}\cos 2\pi\omega \ t + \frac{2}{T_s}\cos 2\pi f_s t.\cos 2\pi\omega t + \frac{2}{T_s}\cos 2\pi 2 f_s t.\cos 2\pi\omega t + ...$$

$$= \frac{1}{T_s}\cos 2\pi\omega t + \frac{2}{T_s}.\frac{1}{2}(\cos 2\pi(f_s - \omega)t) +$$

$$\frac{2}{T_s}.\frac{1}{2}(\cos 2\pi(2 f_s + \omega)t + \cos 2\pi(2 f_s - \omega)t) + ...$$

es decir que la frecuencia w se refleja en Xs(f), en las frecuencias w,

fs + w, fs – w, 2fs + w,

2fs – w... y lo mismo sucede con las demás frecuencias, con lo que el espectro resultante es:

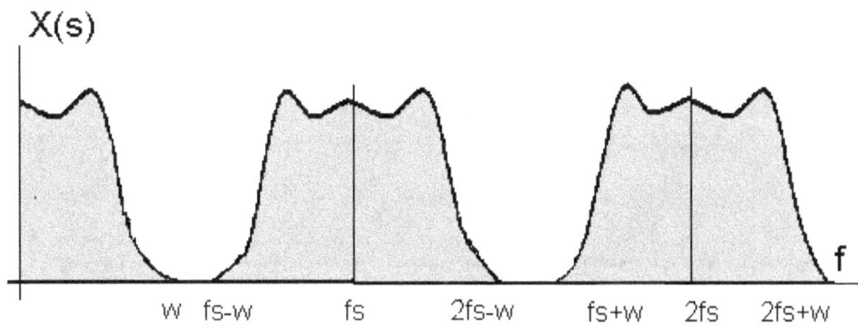

FIGURA 6-3.

Si la señal muestreada se la hace pasar por un filtro pasabajos con frecuencia de corte en W obtendremos nuevamente el espectro de la señal de entrada (Fig. N° 70), es decir obtenes nuevamente la señal original.

Observemos, si embargo que si W es muy grande o la frecuencia de muestreo f es muy chica, tendríamos la siguiente situación:

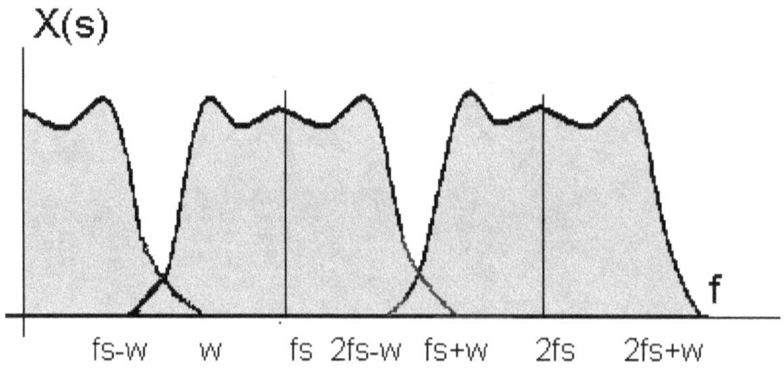

FIGURA 6-4.

Los espectros se solapan, y de esa manera es imposible recuperar la señal original. De esta figura podemos decir que para evitar el solapamiento, debe ser necesariamente:

$$f_s - \omega \geq \omega$$

con lo que:

$$f_s \geq 2\omega$$

> *O sea que la frecuencia de muestreo debe ser por lo menos el doble de la frecuencia más alta de la señal de entrada. (Nuevamente la conclusión del Teorema del Muestreo)*

A la frecuencia $f_{s\,min} = 2\omega$ se la llama "Frecuencia o Tasa de Nyquist"

Veamos un caso práctico:

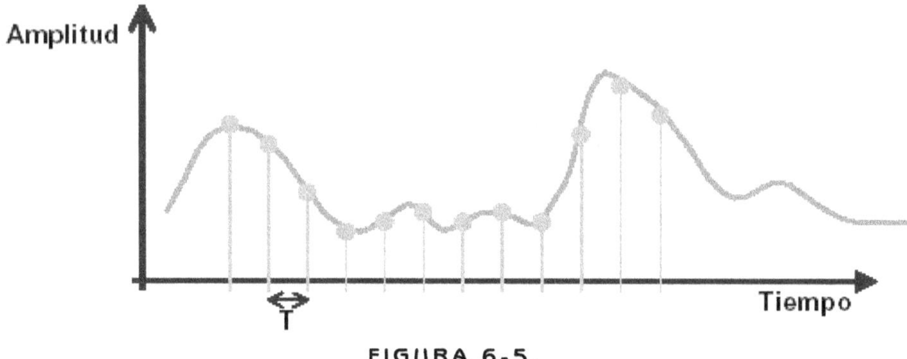

FIGURA 6-5.

En la figura puede verse una señal analógica a la cual se le han tomado muestras en instantes determinados y esas muestras han sido cuantificadas en forma discreta, obteniéndose una sucesión de valores.

Si se tratara de una señal vocal, limitada en banda de 4000 Hz (4 kz) equivalente a una señal de canal telefónico, correspondería tomar 8000 muestras por segundo, de acuerdo a lo que establece el Teorema del Muestreo.

El periodo de muestreo será:

$$\frac{1}{8000} = 125\mu seg$$

Se toma una muestra cada 125 micro segundos.

El siguiente paso consistirá en definir un código para esas muestras, en formato binario, y que represente inequívocamente a cada una de ellas.

6.3. DISTORSIÓN DE CUANTIFICACIÓN

No obstante, el proceso de cuantificación implica una variación de las muestras hasta el valor cuántico más cercano, cuando se quiera reconstituir la señal original a partir de la señal digitalizada, los bits que se reciban nos informarán el *valor cuántico de las muestras*.

Si hacemos pasar las muestras por un filtro de reconstrucción se obtendrá una señal que *diferira* de la señal original, ya que las muestras difieren de las muestras originales debido a la cuantificación (ó más propiamente a la distorsión de cuantificación)

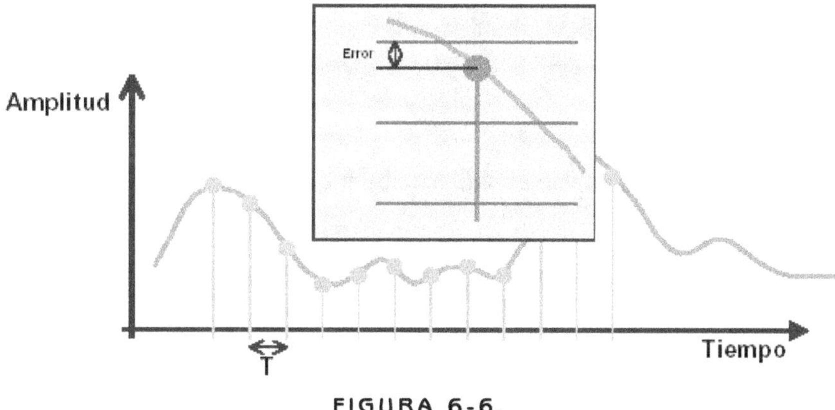

FIGURA 6-6.

En la figura se puede apreciar como se genera el error de cuantificación.

Con lo que podemos decir que el ruido de cuantificación es la diferencia entre la señal reconstruida a partir de las muestras cuantificadas y la señal original. Se observa que el ruido de cuantificación nunca puede ser superior a la mitad de un intervalo cuántico.

Esta distorsión, este ruido, tendrá una potencia que puede ser evaluada (sin considerar sobrecargas, es valores por encima o por debajo de los valores extremos de cuantificación) y si los intervalos cuánticos son todos iguales y tienen λ voltios de ancho la potencia de ruido de cuantificación, sobre una resistencia de 1 ohm, vale:

$$P_{qn} = \frac{\lambda^2}{12}$$

Donde Pqn es potencia de ruido de cuantificación y lambda en ancho del cuanto

O sea que es directamente proporcional al ancho del cuanto y no depende de la forma de onda de la señal. De todos modos, cuando se habla de ruido en realidad lo que interesa en todos los casos que trabajemos con señales, es la relación señal a ruido conocida como **N/S (noise vs signal)**

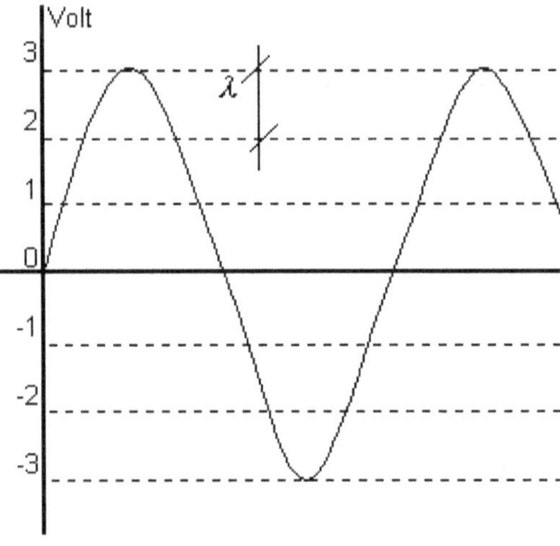

FIGURA 6-7.

Si llamaos Q a la cantidad de niveles, por lo que $Q = 2^n$, siendo n el número de bit necesarios para la codificación, con lo que el valor pico a pico de la señal valdrá:

$$V_{pap} = Q.S = 2^n.\lambda$$

de esto podemos inferir (con un pequeño manejo matemático) que la potencia media de la señal vale:

$$P = 2^{2n-3}.\lambda^2$$

Con lo que la relación señal a ruido de cuantificación valdrá:

$$\left(\frac{S}{N}\right)_q = \frac{P}{P_{qn}} = \frac{2^{2n-3}.\lambda}{\dfrac{\lambda^2}{12}}$$

de donde:

$$\left(\frac{S}{N}\right)_q = 3.2^{2n-1}$$

Si expresamos esta relación en dB tendremos:

$$\left(\frac{S}{N}\right)_{q\,(dB)} = 20\log\left(\frac{S}{N}\right)_q$$

$$(\frac{S}{N})_{q(dB)} = 1.761dB + 6.02ndB$$

Aquí vemos que a un aumento de un bit en la cantidad de bit de la palabra de codificación, provee una mejora de alrededor de 6 dB en la relación señal a ruido de cuantificación.

En la práctica, se tienen señales vocales y no senoidales puras como se usan para el desarrollo teórico por lo que los resultados medidos tiene una ligera variación. Veamos el siguiente cuadro:

N° de niveles	N° de bits	S/R dB onda seno	S/R dB señal voz
16	4	26	15
32	5	32	21
64	6	38	27
128	7	44	33
256	8	50	41
512	9	56	47
1024	10	62	53
2048	11	68	59
4096	12	74	65
8196	13	80	71

FIGURA 6-8.

Aquí la S/N de la señal, se entiende como la relación señal a ruido que se tiene en promedio a lo largo del tiempo, ya que para determinar esta y colocar los valores en la tabla se ha tenido en cuenta la distribución de probabilidades de las amplitudes de una señal vocal.

En el caso de una onda senoidal (un tono puro) se considera la presencia de una sola onda.

6.3.1. Cuantificación No Uniforme

También debe tenerse en cuenta que los errores que se cometan en la codificación no siguen una variación constante, sino que son mayores para aquellas muestras más pequeñas que para las más grandes, ya que es más significativo el error.

Este problema se soluciona en gran parte, no con el agregado de más BIT en la codificación, sino con una técnica de cuantificación no uniforme, (CURVAS DE COMPRESIÓN) que tiene claras ventajas con respecto a la cuantificación lineal:

- La relación S/R de cuantificación a lo largo del tiempo es en promedio mayor que si se usara cuantificación uniforme
- La relación S/R de cuantificación es constante para todos los niveles de entrada, lo que es muy útil cuando a la entrada del cuantificador pueden conectarse varios circuitos diferentes.
- Se aprovecha mejor el código utilizado, ya que se requieren menos BIT para transportar la misma información.

Ahora bien, la curva de compresión no puede ser cualquiera, sino aquella que proveea igual relación señal a ruido de cuantificación para todos los niveles.

Haciendo un análisis formal de la cuestión, se llega a la ecuación que describe a esta curva:

$$Y = KLnX + 1$$

donde

Y = salida del compresor

X = entrada al compresor

K = constante

Pero esta curva no es de aplicación práctica ya que tiene la forma que se ve a continuación:

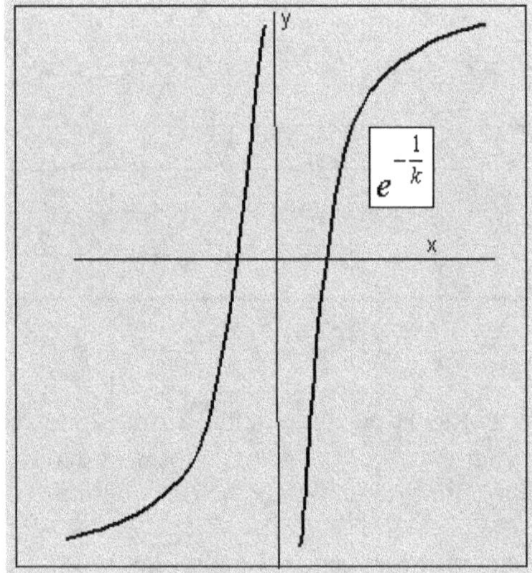

FIGURA 6-9.

6.3.2. Cuantificación y Codificación Práctica

La recomendación G.711 del C.C.I.T.T especifica las curvas de compresión a utilizarse en la práctica. Se definen dos leyes:

- Ley μ utilizada en los EEUU y el Japón, con un escalón mínimo de 2/8159

- Ley A utilizada en la comunidad Europea y el resto del mundo, siendo la adoptada en nuestro país, con un escalón mínimo de 2/4096. Por lo tanto, será ésta la ley que nos interesa.

La ley A tiene las siguientes expresiones:

$$y = \frac{A.x}{1 + LnA} \qquad \text{para} \qquad 0 \le X \le \frac{1}{A}$$

$$y = \frac{1 + LnAx}{1 + LnA} \qquad \text{para} \qquad \frac{1}{A} \le X \le 1$$

con A = 87.6

Asimismo, la recomendación especifica una aproximación lineal mediante trece segmentos y un número de niveles de cuantificación igual a 256 (palabra de ocho bit de codificación)

Por tanto, podemos definir como ***mejora de compresión*** de una ley determinada a la pendiente de la curva en su cruce por cero

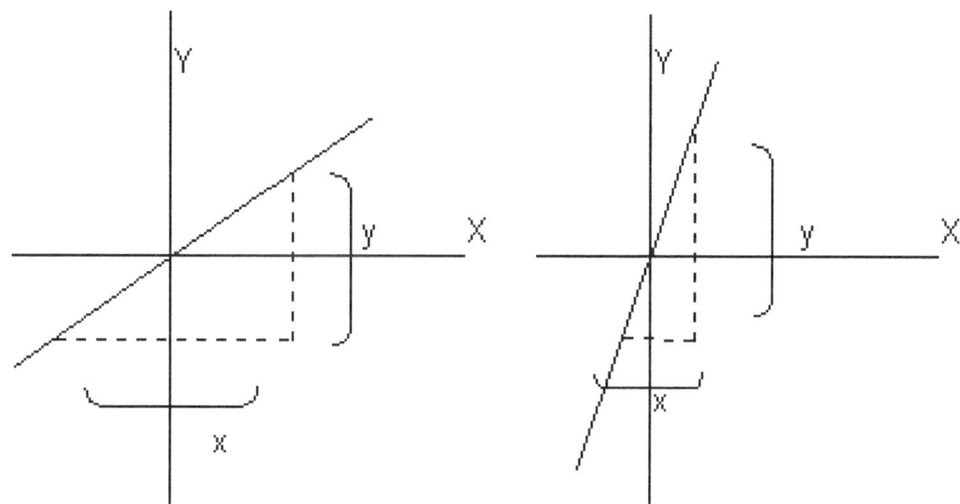

FIGURA 6-10. A Y B

La mejora de compresión se da en función de la pendiente = Y/X

En el primer caso tenemos

$$\frac{x}{y} = 1 \equiv odB$$

En el esquema de la figura B tenemos:

$$\frac{x}{y} = \frac{1}{16} \equiv 24.1dB$$

Esta es la mejora de la relación señal a ruido de cuantificación que se obtiene con respecto a cuantificación uniforme sobre los niveles bajos que son los más probables. Para obtener esta misma mejora con cuantificación uniforme, sería necesario codificar con cuatro dígitos más

6.4. LA LEY A Y LA CODIFICACIÓN CORRESPONDIENTE

Se puede observar, comenzando de cero, que los dos primeros segmentos tiene igual pendiente y luego cada uno va tomando la mitad de la pendiente anterior.

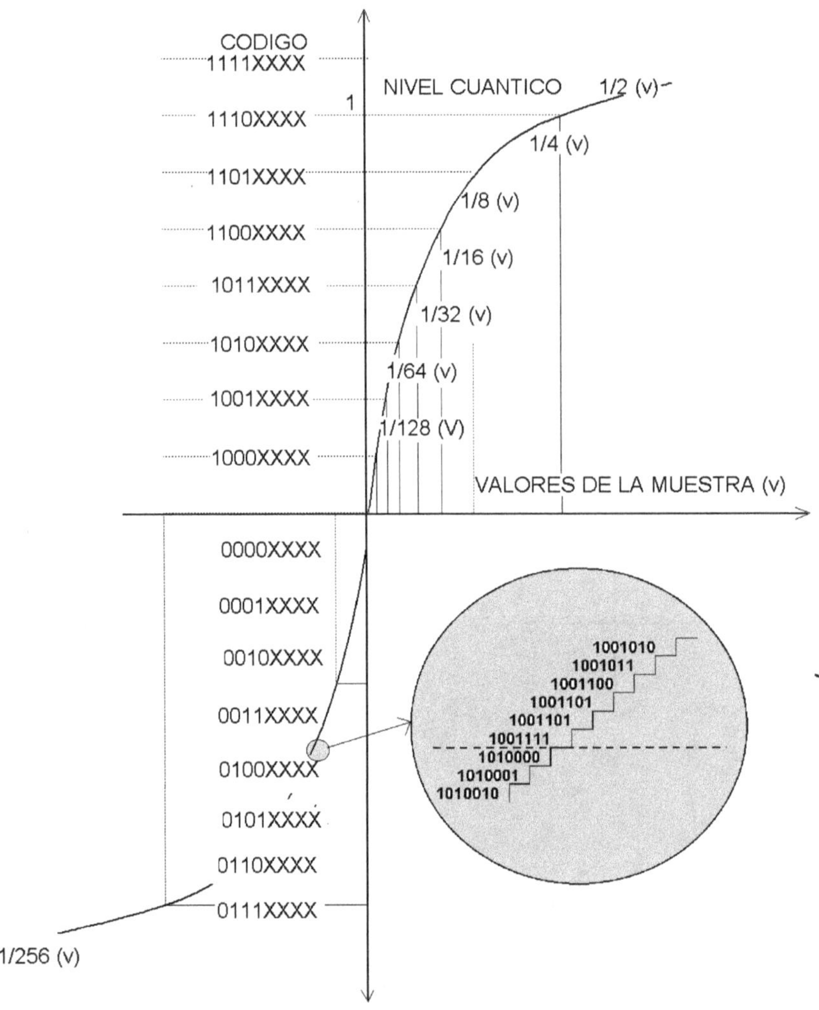

FIGURA 6-11.

En este gráfico, podemos ver también el código recomendado por el C.C.I.T.T..

El primer bit es el signo, los tres siguientes indican el segmento y los cuatro restantes (indicados genéricamente como XXXX) codifican dentro de cada segmento a 16 intervalos iguales (la figura del circulo sombreado).

6.4.1. El Proceso de Codificación

Si tomáramos una longitud de palabra digital de ocho BIT (octeto), podríamos codificar hasta 256 niveles distintos:

Veamos: $2^8 = 256$ (tal como se ve en la fig N° 79) codificando cada muestra desde

0 0 0 0 0 0 0 0 hasta 1 1 1 1 1 1 1 1

Resulta fácil deducir ahora que el canal analógico de 4 Kz corresponde a un canal digital de 64 Kbit:

8000 muestras por seg. X 8 BIT = 64.000 BIT/seg.

Lógicamente, éste código binario se puede representar como una serie de pulsos, conformando una señal digital.

De todos modos, hay tres maneras de realizar la codificación (y por lo tanto la cuantificación) de las muestras:

- Se realiza una compresión analógica de las muestras y luego se cuantifica y codifica uniformemente (como vimos en el proceso estudiado hasta ahora)
- Se cuantifica y codifica uniformemente con intervalos cuánticos pequeños y luego se pasa a un compresor digital que convierte de un código uniforme a uno no uniforme
- Se cuantifica no uniforme y se codifica, en forma simultánea.

Esta última manera es la forma universalmente aceptada.

Veamos un diagrama en bloques de un circuito simple que hace este proceso de cuantificación – codificación, y que simplemente consta de un comparador de dos entradas; un contador y un conversor digital - .

En este circuito, el contador cuenta controlado por la salida del comparador, cuando la salida del conversor digital - analógico (que convierte de acuerdo a la ley de compresión utilizada) iguala al valor de la muestra, la salida del comparador indica al contador que se detenga.

En este momento la cuenta del contador corresponde al código asignado al valor de la muestra.

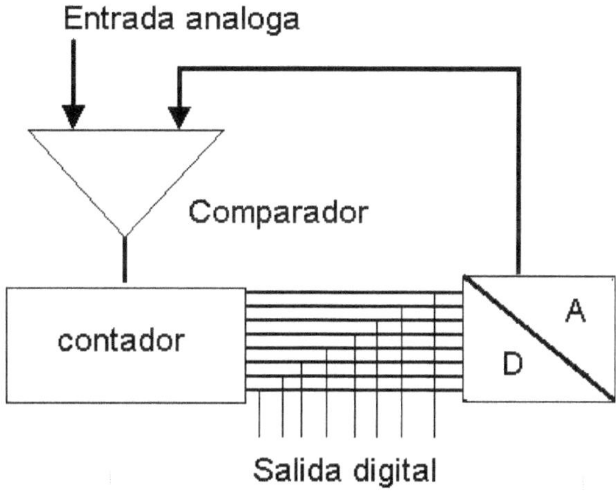

FIGURA 6-12.

Hagamos un ejemplo sencillo de este proceso, para su mejor entendimiento. Supongamos tener la siguiente Ley de compresión:

Para analizar el funcionamiento del circuito con la ley que hemos establecido, supongamos que ingresa una muestra de 0.34 Voltios . Al comenzar el proceso, el contador entrega a la salida el valor **100** y con esto la salida del conversor D/A es cero voltios. Se compara ahora el valor de la muestra con la salida del conversor y resulta que el valor de esta es mayor. Con esto el contador recibe la orden de fijar el primer dígito a **1** (si la muestra hubiera tenido un valor menor de 0 voltios, el primer dígito hubiera sido un cero)

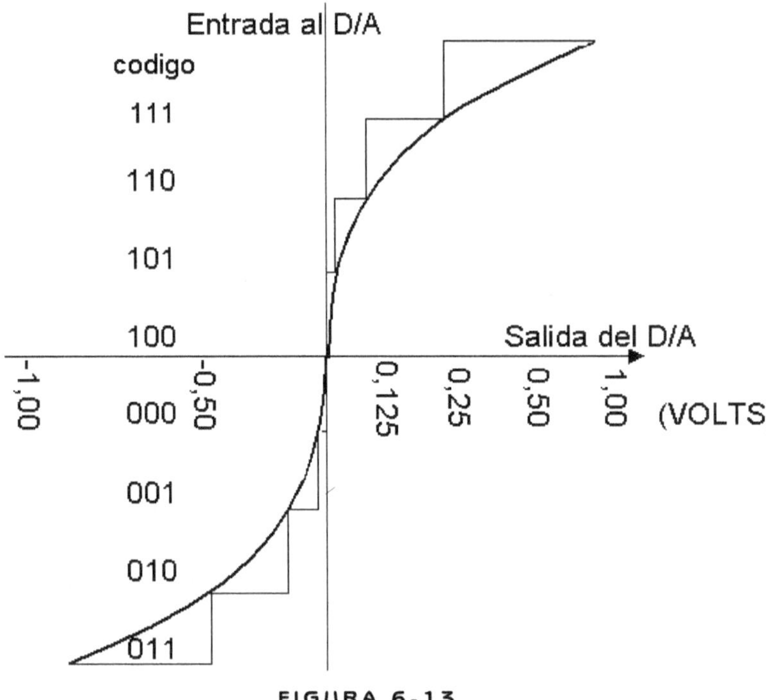

FIGURA 6-13.

A continuación, el contador pone a uno el siguiente dígito, entregando entonces **110**, con lo que la salida del conversor es 0.25 volts. (en un todo de acuerdo a la ley que hemos fijado, -obsérvese el dibujo).

El circuito comparador, establece que la muestra es mayor aún y ordena al contador confirmar ese segundo uno.

Se repite exactamente el mismo procedimiento, poniendo entonces el contador en uno el tercer dígito, con lo que la salida es ahora **111** que se convierten en 0.5 voltios.

Como la muestra es ahora menor, el contador recibe la orden de cambiar a cero el último dígito. Queda así concluida la codificación de esa muestra, que está en un valor entre los cuantos superior (0.5) e inferior (0.25), con lo que el valor digital asignado será **110.**

En una condición más real, por ejemplo trabajando con una ley de compresión A y con 256 niveles de codificación, el procedimiento empleado es exactamente el mismo, variando lógicamente la trasferencia del conversor digital - analógico y el número de dígitos del contador.

6.4.2. Constitución de la Señal PCM

Al proceso de digitalización de la señal tal como ha sido descripto anteriormente, debemos ahora sumarle la multiplexación de las muestras de varios de varios canales dispuestos como señal PAM y con multiplexación por división de tiempo (TDM)

A esta señal mutiplexada (es decir, lo que hacemos –para que resulte más gráfico- es "rellenar" los huecos que quedan entre muestras vecinas de una señal, con las muestras de otra u otras señales muestreadas), por lo tanto, repito, a esta señal multiplexada solo debemos agregarle los bit de sincronismo, necesarios para la correcta sincronización del mutiplexor y el demultiplexor y los bit que codifican la señalización de los distintos canales (necesario para la correcta extracción de todos y cada uno de los canales multiplexados (mezclados) en el origen.

Para ubicar estos bit, existen diferentes criterios, existen dos modalidades básicas en PCM (para señales vocales, aunque pueden transportar datos) que son la europea y la norteamericana –ambas homologadas por el C.C.I.T.T.

Los norteamericanos usan una primera jerarquía de multiplexado de 24 canales, con la señalización distribuida, los europeos toman una primera jerarquía de 30 canales con la señalización y sincronización agrupada en dos canales suplementarios.

Tomaremos el caso europeo, que es el que nos interesa ya que es la norma adoptada por nuestro país.

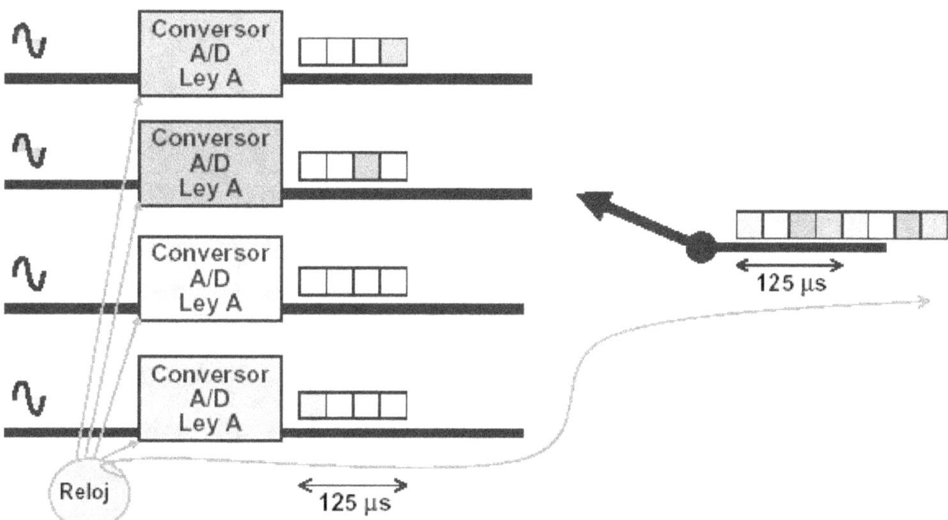

FIGURA 6-14. Esquema de multiplexado de una señal PCM

La primera jerarquía, en multiplex por división de tiempo equivale al grupo básico en multiplex por división de frecuencia, es decir se toma de base para el multiplexado de mayor número de canales.

Así tenemos que:

- La primera jerarquía es de 30 + 2 canales, que implica una velocidad de transmisión de 2,048 Mbps
- Con cuatro grupos de la primera jerarquía se forma la segunda jerarquía de 120 canales a 8,448 Mbps
- Con cuatro grupos de segunda jerarquía se forma la tercera jerarquía de 480 canales a 34,368 Mbps
- Con cuatro grupos de tercera, formamos la cuarta de 1920 canales a 139,264 Mbps, y ya está normada la quinta jerarquía.

Tomemos como ejemplo de ubicación de la señalización y el sincronismo el sistema de 30+2 canales.

L frecuencia de muestreo normalizada para señales vocales habíamos dicho que era de:

Fs = 8.000 Hz

Con lo que l periodo de muestreo vale:

$$T_s = \frac{1}{8.000} = 125\,\mu seg$$

y esta es justamente *la duración de una trama* siendo una trama *el grupo de pulsos que consisten en una muestra de cada canal* (véase fig. N° 81) y como dijimos, en el periodo de muestreo de un canal, se intercalan las muestras correspondientes a los demás canales.

La trama entonces estará *dividida en 32 intervalos de tiempo de 3.9 micro segundos* cada uno. En cada intervalo de tiempo va la codificación correspondiente a las muestras de los diferentes canales, como el código usado es de ocho bit, la duración de cada bit es de 0.488 micro seg. (Si se saca la cuenta, un bit cada 0.488 micro seg. Equivalen a 2,048 Mbps como habíamos dicho para PCM 30+2.

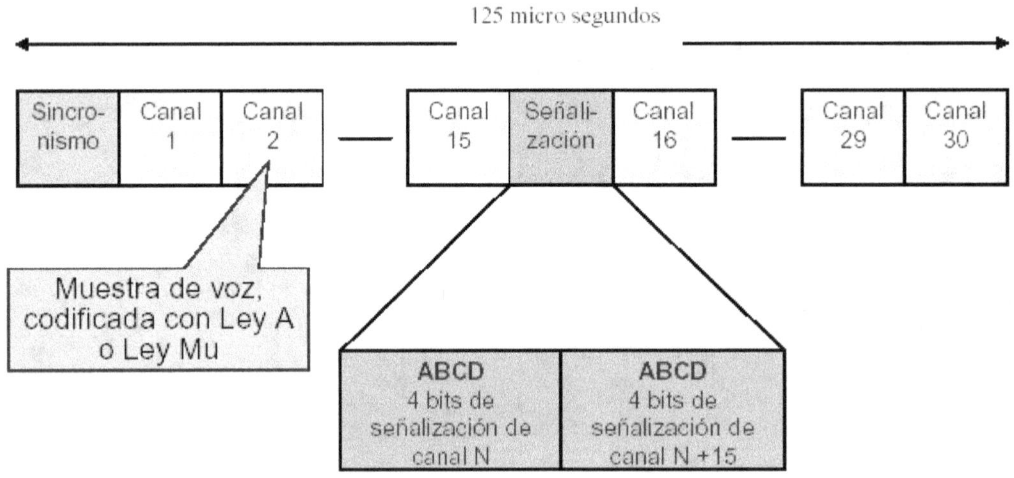

FIGURA 6-15.

Se observa que los intervalos de tiempo 1 al 15 y 16 al 30 son para canales de información (voz) y el 0 y 16 para sincronizmo y señalización respectivamente.

En el intervalo 16 de cada trama, se incluye la señalización correspondiente a *dos* de los canales, por lo que para completar la señalización de todos los canales se precisa que transcurran 15 tramas. Estas 15, más una trama extra (en cuyo intervalo de tiempo 16 se coloca el sincronismo de multi-trama) constituyen lo que se llama *una multitrama.*

La duración de una multitrama es:

125 µseg, por 16 = 2 mseg.

6.5. Transmisión en Línea de la Señal PCM

Si se desea transmitir la señal PCM directamente por línea física, se debe modificar la presentación de los pulsos que llevan la información.

En efecto, los pulsos, tal como hemos visto hasta ahora, presentan los siguientes problemas:

- Por su carácter monopolar, los pulsos tienen una componente continua que no puede atravesar los transformadores de acoplamiento.
- En general, y sobre todo en horas de bajo trafico la densidad del tren de pulsos es baja sobretodo si se trata de señales de voz. Esto causa inconvenientes en la sincronizacion de los circuitos regeneradores del pulso y en los repetidores de PCM.

Para solucionar el primer problema podemos recurrir a la transmisión mediante la inversión alternada de marcas (AMI: alternate mark inversion) que consiste en codificar a los unos como pulsos positivos y negativos en forma alternada.

Para solucionar el segundo problema se recurre a una variante del código AMI como son los códigos bipolares de alta densidad (HDB: high density bipolar). El más usado de estos códigos es el HDB3 el cual permite que haya solamente tres ceros seguidos transformado el cuarto cero en un uno de la misma polaridad que el último uno transmitido. Es decir que se introduce una violación al código AMI, que debe ser de polaridad contraria a la violación anterior. Si esto último no se satisface se puede introducir un nuevo uno (marca extra) ubicado en el lugar del primer cero de la serie. Esto asegura que las violaciones no introduciran una componente de corriente continua.

C A P Í T U L O **7**

CÓDIGOS DE LÍNEA

Para poder transmitir las señales digitales por las líneas de transmisión –o medios físicos- tales como pares trenzados, cables coaxiles, Fibra Optica, es necesario modificar la presentación de los pulsos o tren de pulsos que llevan la información digitalizada.

Esto es necesario ya que los pulsos tiene una componente continua que no pueden atravesar los transformadores de acoplamiento.

En los sistemas donde las transmisiones tienen horas "Pico" y horas de muy baja densidad de tráfico, se generan inconvenientes en la sincronización de los circuitos regeneradores de pulsos (por ejemplo la presencia de jitter).

La tasa de modulación en los sistemas digitales es la tasa en la cual el nivel de señal es cambiado. Esto depende de la naturaleza de la codificación digital.

La tasa de modulación es expresada en baudios, lo cual significa elementos de señal por unidad de tiempo (segundo).

Para obtener una tasa de modulación, el receptor debe:

- conocer el "Timing" de cada bit es decir, conocer el tiempo de inicio y fin de bit con exactitud.
- determinar si el nivel de señal por cada posición de bit es alto(1) ó bajo (0).

7.1. FORMATOS DE CODIFICACIÓN DE SEÑALES DIGITALES

Entre los factores que afectan el desempeño tenemos:

1) La relación Señal-Ruido

2) La tasa de transmisión

3) El ancho de la banda

Otro factor a considerar:

7.1.1. El Esquema de Codificación

El esquema de codificación es simplemente el "mapeo" de bits de datos en elementos de señal.

Las formas de evaluar y comparar las técnicas de codificación son:

- Espectro de la señal.
- Clocking.
- Detección de error.
- Interferencia de la señal e inmunidad al ruido.
- Costo y complejidad.

Redondeando esta idea, podemos decir que cuando menos componentes de frecuencia tenga el *Espectro de la señal* menor será el ancho de banda necesario para la transmisión.

De la misma forma, si pudiéramos incorporar la *señal de clock* utilizando la misma señal, tendríamos una sincronización independiente incorporada sin aumento del ancho de banda.

Respecto a la detección de errores, debemos lograr el mejor desempeño en presencia de ruido, y ciertos códigos exhiben un mejor desempeño en presencia de ruido. Por otra parte, es posible recuperación de los bit que pudieran haberse modificado.

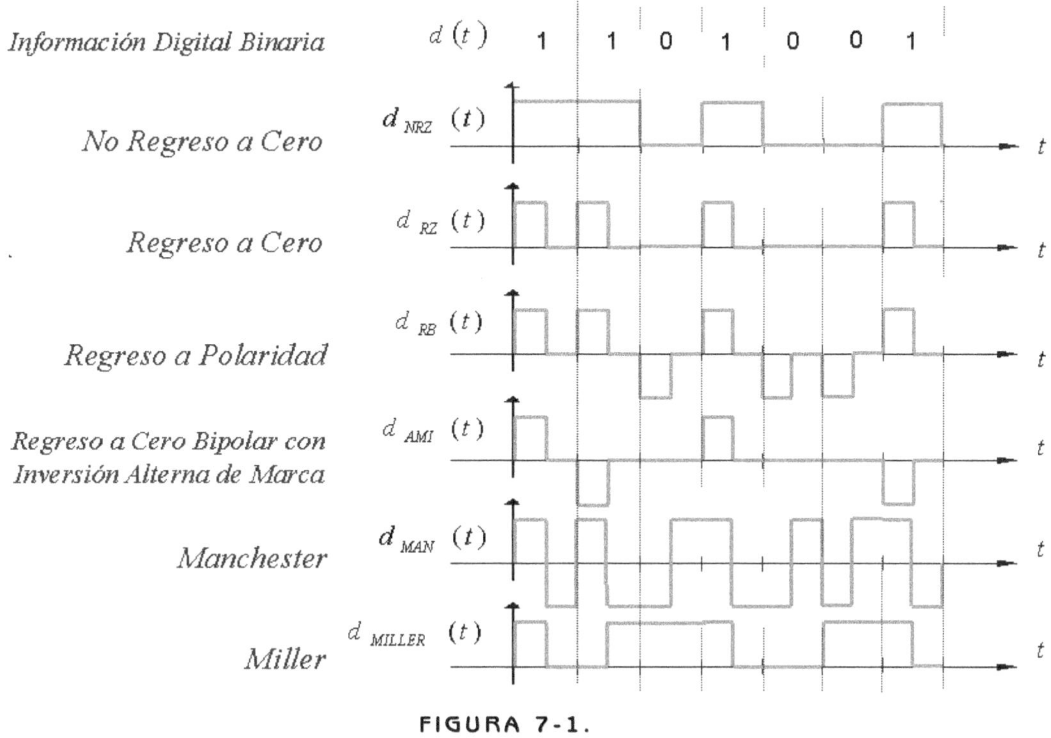

FIGURA 7-1.

Otro factor a tener en cuenta es el costo. Nótese que a mayor complejidad, el costo lógicamente es mayor.

Veamos algunos códigos de línea y sus propiedades, incluso el análisis del ancho de banda necesario por la representación de su espectro (Figura 84).

Estos códigos tienen características particulares, pero en todos los casos lo que se busca es la mejor perfomance con el menor ancho de banda utilizado. Veamos:

- *Sincronización:* contenido suficiente de la señal de clock que permita identificar el tiempo correspondiente a un bit.
- *Capacidad de detección de errores:* la definición del código incluye el poder detectar un error -y en ocasiones corregirlo.
- *Inmunidad al ruido:* capacidad de detectar la señal aún en presencia de ruido –baja tasa de error.
- *Espectro de potencia:* igualdad entre la densidad espectral de la señal y la repuesta en frecuencia del canal de transmisión.
- *Transparencia:* independencia de las características del código en relación a la secuencia de ceros y unos que se transmitan.

7.2. CÓDIGO NO REGRESO A CERO

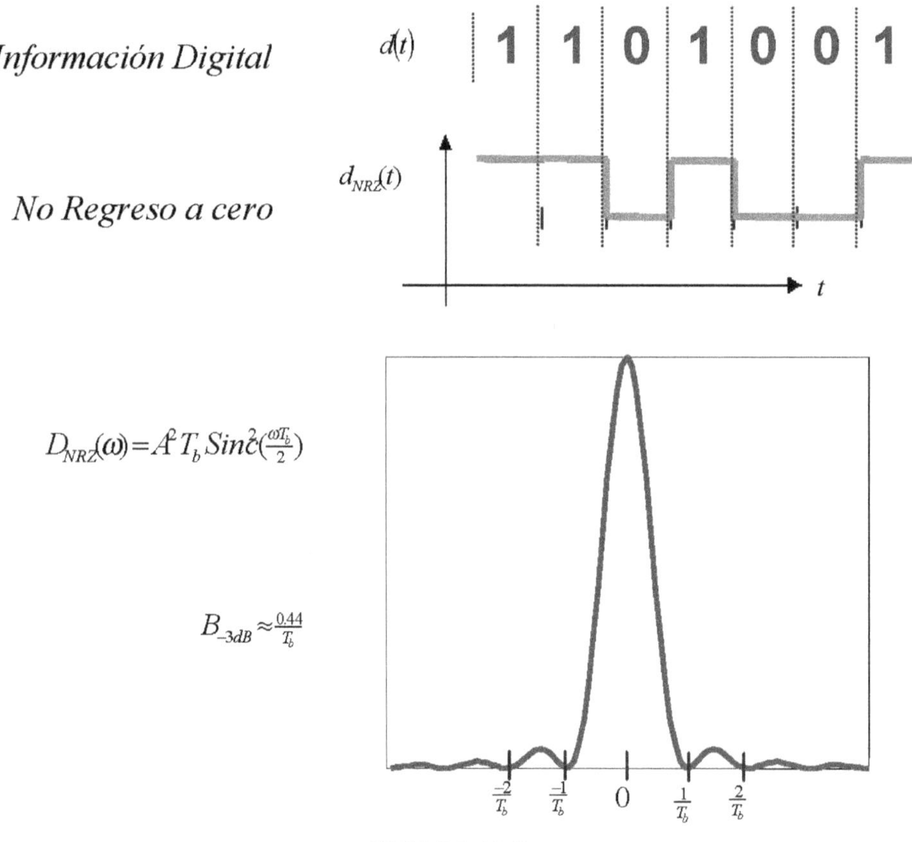

FIGURA 7-2.

Analizamos ahora en el caso particular de este código sus características principales, de acuerdo a la expresa más arriba:

Características

- *Autosincronización*: no contiene señal de sincronismo
- *Capacidad de detección de errores:* no posee capacidad para la detección de errores.
- *Inmunidad frente al ruido*: es función de las diferencias de voltaje entre los valores de ceros y unos.
- *Densidad espectral de potencia*: alto contenido de energía cercano al cero. El 95 % de la energía se encuentra en frecuencias menores a la frecuencia de los datos. Puede considerarse que la máxima frecuencia de la señal es fd para limitar su ancho de banda. (Véase el gráfico del espectro)
- *Transparencia:* El valor promedio de la señal y la posibilidad de detectar el inicio de un bit dependen del contenido de unos y ceros

7.3. CÓDIGO REGRESO A CERO

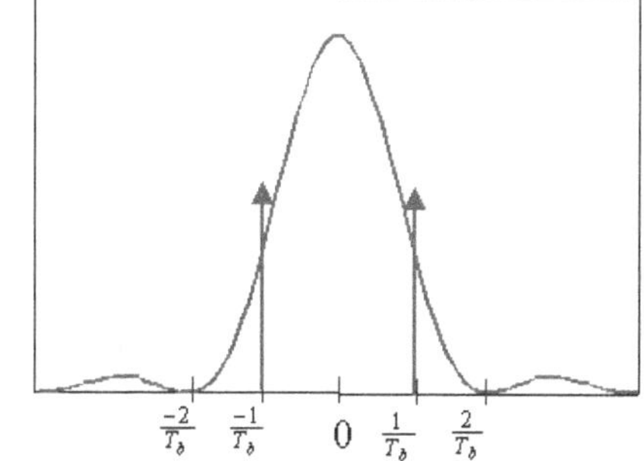

$$D_{RZ}(\omega) = \frac{A^2 T_b}{16} Sinc^2\left(\frac{\omega T_b}{4}\right) + \frac{\pi A^2}{8} \sum_{n=-\infty}^{n=+\infty} Sinc^2\left(\frac{n\pi}{2}\right) \partial\left(\omega - \frac{2\pi n}{T_b}\right)$$

$$B_{-3dB} \approx \frac{0.88}{T_b}$$

FIGURA 7-3.

Caracteristicas

- *Autosincronización:* si contiene señal de temporización
- *Capacidad de detección de errores:* no permite la detección de errores.
- *Inmunidad al ruido:* Es función de la diferencia de voltajes de los unos y ceros.
- *Densidad espectral de potencia:* Alto contenido de energía cercano a cero. Doble ancho de banda de NRZ. Puede considerarse a 2Fd como criterio para limitar su ancho de banda.
- *Transparencia:* El valor promedio de la señal y la posibilidad de detectar el inicio de un bit dependen solamente del contenido de ceros.

7.4. Código **REGRESO A POLARIDAD**

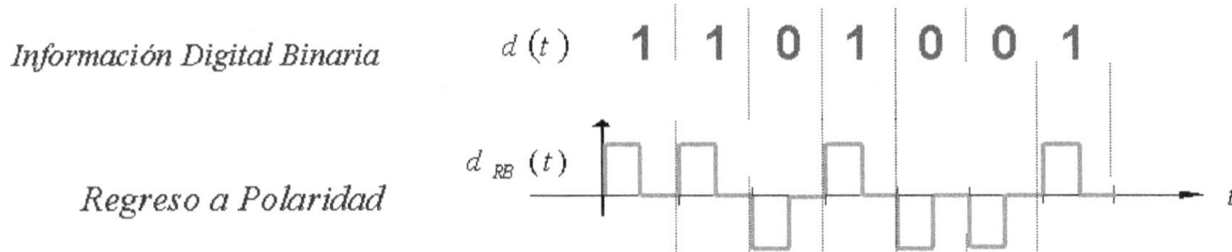

$$D_{RB}(\omega) = \frac{A^2 T_b}{4} Sinc^2 \left(\frac{\omega T_b}{4}\right)$$

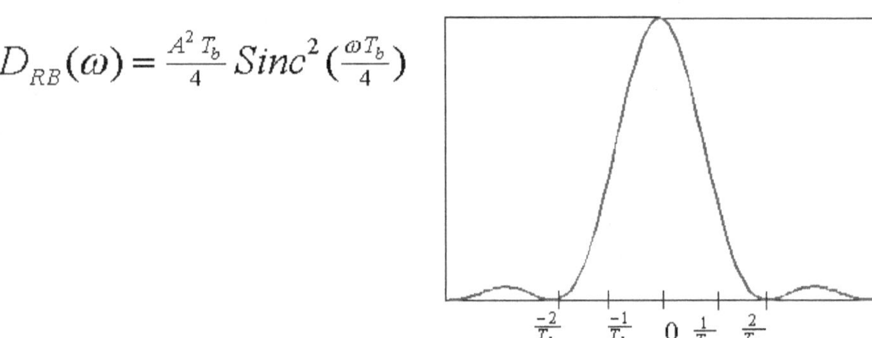

FIGURA 7-4.

Características

- *Autosincronización:* Este código si posee señal de temporización
- *Capacidad de detección de errores:* o posee detección de errores.
- *Inmunidad al ruido:* Mayor inmunidad al ruido al trabajar con valores positivos y negativos.
- *Densidad espectral de potencia:* Al no tener contenidos de energía cercanos a cero requiere mayor ancho de banda que NRZ
- *Transparencia:* se mantiene la autosincronización independiente de los valores de la señal

7.5. Código AMI

Características

- *Autosincronización:* Si contiene señal de temporización
- *Capacidad de detección de errores:* Permite la detección de ciertos tipos de errores.
- *Inmunidad al ruido*: Mayor inmunidad al emplear valores positivos y negativos.
- *Densidad espectral de potencia:* no contiene energía cercana a cero, con su ancho de banda es mayor que RZ.

- *Transparencia*: El valor promedio de la señal depende de la cantidad de ceros que se transmitan. La autosincronización se pierde si se transmiten trenes largos de ceros. Sin embargo, puede emplearse un tipo de codificación de datos que lo evita, por ejemplo HDB (señalización bipolar 3 de alta densidad) en donde se reemplazan secuencias de más de tres ceros por algún valor conocido.

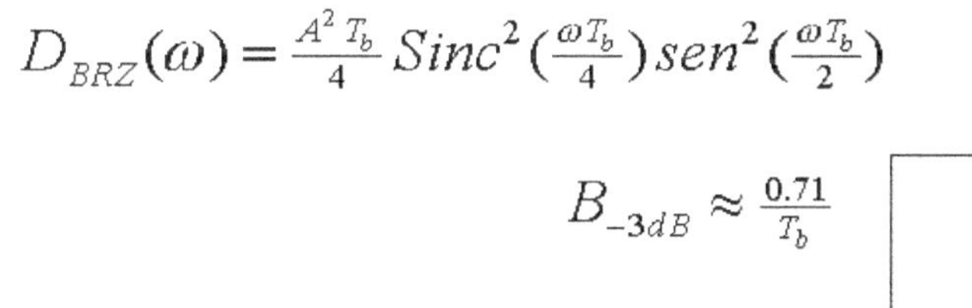

$$D_{BRZ}(\omega) = \frac{A^2\,T_b}{4}\,Sinc^2\left(\frac{\omega T_b}{4}\right) sen^2\left(\frac{\omega T_b}{2}\right)$$

$$B_{-3dB} \approx \frac{0.71}{T_b}$$

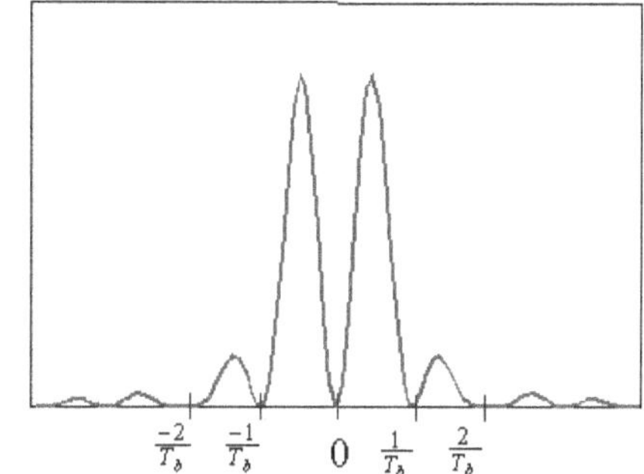

FIGURA 7-5.

Un ejemplo de esto es el código bipolar con sustitución 8 ceros **B8ZS**.

Presenta un esquema de codificación basado en bipolar-AMI

- Supera la desventaja del código AMI: una larga cadena de ceros = pérdida de sincronización.

- **Reglas**: Si se presenta una cadena de 8 ceros (1 octeto de ceros) y el último bit transmitido anterior (precedente) a éste octeto fue positivo (+) entonces los 8 ceros del octeto quedan conformados como:

0 0 0 + - 0 - +

Si en la cadena de 8 ceros (1 octeto de ceros) el último pulso de voltaje precedente a éste octeto fue negativo (-) entonces los 8 ceros del octeto quedan conformados como:

0 0 0 - + 0 + -

Esta técnica fuerza dos violaciones de código AMI.

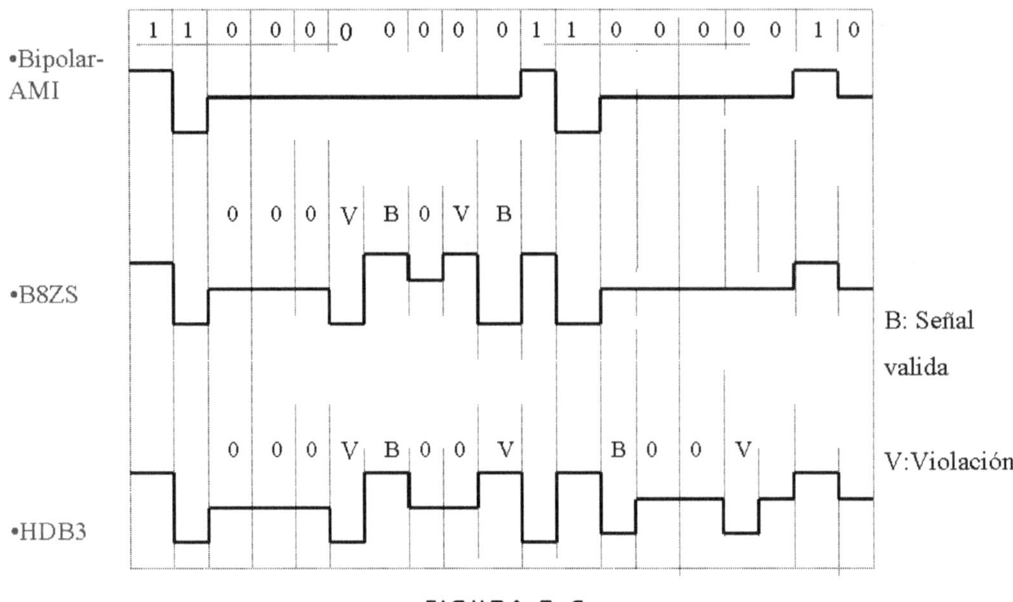

FIGURA 7-6.

HDB3 (High Density Bipolar-3 zeros code): Basado también en el uso de codificación AMI, El esquema reemplaza cadenas de 4 ceros con secuencias conteniendo 1 ó 2 pulsos.

- El cuarto cero es reemplazado con una violación de código
- Es necesario asegurar violaciones de código sucesivas con polaridad alternada.

Polaridad del pulso predecesor	N°de pulsos bipolares desde la última sustitución
000-	-00-
000+	+00+

El esquema nos ayuda a saber si el número de pulsos desde la última violación de código es par o impar y de la polaridad del último pulso antes de la ocurrencia de los 4 ceros.

7.6. Código MANCHESTER

Características

- *Autoincronización:* contiene señal de clock.
- *Capacidad de detección de errores:* permite la detección de ciertos errores
- *Inmunidad al ruido:* mayor inmunidad al ruido al emplear valores positivos y negativos.
- *Densidad espectral de potencia*: tampoco contiene energía cercana a cero. Tiene doble ancho de banda que AMI
- *Transparencia*: La autosincronización se mantiene independiente de la señal transmitida.

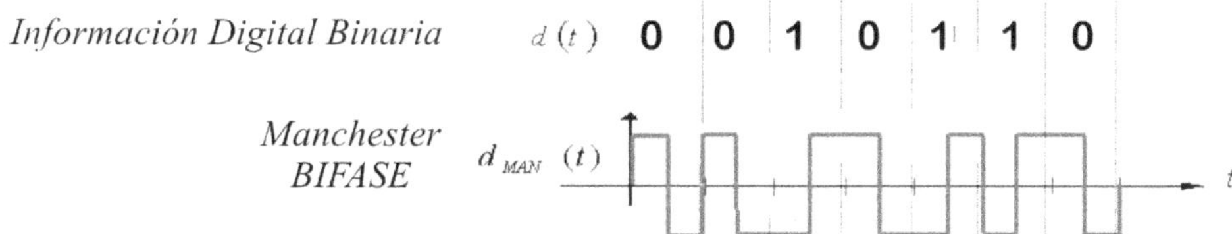

$$D_{MANCHESTER}(\omega) = A^2 \, T_b \, Sinc^2 \left(\tfrac{\omega T_b}{4} \right) sen^2 \left(\tfrac{\omega T_b}{4} \right)$$

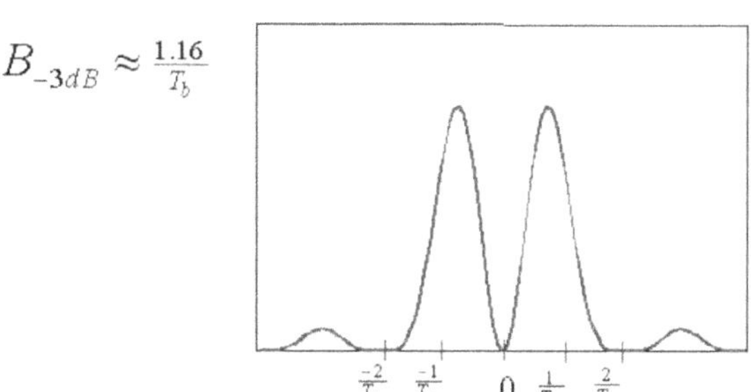

$$B_{-3dB} \approx \frac{1.16}{T_b}$$

FIGURA 7-7.

7.7. DENSIDAD ESPECTRAL DE VARIAS SEÑALES CODIFICADAS

Como hemos visto anteriormente, la mayoría de la energía en las señales NZR y NZR1 se encuentra entre la corriente continua y la mitad de la tasa de datos. Por ejemplo, en un código NRZ usado para transmitir una señal a una tasa de transmisión de 9.600 bps, la mayoría de la energía de la señal esta concentrada entre la CC y 4.800 Hz.

Veamos en un gráfico la comparación espectral de varias señales codificadas:

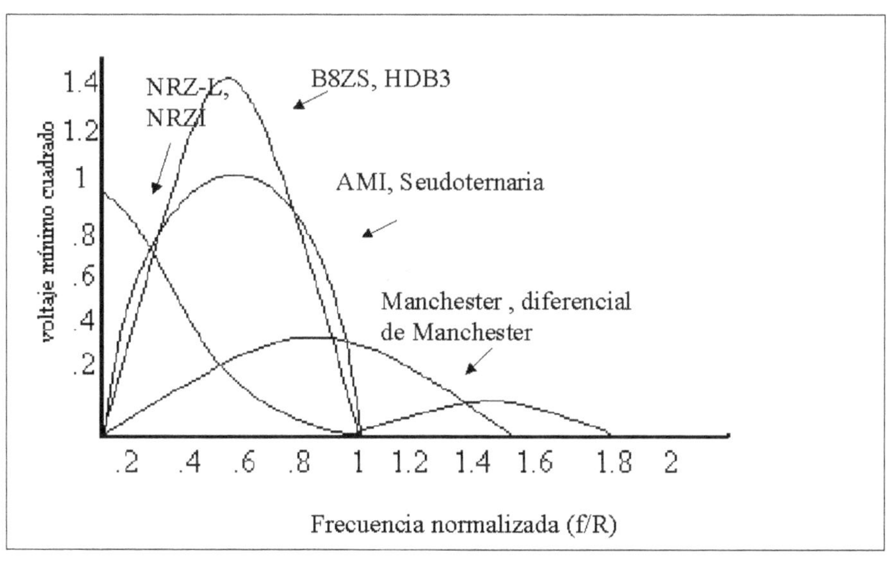

FIGURA 7-8.

CAPÍTULO **8**

LOS MEDIOS DE TRANSMISIÓN

8.1. INTRODUCCIÓN

Habiendo analizado en los capítulos anteriores la teoría relativa al manejo de la información y su procesamiento, hasta la conversión en formas de trenes de pulsos digitales binarios, es ahora el turno de tratar los distintos medios físicos por los cuales podremos enviar esa información hasta su destino, es decir los sistemas encargados de la recepción de la señal.

Debemos entender los medios de transmisión como el canal por el que irá la información que nosotros deseamos enviar de un sitio a otro, por lo tanto, la capa física (Se trata en extenso en el capitulo de Arquitectura de los sistemas de comunicaciones) será la que se encargará hacer llegar la información a su destino mediante algún soporte físico.

Aunque en una transmisión, los medios por los que puede "correr" la información pueden ser varios, (véase esta clasificación)

Medios materiales

- Sólidos (cables)
- Líquidos (agua)
- Gaseosos (atmósfera)

Medios no materiales

- Vacío

Se pueden clasificar según sean o no creación del hombre:

Naturales

- Atmósfera, vacío
- Agua (mares, ríos, lagos)
- Tierra

Artificiales

- Cables
- Guías de ondas
- Fibras ópticas

Intentaremos ir uno a uno para entender su funcionamiento y sus características. Daremos en esta introducción las características principales (en forma rápida) de cada uno de ellos para luego desarrollar en extenso aquellos de uso más extendido.

8.2. Clasificación de los Tipos de Transmisión

Una primera clasificación se basa en lo bidireccional o unidireccional de la transmisión. Los sistemas pueden ser:

a) **Dúplex**: Un sistema dúplex permite la transmisión en ambos sentidos simultáneamente. Es evidente que en este caso en ambos extremos existirán una receptor y un transmisor, ("presentación y fuente" respectivamente) cuyo conjunto denominamos «Terminal del Sistema de Telecomunicación». Ejemplo: telefonía convencional.

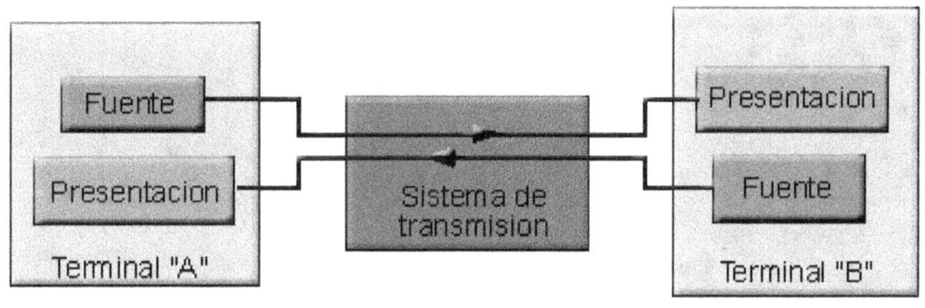

FIGURA 8-1.

b) **Semidúplex:** Permite la transmisión en ambos sentidos pero altern<ativamente. Ejemplo: radiocomunicaciones móviles (handys). Télex.

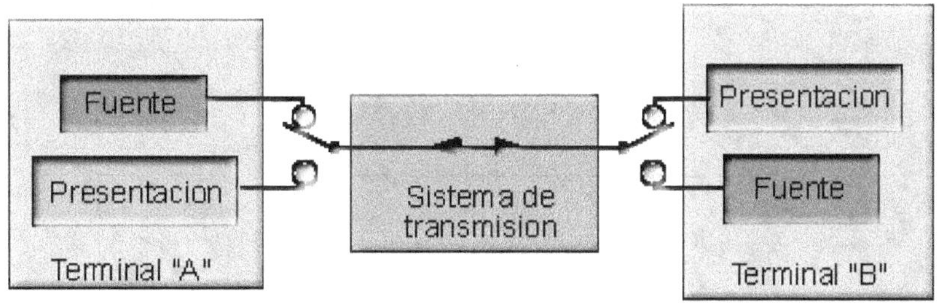

FIGURA 8-2.

c) **Símplex:** Sólo es posible la transmisión en un sentido: del terminal que contiene la fuente que contiene la presentación. Ejemplo: radiodifusión.

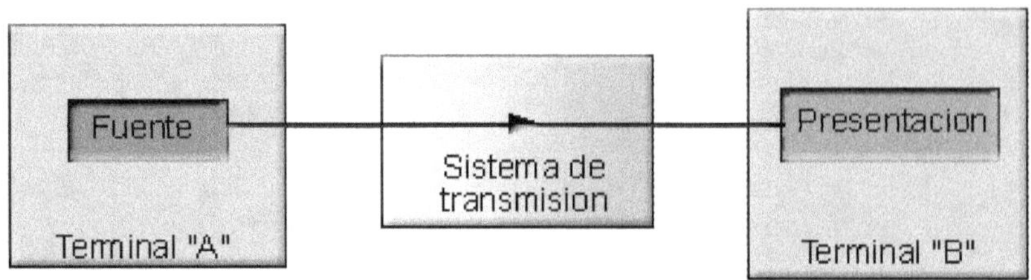

SISTEMA SIMPLEX

FIGURA 8-3.

Puede establecerse otra clasificación, en función de la forma de utilizar el medio de transmisión. Si analizamos el caso de conductores, ya sean líneas aéreas, cable de pares o cuádretes, cable coaxial (aunque puede ser extensible a otros medios de transmisión, sin más que cambiar «hilos» por «vías»), tenemos las siguientes modalidades:

8.2.1. Transmisión a 2 hilos

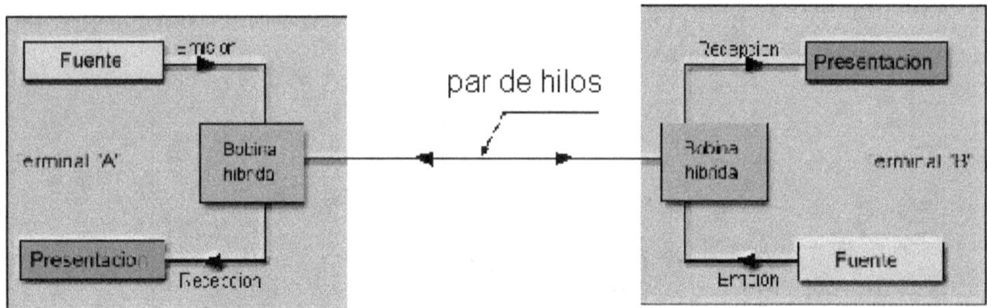

FIGURA 8-4.

Este primer caso es especialmente utilizado en BF y corresponde al modo dúplex. Su esquema representativo puede verse en la figura donde la «Híbrida» puede ser inductiva o resistiva. El mismo par de hilos soporta ambos sentidos de transmisión.

8.2.2. Transmisión a 4 hilos

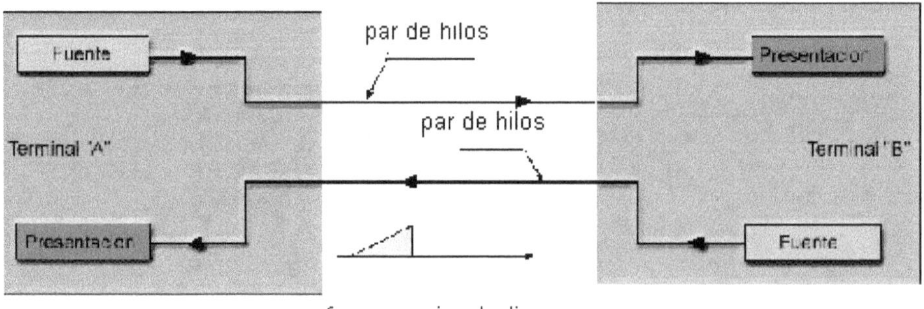

FIGURA 8-5.

Este caso se utiliza en BF y AF y corresponde a modalidades dúplex. Los caminos de ida y vuelta de la señal están separados, siendo soportados por hilos diferentes (ver la figura).

8.2.3. Transmisión a 4 hilos equivalentes

No es realmente cuatro hilos, pero se simula a base de ocupar frecuencias diferentes por los dos sentidos de transmisión, sobre el mismo par de hilos Es utilizado en AF.

Transmisión a 4 hilos equivalentes

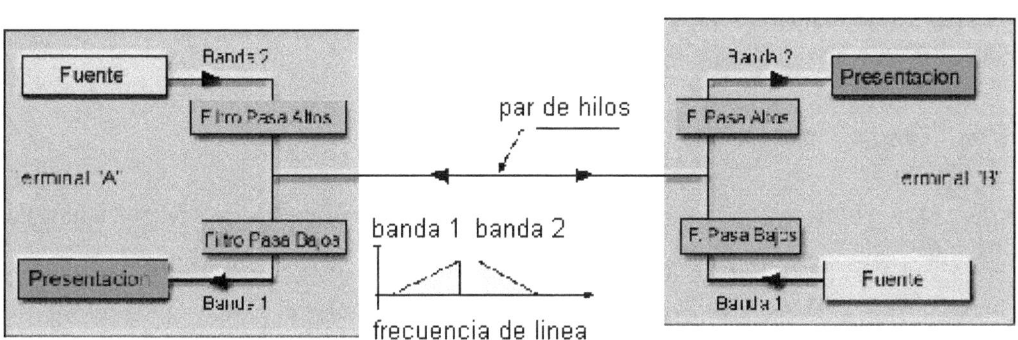

FIGURA 8-6.

Atendiendo a la técnica utilizada para la transmisión de las señales sobre el medio de transmisión se puede establecer una tercera clasificación.

- Sistemas de transmisión analógicos.
- Sistemas de transmisión digitales.

Según que las señales sean de tipo analógico o digital, respectivamente, sobre el medio de transmisión.

Existe un tipo de sistemas que establece una frontera entre las dos clases anteriores; en efecto, en ellos la señal sobre el medio tiene una apariencia analógica pero contiene alguna variación «digital» de sus características: amplitud, frecuencia o fase. Es el caso de los equipos de telegrafía armónica, de los modems y de los radioenlaces digitales, y suelen considerarse como sistemas digitales.

8.3. MEDIOS DE TRANSMISIÓN FÍSICOS USADOS EN LA ACTUALIDAD

Podemos pues pasar a citar los medios de transmisión que se usan en la actualidad:

- Medio magnético.
- Par trenzado.
- Coaxial banda base.
- Coaxial banda estrecha.
- Fibras ópticas.
- Trayectoria óptica.
- Sistemas de Radio Enlaces y Satélites.

8.3.1. Medio Magnético

Quizás por ser el más común es el que todo el mundo excluya de los medios de transmisión.

El hecho de grabar los datos en un disquete o en una cinta para luego llevarlos a otro ordenador (transportándolos manualmente) hace que no parezca un medio de transmisión, pero si calculamos x Mb de información dividido por el tiempo que tardamos en llevarla al otro puesto, observamos que si el volumen de información a transportar es muy grande (por ejemplo 300 GB) y el tiempo de transporte relativamente pequeño (1 hora) observamos que el volumen de datos transportados y la velocidad a la que se ha realizado casi ninguna red lo hubiese podido absorber.

8.3.2. Par Trenzado

Esta formado por dos cables de cobre aislados, normalmente de 1 milímetro de espesor, que están trenzados entre sí (a veces están cubiertos por una malla)

La forma helicoidal de los cables se utiliza para reducir las interferencias eléctricas que pueden producir cables próximos. La mayoría del cableado telefónico usa este sistema ya que este tipo de cables puede alcanzar distancias de varios kilómetros sin necesidad de amplificar las señales.

El bajo costo de este tipo de cable y todas sus características hacen de él uno de los medios de transmisión más usados en el mundo y probablemente lo seguirá siendo durante muchos años.

El par trenzado puede ser usado tanto en comunicaciones digitales como analógicas y todas sus características son directamente proporcionales a la sección del cable.

La EIA/TIA (Electronics Industries Association / Telecommunication Industry Association) ha dividido el par trenzado en varias categorías dependiendo de sus características:

Datos Relevantes del Par Trenzado

Categoría	Velocidad de Transmisión	Características
1	> 1 Mbps	Hilo telefónico, no apto para transmitir datos, sólo voz.
2	> 4 Mbps	Par trenzado sin apantallar.
3	>10 Mbps	Red Ethernet 10 BaseT.
4	16 Mbps	Red Token Ring.
5	> 100 Mbps	Redes de alta velocidad.

8.3.3. Cable Coaxial de Banda Base

Este cable se usa para transmisiones digitales puesto que su resistencia de 50 ohms (y su ancho de banda útil) así lo permite.

Esta formado por cuatro partes:

El núcleo, que es un alambre de cobre duro. Este alambre va recubierto por un material aislante que constituye la segunda parte del cable. A su vez el aislante esta dentro de un conductor exterior que es de forma cilíndrica y normalmente tiene una forma de malla trenzada. La cuarta y última parte del conductor está formada por una cubierta de plástico, que protege todo su interior de las condiciones adversas.

El cable coaxial combina perfectamente un buen ancho de banda con un nivel de ruido mínimo.

Estas características hacen que sea uno de los cables que más se han usados en redes de área local y en comunicaciones telefónicas de larga distancia.

Pensemos que la velocidad de transmisión es proporcional con la longitud del cable, velocidades de 10 Mbps es factible obtenerlas con un cable de un kilómetro de longitud, por lo que con tramos más cortos, la velocidad aumentará y viceversa.

Los conectores de estos cables son básicamente dos, el conector en T y el conector tipo vampiro. Existe una discusión abierta entre estos dos tipos de conectores ya que el conector en T, precisa cortar el cable para poder ser insertado y esto provoca en redes que diariamente se están instalando nuevos usuarios cortes en la misma para poder conectar a los nuevos. En cambio con el conector tipo vampiro, basta con perforar en el cable para que este quede insertado en el núcleo, pero una mala conexión o un pequeño desvío en esta operación, puede hacer que tengamos errores en toda la red.

La información que pasa a través del cable coaxial, normalmente viene expresada en codificación Manchester, (véase códigos de línea) que lo que hace es asignar a un bit con valor 1 un voltaje alto durante el primer intervalo y bajo en el segundo y para el bit 0, lo contrario. De esta manera todos los bits tienen un cambio en su parte media asegurando así el sincronismo entre el receptor y el transmisor, aunque esto requiera el doble de ancho de banda.

FIGURA 8-7. Coaxil rg 8 con conectores BNC

8.3.4. Cable Coaxial de Banda Ancha

Este cable, de 75 ohms de resistencia, normalmente empleado para la transmisión analógica de información (comúnmente señales de televisión por cable), también se emplea para interconectar ordenadores, aunque esto requiera el uso de dispositivos para convertir la señal analógica a digital o viceversa.

En función de estos dispositivos, con un cable típico a 300 MHz podemos tener velocidades de 150 Mbps. En este tipo de cable, se asignan canales para la transmisión de información con un ancho de banda determinado, así podemos usar la capacidad del cable para varias transmisiones.

FIGURA 8-8. Coaxil rg 6 con conectores para TV

8.3.5. Fibras Ópticas

La ventaja de este medio de transmisión se basa en el gran ancho de banda, que esta dado por el tipo de transmisión que se realiza: para un bit con valor 1, un pulso de luz, para un bit con valor 0, bastaría la ausencia de luz.

Este sistema, no se ve afectado por ningún tipo de interferencia y casi la única desventaja es el hecho de no poder empalmar fácilmente cables para conectarlos a nuevos nodos, aunque en la actualidad estos inconvenientes ya está solucionados y disponemos de conectores tipo RJ 45 ópticos. De todos modos aún la electrónica asociada continua siendo un tanto cara..

El montaje de fibra óptica está compuesto por un emisor de luz, la fibra conductora, un detector.

El emisor de luz puede ser un LED o bien un emisor láser, como detector sirve un fotodiodo, que detecta la ausencia o presencia de luz.

Mientras que el medio de transmisión está formado por una fina fibra de vidrio o silicio. La velocidad de transmisión es muy alta, desde 10 Mbps hasta en casos especiales 500 Mbps. La longitud del cable viene limitada por las atenuaciones que recibe la señal con la distancia, pudiendo llegar a ser los segmentos de hasta 2000 metros. Más adelante analizaremos en detalle todo lo concerniente a este medio de transmisión.

8.3.6. Transmisión por Trayectoria Óptica

La transmisión de datos vía radio, microondas, láser o infrarrojos son algunas de las soluciones usadas cuando un cable es imposible de tirar.

La comunicación por infrarrojos o láser, es digital al cien por cien, por lo que no necesitamos dispositivos de modulación o de demodulación, es muy simple y casi las únicas preocupaciones serían las meteorológicas.

Las microondas, así llamamos a las ondas de radio que van de una antena parabólica a otra, y cuyas longitudes de onda son centimétricas, sirven básicamente para comunicaciones de vídeo o telefónicas.

La movilidad que pueden caracterizar estos equipos y el ahorro económico que produce el hecho de no tender cable a cada sitio en que quiera enviarse o recibir la información hace de esta técnica una de las más usadas para comunicaciones móviles.(por ejemplo transmisiones exteriores de TV)

Como la transmisión por láser o infrarrojos, las microondas, también se ven afectadas por las condiciones atmosféricas.

8.3.7. Comunicaciones por Satélites

La emisión–recepción de información a través de satélites, puede entenderse como un repetidor gigantesco de microondas, situado a miles de kilómetros de la tierra.

La velocidad de la información cuando va y viene del satélite, es la de la luz, 300000 km/h, por lo que el tiempo de tránsito entre los dos extremos es de unos 275 ms. (enlace de subida más enlace de bajada del satélite)

Los enlaces de microondas terrestres tiene un retardo de propagación aproximado de 3 microsegundos/km y el coaxial de 5, por lo que podemos observar que la diferencia es notable, teniendo en cuenta que un satélite se encuentra aproximadamente a una distancia de 36000 kilómetros de la tierra. Si un satélite estuviese encima del ecuador, tendría un periodo de 24 horas, el mismo que la tierra, por lo que sí lo mirásemos desde la tierra, parecería que no se moviese.(satélites geoestacionarios)

Otro dato que puede hacer ver el "potencial" que hay en el espacio es la del tiempo de transmisión: enviar unos 180 Mb por un canal de 56 Kbps llevaría alrededor de 1 hora, mediante un enlace satélital de 50 Mbps no llega a los treinta segundos.

8.3.8. Conclusión

Entenderemos como medio de transmisión todo medio físico capaz de transportar datos desde un emisor hasta un receptor, sin afectar la integridad de los mismos (datos).

Desarrollaremos con mayor profundidad aquellos medios de transmisión aplicados actualmente a los sistemas de información, ya sean estos daos, señales de TV, telefonía etc.

CAPITULO **9**

WIRELESS

9.1. Medios Físicos No Guiados

Los medios no guiados, transportan ondas electromagnéticas (principalmente ondas de radio) sin usar un conductor físico; en su lugar, se radian a través del aire y están disponibles para cualquiera que tenga un dispositivo capaz de aceptarlas.

Las ondas de radio transmiten datos a través del aire, a menudo a una distancia de millones de kilómetros o millas. Aunque las ondas de radio son invisibles y completamente indetectable a los seres humanos, han cambiado totalmente la forma de relacionarse de los humanos, ya sea hablando de un teléfono celular, un sensor de alarmas, o miles de otros productos, todos los dispositivos inalámbricos utilizan ondas de radio para comunicarse. La siguiente lista muestra algunas de las aplicaciones importantes de comunicación por radio:

- Radio AM y FM
- Teléfonos inalámbricos
- Abridores de Garage
- Alarmas
- Wireless networks
- Radio-control para juguetes
- Television por aire
- Comunicaciones vía Satélite
- Unidades de control remoto para uso variado
- Telefonía Celular
- Bandas de Frecuencia.

Las ondas de radio utilizadas para las comunicaciones, ocupan dentro del espectro electromagnético, el rango de frecuencias que va desde los 3 Khz hasta los 300 Ghz (ver figura 1) (ver Cap.1). Dentro de ese rango, se encuadran en 8 (ocho) secciones o rangos de frecuencia denominados "bandas"; cada una de ellas están reguladas por las autoridades gubernamentales de cada país, manteniéndose algunas no reguladas para funcionalidades internacionales tales como la banda de emergencias para radio de onda corta, o las bandas de radio frecuencia para redes inalámbricas estandarizadas. Cada una de estas bandas tienen una denominación y normalmente se referencian con siglas denominadas acrónimos (por ej: VLF, very low frequency – frecuencia muy baja). Ver figura 2.

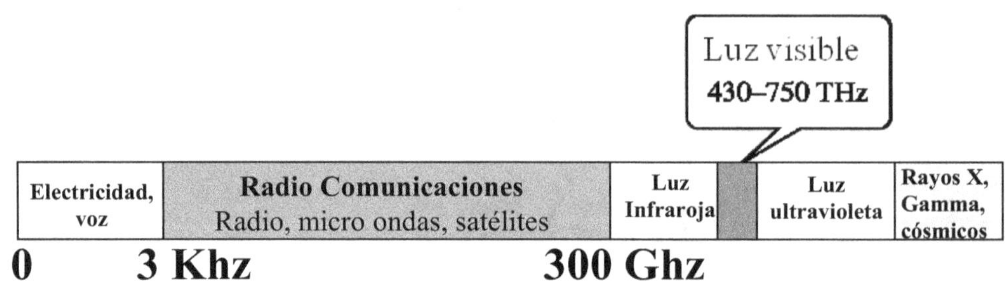

FIGURA 9-1. Espectro electromagnético.

9.2. PROPAGACIÓN DE LAS ONDAS DE RADIO

La transmisión de ondas de radio utiliza 5 (cinco) tipos de propagación distintos: superficie, troposférica, ionosférica, de visión directa y espacial (ver figura 3).

La tecnología de radio considera que la tierra está rodeada por dos capas de atmósfera: la troposfera y la ionosfera. La primera, es la porción de la atmósfera que se extiende hasta 45 (cuarenta y cinco) kilómetros desde la superficie de la tierra y contiene lo que usualmente se llama "aire".

VLF: very low frequency   **VHF: very high frequency**
LF: low frequency   **UHF: ultra high frequency**
MF: middle frequency   **SHF: super high frequency**
HF: high frequency (onda corta)   **EHF: extremely high frequency**

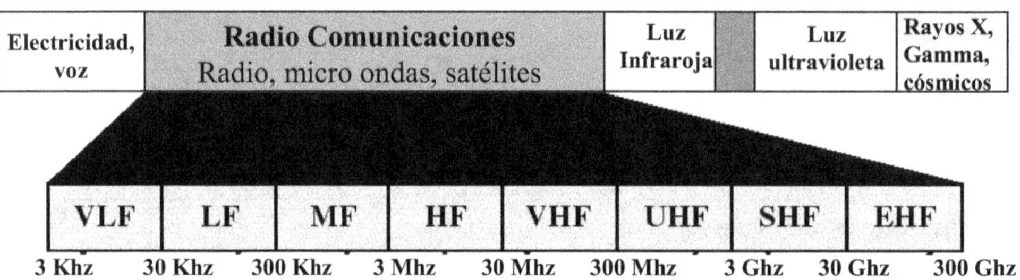

FIGURA 9-2. Banda de comunicaciones.

Las nubes, el viento, las variaciones de temperatura y, en general, el clima, ocurren esta capa (incluso los viajes en avión). La segunda capa, es la parte de la atmósfera por encima de la troposfera pero por debajo del espacio, que contiene partículas libres cargadas eléctricamente (iones). A los fines de la terminología de radiocomunicaciones, se considera que en la parte superior de la troposfera, se encuentra una capa de máxima altitud, denominada estratosfera.

Propagación en superficie

Las ondas de radio viajan a través de la porción más baja de la atmósfera, circundando el globo. A frecuencias más bajas, las señales se emanan en todas las direcciones desde la antena de transmisión y sigue la curvatura de la tierra. La distancia recorrida por una señal dependerá de la potencia, cuanto mayor sea la potencia transmitida, mayor será la distancia recorrida. La propagación en superficie puede ser realizada en el agua del mar. Las bandas de frecuencia que utilizan este tipo de propagación son VLF (ondas de frecuencia muy baja) y LF (ondas de frecuencia baja). Las primeras, no sufren mucha atenuación debido a la transmisión pero sí son muy sensibles al ruido atmosférico (calor y electricidad) que se da en bajas altitudes. Estas ondas se utilizan para la radionavegación, comunicaciones a larga distancia e incluso submarina. Las LF, si bien se propagan en superficie, son más sensibles a las perturbaciones atmosféricas y a la atenuación, principalmente durante el día, cuando aumenta la absorción de las ondas por los obstáculos naturales. Estas ondas se utilizan para la radionavegación, comunicaciones a larga distancia e incluso balizamiento (como radio faros y sensores sísmicos).

Propagación troposférica

Este tipo de propagación puede realizarse de dos maneras diferentes; se envía la señal en línea recta de antena a antena (visión directa) o se realiza una radiación con un cierto ángulo hasta los niveles superiores de la troposfera donde se refleja nuevamente hacia la superficie de la tierra. En el primer caso, se necesita que el emisor y el receptor estén dentro del campo de visión directa, limitado por la curvatura de la tierra. El segundo caso, permite cubrir distancias más grandes con menor potencia de salida, pero hace que el cálculo de orientación de las antenas sea más complicado y son más sensibles a las variaciones de densidad de las capas de la atmósfera. La banda de frecuencia que aplica este tipo de propagación es la MF (ondas de frecuencia media). Estas frecuencias son absorbidas por la ionosfera, por tanto la distancia que pueden cubrir está limitada por el ángulo de incidencia de radiación necesario para no entrar en ella pero poder ser reflejado de vuelta a la superficie. La absorción se incrementa durante el día, pero la mayoría de las transmisiones se efectúan con antenas de visión directa para incrementar el control y evitar los problemas de absorción. La aplicación de esta banda de frecuencia va desde la radiofonía en AM (desde los 535 Khz hasta los 1,605 Mhz aproximadamente), la banda de radiocomunicaciones de emergencias, buscadores audiodireccionables y radio marítima.

Propagación ionosférica

En este tipo de propagación, las ondas de más alta potencia se radian hacia la ionosfera donde se reflejan nuevamente hacia la tierra. Esto es debido a que la diferencia de densidad entre la troposfera y la ionosfera hace que la onda de radio se acelere y cambie de dirección, curvándose de nuevo hacia la superficie de al tierra. Este tipo de transmisión permite cubrir grandes distancias con menor potencia de salida pero se encuentra influenciada por los cambios de densidad que se producen en la ionosfera (dilataciones/contracciones), de allí que tengamos mejor propagación por la noche que en el día, donde los rayos solares influyen menos. La banda de frecuencia que utiliza este tipo de propagación es la HF (onda de frecuencia alta o también denominada onda corta) cuya utilidad incluye a los radioaficionados, las radios de banda ciudadana (la parte más alta del espectro), las emisiones internacionales, comunicaciones militares y de larga distancia para barcos y aviones, teléfonos, telégrafos y faxes.

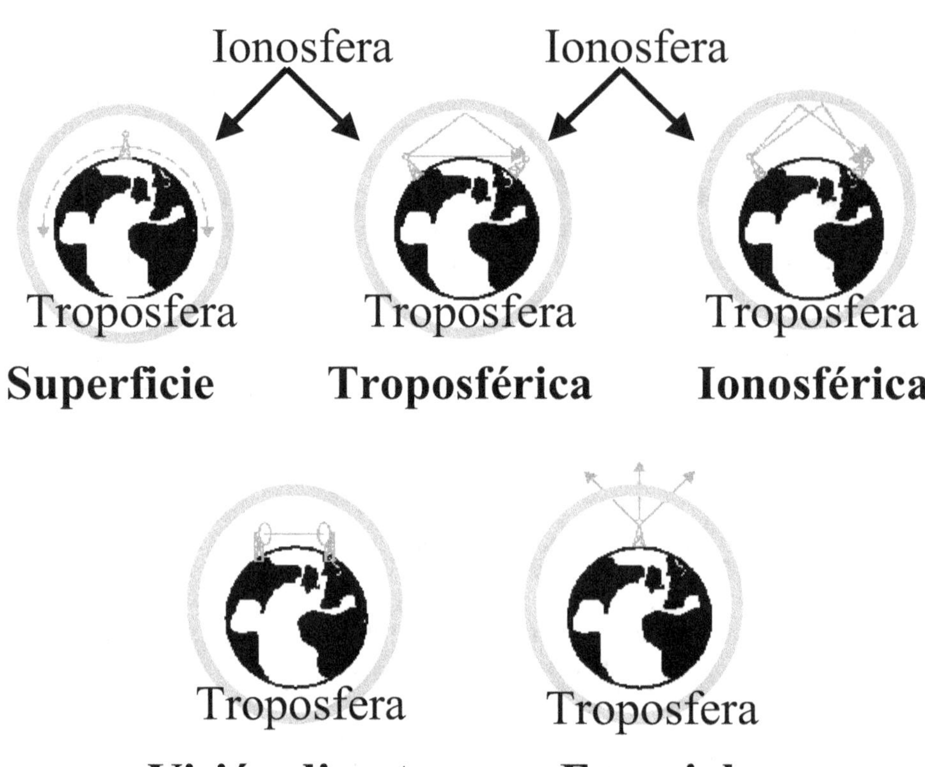

FIGURA 9-3.. Tipos de propagaciones.

Propagación por visión directa

En este tipo de propagación se transmiten señales de muy alta frecuencia directamente de antena a antena siguiendo una línea recta. Las antenas deben ser direccionales, estando enfrentadas entre sí, lo suficientemente altas o juntas para no verse afectadas por la curvatura de la tierra. Este tipo de propagación es compleja porque las transmisiones de radio no se pueden enfocar completamente ya que las ondas emanan hacia arriba, hacia abajo y hacia delante, pudiéndose reflejar sobre la superficie de la tierra o en partes de la atmósfera y las ondas reflejadas que llegan a la antena receptora más tarde que la porción directa de la transmisión puede corromper la señal recibida. Las bandas de frecuencia que usan este tipo de propagación son VHF (ondas de frecuencia muy alta), UHF (ondas de frecuencia ultra alta) y gran parte de la banda de frecuencia SHF (ondas de frecuencia súper altas). La primera es utilizada para la TV (canales bajos -2 a 6- en el rango de 54 a 88 Mhz y canales de rango medio -7 a 13- en el rango de 174 a 216 Mhz), radio FM (entre 88 y 108 Mhz.), radio AM de los aviones y ayuda de navegación (entre 108 y 174 Mhz). La segunda banda de frecuencias, se utiliza para TV (canales altos -14 a 69- en el rango de los 470 y 806 Mhz.), la telefonía inalámbrica (en el rangos variables según los países, pero generalmente entre 350 y 450 Mhz.), la telefonía celular (entre 850 y 950 Mhz.) y la Micro onda (desde 1 Ghz, incluyendo bluethoot en el rango 2,2 a 2,48 Ghz.). En el último caso, SHF utiliza principalmente visión directa para microondas terrestre y comunicaciones de radar, siendo posible también la comunicación satelital.

Propagación espacial

La propagación por el espacio utiliza como retransmisores a los satélites en lugar de refracción atmosférica; una señal radiada es recibida por el satélite situado en órbita, que la reenvía de vuelta a la tierra para el receptor adecuado. La transmisión vía satélite, es básicamente, una transmisión de visión directa con un intermediario (el satélite). La distancia al satélite de la tierra es equivalente a una antena de súper alta ganancia e incrementa enormemente las distancia que puede ser cubierta por la señal. Las bandas de frecuencia que utilizan este tipo de propagación son SHF (todas las bandas de transmisión satelital internacionales están dentro de este rango de frecuencias) y EHF (ondas de frecuencias extremadamente altas), siendo esta última de utilización puramente científica (de satélite a satélite, radares y comunicaciones experimentales).

El espectro electromagnético es simplemente un nombre que los científicos han dado al conjunto de todos los tipos de radiaciones conocidas. La radiación es energía que se desplaza en forma de ondas y se extiende a través de la distancia. Todas las ondas viajan a la velocidad de la luz en el vacío y tienen una longitud de onda característica (λ) y la frecuencia (f), lo que puede determinarse mediante la siguiente ecuación:

$$C = \lambda \times f \qquad \text{donde } C \text{ es la velocidad de la luz } (10^8 \ m/s)$$

Esta fórmula establece que la longitud de onda de cualquier onda electromagnética viaja en el vacío, en metros, multiplicada por la frecuencia de la misma onda, en Hz, siempre es igual a la velocidad de la luz o 3×10^8 m/s. Esto implica que la longitud de onda y la frecuencia son inversamente proporcionales, es decir, una señal de frecuencia alta posee una longitud de onda pequeña y viceversa, una señal de baja frecuencia posee una longitud de onda muy amplia (ver figura 4).

Banda	Long. de Onda	Denominación	Propagación	Datos Analógicos		Datos Digitales		Principales Aplicaciones
				Modulación	A. de banda	Modulación	Razón de datos	
3-30 Khz	100-10 Km	VLF (frecuencia muy Baja)	En superficie	No se usa	No se usa	ASK, FSK	0,1 bps	Radionavegación Comunicaciones submarinas
30-300 Khz	10-1 Km	LF (frecuencia Baja)	En superficie	No se usa	No se usa	ASK, FSK	0,1 - 100 bps	Comunicaciones a larga distancia. Balizamiento.
300-3000 Khz	1000-100 m	MF (frecuencia media)	Troposférica	AM	Hasta 4 Khz	ASK, FSK	10 - 1000 bps	Radiodifusión, Radio AM.
3-30 Mhz	100-10 m	HF (frecuencia alta u onda corta)	Ionosférica	AM	Hasta 40 Khz	ASK, FSK	10 - 3000 bps	Comunicaciones a larga distancia. Radioaficionados.
30-300 Mhz	10-1 m	VHF (frecuencia muy alta)	Visión directa	FM	de 5 Khz a 5 Mhz	FSK, PSK	Hasta 100 Kbps	Radionavegación aérea. Radio FM, TV,
300-3000 Mhz	100-10 cm	UHF (frecuencia ultra alta)	Visión directa	FM	Hasta 20 Mhz	PSK	Hasta 10 Mbps	Telefonía inalámbrica. TV. Celulares, Microondas.
3-30 Ghz	10-1 cm	SHF (frecuencia súper alta)	Visión directa y espacial	FM	Hasta 500 Mhz	PSK	Hasta 100 Mbps	Microonda Terrestre. Microonda satelital.
30-300 Ghz	1cm-1mm	EHF (frecuencia extremadamente alta)	Espacial	FM	Hasta 1 Ghz	PSK	Hasta 750 Mbps	Microonda Satelital. Comunic. Experimental.

FIGURA 9-4. Características de las bandas de comunicaciones no guiadas.

En la misma figura se pueden apreciar las técnicas de modulación aplicadas, tanto para señales analógicas como digitales, con sus anchos de banda y razón de datos correspondientes. Podemos observar existe una relación directa entre la cantidad de información a transmitir y la frecuencia de la señal; de igual manera, el tipo de modulación está relacionado con la capacidad de distinguir una elemento de otro en la codificación debido a la longitud de onda.

9.3. PERTURBACIONES EN LOS MEDIOS NO GUIADOS

Se denomina dispersión al fenómeno de separación de las ondas de distinta frecuencia al atravesar un material. Todos los medios materiales son más o menos dispersivos, y la dispersión afecta a todas las ondas; por ejemplo, a las ondas sonoras que se desplazan a través de la atmósfera, a las ondas de radio que atraviesan el espacio interestelar o a la luz que atraviesa el agua, el vidrio o el aire. Un medio se dice dispersivo si las ondas que se propagan tienen distinta velocidad de fase dependiendo de la frecuencia; por ejemplo, el agua es un medio dispersivo para las ondas de agua, ya que la velocidad de las ondas aumenta con la longitud de onda. En un medio de estas características, el espectro de la señal parece dispersarse y la forma de onda no se mantiene. En cambio el vacío, es no dispersivo. Habitualmente se consideran a las ondas (para su estudio) desplazándose en el vacío. En el caso de la atmósfera, la propagación se realiza en un medio muy cambiante debido a la composición multicapa provocando que las ondas se refracten positiva o negativamente. Será positiva si se curva hacia abajo y negativa si lo hace hacia arriba. Esto produce un fenómeno denominado desvanecimiento total. La curvatura se debe en cambio a la densidad con la altura, si aumenta la densidad se produce curvatura negativa. Como la composición de las capas de la atmósfera no son constantes, pueden ocurrir varios procesos a la vez y llegar las ondas al receptor con distinta fase, es decir, distintos caminos recorridos. Esto provoca una interferencia constructiva, si vienen en fase, o destructiva, si lo hacen a contrafase, lo cual se denomina desvanecimiento o fading.

Debido a que dos o más partes de una onda pueden recorrer diferentes caminos para llegar al mismo punto, es obvio que habrá una diferencia en la distancia recorrida, en otras palabras, estarán fuera de fase y por lo mismo, llegarán con diferencia de tiempo, lo que se traduce en el desvanecimiento de la señal, o sea que en unos momentos recibimos correctamente y en otros se deja de recibir la transmisión. Se dice que dos señales están en fase, cuando alcanzan sus valores positivo y negativo al mismo tiempo; si dos señales están en fase, se suman, pero si están fuera de fase en 180 grados, se cancelarán y desaparecerán (desvanecimiento total). Existen 2 (dos) tipos de desvanecimientos: el desvanecimiento plano que es independiente de la frecuencia y se presenta a partir de los 10 Ghz., motivado por la lluvia y variaciones del índice de refracción de la atmósfera; el desvanecimiento selectivo, se encuentra relacionado con la frecuencia y afecta principalmente a los radioenlaces de superficie (por ejemplo, grandes espejos de agua).

Otro fenómeno característico de las ondas, que consiste en la dispersión y curvado aparente de las ondas cuando encuentran un obstáculo, se denomina disfracción, y ocurre en todo tipo de ondas. El fenómeno de la difracción es un fenómeno de tipo interferencial se produce cuando la longitud de onda es mayor que las dimensiones del objeto, por tanto, los efectos de la difracción disminuyen hasta hacerse indetectables a medida que el tamaño del objeto aumenta comparado con la longitud de onda.

La atenuación consiste en el debilitamiento o pérdida de amplitud de la señal recibida frente a la transmitida. A partir de una determinada distancia, la señal recibida es tan débil que no se puede reconocer mensaje alguno. La solución a este problema la encontramos en el uso de repetidores (caso de señales digitales) o amplificadores (señales continuas). La atenuación al ser una función de la distancia y de la frecuencia produce que señales diferentes ocasionen distorsiones diferentes. Para compensar esta diferente atenuación a distintas frecuencias, los amplificadores pueden incorporar una etapa denominada ecualizador.

9.4. TÉCNICAS DE MODULACIÓN

Una frecuencia portadora es una onda electromagnética que se combina con la señal de información y se envía a través del canal de comunicaciones. Las empresas portadoras (Carriers) deben resolver varios otros elementos de la comunicación, como ser antenas a utilizar, tipo de propagación a emplear, problemas de ruido, etc. Por ejemplo, una práctica antena debe ser aproximadamente del tamaño de una longitud de onda de la onda electromagnética a transmitir. Si las ondas sonoras se emiten en las frecuencias audibles, la antena tendría que ser más de un kilometro de altura. El requisito de tamaño de la antena puede ser reducido mediante el uso de frecuencias más altas que tienen longitudes de onda más corta.

El proceso de recuperación de la información de la onda portadora se llama demodulación. Es esencialmente una inversión de las medidas utilizadas para modular los datos. En general, como los esquemas de codificación para la modulación son cada vez más complejos y velocidad de transmisión de datos aumenta provocan que disminuya la inmunidad al ruido y baje la cobertura.

Como se señaló anteriormente, un objetivo de las comunicaciones no es utilizar una frecuencia portadora de base, como la frecuencia de las comunicaciones, sino modificarla utilizando un proceso llamado modulación para codificar información en la onda portadora. Existen 3 (tres) aspectos básicos de una onda que se pueden modificar mediante la modulación:

- Amplitud (AM)
- Frecuencia (FM)
- Fase (PM)

Para el caso de datos analógicos la modulación se denomina analógica y comprende:

- Amplitude Modulation (AM)
- Frequency Modulation (FM)
- Phase Modulation (PM)

Para el caso de datos digitales la modulación se denomina digital y comprende:

- Amplitude shift keying (ASK)
- Frequency shift keying (FSK)
- Phase shift keying (ASK)

La mayoría de los sistemas de comunicación usan alguna de estas técnicas o forma de combinación de ellas, aplicando un mecanismo de codificación denominado Spread Spectrum (Espectro Extendido).

El espectro extendido (también llamado espectro expandido, espectro disperso, o SS) es una técnica por la cual la señal transmitida se expande a lo largo de una banda muy ancha de frecuencias, mucho más amplia, de hecho, que el ancho de banda mínimo requerido para transmitir la información que se quiere enviar. No se puede decir que las comunicaciones mediante espectro ensanchado son medios eficientes de utilización del ancho de banda, sin embargo, rinden al máximo cuando se los combina con sistemas existentes que hacen uso de la frecuencia. La señal de espectro extendido, una vez ensanchada puede coexistir con señales en banda estrecha, ya que sólo les aportan un pequeño incremento en el ruido. En lo que se refiere al receptor de espectro expandido, no detecta las señales de banda estrecha, ya que está escuchando un ancho de banda mucho más amplio gracias a una secuencia de código preestablecido. Todos los sistemas de espectro extendido satisfacen dos criterios:

- El ancho de banda de la señal que se va a transmitir es mucho mayor que el ancho de banda de la señal original.
- El ancho de banda transmitido se determina mediante alguna función independiente del mensaje y conocida por el receptor.

Existen dos técnicas normalmente utilizadas en las transmisiones radiadas, una para el campo analógico y otra para el digital. La primera se denomina FH, Frequence Hopping (Salto de Frecuencias) y la segunda DS, Direct Sequence (Secuencia Directa).

9.4.1. Espectro Extendido por Salto de Frecuencias (FHSS)

FHSS es una técnica de espectro que utiliza la agilidad de frecuencia para difundir datos a través de más de 83 MHz de espectro. Se denomina agilidad de frecuencia a la posibilidad de una transmisión de radio a cambio de frecuencia rápidamente, dentro de la banda de frecuencia utilizable. En los sistemas FHSS, el Carrier realiza cambios de frecuencia (saltos) de acuerdo a una secuencia pseudo-aleatoria y esto algunas veces se denomina un salto de código. Esta secuencia se define en el canal FHSS y se trata de una lista de frecuencias, a la que la el Carrier saltará en intervalos de tiempo determinados. El transmisor utiliza esta secuencia de saltos para seleccionar su frecuencia de transmisión. El Carrier se mantendrá en una determinada frecuencia durante un determinado período de tiempo, lo que se conoce como el tiempo de espera. El transmisor entonces utiliza una pequeña cantidad de tiempo, conocido como el tiempo de salto, para moverse a la próxima frecuencia. Cuando la lista de las frecuencias ha sido completamente utilizada, la emisora inicia otra vez y empieza a repetir la secuencia. El receptor de radio se sincroniza a la secuencia de salto de la transmisión de radio para quedar en la frecuencia del receptor en el momento oportuno. En la figura 5 se muestra un ejemplo de aplicación de Frequency Hopping.

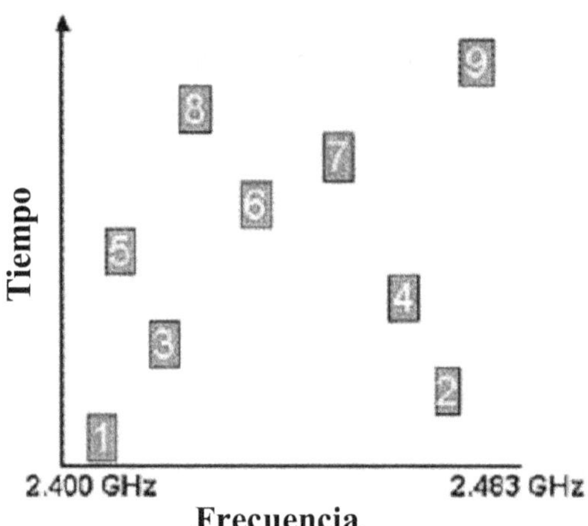

FIGURA 9-5. Aplicación de Espectro Extendido por Salto de Frecuencia en Wireles LAN con 802.11b.

9.4.2. Espectro Extendido por Secuencia de Directa (DSSS)

Direct Sequence Spread Spectrum (DSSS), es una tecnología que estaba en el rango de frecuencia de 900 MHz. En el momento en que se desarrolla no había un esquema de modulación estándar. El concepto básico de este sistema es la utilización de todos los canales para producir un rápido canal de 860 Kbps., caso contrario, el canal se divide en secciones más pequeñas para producir más canales, pero ello hizo a los canales más lento.

Actualmente, DSSS define canales contiguos de bandas de frecuencias de 22 MHz de ancho provocando solapamiento significativo entre canales adyacentes. El centro de frecuencias está a sólo 5 MHz de separación. Todavía se utiliza cada canal analógico de 22 MHz de ancho de banda, de hecho, los canales deben ser colocados sólo si el número de canales de separación es de 5 (cinco) de separación. Por ejemplo, los canales 1 y 6 no se superponen; igual que los canales 2 y 7, y así sucesivamente. Hay un máximo de tres sistemas DSSS co-ubicado DSSS posibles (por ejemplo, los canales 1, 6, y 11 no son la se superponen). Ver figura 6.

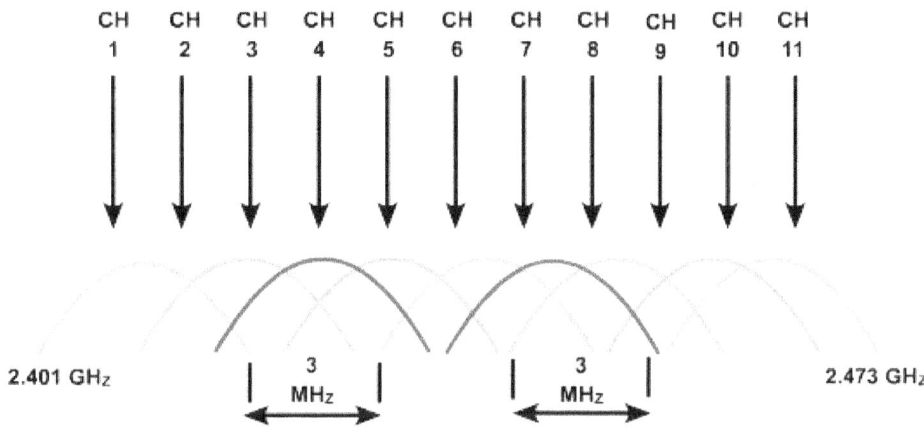

FIGURA 9-6. Aplicación de Espectro Extendido por Secuencia Directa para 11 canles en Wireles LAN con 802.11g.

Considerando que FHSS utiliza cada frecuencia durante un corto período de tiempo en un patrón repetitivo, DSSS utiliza una amplia gama de frecuencias de 22 MHz todo el tiempo. La señal se distribuye a través de las diferentes frecuencias. Cada bit de datos se convierte en una secuencia binaria denominada CHIP, o una cadena de Chips que se transmiten en paralelo, a través del rango de frecuencias. Esto es conocido como el Chipping Code. Los organismos de regulación se encargan de definir una tasa mínima de Chips para el apoyo a diferentes velocidades. La figura 7 muestra un ejemplo de una secuencia o código de chipping.

Si se pretende transmitir la cadena 1001 y el chipping code es:

1 = 00110011011 y 0 = 11001100100 entonces la cadena a transmitir será 001100110011 11001100100 11001100100 00110011011

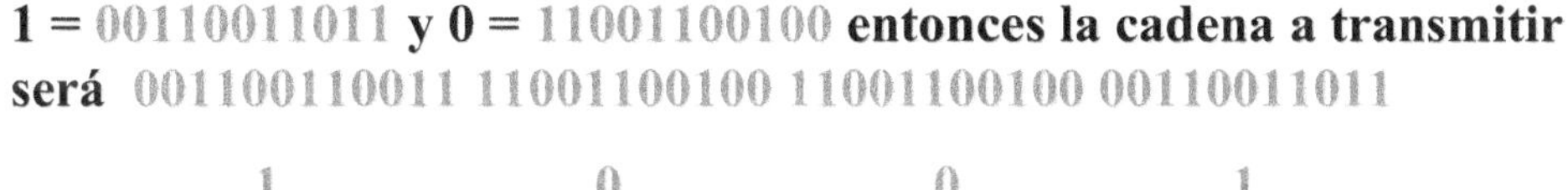

FIGURA 9-7. Ejemplo de aplicación chipping code para DSSS.

9.5. TÉCNICAS DE ACCESO Y COMPARTICIÓN DE LOS MEDIOS GUIADOS

Un problema fundamental en las comunicaciones inalámbricas es que la atmósfera es un medio compartido, por lo tanto, la cuestión de cómo dos o más usuarios pueden tener acceso al mismo medio sin colisiones es de gran importancia. Una forma de tratar con acceso compartido es disponer de una autoridad pública como la CNT (Comisión Nacional de Telecomunicaciones) o la CNC (Comisión Nacional de Comunicaciones) que determine conjuntos fijos frecuencias que se deben utilizar. Múltiples estaciones pueden transmitir simultáneamente sin colisiones, siempre y cuando el uso de las frecuencias portadoras asignadas sigan las reglas establecidas por los organismos. Los receptores deben sintonizar la frecuencia portadora para obtener emisiones a partir de una determinada estación. Un buen ejemplo de esto es la emisión de radio FM comercial.

Las redes de telefonía móvil utilizan varios métodos diferentes para compartir su medio. Existen tres técnicas principales que se han utilizado para compartir las ondas:

- Acceso múltiple por división de tiempo (TDMA, Time División Múltiple Access): cada dispositivo puede utilizar todo el espectro disponible en la frecuencia asignada, pero sólo por un corto período de tiempo.

- Acceso múltiple por división de frecuencia (FDMA, Frequency División Múltiple Access): cada dispositivo puede utilizar una parte del espectro disponible, por el tiempo que lo necesite; es decir, la frecuencia asignada se encuentra dividida en canales diferentes, uno para cada estación.

- Acceso múltiple por división de código (CDMA, Code División Múltiple Access): a diferencia de los otros sistemas digitales que dividen el espectro en diferentes franjas (horarias o de frecuencias), CDMA es una técnica de superposición de cada transmisión en la misma frecuencia portadora mediante la asignación de un código único a cada canal. Ésta técnica es en realidad una combinación de los dos anteriores y constituye el sistema más avanzado y el que está dando lugar a la tercera generación (3G) de las tecnologías inalámbricas. Un ejemplo de esta técnica es DSSS.

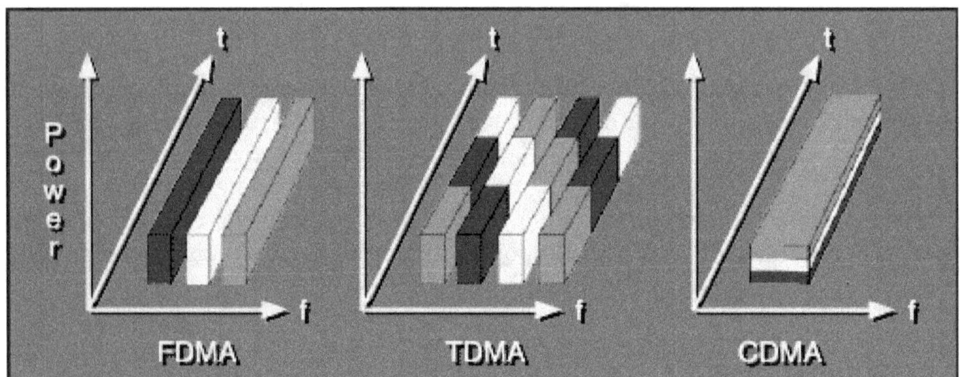

FIGURA 9-8. Comparación entre las técnicas de acceso múltiple más comunes.

En el caso de las trasmisiones inalámbricas en redes locales (WLAN), se hace uso de una técnica de multiplexación por división de frecuencia ortogonal (OFDM, orthogonal frequency division multiplexing) que permite alcanzar mayores tasas de transmisión.

OFDM se basa en dividir una canal portador de alta velocidad en varios de menor velocidad denominados subcarriers (subportadores), que se transmiten en paralelo. Cada canal portador de alta velocidad es de 20 MHz de ancho de banda y está dividido en 52 canales subportadores de aproximadamente 300 KHz de ancho de banda cada uno. OFDM usa 48 de estos para transportar datos, mientras que los cuatro restantes se utilizan para la corrección de errores.

Una variante denominada Multiplexación por División de Frecuencia Ortogonal Codificada (COFDM, coded orthogonal frequency division multiplexing) ofrece velocidades de datos más altas y un alto grado de recuperación para la reflexión multitrayecto, gracias a su esquema de codificación y corrección de errores.

OFDM usa el espectro mucho más eficientemente por el espaciamiento de los canales mucho más cerca junto. El espectro es más eficiente, porque todas las ondas portadoras son ortogonales entre sí, evitando así la interferencia entre los canales portadores poco espaciados.

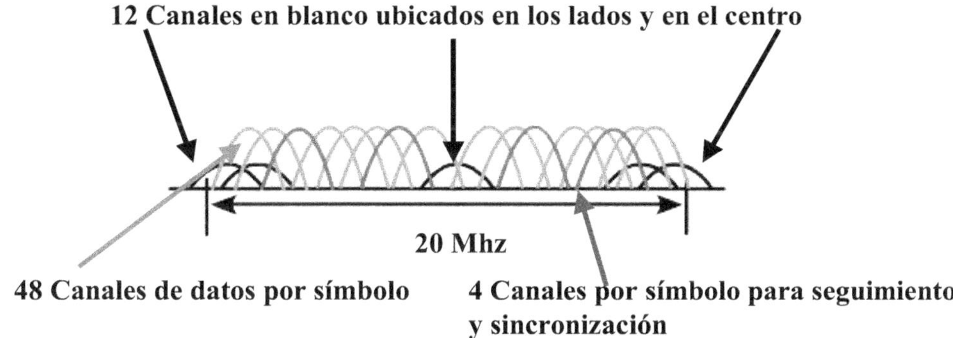

FIGURA 9-9. Ejemplo de utilización de 52 subcanales sobre un total de 64 mediante OFDM.

9.6. ANTENAS

Una antena acopla energía de la salida de un transmisor a la atmósfera de la Tierra o de la atmósfera de la Tierra a un receptor. Una antena es un dispositivo recíproco pasivo; pasivo en cuanto a que en realidad no puede amplificar una señal, por lo menos no en el sentido real de la palabra (sin embargo, una antena puede tener ganancia), y recíproco en cuanto a que las características de transmisión y recepción son idénticas, excepto donde las corrientes de alimentación al elemento de la antena se limitan a la modificación de patrón de transmisión.

En esencia, una antena es un sistema conductor metálico capaz de radiar y recibir ondas electromagnéticas, por otro lado, existen las denominadas guías de onda, que son tubos metálicos conductores por medio de los cuales se propaga energía electromagnética de alta frecuencia (por lo general entre una antena y un transmisor, un receptor, o ambos). Una antena se utiliza como la interface entre un transmisor y el espacio libre o el espacio libre y el receptor. En cambio, una guía de onda, así como una línea de transmisión, se utiliza solo para interconectar eficientemente una antena con el transceptor (ver figura 9-10).

En términos generales si una corriente circula por un conductor, se creará un campo eléctrico y magnético en sus alrededores, pero si la distancia entre los dos conductores que forman la línea de transmisión es pequeña, no se creará una onda que se propague, puesto que la contribución que presenta el conductor superior se anulará con la que presenta el conductor inferior. Ahora, si separamos en un punto los dos conductores, los campos que crean las corrientes ya no se anularán entre sí, sino que se creará un campo eléctrico y magnético que formará una onda que se podrá propagar por el espacio. Dependiendo del punto desde el que se separe el conductor, tendremos una longitud en los elementos radiantes que es variable; al variar esta longitud, la distribución de corriente también variará y lógicamente, lo hará la onda que se crea y entonces se propagará. Hay que tener en cuenta que en los extremos se sigue teniendo un mínimo de corriente y que continúa repitiéndose cada media longitud de onda. Pero si se supone que la antena son solo los elementos radiantes, y que el punto en el que se han separado es el punto de alimentación de la antena, el módulo de la intensidad en el punto de alimentación varía y lógicamente, también varía la impedancia que presenta la antena. Una buena antena transfiere la energía de manera eficiente, dependiendo de la correcta alineación de la antena, y de la impedancia apropiada. El logro de una correcta impedancia depende de que la señal eléctrica a enviar se ajuste a la línea de transmisión de la antena. Esto significa que la línea de transmisión irradia toda la energía a través de la antena evitando ésta se irradie energía a sí misma.

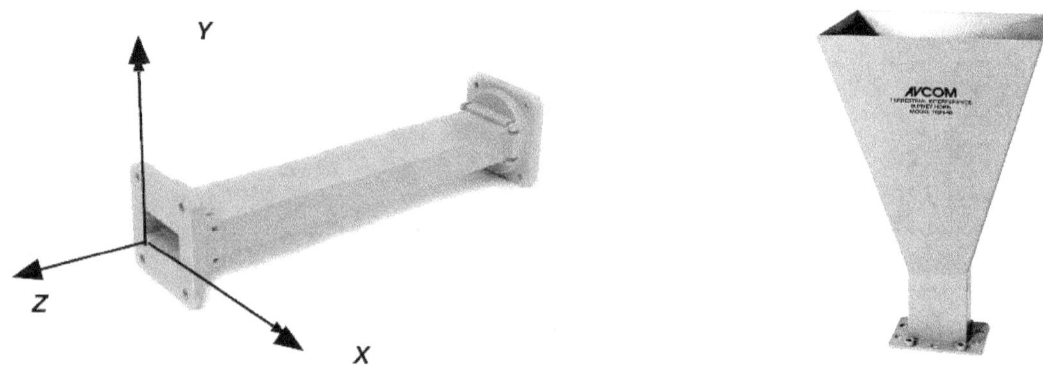

FIGURA 9-10. Ejemplos de guías de onda.

Una antena se tendrá que conectar a un transmisor y deberá radiar el máximo de potencia posible con un mínimo de perdidas, por ello se deberá adaptar la antena al transmisor para una máxima transferencia de potencia, que se suele hacer a través de una línea de transmisión. Esta línea también influirá en la adaptación, debiéndose considerar su impedancia característica, atenuación y longitud. Como el transmisor producirá corrientes y campos, a la entrada de la antena se puede definir la impedancia de entrada mediante la relación tensión-corriente en ese punto. Esta impedancia poseerá una parte real Re(w) y una parte imaginaria Ri(w), dependientes de la frecuencia. Si a una frecuencia determinada, una antena no presenta parte imaginaria en su impedancia Ri(w)=0, entonces se dirá que esa antena está resonando a esa frecuencia. Normalmente se utilizará una antena a su frecuencia de resonancia, que es cuando mejor se comporta. La resistencia de entrada a la antena Re, dependerá de la frecuencia y se puede descomponer en dos resistencias: la resistencia de radiación (Rr) y la resistencia de pérdidas (RL). Se define la resistencia de radiación como una resistencia que disiparía en forma de calor la misma potencia que radiaría la antena. La antena por estar compuesta por conductores tendrá pérdidas en ellos. Estar pérdidas son las que definen la resistencia de pérdidas en la antena. De modo que interesa que una antena esté resonando para que la parte imaginaria de la antena sea cero, de esa forma se puede evitar tener que aplicar corrientes excesivas que lo único que hacen es producir grandes pérdidas.

Una antena va a formar parte de un sistema, por lo que hay que definir parámetros que la describan y permita evaluar luego, el efecto que va a producir sobre el sistema. Posee tres parámetros fundamentales: dirección, ganancia y polarización. La ganancia es una medida del aumento de la potencia y la dirección es la forma del patrón de transmisión. En tanto la polarización, se refiere sólo a la orientación del campo eléctrico radiado desde ésta.

9.6.1. Dirección

Es un diagrama de radiación que representa la variación de las intensidades de los campos o las densidades de potencia en varias posiciones angulares en relación con el eje de una antena. Si el patrón de radiación se traza en términos de la intensidad del campo eléctrico (E) o de la densidad de potencia (P), se llama patrón de radiación absoluto. Si se traza la intensidad del campo o la densidad de potencia en relación al valor en un punto de referencia, se llama patrón de radiación relativa. El patrón se traza sobre papel con coordenadas polares con la línea gruesa sólida representando los puntos de igual densidad de potencia y los gradientes circulares indican la distancia en pasos de dos kilómetros. Los diagramas de radiación se mostrarán en dos planos: un plano horizontal (H-plane) y un plano de elevación (E-plane) a veces denominado plano vertical (ver figura 11).

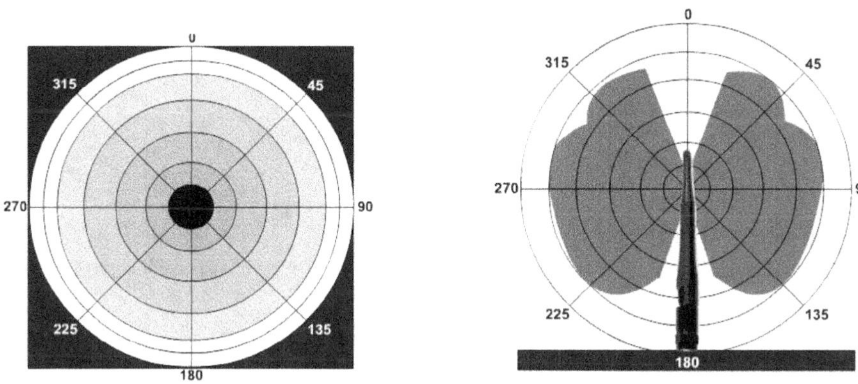

Patrón Horizontal visto desde arriba   **Patrón Vertical a partir del Azimut**

FIGURA 9-11. Graficas de los Patrones de radiación horizontal y vertical de una antena isotrópica.

El ancho del haz de la antena es solo la separación angular entre los dos puntos de media potencia (-3 dB) en el lóbulo principal del patrón de radiación del plano de la antena, por lo general tomado de uno de los planos "principales".

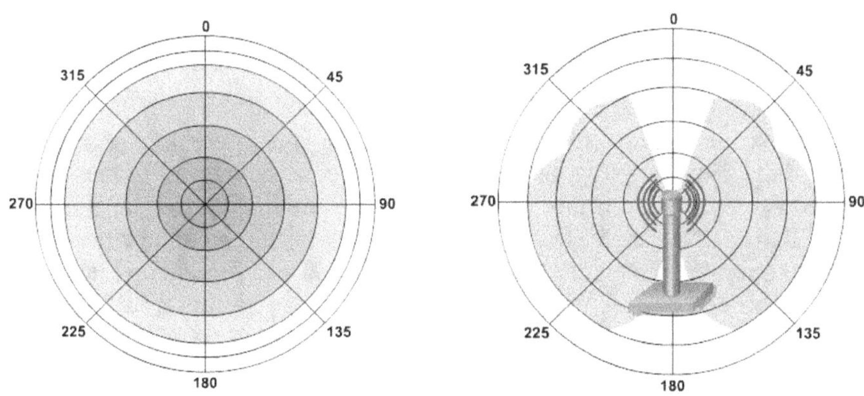

Patrón Horizontal visto desde arriba   **Patrón Vertical a partir del Azimut**

FIGURA 9-12. Graficas de los Patrones de radiación horizontal y vertical de una antena dipolo.

Las antenas se evalúan por comparación con las antenas dipolo o isotrópicas, utilizando para ello el decibel. Una antena isotrópica es una antena teórica con un patrón uniforme de radiación tridimensional que es similar al de una foco de luz sin reflector (ver figura 11). A diferencia de la isotrópica, una antena dipolo es una antena real y tienen un patrón diferente de radiación, ya que una antena dipolo irradia a 360 grados en el plano horizontal, y 75 grados en el plano vertical (ver figura 12).

Las Antenas en general se dividen en dos categorías: omni-direccionales y direccionales. Las primeras son antenas de muy alta ganancia pero de área de cobertura limitada, sobre todo en la parte inferior de la antena, donde la ganancia es casi nula (ver figura 13). Las segundas, poseen sus planos presionados de manera tal de dirigir la energía hacia un punto determinado (ver figura 14).

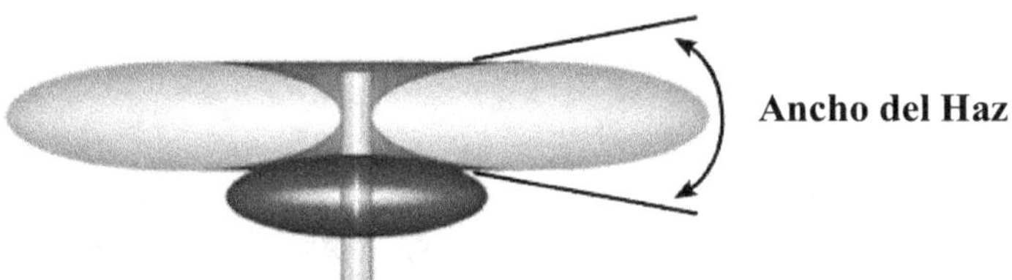

Patrón de radiación de una antena Omni-direccional

FIGURA 9-13. Grafica de los Planos horizontal y vertical de una antena omni-direccional.

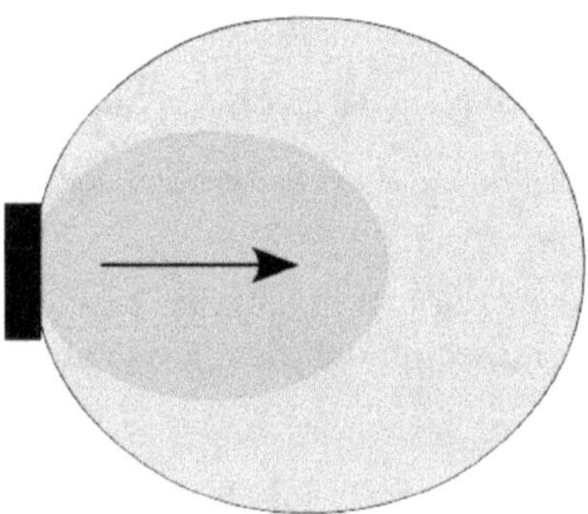

FIGURA 9-14. Grafica del Patrón de radiación de una antena direccional.

El campo de radiación que se encuentra cerca de una antena no es igual que el campo de radiación que se encuentra a gran distancia. Se utiliza el término campo cercano para referirse al patrón de campo que está cerca de la antena, y el término campo lejano se refiere al patrón de campo que está a gran distancia. Durante la mitad del ciclo, la potencia se irradia desde una antena, en donde parte de la potencia se guarda temporalmente en el campo cercano. Durante la segunda mitad del ciclo, la potencia que está en el campo cercano regresa a la antena. Esta acción es similar a la forma en que un inductor guarda y suelta energía. Por tanto, el campo cercano se llama a veces campo de inducción. La potencia que alcanza el campo lejano continúa irradiando lejos y nunca regresa a la antena. Por tanto, el campo lejano se llama campo de radiación. La potencia de radiación, por lo general, es la más importante de las dos; por consiguiente, los patrones de radiación de la antena, por lo regular se dan para el campo lejano. El campo cercano se define como el área dentro de una distancia D2/l de la antena, en donde l es la longitud de onda y D el diámetro de la antena en las mismas unidades.

De igual manera, no toda la potencia suministrada a la antena se irradia, parte de ella se convierte en calor y se disipa. La resistencia de radiación es un poco "irreal", en cuanto a que no puede ser medida directamente. La resistencia de radiación es una resistencia de la antena en calorías (ca) y es igual a la relación de la potencia radiada por la antena al cuadrado de la corriente en su punto de alimentación. Matemáticamente, la resistencia de radiación es

$$R_r = P / i^2$$

donde:

Rr = Resistencia de radiación (ohms)

P = Potencia radiada por la antena (Watts)

i = Corriente de la antena en el punto de alimentación (Amperes)

La resistencia de radiación es la resistencia que, si reemplazara la antena, disiparía exactamente la misma cantidad de potencia de la que irradia la antena. La eficiencia de antena es la relación de la potencia radiada por una antena a la suma de la potencia radiada y la potencia disipada o la relación de la potencia radiada y la potencia disipada o la relación de la potencia radiada por la antena con la potencia total de entrada.

9.6.2. Ganancia

La ganancia de cualquier antena es esencialmente una medida de lo bien centrado que se encuentra el patrón de radiación de la energía de radiofrecuencia, en una determinada dirección. Hay diferentes métodos para medirla según sea el punto de referencia elegido. Para ello se utilizan los términos ganancia directiva y ganancia de potencia, pero con frecuencia, incorrectamente. La ganancia directiva es la relación de la densidad de potencia radiada en una dirección en particular con la densidad de potencia radiada al mismo punto por una antena de referencia, suponiendo que ambas antenas irradian la misma cantidad de potencia. El patrón de radiación para la densidad de potencia relativa de una antena es realmente un patrón de ganancia directiva si la referencia de la densidad de potencia se toma de una antena de referencia estándar, que por lo general es una antena isotrópica. La máxima ganancia directiva se llama directividad y se mide en dBi (expresión del decibel en relación a la potencia de la entena de referencia para diferenciarlo de la forma común – dB) . La ganancia de potencia es igual a la ganancia directiva excepto que se utiliza el total de potencia que alimenta a la antena (o sea, que se toma en cuenta la eficiencia de la antena). Se supone que la antena indicada y la antena de referencia tienen la misma potencia de entrada y que la antena de referencia no tiene pérdidas.

9.6.3. Polarización

Se utiliza el término "Polarización" para referirse a la orientación del campo eléctrico radiado desde por una antena, la cual puede polarizarse en forma lineal (por lo regular, polarizada horizontalmente o verticalmente, suponiendo que los elementos de la antena se encuentran dentro de un plano horizontal o vertical), en forma elíptica, o circular. Si una antena irradia una onda electromagnética polarizada verticalmente, la antena se define como polarizada verticalmente; si la antena irradia una onda electromagnética polarizada horizontalmente, se dice que la antena está polarizada horizontalmente; si el campo eléctrico gira en un patrón elíptico, está polarizada elípticamente; y si el campo eléctrico gira en un patrón circular, está polarizada circularmente.

En un sistema de transmisión inalámbrico, las antenas cumplen dos funciones:

- <u>Receptor:</u> es el punto de terminación de la señal en el medio de transmisión. En comunicaciones, es un dispositivo que recibe la información, mensajes de control, u otro tipo de señales desde una fuente.

- <u>Transmisor:</u> representa la fuente o generador de una señal en un medio de transmisión.

Es necesario poseer algún conocimiento sobre las funciones de las antenas para poder configurar y optimizar las redes inalámbricas a fin de obtener el mejor rendimiento. Las antenas que se encuentran disponibles poseen diferentes ganancias y alcances, ancho del haz, y patrones de polarización. Las antenas más utilizadas son las parabólicas y las Yagi:

FIGURA 9-15. Antena del tipo parabólica.

- <u>Antena de reflector o parabólica:</u> as antenas reflectoras parabólicas proporcionan una ganancia y una directividad extremadamente altas y son muy populares para los radios de microondas y el enlace de comunicaciones por satélite. Una antena parabólica se compone de dos partes principales: un reflector parabólico y elemento activo llamado mecanismo de alimentación. En esencia, el mecanismo de alimentación aloja la antena principal (por lo general un dipolo o una tabla de dipolo), que irradia ondas electromagnéticas hacia el reflector. El reflector es un dispositivo pasivo que solo refleja la energía irradiada por el mecanismo de alimentación en una emisión concentrada altamente direccional donde las ondas individuales están todas en fase entre sí (un frente de ondas en fase).

- <u>Antena Yagi:</u> Antena constituida por varios elementos paralelos y coplanarios, directores, activos y reflectores, utilizada ampliamente en la recepción de señales televisivas y WLAN. Los elementos directores dirigen el campo eléctrico, los activos radian el campo y los reflectores lo reflejan (ver figura 16) Los elementos no activados se denominan parásitos, la antena yagi puede tener varios elementos activos y varios parásitos. Su ganancia esta dada por tres elementos: la distancia entre el reflector y el activo es de 0.15l, y entre el activo y el director es de 0.11l. Estas distancias de separación entre los elementos son las que proporcionan la óptima ganancia, ya que de otra manera los campos de los elementos interferirían destructivamente entre sí, bajando la ganancia.

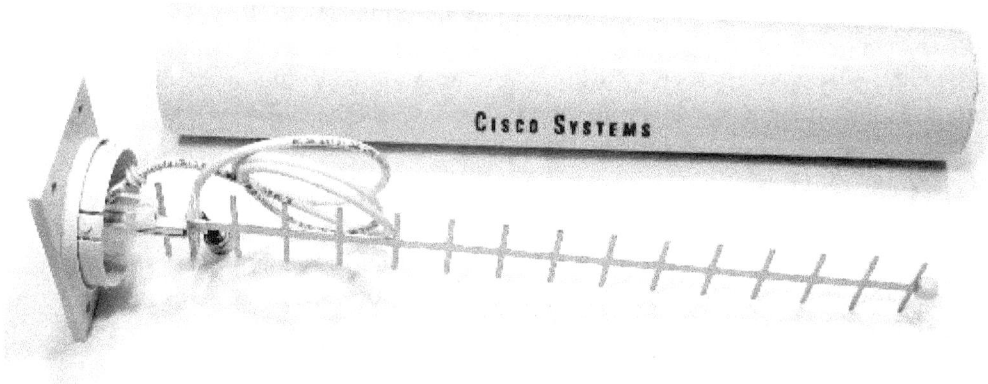

FIGURA 9-16. Antena del tipo Yagi.

9.7. SISTEMAS DE MICRO ONDA TERRESTRE

Las Microondas Terrestres no siguen la curvatura de la tierra, por lo que necesitan equipo de transmisión y recepción por visión directa. La distancia que se puede cubrir con una señal por visión directa depende principalmente de la altura de la antena (cuando más altas sea la antena, mayor distancia se puede alcanzar). La altura permite que la señal viaje mas lejos sin ser interferida por la curvatura del planeta y eleva la señal por encima de muchos obstáculos de la superficie como las colinas bajas y edificios altos que de otra forma bloquearían la transmisión. Habitualmente, las antenas se montan sobre torres que a su vez están construidas sobre colinas o montañas. Las señales de microondas se propagan en una dirección específica, lo que significa que hacen falta dos frecuencias para una comunicación en dos sentidos, una frecuencia se reserva para transmisión en un sentido y la otra en otro sentido. Cada frecuencia necesita su propio transmisor y receptor. Actualmente, ambas partes del equipo se combinan para dar servicio a ambas frecuencias y funciones.

Para incrementar el alcance de la micro onda terrestre se puede instalar un sistema de repetidores con cada antena. La señal recibida por una antena se puede convertir de nuevo a una forma transmitible y entregarla a la antena siguiente. La distancia mínima entre los repetidores varía con la frecuencia de la señal y el entorno en el cual se encuentran las antenas. Un repetidor puede radiar la señal regenerada a la frecuencia original o con una nueva frecuencia, dependiendo del sistema. Existen dos tipos de repetidores:

- Repetidores Pasivos: dos antenas parabólicas unidas por una guía de onda sin amplificación de la señal.

- Repetidores Activos: dos antenas con circuitos electrónicos de amplificación, filtros y posiblemente se cambie la frecuencia.

Según el tipo de señal que transporte se puede distinguir entre enlace de microondas analógico o digital.

- Micro Onda Analógica: se utilizan sobre todo para TV y telefonía. Se especifican los rangos de frecuencia asignados según el ancho de banda a utilizar: a mayor frecuencia de trabajo mayor cantidad de canales pueden ser obtenidos por procedimientos de multiplexación (mayor ancho de banda). Utiliza estaciones repetidoras pasivas o activas.

- <u>Micro Onda Digital</u>: se utilizan técnicas de modulación multinivel del tipo 2 PSK, 4 PSK, 8 PSK, 16 QAM o 64 QAM.. Éstas permiten mandar más cantidad de información en menor ancho de banda. Con PSK se varía la fase de la portadora según se transmite 0 ó 1, en cambio en QAM se varía tanto la fase como la amplitud de la portadora. Se utilizan regeneradores intermedios.

9.8. SISTEMAS DE MICRO ONDA SATELITAL

Un sistema satelital consiste en cierto número de transponders (ubicados dentro del satélite), además de una estación terrena maestra para controlar su operación, y una red de estaciones de usuarios (denominadas estaciones bases), cada una de las cuales posee facilidad de transmisión y recepción. El control se realiza mediante las estaciones maestras, quienes se encargan de la telemetría, el rastreo y la provisión de los comandos para activar los servomecanismos del satélite.

Un satélite de comunicaciones es esencialmente una estación que transmite microondas. Se usa como enlace entre dos o más receptores/transmisores terrestres ubicados en las estaciones base. El satélite recibe la señal en una banda de frecuencia denominada canal ascendente (uplink) y la repite cambiándola de frecuencia para evitar interferencias, por un canal descendente (downlik). El cambio de frecuencia lo realiza un dispositivo denominado transponder, el cual funciona como un tranceptor. Los satélites generalmente tienen 10 (diez) o 12 (doce) transponders, hacia los cuales se orientan las antenas de las estaciones base; en caso de que una estación no alcance una buena recepción (60% o 70% generalmente) con un transponder, se la orienta y configura el emisor/receptor en la frecuencia de otro transponder.

Los sistemas de transmisión satelitales utilizados para telefonía normalmente dividen un ancho de banda de 500 Mhz., en un número finito de transponders (10 o 12) con un ancho de banda de 36 Mhz., para cada uno más 2 Mhz., a ambos extremos de cada canal, como protección de los filtros del satélite. Por ejemplo, cada transponder puede emplearse para codificar un ancho de banda digital 50 Mbps., con 800 canales de voz de 64 Kbps., cada uno, u otras combinaciones.

Existen tres tipos de satélites, según su órbita o ubicación:

- <u>Satélites de baja altura (400 2500 Km)</u>: Tienen un coste de lanzamiento menor por la baja altura. No permanecen visibles desde una estación terrestre continuamente, si no solamente unos pocos minutos, así que para proporcionar servicio continuo es necesario contar en el sistema con un número elevado de satélites (según la altura). La potencia de transmisión no tiene que ser muy alta y por tanto las estaciones terrestres son más económicas. La recepción de señales se puede hacer mediante antenas omnidireccionales, así que para comunicaciones personales móviles podría ser buena opción. El retardo de la transmisión es del orden de 10ms (favorece la comunicación de datos).

- <u>Satélites de órbita media (4000 a 13000 Km)</u>: Una estación terrestre permanece visible entre una y dos horas. Requieren potencias de transmisión mayores y el coste de lanzamiento está entre los otros dos. El retardo es del orden de 70ms.

- <u>Satélites geoestacionarios (35.786 Km a la altura del ecuador)</u>: Permanecen visibles durante todo el día, debido a que giran en trono a la tierra a una velocidad de 1.1070 Km/h que combinados con la altura a la que se encuentran, las fuerzas de atracción/repulsión de la tierra no lo afectan, permitiéndole permanecer estable. Para cubrir toda la superficie de la Tierra se necesitarían 90 satélites separados cada 4° uno de otro para evitar interferencias en la emisión de los haces. La potencia transmitida deberá ser mayor y el coste del lanzamiento también. El retardo es del orden de los 240 ms.

Los satélites pueden emitir radiaciones de tipo puntual (iluminación puntual o spot) o irradiar sobre toda la zona de cobertura de su antena (iluminación global). Generalmente se los utilizan para una de dos configuraciones posibles:

- Enlaces punto a punto: transmisión entre dos antenas terrestres alejadas entre sí.
- Enlaces de difusión: se utiliza el satélite para conectar una estación transmisora con un conjunto de estaciones receptoras terrestres.

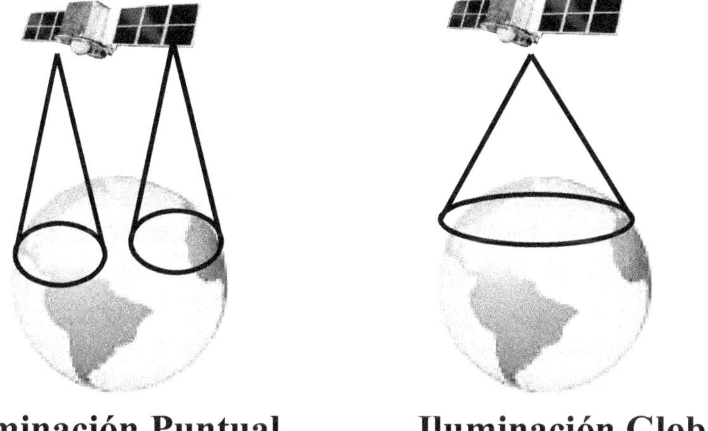

FIGURA 9-17. Tipos de iluminación del Satélite.

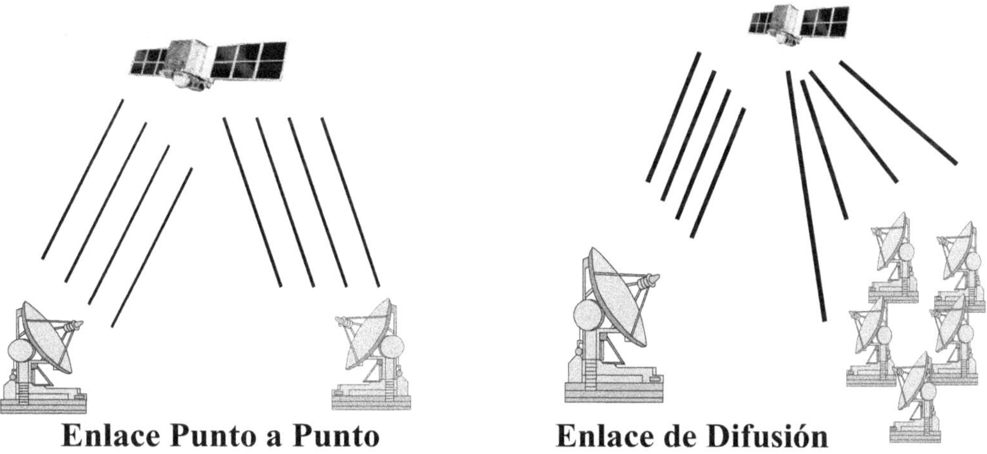

FIGURA 9-18. Tipos de enlaces.

Telepuerto: es la denominación de una estación terrestre que se utiliza como puerto de salida de las comunicaciones de una región o ciudad, a través de uno o más satélites, y a la cual llegan los datos a transmitirse por medio de diferentes tecnologías y medios físicos.

Existen 3 (tres) bandas de frecuencias internacionales para transmisión vía satélite:

Banda	Uplink	Downlink
C	3.7 – 4.2 Ghz.	5.925 – 6.425 Ghz.
Ku	11.7 – 12.2 Ghz	14 – 14.5 Ghz.
Ka	17.7 – 21 Ghz.	27.5 – 31 Ghz.

En un sistema satelital, el retardo de transmisión es de 120 ms. para el canal ascendente y 120 ms. para el descendente, haciendo que el retardo normal de una transmisión sea de 240 ms. Esto hace que para pequeñas necesidades de transmisión de datos (menos de 1 Mbps.) se haga muy costoso, en relación a otras tecnologías.

9.8.1. ALOHAnet

El ALOHA, fue un sistema de redes de ordenadores pionero desarrollado en la Universidad de Hawai. Fue desplegado por primera vez en 1970, y aunque la propia red ya no se usa, uno de los conceptos esenciales de esta red es la base para la cuasi-universal Ethernet.

Uno de los primeros diseños de redes de ordenadores, la red ALOHA, fue creada en la Universidad de Hawai en 1970 bajo la dirección de Norman Abramson. La red ALOHA se construyó para permitir a personas de diferentes localizaciones acceder a los principales sistemas informáticos.

La importancia de ALOHA se basa en que usaba un medio compartido para la transmisión. donde todos usaban la misma frecuencia. Esto implicaba la necesidad de algún tipo de sistema para controlar quién podían emitir y en qué momento.

Este sistema de transmisión en medio compartido generó bastante interés. El esquema de ALOHA era muy simple. Dado que los datos se enviaban vía teletipo, la tasa de transmisión normalmente no iba más allá de 80 caracteres por segundo. Cuando dos estaciones trataban de emitir al mismo tiempo, los mensajes de ambas transmisiones colisionaban, y los datos tenían que ser reenviados manualmente. ALOHA demostró que es posible tener una red útil sin resolver este problema, lo que despertó interés en otros estudiosos del tema, especialmente Robert Metcalfe y otros desarrolladores que trabajaban en Xerox PARC. Éste equipo crearía más tarde el protocolo Ethernet.

El protocolo ALOHA es un protocolo del nivel de enlace de datos para redes de área local con topología de difusión.

Aloha puro tiene aproximadamente un 184% de rendimiento máximo. Esto significa que el 816% del total disponible de ancho de banda se está desperdiciando básicamente debido a estaciones tratando de emitir al mismo tiempo.

Una versión mejorada del protocolo original fue el Aloha ranurado, que introducía 24 ranuras de tiempo (20 ms. cada una) e incrementaba el rendimiento máximo hasta 368% ya que una estación no puede emitir en cualquier momento, sino justo al comienzo de una ranura, y así las colisiones se reducen.

Debido a que los sistemas de escucha antes de enviar (CSMA, carrier sense multiple access), como el usado en Ethernet, trabajan mucho mejor que ALOHA para todos los casos en los que todas las estaciones pueden escuchar a cada una de las demás, sólo se usa Aloha ranurado en redes tácticas de satélites de comunicaciones del ejército de los Estados Unidos con un bajo ancho de banda.

Usar una señal compartida de esta manera conlleva un importante problema: si dos sistemas en la red (conocidos como nodos) enviaban al mismo tiempo, ambas señales se estropearían. Era necesario algún tipo de sistema para evitar este problema. Existen varios modos de hacerlo.

Uno sería utilizar una frecuencia de radio diferente para cada nodo, sistema conocido como multiplexación en frecuencia. Comoquiera que este sistema requiere que cada nodo que se añada sea capaz de sintonizarse con el resto de máquinas, pronto se necesitarían cientos de frecuencias distintas y radios capaces de escuchar este número de frecuencias al mismo tiempo, lo que sería demasiado costoso.

Otra solución es tener ranuras de tiempo asignadas a cada nodo para enviar, lo que se conoce como multiplexación por división de tiempo. Este sistema es más fácil de implementar, dado que los nodos pueden seguir compartiendo una única frecuencia de radio. El inconveniente es que si un nodo en particular no tiene nada que enviar, su ranura estaría siendo desperdiciada. Esto nos lleva a situaciones en las que el tiempo disponible está vacío en gran parte y un nodo con datos que enviar lo tendría que hacer muy despacio por si acaso alguno de los otros 100 nodos decidiera enviar algo.

En cambio, ALOHAnet utilizó una nueva solución al problema, que más tarde se convertiría en el estándar, el Acceso múltiple por detección de portadora. En este sistema no hay multiplexación fija en absoluto. En su lugar, cada nodo escucha para saber si alguien está utilizando el canal, y si no escucha a nadie comienza a emitir.

Normalmente esto significaría que el primer nodo que empiece a transmitir tendría la posesión del medio por tanto tiempo como quisiera, lo que supone que los otros nodos no podrían tomar parte en la comunicación. Para evitar este problema, ALOHAnet hizo que los nodos partieran sus mensajes en pequeños paquetes, y que los enviasen de uno en uno y dejando huecos entre ellos. Esto permitía a los otros nodos enviar sus paquetes entre medias, por lo que todo el mundo podía compartir el medio al mismo tiempo.

Existe un último problema a considerar: si dos nodos intentan comenzar su transmisión al mismo tiempo, tendrán los mismos problemas que tendrían en cualquier otro sistema. En este caso, ALOHAnet inventó una solución muy inteligente. Después de enviar cualquier paquete, los nodos escuchaban el medio para saber si su propio mensaje les había sido devuelto por una estación central (hub station). Si recibían de vuelta su mensaje, podían avanzar al siguiente paquete.

Si, en cambio, no recibían su paquete de vuelta, eso significaría que algo había impedido que llegase al hub (posiblemente una colisión con un paquete de otro nodo). En ese caso, simplemente debería esperar un tiempo aleatorio e intentarlo de nuevo. Como cada nodo esperaría un tiempo aleatorio, alguno debería ser el primero en reintentarlo, y el resto de nodos podrían ver que el canal está en uso al intentar emitir. En la mayoría de los casos, esto serviría para evitar las colisiones.

Este tipo de sistema de detección de colisones tiene la ventaja de permitir a cualquier nodo usar la capacidad total de la red si ningún otro nodo la está usando. Además, no necesita inicialización, cualquiera puede conectarse y comenzar a emitir sin establecer información adicional como la frecuencia o la ranura temporal a usar.

El inconveniente es que, si la red está saturada, el número de colisiones puede crecer drásticamente hasta el punto de que todos los paquetes colisionen. Para ALOHAnet el uso máximo del canal estaba en torno al 18%, y cualquier intento de aumentar la capacidad de la red simplemente incrementaría el número de colisiones, y el rendimiento total de envío de datos se reduciría, fenómeno conocido como colapso por congestión.

Con Aloha ranurado, un reloj centralizado envía pequeños paquetes con la señal de reloj a las estaciones periféricas. Las estaciones sólo tienen permitido enviar sus paquetes inmediatamente después de recibir la señal de reloj. Si hay una sola estación con intención de emitir un paquete, esto garantiza que nunca habrá una colisión para ese paquete. Por otra parte, si hay dos estaciones con paquetes para enviar, este algoritmo garantiza que habrá una colisión y se malgastará toda la ranura de tiempo hasta la siguiente señal de reloj. Con algunas matemáticas es posible demostrar que este protocolo sí que mejora la utilización total del canal, reduciendo la probabilidad de colisiones a la mitad. La relativamente baja utilización resulta ser un pequeño precio a pagar a cambio de las ventajas.

Los mecanismos de detección de colisiones son mucho más difíciles de implementar en sistemas inalámbricos en comparación con los sistemas cableados, y ALOHA no intentó siquiera comprobar las colisiones. En un sistema cableado, es posible detener la transmisión de paquetes que colisionen, detectando primero la colisión y notificándolo a continuación al remitente. En general, esta no es una opción viable en sistemas inalámbricos, por lo que ni siquiera se intentó en el protocolo ALOHA.

ALOHAnet se ejecutaba usando módems de 9.600 baudios de un extremo a otro de Hawai. El sistema usaba dos canales (secciones de frecuencia) de 100 kHz: uno conocido como canal de emisión a 413475 MHz; y el otro, canal de acceso aleatorio a 407350 MHz. La red tenía una topología de estrella, con un único computador central (un HP 2100) en la universidad que recibía todos los mensajes en el canal de acceso aleatorio, y reenviándolos entonces a todos los nodos por el canal de emisión. Este montaje reducía el número posible de colisiones, ya que no había colisiones en absoluto en la frencuencia de emisión, por lo que merecía la pena. Posteriores mejoras añadieron repetidores que también actuaban como hubs, incrementando enormemente el área y la capacidad total de la red.

Los paquetes enviados y recibidos eran idénticos. Cada paquete tenía una cabecera de 32 bits con un test de paridad de 16 bits, seguidos de hasta 80 bytes de datos con otros 16 bits de test de paridad.

9.8.2. VSAT (Very Small Aperture Terminal)

Es un tipo particular de red satelital para enviar datos desde una estación central a un grupo de estaciones terminales y/o recibir datos desde ellas (a este segundo caso se lo denomina redes interactivas). Es básicamente una red en estrella, donde una estación maestra llamada HUB STATION, es la encargada de originar paquetes de datos y asignar ranuras de tiempo a cada estación terminal, para que pueda solicitar una transmisión. Esta estación HUB, puede estar asignada a un usuario o a un grupo de ellos, en cuyo caso la comparten (ver Figura 19).

Este tipo de redes, operan, actualmente, en la banda Ku; es decir, con un canal ascendente (uplink) de 14 GHz y un canal descendente (downlink) de 12 GHz.

La compartición del canal se realiza mediante acceso múltiple por división de tiempo (TDMA, Time Division Multiple Access); dónde uno o más canales son compartidos por un cierto número de terminales (ello depende de la carga de cada canal y la cantidad de demora tolerada) mediante alguno de los siguientes métodos de acceso:

- TDMA: es el caso donde un VSAT individual, utiliza una ranura de tiempo de manera exclusiva.
- TDMA con asignación dinámica de capacidad: es una variante del anterior, cuya diferencia radica en que la longitud de la ranura de tiempo es asignada mientras se la necesita.
- ALOHA Ranurado: en este caso un grupo de terminales VSAT comparten una o varias ranuras de tiempo.
- ALOHA Ranurado con asignación dinámica de capacidad: variante del anterior, donde un VSAT es separado del resto del grupo, en el momento en que el tráfico excede el umbral preestablecido, tratándoselo como un usuario TDMA.

Los servicios actualmente en prestación con este tipo de sistemas son los siguientes:

- enlaces punto a multipunto
- las 24 horas los 365 días del año
- tráfico diferenciado (bajo-medio)
- interfaces normalizadas
- compatibilidad con múltiples protocolos
- facturación por utilización
- abono fijo según ancho de banda, número de canales y cantidad de terminales conectadas

Las aplicaciones más utilizadas son: autorizaciones de tarjetas de crédito, reserva de pasajes, consultas interactivas, extensiones bancarias, etc.

Algunas de sus características son:

- son redes conmutadas basadas en características normalizadas
- sistemas multipuerto y multiprotocolo
- la administración de las terminales se realiza desde el HUB STATION
- diseños compatibles con configuraciones híbridas de red
- permite la configuración de subredes virtuales dentro de la red VSAT
- configurable como backbone de red o red de soporte
- posibilidad de incorporarles equipos empaquetadores/desempaquetadores para software de LAN o WAN (como X.25 y Frame Relay)

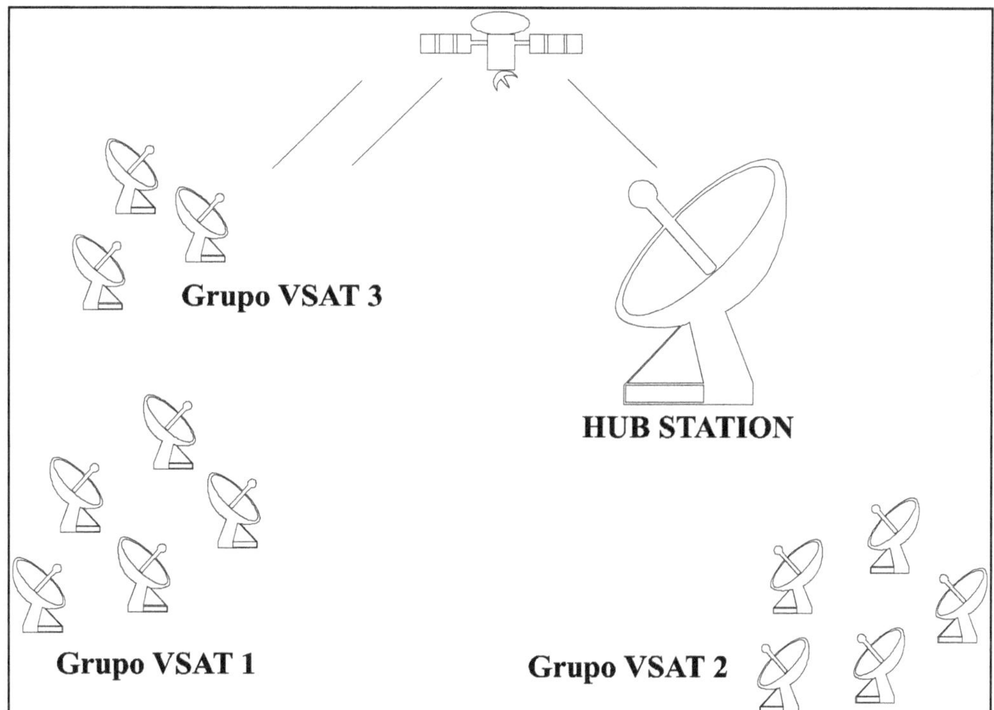

FIGURA 9-19. Ejemplo de red VSAT.

Cada estación terminal VSAT requiere una antena de entre 1.2 a 2.4 metros de diámetro, un receptor satelital y un PAD (empaquetador/desempaquetador), al cual, se debe colocar un encaminador. La información de salida desde la estación central hacia el grupo de VSAT, contiene una portadora TDM de 56 Kb hasta 1.5 Mb; mientras que desde el grupo VSAT a la estación central es de 96 Kb a 256 Kb. En ambos casos se utiliza modulación en fase por cambio de clave binaria (BPSK, Binary Phase Shift Keying). Pudiendo soportar transferencia de información por lote, interactiva o ambas a la vez (red híbrida); debido a que en la administración de cada paquete de entrada contiene un buffer indicador que le dice al centro de red la cantidad de reserva de datos en espera de transmisión en cada terminal remota, de tal manera que si el centro de red detecta una sobrecarga en dicha terminal, asigna una ranura de información reservada específicamente para cada una de ellas. Luego de ello, les transmite la información.

9.9. SISTEMAS DE TELEFONÍA CELULAR

La telefonía celular se diseñó para proporcionar conexiones de comunicaciones estables entre dispositivos móviles o entre una unidad móvil y una unidad estacionaria. Un proveedor de servicios debe ser capaz de localizar y seguir al que llama, asignando un canal a la llamada y transfiriendo la señal de un canal a otro medida que el dispositivo se mueve fuera del rango del canal y dentro del rango de otro.

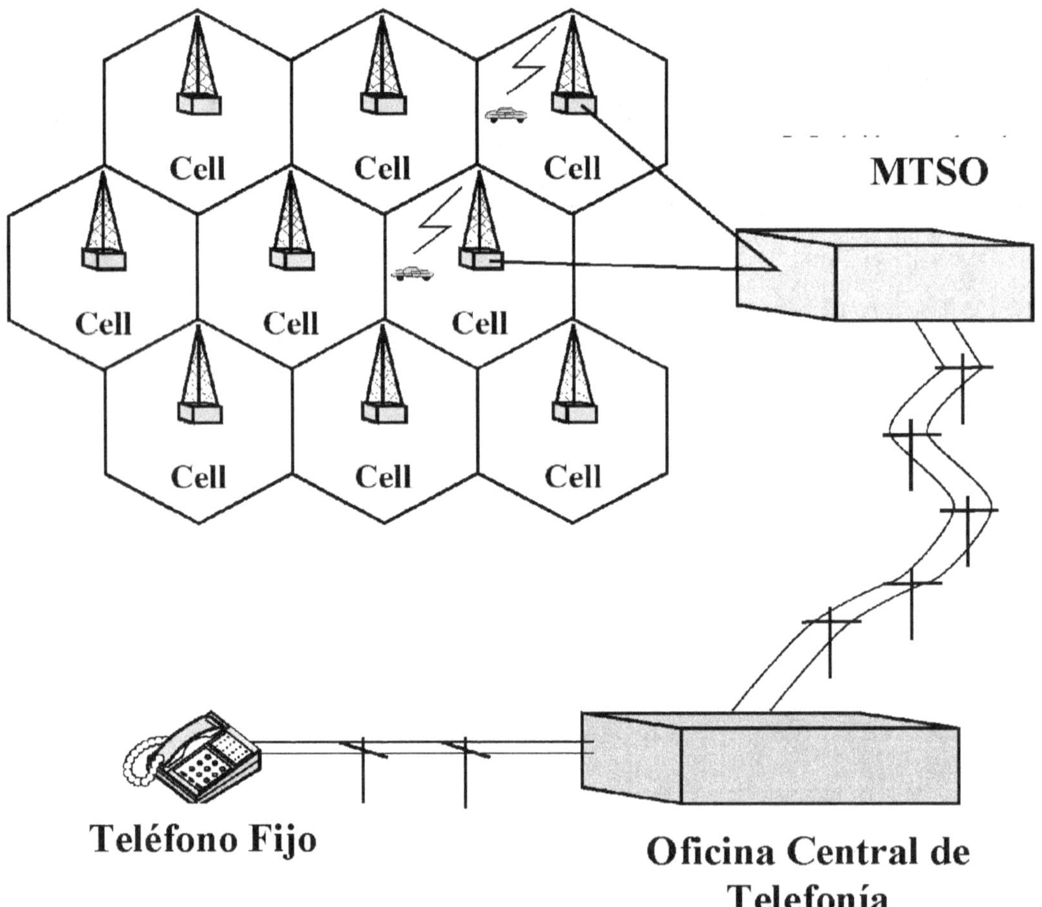

FIGURA 9-20. Ejemplo de Sistema Celular.

Para que este seguimiento sea posible, cada área de servicio celular se divide en regiones pequeñas denominadas células o celdas. Cada célula contiene una antena y está controlada por una pequeña central, denominada central de célula. A su vez, cada central de célula está controlada por una central de conmutación denominada "Central de conmutación de telefonía móvil" (MTSO, Mobile Telephone Switching Office). La MTSO coordina las comunicaciones entre todas las centrales de célula y la central telefónica. Es un centro computarizado que es responsable de conectar las llamadas y de grabar información sobre la llamada y la facturación.

El tamaño de la célula no es fijo y puede ser mayor o menor dependiendo de la población del área. El radio típico de una célula está entre 2 y 20 kilómetros. Las áreas con alta densidad necesitan más células geográficamente más pequeñas para satisfacer las demandas de tráfico que las áreas de baja densidad de población. Una vez calculado el tamaño de células se puede optimizar para prevenir las interferencias de las señales de las células adyacentes (interferencia co-canal). La potencia de la transmisión de cada célula se mantiene baja para prevenir que su señal interfiera a las otras células.

De manera que si las células que utilizan el mismo radiocanal están suficientemente alejadas, al menos la distancia conocida como distancia de reutilización, la señal de una no afectará a la de la otra y no habrá ningún problema con que las dos funcionen a la misma frecuencia. Así se define un reparto de los radiocanales disponibles por el operador entre varias células vecinas, lo que se conoce normalmente como racimo o cluster (ver figura 21), y se repite este patrón para dar cobertura a todo el territorio, teniendo en cuenta que las células que comparten el mismo radiocanal tienen que estar suficientemente alejadas. Se conoce domo distancia de reutilización a la mínima distancia entre dos células que compartan el mismo radiocanal para que la interferencia co-canal no afecte a las comunicaciones.

Aunque esta reutilización de frecuencias es una de las características más importantes de estos sistemas vamos existen algunas otras características de interés:

- Division celular: Si en una célula con "n" radiocanales hay más tráfico del que se puede cursar, (por ejemplo, porque ha aumentado el número de usuarios), se puede dividir la célula añadiendo más estaciones base y disminuyendo la potencia de transmisión. Esto es lo que se conoce como "Splitting". De manera que en realidad el tamaño de las células variará según la densidad de tráfico, teniendo células más grandes en zonas rurales (de hasta decenas de Km) y células más pequeñas (unos 500 ms.) en grandes núcleos urbanos.

- Compartición de recursos radioeléctricos: Los radiocanales de una célula se comparten entre todos los móviles que están en la célula y se asignarán de forma dinámica. El estudio del número de radiocanales necesarios en una célula será función del tráfico esperado y se realiza definiendo el Grado de Servicio (GOS) que se pretende ofrecer en términos, normalmente, de la probabilidad de bloqueo en llamada. La probabilidad de bloqueo en llamada es la probabilidad de que un usuario que pretenda establecer una comunicación no pueda porque todos los radiocanales están ya ocupados, cuanto menor sea mayor será el grado de servicio ofrecido.

- Transmisión: para hacer una llamada desde un teléfono móvil, el usuario introduce un código (número de teléfono) y envía los datos; en ese momento el teléfono móvil barre la banda, buscando un canal de inicio con una señal potente y envía los datos a la central de célula más cercana que usa ese canal. La central retransmite los datos al MTSO y ésta envía los datos a la central telefónica principal. Si el destinatario está disponible se establece la llamada, y se devuelven los resultados a la MTSO, quien asigna un canal libre a la llamada y se establece la conexión. El teléfono móvil ajusta automáticamente su sintonía para el nuevo canal y se comienza la transmisión de voz.

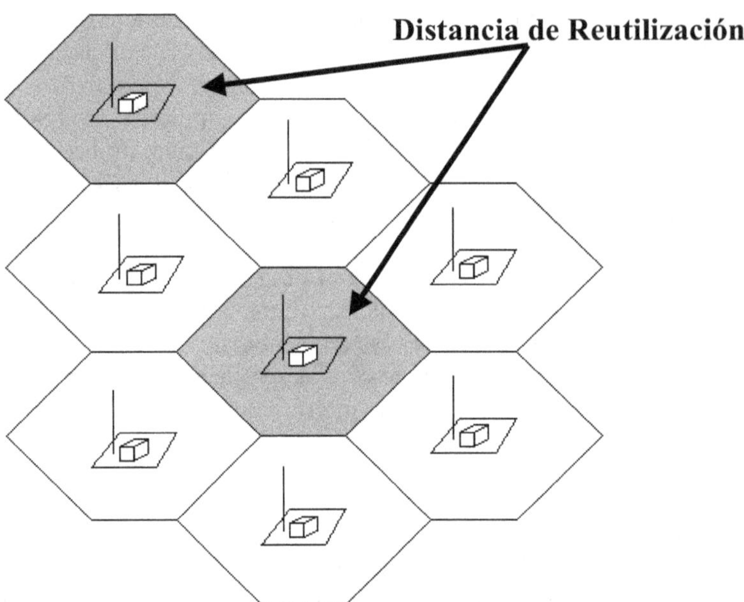

FIGURA 9-21. Ejemplo de Racimo con distancia de Reutilización.

- Recepción: cuando un teléfono fijo hace una llamada a uno móvil, la central telefónica envía el número a la MTSO, para que localice al teléfono móvil enviando preguntas a cada célula en un proceso denominado "radiolocalización" (paging). Una vez que se a encontrado el dispositivo móvil, la MTSO transmite una señal de llamada y cuando responde el dispositivo móvil, le asigna un canal de voz, permitiendo que comiencen las transmisiones.

- Transferencia: puede ocurrir que durante la conversación, el dispositivo móvil se mueva de una celda a otra (nodo en tránsito). Cuando lo hace, la señal se puede debilitar. Para resolver ese problema, la MTSO monitoriza el nivel de la señal cada unos pocos segundos (roaming), y si la potencia de la señal disminuye, la MTSO busca una nueva célula que pueda acomodar mejor esa comunicación. En ese momento, la MTSO cambia el canal que transporta la llamada (transfiere la señal del canal antiguo a uno nuevo). El traspaso de radiocanal se lleva a cabo de forma transparente para el usuario.

La Primera Generación surge en la década de los 80, en estos momentos la interfaz radio utilizada en estos sistemas es analógica. El escenario es una gran cantidad de sistemas incompatibles entre sí, lo que hacía imposible el roaming. Se utilizaban, según el sistema, tres bandas de funcionamiento 450, 800 y 900 MHz y, por supuesto al ser totalmente analógico, la única multiplexión existente era la multiplexión por división de frecuencia y se usaba señalización fuera de banda. En EEUU se desarrolla el AMPS (American Mobile Phone System) analógico. En España comienza usándose, en el año 1982, el sistema NMT (Nordic Mobile Telephone) de los países nórdicos que allí se bautizó como TACS y que también es conocido como TMA-450, por trabajar en la banda de los 450 MHz. Cuando satura el sistema se comienza a usar la banda de los 900 y aparece el denominado E-TACS o TMA-900, más conocido por todos como MoviLine. Las bandas de frecuencias utilizadas eran:

Sistema	Canal Descendente	Canal Ascendente
TACS	935 – 950 Mhz.	850 – 905 Mhz.
E-TACS	917 – 950 Mhz.	872 – 905 Mhz.

En este sistema cada MHz se divide en 40 semicanales de 25 KHz. Se separan las frecuencias de transmisión y recepción 45 MHz, es decir, para el enlace entre el móvil y la estación base ascendente o up-link) se utiliza una frecuencia y para el enlace entre la Sistemas de telefonía móvil 9 estación base y el móvil (descendente o down-link) se utiliza otra separada 45 MHz de la primera.

En la Segunda Generación (2G) ya son sistemas digitales con lo que la mejora de calidad es evidente. Aunque se realiza un esfuerzo de normalización para conseguir un servicio más global, sin tener "islas" de sistemas móviles como ocurría en la primera generación, siguen existiendo distintos sistemas. GSM (Global System Mobile) se convierte en estádar europeo, dado por la ETSI en 1982, esta normalización permite la posibilidad de roaming, el éxito comercial de GSM ha sido el más evidente de los sistemas de 2G. En EEUU se utiliza un sistema distinto AMPS digital e incompatible con GSM. Además de la telefonía clásica con GSM se permiten servicios más avanzados como: Desvío de llamadas, llamada en espera, agenda electrónica, multiconferencia, transmisión de datos a 9600 bps, buzón de voz, restricción de llamadas, mensajes cortos (SMS), indicación coste de llamada, identificación/ocultación de identidad. El tráfico cursado es mucho mayor y se permite una óptima utilización del espectro, también se aportan mejoras en seguridad de la red y consumo de los terminales, debido a los avances en la tecnología de la electrónica de potencia. La señalización es SS7 (Signaling System 7), mucho más eficiente y con mayor capacidad que en los sistemas de primera generación y se facilita la interconexión con la RDSI (Red Digital de Servicios Integrados o ISDN). En realidad GSM ha ido evolucionando desde una primera red básica, que se limitaba a ofrecer el servicio de telefonía, a una red más compleja a la que se han ido añadiendo progresivamente servicios de valor añadido, prestaciones de red inteligente, mejoras en la transferencia de datos.

GPRS son las siglas de "General Packet Radio Service", que se diseñó como una tecnología para transferir paquetes utilizando la interfaz radio de GSM y representa lo que se denomina 2,5G. Por supuesto se necesitan ciertos cambios tanto a nivel software como hardware en la red GSM existente así como la introducción de algunos elementos nuevos. Así se superpone al 10 Sistemas de Telefonía móvil sistema una de red de transporte IP (IP Backbone, basada en el protocolo de nivel debed "Internet Protocol") que trabaja en paralelo al núcleo clásico de GSM y cuya función es realizar la conmutación de paquetes y las conexiones a Internet y otras redes de datos basadas en paquetes. El tráfico que se cursa a través de este nuevo "core" (núcleo) de red es por tanto distinto al cursado a través de los tradicionales MSC (Conmutadores en la arquitectura de telefonía móvil) y para acceder al mismo se utilizan los intervalos de tiempo libres, sin asignar, en la interfaz radio (entre móvil y estación base). Debido a que se utilizan sólo los intervalos libres la capacidad de estas conexiones no es constante, lo que impide ofrecer niveles de calidad de servicio altos y se ofrecen sólo conexiones del tipo "best effort", es decir que la red no asegura al usuario la llegada correctamente a destino de las comunicaciones.

Con la llegada de 3G se busca la completa globalización de las comunicaciones móviles además de ofrecer servicios más sofisticados, gracias a la gran evolución tecnológica de los últimos años. De hecho el nombre de esta tecnología, UMTS (Universal Mobile Telecommunications System) refleja estas dos ideas.

- Universal: se pretende ofrecer un sistema global con posibilidad de roaming mundial.
- Sistema de Telecomunicaciones: no es una red de telefonía móvil, sino una red de telecomunicaciones móviles.

Los organismos de normalización especificaron qué requisitos debía exigírsele a este nuevo sistema:

- Debe tener una especificación normalizada de carácter internacional (a nivel mundial)
- Debe tener un claro valor añadido respecto a GSM, sin embargo, en las fases de inicio sobre todo, debe ser compatible tanto con GSM como con RDSI

- El sistema debe soportar tráfico multimedia
- El acceso radio debe ser genérico
- Los servicios ofrecidos al usuario final deben ser independientes. De forma que el acceso radio y la infraestructura de red no deben limitar los servicios ofrecidos.

Este proceso de normalización está coordinado por el 3GPP (3G Partnership Project) y los organismos implicados son; UIT-T, ETSI, ARIB y ANSI. Sin embargo un sistema global implica negocios globales, de manera que hay bastante presión para elegir soluciones que beneficien a unos respecto a otros, así que hay bastante "política" implicada en este desarrollo. Aunque la idea es desarrollar un sistema "universal", actualmente existen tres variantes: Europea, Americana y Japonesa debido a que el escenario de partida es distinto en las tres. Para desarrollar este sistema se necesita cambiar la estructura de red de forma mucho más notable que los cambios que se le han ido haciendo a GSM progresivamente. La idea básica es conseguir un backbone de red basado en IP y permitir distintas modalidades de acceso radio.

En la fase previa la mayor parte del tráfico se utilizará con conmutación de paquetes y se dejará la conmutación de circuitos sólo a tráfico de tiempo real o que requiera una alta calidad de servicio. En las fases más avanzadas todo el tráfico utilizará conmutación IP, pero para eso la tecnología todavía tiene que mejorar más para soportar altas calidades de servicio y tráfico en tiempo real sobre IP.

De cara al usuario UMTS aventaja a los sistemas móviles de 2G por su potencial para soportar velocidades de transmisión de datos de hasta 2Mbit/s (en terminales fijos) lo que le permitirá acceder a muchos más servicios de los que se ofrecen actualmente. Los retos de esta nueva red son muy similares a los que se verán en próximos temas para otras redes de Banda Ancha, pero con una complejidad añadida, el dar soporte a la movilidad del terminal.

9.10. WIRELES LAN

El protocolo IEEE 802.11 un estándar de protocolo de comunicaciones del IEEE (Institute of Electrical and Electronics Engineers) que define el uso de los dos niveles más bajos de la arquitectura OSI (capas física y de enlace de datos) para las redes locales (LAN) y metropolitanas (MAN), especificando sus normas de funcionamiento en una WLAN (LAN Inalámbrica).

La familia 802.11 actualmente incluye seis técnicas de transmisión por modulación que utilizan todas los mismos protocolos. El estándar original de este protocolo data de 1997, era el IEEE 802.11, tenía velocidades de 1 hasta 2 Mbps y trabajaba en la banda de frecuencia de 2,4 GHz., para radio frecuencia y en Infra Rojo operaba con ondas 850-950 nm. En la actualidad no se fabrican productos sobre este estándar.

El término IEEE 802.11 se utiliza también para referirse a este protocolo al que ahora se conoce como "802.11legacy." La siguiente modificación apareció en 1999 y es designada como IEEE 802.11b, esta especificación tenía velocidades de 5 hasta 11 Mbps, también trabajaba en la frecuencia de 2,4 GHz. También se realizó una especificación sobre una frecuencia de 5 Ghz que alcanzaba los 54 Mbps, era la 802.11a y resultaba incompatible con los productos de la extensión "b" y por motivos técnicos casi no se desarrollaron productos. Posteriormente se incorporó un estándar a esa velocidad y compatible con la extensión "b" que recibiría el nombre de 802.11g.

En la actualidad la mayoría de productos son de la especificaciones "b" y de la "g". El siguiente paso se dará con la norma 802.11n que sube el límite teórico hasta los 600 Mbps. Actualmente ya existen varios productos que cumplen un primer borrador del estándar "n" con un máximo de 300 Mbps (80-100 Mbps. estables).

La seguridad forma parte del protocolo desde el principio y fue mejorada en la revisión 802.11i. Otros estándares de esta familia (c–f, h–j, n) son mejoras de servicio y extensiones o correcciones a especificaciones anteriores. El primer estándar de esta familia que tuvo una amplia aceptación fue el 802.11b. En 2005, la mayoría de los productos que se comercializan siguen el estándar 802.11g con compatibilidad hacia el 802.11b.

Los estándares 802.11b y 802.11g utilizan bandas de 2,4 Ghz que no necesitan de permisos para su uso. El estándar 802.11a utiliza la banda de 5 GHz. El estándar 802.11n hará uso de ambas bandas, 2,4 GHz y 5 GHz. Las redes que trabajan bajo los estándares 802.11b y 802.11g pueden sufrir interferencias por parte de hornos microondas, teléfonos inalámbricos y otros equipos que utilicen la misma banda de 2,4 Ghz.

9.10.1. Componentes de una WLAN

La terminología y algunas de las características específicas de 802.11 son exclusivas de este estándar y no se reflejan en todos los productos comerciales. Sin embargo, es útil para familiarizarse con el estándar, ya que sus características son representativas de las capacidades necesarias en LAN inalámbricas.

El bloque más elemental de una LAN inalámbrica es un conjunto de servicios básicos (BSS, Basics Service Set), que consta de varias estaciones ejecutando el mismo protocolo e acceso al medio y compitiendo para acceder a un medio compartido. Un conjunto de servicios básicos puede ser aislado o puede conectarse con un sistema núcleo de distribución a través de un punto de acceso (AP, access point). El punto de acceso funciona como un puente. El protocolo de acceso puede ser completamente distribuido o controlado por una función de coordinación central localizada en el punto de acceso. El conjunto de servicios básicos corresponde generalmente con lo que se conoce en la bibliografía como una celda o célula.

Un conjunto de servicios de ampliación (ESS, Extended Service Set) consta de dos o más servicios básicos interconectados por un sistema de distribución (DS, Distribution Service). Generalmente, el sistema de distribución es una LAN cableada. El conjunto de servicios de ampliación aparece en el nivel de control de enlace lógico (LLC) como una única LAN lógica.

Se denomina Área de Servicio Básico (BSA, Basic Service Area) a la zona donde se comunican las estaciones de un mismo BSS; las BSA se definen dependiendo del medio. La norma define tres tipos de estaciones según la movilidad:

- Sin transición: una estación de este tipo es estacionaria o se mueve sólo en el rango de comunicaciones directas de las estaciones de comunicaciones de un único BSS.

- Transición BSS: ésta se define como una estación que se desplaza de un BSS a otro BSS dentro del mismo ESS. En este caso, el envío de datos a la estación requiere que la capacidad de direccionamiento esté preparada para reconocer la nueva localización de la estación.

- Transición ESS: ésta se define como una estación que se transfiere desde un BSS en un ESS a un BSS interno a otro ESS. Este caso se admite sólo en el sentido de que la estación se puede desplazar, no pudiéndose garantizar el mantenimiento de conexiones de capas superiores incluido en 802.11. De hecho, es probable que se produzca una interrupción del servicio.

9.11. TOPOLOGÍAS

El conjunto de elementos componentes de una WLAN se combinan para conformar las siguientes topologías básicas:

- Ad-hoc: posibilidad de conexión de un número pequeño de equipos conectados en una red de broadcast, sin concentradores ni puentes, que sin uso de cables puedan transferir datos y compartir recursos (ver figura 22). En este caso se dice que las estaciones que conforman la topología son "independientes".
- Building (infraestructura): conjunto de equipos móviles conectados a un Access Point con el fin de acceder a una red cableada (ver figura 23). Las estaciones de una red infraestructura son "dependientes" del Access Point. Dentro de esta topología, existe la posibilidad de conectar dos edificios con sus correspondientes redes cableadas, mediante un enlace inalámbrico; esta modalidad se conoce como "Bridging" (ver figura 24).

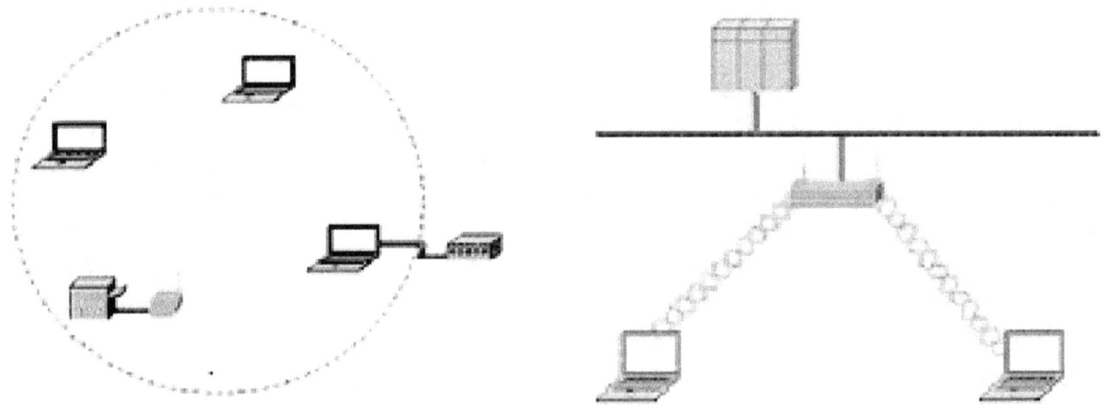

FIGURA 9-22. Ejemplo de red ad-hoc.　　　**FIGURA 9-23.** Ejemplo de red infraestructura.

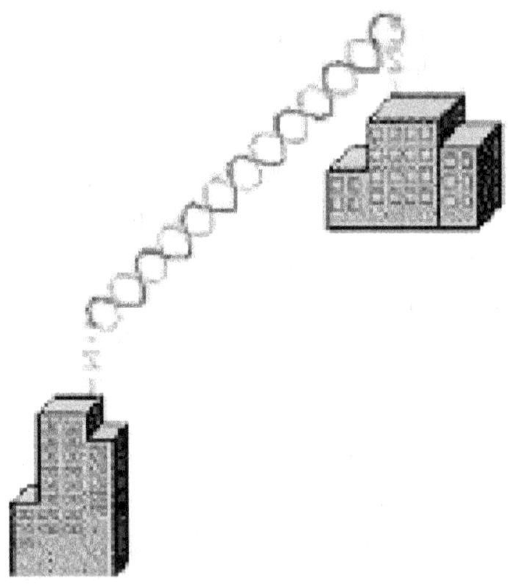

FIGURA 9-24. Ejemplo de red bridging.

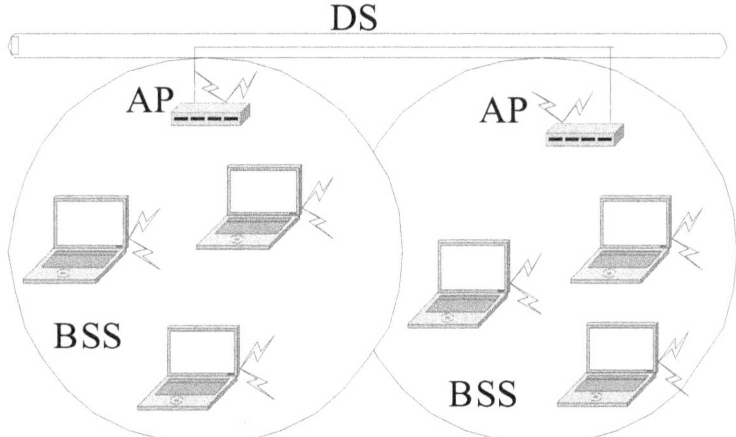

FIGURA 9-25. Ejemplo de Sistema de Servicios Extendido (ESS).

9.11.1. Extensiones de la 802.11 y Nivel Físico

802.11 legacy es la versión original del estándar IEEE 802.11 publicada en 1997 especifica dos velocidades de transmisión teóricas de 1 y 2 Mbps., que se transmiten por señales infrarrojas (IR) en la banda ISM con ondas 850-950 nm de longitud aplicando modulación PPM 4 ó 16 y en Radio Frecuencia, con señales de 2,4 GHz. IR sigue siendo parte del estándar, pero no hay implementaciones disponibles.

El estándar original también define el protocolo CSMA/CA (Múltiple acceso por detección de portadora evitando colisiones) como método de acceso. Una parte importante de la velocidad de transmisión teórica se utiliza en las necesidades de esta codificación para mejorar la calidad de la transmisión bajo condiciones ambientales diversas, lo cual se tradujo en dificultades de interoperabilidad entre equipos de diferentes marcas. Estas y otras debilidades fueron corregidas en el estándar 802.11b, que fue el primero de esta familia en alcanzar amplia aceptación entre los consumidores.

802.11b

La revisión 802.11b del estándar original fue ratificada en 1999. 802.11b tiene una velocidad máxima de transmisión de 11 Mbit/s y utiliza el mismo método de acceso CSMA/CA definido en el estándar original. El estándar 802.11b funciona en la banda de 2.4 GHz. Debido al espacio ocupado por la codificación del protocolo CSMA/CA Aunque también utiliza una técnica de ensanchado de espectro basada en DSSS, en realidad la extensión 802.11b introduce CCK (Complementary Code Keying) para llegar a velocidades de 5,5 y 11 Mbps (tasa física de bit). El estándar también admite el uso de PBCC (Packet Binary Convolutional Coding) como opcional. Los dispositivos 802.11b deben mantener la compatibilidad con el anterior equipamiento DSSS especificado a la norma original IEEE 802.11 con velocidades de bit de 1 y 2 Mbps.

802.11a

En 1997 la IEEE (Instituto de Ingenieros Eléctricos Electrónicos) crea el Estándar 802.11 con velocidades de transmisión de 2Mbps. En 1999, el IEEE aprobó ambos estándares: el 802.11a y el 802.11b. En 2001 hizo su aparición en el mercado los productos del estándar 802.11a.

La revisión 802.11a al estándar original fue ratificada en 1999. El estándar 802.11a utiliza el mismo juego de protocolos de base que el estándar original, opera en la banda de 5 Ghz y utiliza 52 subportadoras mediante modulación OFDM (Orthogonal Frequency Division Multiplexing) con una velocidad máxima de 54 Mbit/s, lo que lo hace un estándar práctico para redes inalámbricas con velocidades reales de aproximadamente 20 Mbit/s. La velocidad de datos se reduce a 48, 36, 24, 18, 12, 9 o 6 Mbit/s en caso necesario. 802.11a tiene 12 canales no solapados, 8 para red inalámbrica y 4 para conexiones punto a punto. No puede interoperar con equipos del estándar 802.11b, excepto si se dispone de equipos que implementen ambos estándares.

Dado que la banda de 2.4 Ghz tiene gran uso (pues es la misma banda usada por los teléfonos inalámbricos y los hornos de microondas, entre otros aparatos), el utilizar la banda de 5 GHz representa una ventaja del estándar 802.11a, dado que se presentan menos interferencias. Sin embargo, la utilización de esta banda también tiene sus desventajas, dado que restringe el uso de los equipos 802.11a a únicamente puntos en línea de vista, con lo que se hace necesario la instalación de un mayor número de puntos de acceso; lo cual significa también que los equipos que trabajan con este estándar no pueden penetrar tan lejos como los del estándar 802.11b dado que sus ondas son más fácilmente absorbidas.

802.11h

La especificación 802.11h es una modificación sobre el estándar 802.11 para WLAN desarrollado por el grupo de trabajo 11 del comité de estándares LAN/MAN del IEEE (IEEE 802) y que se hizo público en octubre de 2003 que intenta resolver problemas derivados de la coexistencia de las redes 802.11 con sistemas de Radares y Satélites. El desarrollo del 802.11h sigue unas recomendaciones hechas por la ITU que fueron motivadas principalmente a raíz de los requerimientos que la Oficina Europea de Radiocomunicaciones (ERO) estimó convenientes para minimizar el impacto de abrir la banda de 5 GHz, utilizada generalmente por sistemas militares, a aplicaciones ISM (ERC/DEC/(99)23). Con el fin de respetar estos requerimientos, 802.11h proporciona a las redes 802.11a la capacidad de gestionar dinámicamente tanto la frecuencia, como la potencia de transmisión.

Técnicas para la Selección Dinámica de Frecuencias y Control de Potencia del Transmisor:

- DFS (Dynamic Frequency Selection) es una funcionalidad requerida por las WLAN que operan en la banda de 5GHz con el fin de evitar interferencias co-canal con sistemas de radar y para asegurar una utilización uniforme de los canales disponibles.
- TPC (Transmitter Power Control) es una funcionalidad requerida por las WLAN que operan en la banda de 5GHz para asegurar que se respetan las limitaciones de potencia transmitida que puede haber para diferentes canales en una determinada región, de manera que se minimiza la interferencia con sistemas de satélite.

802.11g

En junio de 2003, se ratificó un tercer estándar de modulación: 802.11g. Que es la evolución del estándar 802.11b, Este utiliza la banda de 2.4 Ghz (al igual que el estándar 802.11b) pero opera a una velocidad teórica máxima de 54 Mbit/s, que en promedio es de 22.0 Mbit/s de velocidad real de transferencia, similar a la del estándar 802.11a. Es compatible con la extensión "b" y utiliza las mismas frecuencias y técnica de modulación (OFDM). Buena parte del proceso de diseño del estándar lo tomó el hacer compatibles los dos estándares. Sin embargo, en redes bajo el estándar "g" la presencia de nodos bajo el estándar "b" reduce significativamente la velocidad de transmisión. Los equipos que trabajan bajo el estándar 802.11g llegaron al mercado muy rápidamente, incluso antes de su ratificación que fue dada aprox. el 20 de junio del 2003. Esto se debió en parte a que para construir equipos bajo este nuevo estándar se podían adaptar los ya diseñados para el estándar "b".

Actualmente se venden equipos con esta especificación, con potencias de hasta medio vatio, que permite hacer comunicaciones de hasta 50 km con antenas parabólicas apropiadas.

802.11n

En enero de 2004, el IEEE anunció la formación de un grupo de trabajo 802.11 (Tgn) para desarrollar una nueva revisión del estándar 802.11. La velocidad real de transmisión podría llegar a los 600 Mbps (lo que significa que las velocidades teóricas de transmisión serían aún mayores), y debería ser hasta 10 veces más rápida que una red bajo los estándares 802.11a y 802.11g, y cerca de 40 veces más rápida que una red bajo el estándar 802.11b. También se espera que el alcance de operación de las redes sea mayor con este nuevo estándar gracias a la tecnología MIMO (Multiple Input – Multiple Output), que permite utilizar varios canales a la vez para enviar y recibir datos gracias a la incorporación de varias antenas. Existen también otras propuestas alternativas que podrán ser consideradas y se espera que el estándar que debía ser completado hacia finales de 2006, se implante hacia 2008. A principios de 2007 se aprobó el segundo borrador del estándar. Anteriormente ya habían dispositivos adelantados al protocolo y que ofrecían de forma no oficial éste estándar (con la promesa de actualizaciones para cumplir el estándar cuando el definitivo estuviera implantado).

A diferencia de las otras versiones, 802.11n puede trabajar en dos bandas de frecuencias: 2,4 GHz (la que emplean 802.11b y 802.11g) y 5 GHz (la que usa 802.11a). Gracias a ello, 802.11n es compatible con dispositivos basados en todas las ediciones anteriores de Wi-Fi. Además, es útil que trabaje en la banda de 5 GHz, ya que está menos congestionada y en 802.11n permite alcanzar un mayor rendimiento.

802.11e

Con el estándar 802.11e, la tecnología IEEE 802.11 soporta tráfico en tiempo real en todo tipo de entornos y situaciones. Las aplicaciones en tiempo real son ahora una realidad por las garantías de Calidad de Servicio (QoS) proporcionado por el 802.11e. El objetivo del nuevo estándar 802.11e es introducir nuevos mecanismos a nivel de capa MAC para soportar los servicios que requieren garantías de Calidad de Servicio. Para cumplir con su objetivo IEEE 802.11e introduce un nuevo elemento llamado HCF (Hybrid Coordination Function) con dos tipos de acceso:

- (EDCA) Enhanced Distributed Channel Access
- (HCCA) Controlled Access.

802.11i

Está dirigido a batir la vulnerabilidad actual en la seguridad para protocolos de autenticación y de codificación. El estándar abarca los protocolos 802.1x, TKIP (Protocolo de Claves Integra – Seguras – Temporales), y AES (Estándar de Cifrado Avanzado). Se implementa en WPA2.

802.11w

Todavía no concluido. TGw está trabajando en mejorar la capa del control de acceso del medio de IEEE 802.11 para aumentar la seguridad de los protocolos de autenticación y codificación. Las

LANs inalámbricas envía la información del sistema en tramas desprotegidos, que los hace vulnerables. Este estándar podrá proteger las redes contra la interrupción causada por los sistemas malévolos que crean peticiones desasociadas que parecen ser enviadas por el equipo válido. Se intenta extender la protección que aporta el estándar 802.11i más allá de los datos hasta las tramas de gestión, responsables de las principales operaciones de una red. Estas extensiones tendrán interacciones con IEEE 802.11r e IEEE 802.11u.

9.12. CONTROL DE ACCESO AL MEDIO

El grupo de trabajo 802.11 consideró dos tipos de proposiciones para un algoritmo de la subcapa MAC (Media Access Control): protocolos de acceso distribuido, que, como CSMA/CD, distribuyen la decisión de transmitir entre todos los nodos usando un mecanismo de detección de portadora, y protocolos de acceso centralizado, que implican la gestión centralizada de la transmisión. Un protocolo de acceso distribuido tiene sentido en una red ad-hoc de estaciones de trabajo "peer-to- peer", pudiendo resultar también atractivo para otras configuraciones de LAN inalámbricas que presentan principalmente tráfico a ráfagas. Un protocolo de acceso centralizado es usual en configuraciones en las que varias estaciones inalámbricas se encuentran conectadas entre sí y/o con alguna estación base que se conecta a una LAN cableada; esto es especialmente útil si alguno de los datos es sensible al tiempo o es de alta prioridad.

El resultado final del 802.11 es un algoritmo llamado MAC inalámbrico de principio distribuido (DFWMAC, "Distributed Foundation Wireless MAC"), que proporciona un mecanismo de control de acceso distribuido con un control centralizado opcional implementado sobre él. La figura 26 ilustra la arquitectura. La subcapa inferior de la capa MAC es la función de coordinación distribuida (DCF). DCF emplea un algoritmo de competición para proporcionar acceso a todo el tráfico. El tráfico asíncrono ordinario usa DCF. La función de coordinación puntual (PCF) es un algoritmo MAC centralizado utilizado para proporcionar un servicio sin competición. PCF se construye sobre DCF y aprovecha las características de DCF para asegurar el acceso a sus usuarios.

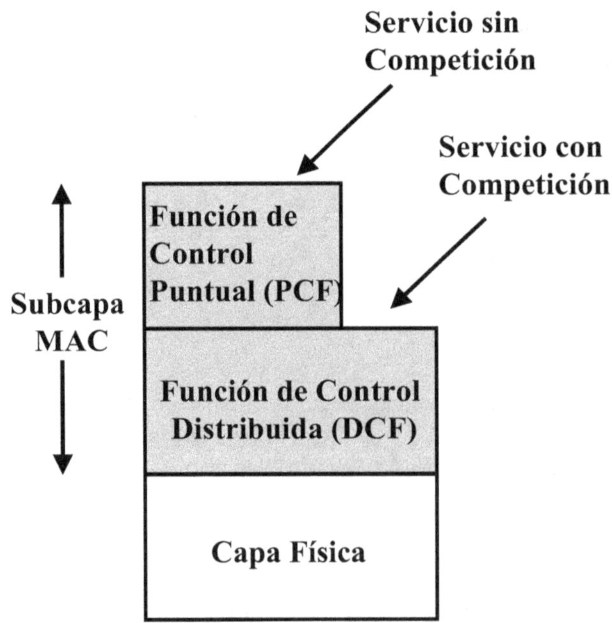

FIGURA 9-26. Arquitectura del protocolo de acceso de 802.11.

En el caso de una topología con acceso al medio por competencia se utiliza la Función de coordinación distribuida; para ello la subcapa DCF hace uso de un sencillo algoritmo MAC. Si una estación desea transmitir una trama MAC, escucha el medio. Si el medio se encuentra libre, la estación puede transmitir, si no debe esperar hasta que se haya completado la transmisión en curso antes de poder transmitir. DCF no incluye una función de detección de colisiones (es decir, CSMA/CD) puesto que la detección de colisión no resulta práctica en redes inalámbricas. La naturaleza dinámica de las señales en el medio es muy elevada, de manera que una estación que transmita no puede distinguir las señales débiles de entrada del ruido y de los efectos de su propia transmisión. Por lo tanto, para asegurar el suave y correcto funcionamiento de este algoritmo, DCF incluye un conjunto de retardos que equivalen a un esquema de prioridades. Si se consider un único retardo conocido como espacio intertrama (IFS, InterFrame Space). De hecho, existen tres valores diferentes de IFS, pero el algoritmo se comprende mejor ignorando inicialmente este detalle. Haciendo uso de un IFS, las reglas para acceso CSMA son:

a) Una estación con una trama a transmitir sondea el medio. Si éste está libre, la estación espera para ver si el inedia permanece libre durante un tiempo igual a IFS. Si es así, la estación puede transmitir inmediatamente.

b) Si el medio está ocupado (porque la estación encuentra inicialmente ocupado el medio o porque el medio está ocupado durante el tiempo libre IFS), la estación aplaza la transmisión y continúa supervisando el medio hasta que la transmisión en curso haya finalizado.

c) Una vez que ha ocurrido esto, la estación espera otro IFS. Si el medio permanece libre durante este período, la estación espera según un esquema de retroceso exponencial binario y sondea de nuevo el medio. Si el medio se encuentra aún libre, la estación puede transmitir.

La técnica de retroceso exponencial binario proporciona un método para gestionar la carga alta. Si una estación intenta transmitir y encuentra ocupado el medio, espera un cierto tiempo aleatorio y lo intenta de nuevo. Sucesivos intentos de transmisión fallidos provocan tiempos de retroceso cada vez mayores. No obstante, esquema anterior se ha mejorado para que DCF proporcione un acceso basado en prioridades simplemente mediante el uso de tres valores de IFS (ver figura 27):

- SIFS (Small IFS): el IFS más corto usado para todas las acciones de respuesta inmediata como se explica más adelante.

- PIFS (Puntual FS): IFS de longitud intermedia, empleado por el controlador centralizado en el esquema PCF cuando realiza sondeos.

- DIFS (Distributed IFS): IFS mayor, utilizado como un retardo mínimo para tramas asíncronas que compiten para conseguir el acceso.

Cualquier estación que use SIFS para determinar la oportunidad de transmitir tiene la prioridad superior, ya que siempre conseguirá el acceso en preferencia a una estación que espera una cantidad de tiempo igual a PIFS o DIFS. SIFS se utiliza en las siguientes circunstancias:

- *Confirmaciones (ACK):* cuando una estación recibe una trama dirigida sólo a ella (ni multidestino, ni de difusión), responde con una trama ACK después de esperar durante un tiempo SIFS. Esto presenta dos efectos deseables. En primer lugar, no se usa la detección de colisión, la semejanza de colisiones es mayor que en CSM/CD, y la trama ACK de nivel MAC permite una recuperación de colisiones eficiente. En segundo lugar, SIFS se puede emplear para proporcionar una entrega eficiente de una unidad de datos del protocolo LLC que necesita múltiples tramas MAC. En este caso se produce la siguiente situación. Una estación con una PDU LLC multitrama que transmitir envía las tramas MAC de una en una. Tras un SIFS, el receptor confirma cada una de las tramas. Cuando el origen recibe una trama ACK, inmediatamente (tras un SIFS) envía la siguiente trama de la secuencia. El resultado es que una vez que una estación ha luchado por conseguir el canal mantendrá el control de éste hasta que haya enviado todos los fragmentos de una PDU LLC.

- *Permiso para enviar (CTS, "Clear To Send"):* una estación puede asegurar que su trama de datos se enviará emitiendo primero una pequeña trama de petición de envío (RTS, "Request To Send"). La estación a la que va dirigida esta trama debería responder inmediatamente con una trama CTS si está lista para recibir. Todas las otras estaciones reciben el RTS y aplazan el uso del medio hasta que detecten un CTS correspondiente o hasta que expire un contador de tiempo.

- *Respuesta ante sondeo:* ésta se explica en la discusión sobre PCF, más adelante.

El siguiente intervalo IFS más largo es el PIFS, usado por el controlador centralizado para llevar a cabo el envío de sondeos, y tiene prioridad sobre tráfico de competición normal. Sin embargo, las tramas transmitidas usando SIFS tienen prioridad sobre un sondeo PCF.

Por último, el intervalo DIFS se usa para todo tráfico asíncrono ordinario.

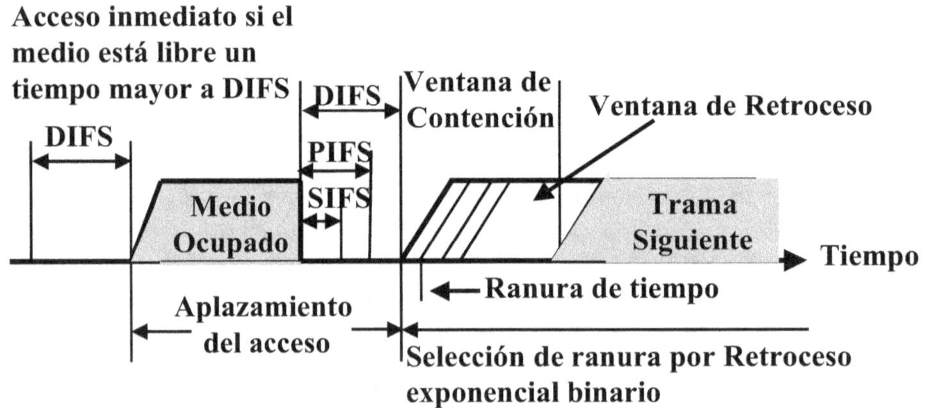

FIGURA 9-27. Temporización en un acceso básico por competencia.

En el caso de una topología con control de acceso al medio centralizado, la función de coordinación puntual (PCF, "Point Coordination Function") es un método de acceso alternativo implementado en un nivel superior a DCF. El procedimiento consiste en la realización de un sondeo por parte del gestor de sondeo centralizado (coordinador puntual o Access Point). El coordinador puntual hace uso de PIFS cuando realiza sondeos. Dado que PIFS es menor que DIFS, el coordinador puntual puede tomar el medio mientras realiza un sondeo y recibe respuestas, y bloquear todo el tráfico asíncrono.

Ahora, si se considera una situación extrema en la que una red inalámbrica se configura de modo que varias estaciones con tráfico sensible al tiempo sean controladas por el coordinador puntual mientras que el resto del tráfico compite por conseguir el acceso haciendo uso de CSMA, el coordinador puntual podría realizar sondeos en forma de rotación circular a todas las estaciones configuradas para sondeo. Cuando se realiza un sondeo, la estación sondeada puede responder usando SIFS. Si el coordinador puntual recibe una respuesta, envía otro sondeo usando PIFS; si no se recibiese respuesta durante el tiempo esperado de exploración circular de todas las estaciones, entonces enviará un sondeo.

Si se implementase este último esquema, el coordinador puntual paralizaría todo el tráfico asíncrono mediante el envío repetido de sondeos. Para evitar esto, se define un intervalo conocido como supertrama. Durante la primera parte de este intervalo, el coordinador puntual envía sondeos en forma de rotación circular a todas las estaciones configuradas para sondeo y permanecerá ocioso durante el resto de la supertrama, permitiendo un período de competición en el medio para acceso asíncrono.

La Figura 28 ilustra el uso de la supertrama. Al comienzo de ésta, el coordinador puntual puede tomar opcionalmente el control y enviar sondeos durante un período de tiempo dado. Este intervalo cambia debido al tamaño variable de la trama enviada por las estaciones correspondientes. El resto de la supertrama se encuentra disponible para un acceso basado en competición. Al final del intervalo de supertrama, el coordinador puntual compite para conseguir el medio usando PIFS. Si el medio se encuentra libre, el coordinador puntual obtiene inmediatamente el acceso y sigue un período de supertrama completo. Sin embargo, el medio puede estar ocupado al final de una supertrama. En este caso, el coordinador puntual debe esperar hasta que el medio se encuentre libre para conseguir el acceso, lo que da lugar a un período de supertrama menor para el siguiente ciclo.

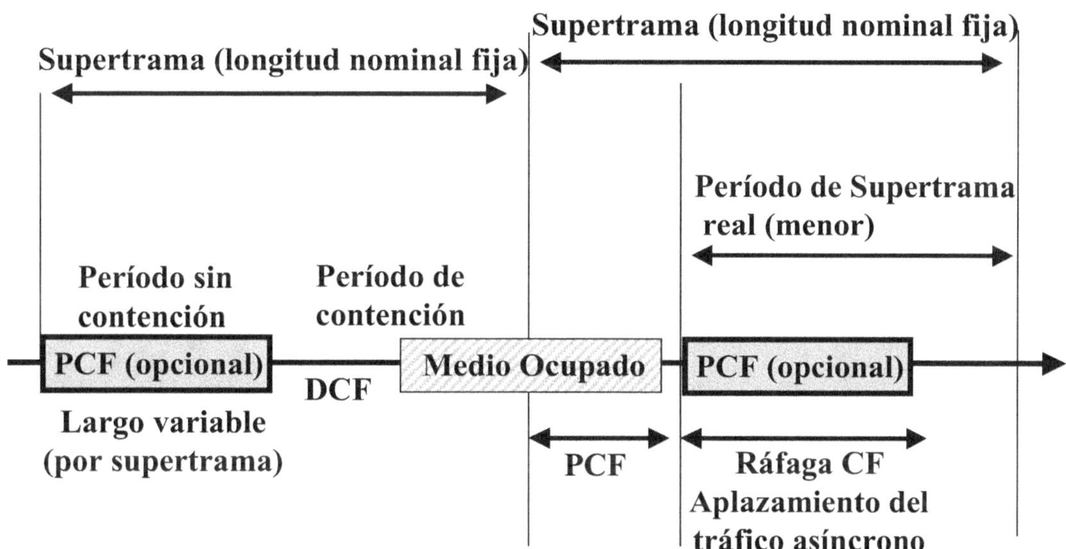

FIGURA 9-28. Temporización en un acceso sin competencia.

La norma 802.11 utiliza 3 (tres) tipos de tramas:

- Tramas de Administración: pedido de asociación, respuesta de asociación, pedido de sondeo, respuesta de sondeo, beacon y autenticación.
- Tramas de Control: petición para envío (RTS), listo para envio (CTS), reconocimiento (ACK)
- Tramas de Datos

La trama de datos es parecida a una trama 802.3. Las tramas inalámbricas y la 802.3 cargan 1500 bytes; sin embargo una trama de Ethernet no puede superar los 1518 bytes mientras que una trama inalámbrica puede alcanzar los 2346 bytes; pero debido a que generalmente una WLAN se conecta con mayor frecuencia a una red cableada de tipo Ethernet, el tamaño de la trama de WLAN se limita a 1518 bytes. El formato de una trama de datos 802.11 se puede observar en la figura 9-29.

Octetos

2	2	6	6	6	2	6	0-2312	4
FC	D/ID	Dir 1	Dir 2	Dir 3	SC	Dir 4	Datos	CRC

FIGURA 9-29. Formato de una trama genérica de datos 802.11.

- *FC (Field Control):* el campo de control determina el tipo de trama; en caso de ser una trama de administración o control, posee funciones específicas.
- *D/ID (Duration Identifier):* el identificador de duración, es un campo que define los tiempos de espera para la solicitud de asociación, PIFS, SIFS o DIFS.
- *Campos de Dirección:* existen 4 (cuatro) campos de direcciones MAC en el formato de trama. Estos campos se utilizan para indicar el identificador BSS (Dir.1), la dirección origen (Dir.2), la dirección destino (Dir.3) y Dirección de Receptor o Transmisor (Dir4.)
- *SC (Sequence Control):* el campo de control de secuencia posee dos subcampos; el primer subcampo es de 4 (cuatro) bits y representa el número de cada fragmento de una trama de datos o administración y permanece constante en todas las retransmisiones, el segundo subcampo es el número de secuencia de trama y posee 12 (doce) bits, también permanece constante durante las retransmisiones.
- *Datos:* contiene los datos y tiene un tamaño mínimo de 0 bytes y un máximo de 2346.
- *FCS (Fault Control Sequence):* contiene la secuencia de control de errores de la trama.

Cuando un Cliente se activa en la red, busca un dispositivo compatible con quién asociarse. Esta es una función de "scanning" que puede ser activa o pasiva. Un scanning activo provoca que el dispositivo envíe a la WLAN una solicitud de asociación que incluye el SSID de un Access Point. Cuando el AP que posee el SSID recibe la solicitud, devuelve una respuesta. De esta manera se completan los procesos de autenticación y la asociación.

Un scanning es pasivo cuando el nodo permanece escuchando tramas de administración que fueron transmitidas por un Access Point o un nodo peer-to-peer. Cuando un nodo recibe una trama de administración con el SSID de la red, el nodo intentará acceder a la WLAN. Los scanning Pasivos son procesos continuos y los nodos se asocian o desasocian mediante intercambios de tramas con el Access Point.

Autenticación es el proceso de autenticar el dispositivo no al usuario. Este es un punto fundamental a tener en cuenta con respecto a la seguridad, detección de fallas y administración general de una WLAN. La autenticación puede ser un proceso nulo, como en el caso de un nuevo Access Point y NIC (Network Interface Card) en funcionamiento por defecto. El cliente envía una trama de petición de autenticación al Access Point y éste acepta o rechaza la trama. El cliente recibe una respuesta por medio de una trama de respuesta de autenticación. También puede configurarse el Access Point para derivar la tarea de autenticación a un servidor de autenticación, que realizaría un proceso de credencial más exhaustivo.

La asociación que se realiza después de la autenticación, es el estado que permite que un cliente use los servicios del AP para transferir datos.

En un determinado momento, una estación puede estar en alguno de los siguientes estados:

- No autenticado y no asociado.
- El nodo está desconectado de la red y no está asociado a un punto de acceso.
- Autenticado y no asociado.

- El nodo ha sido autenticado en la red pero todavía no ha sido asociado al punto de acceso.
- Autenticado y asociado.
- El nodo está conectado a la red y puede transmitir y recibir datos a través del punto de acceso.

La norma 802.11 presenta dos tipos de procesos de autenticación. El primer proceso de autenticación es en un sistema abierto. Se trata de un estándar de conectividad abierto en el que sólo debe coincidir el SSID. Puede ser utilizado en un entorno seguro y no seguro aunque existe una alta capacidad de los 'husmeadores' de red de bajo nivel para descubrir el SSID de la LAN. El segundo proceso es una clave compartida. Este proceso requiere el uso de un cifrado del Protocolo de Equivalencia de Comunicaciones Inalámbricas (WEP, Wired Equivalent Privacy). WEP es un algoritmo bastante sencillo que utiliza claves de 64 y 128 bits. El Access Point está configurado con una clave cifrada y los nodos que buscan acceso a la red a través del Access Point deben tener una clave que coincida. Las claves del WEP asignadas de forma estática brindan un mayor nivel de seguridad que el sistema abierto pero definitivamente no son invulnerables a la piratería informática.

El problema del ingreso no autorizado a las WLAN actualmente está siendo considerado por un gran número de nuevas tecnologías de soluciones de seguridad ya que la seguridad de las transmisiones inalámbricas puede ser difícil de lograr. Donde existen redes inalámbricas, la seguridad es reducida. Esto ha sido un problema desde los primeros días de las WLAN. En la actualidad, muchos administradores no se ocupan de implementar prácticas de seguridad efectivas.

Están surgiendo varios nuevos protocolos y soluciones de seguridad tales como las Redes Privadas Virtuales (VPN) y el Protocolo de Autenticación Extensible (EAP). En el caso del EAP, el Access Point no brinda autenticación al cliente, sino que pasa esta tarea a un dispositivo más sofisticado, posiblemente un servidor dedicado, diseñado para tal fin. Con un servidor integrado, la tecnología VPN crea un túnel sobre un protocolo existente, como por ejemplo el IP. Esta forma una conexión de Capa 3, a diferencia de la conexión de Capa 2 entre el AP y el nodo emisor.

La tecnología VPN cierra efectivamente la red inalámbrica ya que una WLAN irrestricta envía tráfico automáticamente entre los nodos que parecen estar en la misma red inalámbrica. Las WLAN a menudo se extienden por afuera del perímetro del hogar o de la oficina donde se las instala y, si no hay seguridad, sin mucho esfuerzo los intrusos pueden infiltrarse en la red. Por otra parte, es poco el esfuerzo necesario de parte del administrador de la red para brindar seguridad de bajo nivel a la WLAN.

Algunas de las formas de brindar seguridad en la autenticación son las siguientes:

- *Desafío EAP-MD5:* El Protocolo de Autenticación Extensible (EAP) es el tipo de autenticación más antiguo, muy parecido a la protección CHAP con contraseña de una red cableada.
- *LEAP (Cisco):* El Protocolo Liviano de Autenticación Extensible es el tipo más utilizado en los puntos de acceso de las WLAN de Cisco. LEAP brinda seguridad durante el intercambio de credenciales, cifra utilizando claves dinámicas WEP y admite la autenticación mutua.
- *Autenticación del usuario*: Permite que sólo usuarios autenticados se conecten, envíen y reciban datos a través de la red inalámbrica.
- Cifrado: Brinda servicios de cifrado que ofrecen protección adicional de los datos contra intrusos.
- *Autenticación de datos:* Asegura la integridad de los datos, autenticando los dispositivos fuente y destino.

9.13. ELEMENTOS DE UNA RED INALÁMBRICA

Una red inalámbrica se compone básicamente de 4 (cuatro) elementos

- Adaptadores para clientes o Wireless NIC
- Access Points
- Bridges Inalámbricos
- Antenas

Los adaptadores para clientes permiten brindar al usuario las propiedades de libertad, flexibilidad y movilidad propias de una red wireless. Podemos encontrar adaptadores PCMCIA (PC card) para laptops o notebooks, que brindan al usuario la posibilidad de desplazarse libremente mientras mantienen la conectividad con la red. También encontramos adaptadores PCI, que posibilitan la conexión de estaciones de trabajo de escritorio a la WLAN. Todos los modelos de adaptadores vienen con una antena que proporciona las facilidades necesarias para la transmisión y recepción de información (ver figura 30).

Un access point o punto de acceso (AP) contiene un transmisor y receptor de radio. Éste puede actuar como el punto central de una red wireless independiente o como el punto de conexión entre una red wireless y una red cableada.

En grandes instalaciones, la funcionalidad de roaming o movilidad está provista por múltiples AP, permitiendo a los usuarios moverse libremente por el entorno mientras mantienen acceso ininterrumpido a la red.

FIGURA 9-30. Imágenes de Wireles NIC.

Los AP pueden presentar variadas tecnologías de diseño, medidas de seguridad y especificaciones de gestión.

Algunos AP son de banda dual, soportando tanto la frecuencia de 2,4 Ghz como la de 5 Ghz, mientras que otros sólo pueden soportar una única banda.

Pueden ser usados como repetidores o puntos de extensión para la red wireless. La norma 802.11 indica que el alcance de un acces point es de 85 a 154 ms, aproximadamente, dependiendo del entorno en el cual a sido instalado. Existen dispositivos específicamente diseñados para trabajar en entornos cerrados (in-door). En ese caso, no han sido provistas protecciones para ser instalados a la intemperie, en algunos casos, ni siquiera se pueden cambiar las antenas (ver figura 31). Aquellos que sí fueron diseñados para entornos abiertos (out-door) vienen protegidos dentro de las denominadas "cajas estancas" (cajas plásticas o de metal dentro de las cuales se encuentra un access point protegido del las inclemencias del tiempo, con una fuente de alimentación o un tranceptor y un splitter que permiten que por el mismo cable de red - TP, STP o FTP – llegue tensión mediante una tecnología denominada POE - power over ethernet) que permiten colocar el equipo encima de una torre. En ese caso, el alcance límite del access point estará definido por la potencia de su fuente de alimentación y por la antena (ver figura 32). En algunos caso, se logran distancias de hasta 40 kms.

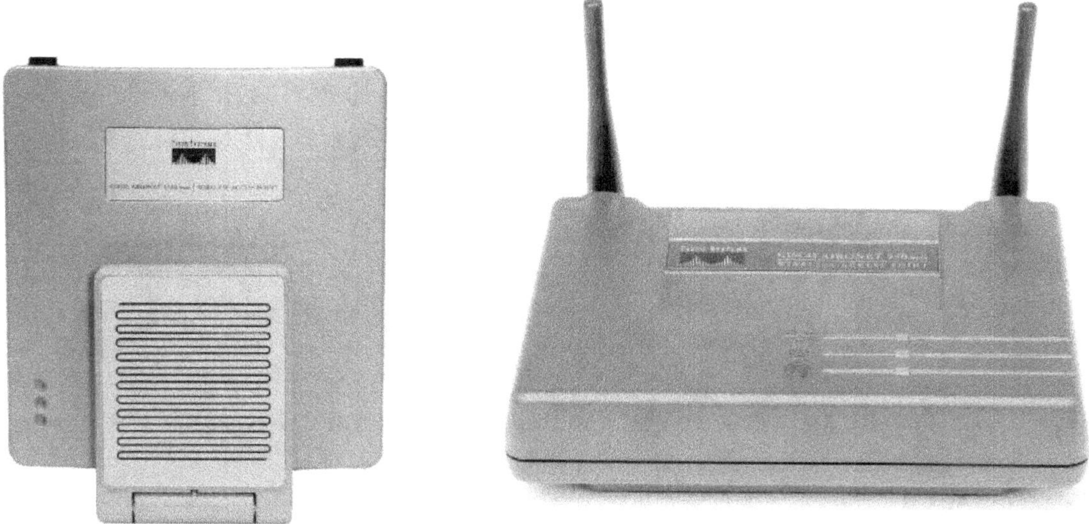

FIGURA 9-31. Imágenes de access points in-door.

En algunos casos es necesario conectar dos o más redes, por lo general, situados en distintos edificios. Para ello se utilizan, puentes inalámbricos de alta velocidad de transmisión de datos y rendimiento superior para transmisión de una gran cantidad de datos. Los puentes conectan sitios de difícil acceso, pisos no contiguos, oficinas satélites, configuraciones de campus empresariales, redes temporales y almacenes con casas centrales. Pueden ser configurados para punto a punto o punto a multipunto permite múltiples aplicaciones y sitios para compartir una única conexión de alta velocidad a Internet (por ejemplo).

Básicamente existen dos tipos de bridges:

- Wireless Bridge
- Workgroup Bridge

Los llamados *Wireless Bridge*, son aquellos diseñados para conectar dos redes ubicadas en edificios distintos. Estos proveen altas velocidades de transmisión y largos rangos de extensión, pero necesitando una conexión por medio de línea de vista, es decir la visión directa entre ambas antenas.

Por otro lado encontramos los *Workgroup Bridge* o bridge para trabajo de grupo, que permiten la conexión rápida de equipos a una red wireless, proporcionando el enlace entre estos dispositivos y un AP o un Wireless Bridge.

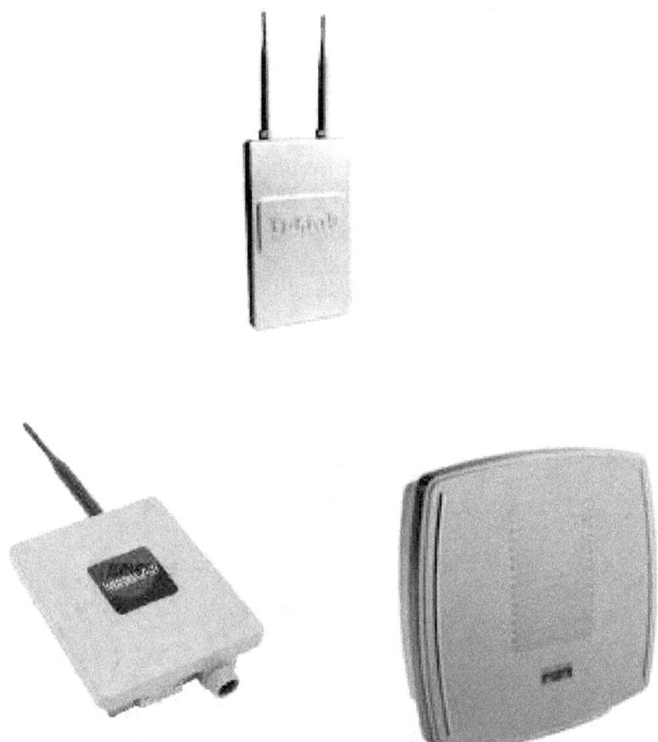

FIGURA 9-32. Imágenes de access points out-door.

Existe una gran variedad de antenas que están disponibles para los Access Points o Bridges, las cuales pueden ser usadas para reemplazar la antena estándar que viene con el equipo. Las antenas deberían ser elegidas con sumo cuidado a los fines de asegurar una cobertura óptima. Cada antena tiene una diferente ganancia, ancho de haz y cobertura. Instalando la antena correcta con el Access Point correcto se podrá obtener una cobertura eficiente, a una mayor velocidad de transmisión y con la confiabilidad adecuada.

Básicamente en entornos WLAN se utilizan dos tipos de antenas:

Antenas direccionales, que irradian energía de Radio Frecuencia en una única dirección, siendo las más comunes:

- Yagi
- Parabólica sólida
- Semi parabólica
- Panel o patch

Antenas Omni-direccionales, que irradian energía de Radio Frecuencia en forma horizontal cubriendo los 360 grados, siendo las más comunes:

- Mástil
- Dipolo

Las antenas usadas en WLAN tienen dos funciones:

- *Receptor:* Esto es el terminador de una señal sobre un medio de transmisión; es un dispositivo que recibe información, control u otras señales desde un origen.
- *Trasmisor:* Esto es el origen o generador de una señal sobre un medio de transmisión.

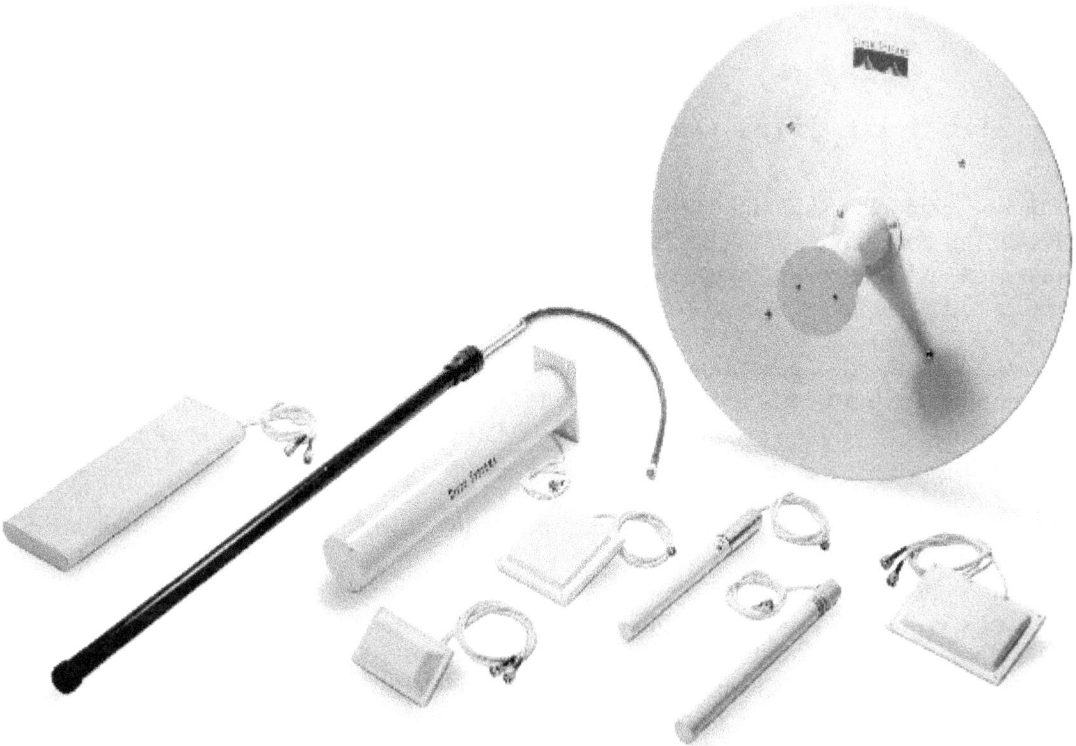

FIGURA 9-33. Imágenes de algunas de las antennas más utilizadas en WLAN´s.

CAPITULO 10

FIBRAS ÓPTICAS

10.1. UN POCO DE HISTORIA

La luz, desde tiempos remotos ha sido motivo de estudios para su uso en la transmisión de información. Desde las señales con antorchas, fogatas hasta las modernas fibras ópticas han sido de utilidad para la comunicación de los seres humanos. Aun ciertos insectos lo utilizan para llamar la atención a otros de su especie, o acaso quien no ha visto los famosos bichitos de luz en las noches de verano.

Sin entrar en demasiados detalles, pensemos en los tableros de indicación de aeropuertos, casas de comercio, o de publicidad. Sin ir más lejos, tenemos a los semáforos que con su indicación roja, amarilla o verde ordena el tránsito en las ciudades, o las señales de alarmas o de funcionamiento de cualquier equipo o dispositivo.

Desde hace muchos años el hombre ha pensado como transmitir información a grandes distancias por medio de sistemas lumínicos.

En 1790 se construyó en Francia un sistema óptico que consistía en una cadena de torres con sistemas de señalización que podía transmitir señales a distancias de unos 200 Km. en menos de 15 minutos. Este sistema se dejó de usar cuando se reemplazó por el telégrafo, que transmitía señales eléctricas.

En 1870, John Tyndall demostró que un chorro de agua podía conducir la luz. Este experimento estaba basado en el "***Principio de la Reflexión Total***" que es el mismo que hoy se utiliza en las fibras ópticas.

En 1889, Alexander Graham Bell desarrolló un sistema que lo llamó "**photophon**", el cual podía transmitir información de voz con ayuda de luz. Esta idea no encontró aplicaciones prácticas ya que las condiciones ambientales y climáticas alteraban la visibilidad, haciendo imposible la transmisión.

A pesar de los varios intentos realizados por Tyndal y Bell, recién en 1934 Norman French obtuvo una patente para un sistema óptico que permitía enviar información modulando un rayo de luz que era conducido por una varilla rígida de vidrio.

No obstante la aplicación práctica de este descubrimiento llegó 25 años después, al descubrirse una fuente de luz adecuado, cuando Arthur Schawlow y charles Townes desarrollaron el "**Láser**" como emisor de luz.

Quien utilizó por primera vez con éxito al láser fue Thodor Maiman en 1960, y en 1962 se descubrió que era posible producir un láser con materiales semiconductores, desarrollándose los fotodiodos semiconductores. Solo queda por descubrir el medio por el cual la luz pudiera recorrer una distancia uniendo dos puntos.

En el año 1966, en Inglaterra, Charles Kao y George Hockham sugirieron utilizar fibras de vidrio como conductores. No obstante, para poder cubrir distancias considerables con estas fibras, debían tener una atenuación máxima del orden de los 20 dB/Km. Para esos años, los conductores ópticos tenían una atenuación de unos 1000 dB/Km, lo que imposibilitaba su uso.

En 1970 la empresa de Estado Unidos, Corning Glass Works fabricó conductores de fibras ópticas con perfil escalonado obteniendo valores inferiores a los 20 dB/Km, con una longitud de onda de 633 nm. En 1974 se lograron valores de atenuación de 4 dB/Km. con longitudes de onda de 1300 nm en fibras ópticas monomodo. Por otra parte se logró mejorar sensiblemente la potencia, sensibilidad y vida útil de los elementos emisores y receptores, como así también los empalmes de conexión.

Las primeras aplicaciones para la transmisión de voz (telefonía) a través de fibras ópticas se llevaron a cabo en 1973, en barcos de la armada de EEUU.

En 1976 se ensayó el primer sistema de conductores de fibras ópticas se ensayo en la planta de la Western Electric y un año después la Bell System realizó un ensayo de campo con una instalación de 2,5 Km en Chicago, y la General Telephone con una de 9 Km en Long Beach.

Desde 1976, se están usando enlaces de fibras ópticas para la transmisión de señales telefónicas, de TV y de datos. A partir de esta época se está utilizando esta nueva tecnología en todo el mundo, para la transmisión de todo tipo de información. Las primeras instalaciones se realizaron con fibras ópticas multimodo. En la actualidad se están instalando cables de fibras ópticas monomodo, las cuales tienen una mejor performance que las anteriores.

10.2. PRINCIPIOS FÍSICOS

Desde hace más de un siglo se utilizan las ondas electromagnéticas para la transmisión de información. Estas ondas, para propagarse, no necesitan de ningún conductor metálico.

En la figura 10-1, puede apreciarse el espectro electromagnético y su utilización. Como puede apreciarse, la luz visible ocupa solo una reducida zona que va desde los 380 nm para el violeta hasta los 780 nm para el rojo. A esta zona se le agregan los ultravioletas con longitudes de onda menores y las de infrarrojo con longitudes de onda mayores.

En las telecomunicaciones por fibras ópticas se utilizan longitudes de onda cercanas al infrarrojo con longitudes de onda de entre 800 a 1600 nm, siendo los valores preferidos los de 850, 1300 y 1550 nm.

En el vacío las ondas electromagnéticas se propagan a la velocidad de la luz:

$C_0 = 299.792,456$ Km/s

Para la propagación en el aire se puede tomar un valor aproximado:

$C_0 = 300.000$ Km/s $= 3 \times 10^5$ Km/s $= 3 \times 10^8$ m/s

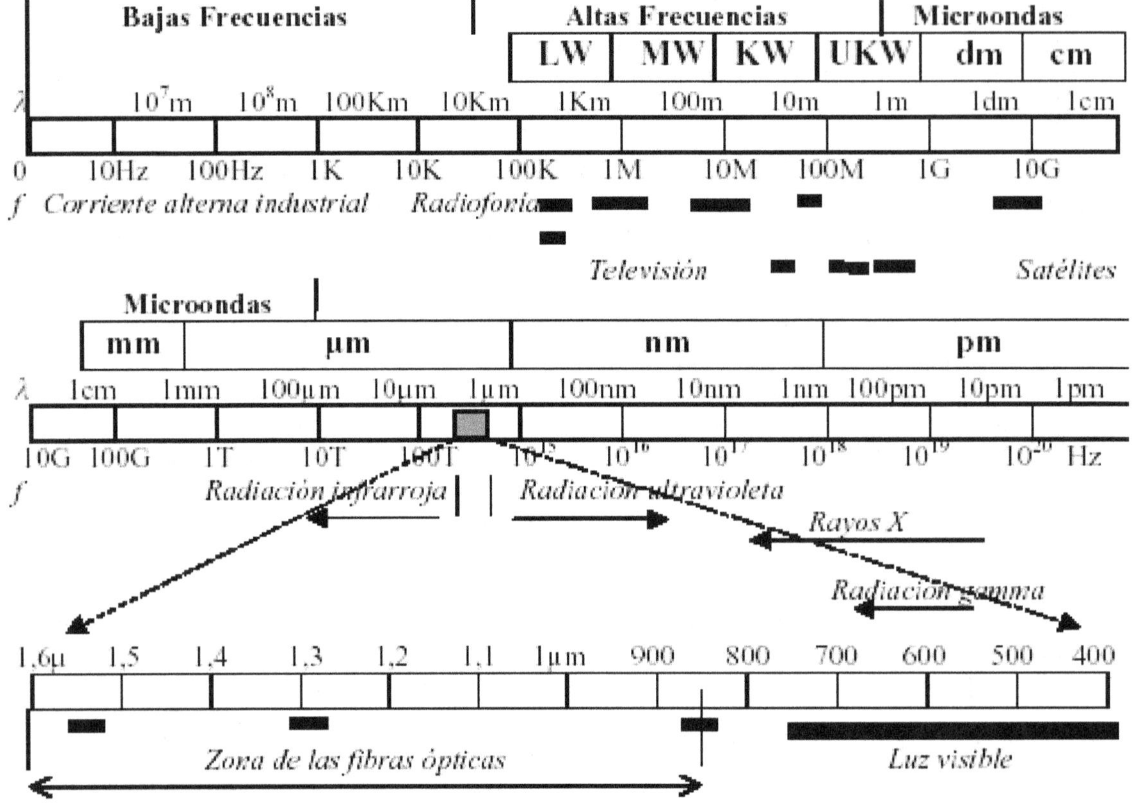

FIGURA 10-1. Espectro electromagnético

La onda electromagnética, y por consiguiente la luminosa es una onda transversal en un medio sin pérdidas e infinitamente extendido. Su campo eléctrico y magnético es perpendicular a la dirección de propagación. Si el campo eléctrico o magnético oscila en un plano, el extremo del vector de intensidad de campo describe una línea recta. Una onda de este tipo se dice que esta "*polarizada linealmente*".

Cuando el extremo del vector intensidad de campo describe una circunferencia o más generalmente una elipse, se dice que es una onda con "*polarización circular o elíptica*".

10.3. CONCEPTOS BÁSICOS DE LAS ONDAS

Una onda es la propagación de un estado, o una excitación de una sustancia, sin que ello implique el transporte de masa o materia de esa sustancia. Se puede ver una propagación de esta naturaleza, cuando en una superficie de un líquido en reposo, por ejemplo agua, arrojamos una piedra. La superficie comienza a producir ondas que se propagan en forma circular hacia la periferia, pero no hay desplazamiento del líquido. Si un corcho flota en el agua, este sufrirá movimientos hacia arriba y abajo, según avance la propagación, pero no se moverá hacia la periferia. Las ondas electromagnéticas se comportan de la misma manera, el que se propaga es el campo electromagnético.

Las ondas luminosas responden a esas características, por lo tanto es el campo electromagnético el que se propaga en una sustancia transparente, que llamamos el medio óptico.

La forma más simple de describir la variación de una onda en el tiempo y el espacio es por medio de una función senoidal. De esta manera el valor instantáneo "a" de una onda plana que se propaga según un eje "x" vale.

$$A = A \, sen \, (\omega t - kx) = A \, sen \, 2\pi\pi \, (t/T - x/\lambda)$$

Donde:

      a: valor instantáneo de la onda plana (p. ej. intensidad del campo magnético o eléctrico).

      A: amplitud. Describe la mayor elongación fuera de su posición de reposo.

      ω: velocidad angular, en seg_{-1}.

      t: tiempo, en seg.

      k: índice de longitud de onda.

      x: distancia sobre el eje x

      T: período, en seg.

      λ: longitud de onda en m.

El valor $(\omega t - kx)$ se denomina *"ángulo de fase de la onda"* o en forma abreviada *"fase de la onda"*.

Para ilustrar lo dicho anteriormente, la figura 101 muestra una onda plana detenida en $x = x_0$.

Se observa que los puntos oscilantes a_1 y a_3 se hallan en la misma fase de oscilación, con una diferencia temporal de **2π** En cambio, el punto a_2, si bien tiene la misma elongación, se halla en una fase diferente.

Al valor λ se lo denomina *velocidad angular* y vale **2π** veces la frecuencia *f*.

El tiempo en el que transcurre una oscilación completa se denomina período T de **la** oscilación. En la siguiente tabla se pueden ver algunas unidades de medida de este período, medidas como su inversa, o como su frecuencia.

$$f = 1/T.$$

Con k se designa el índice de la longitud de onda que es igual al valor absoluto del vector de onda que indica la dirección de la propagación de la onda. Este índice indica el desfasaje de la onda por unidad de longitud y por lo tanto es inversamente proporcional a la longitud de onda en el valor **2π.**

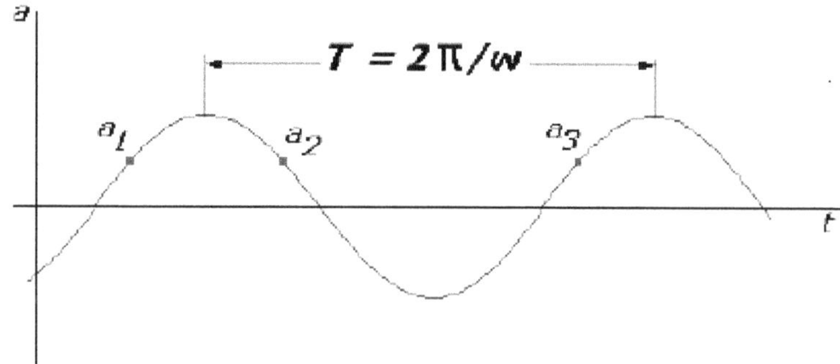

FIGURA 10-2.

La longitud de onda λ es período espacial de la onda, o sea la distancia de una oscilación completa.

La relación básica entre la frecuencia *f*, la longitud de onda λ, y la velocidad de propagación **c**, de una onda es:

$$C = f\lambda$$

Ejemplo: Una señal lumínica de longitud de onda λ = **1 μm**, tiene en el aire una velocidad de propagación

co = 300.000 Km/seg

La frecuencia *f* de la onda luminosa es:

$$f = \frac{c_0}{\lambda} = \frac{300.000\,Km/seg}{1\,\mu m} = \frac{3\cdot 10^8\,m/seg}{1\cdot 10^{-6}\,m}$$

$$f = 3\cdot 10^{14} = 300\cdot 10^{12}\,Hz = 300\,THz$$

10.3.1. Reflexión

Cuando una onda luminosa incide sobre una superficie de separación entre dos sustancias, una parte de la misma se refleja. La proporción de luz reflejada es función del ángulo ⟨1 que forma el rayo de luz incidente con la perpendicular a la superficie de separación. Se entiende por rayo de luz a la trayectoria dentro de la cual se extiende la energía luminosa.

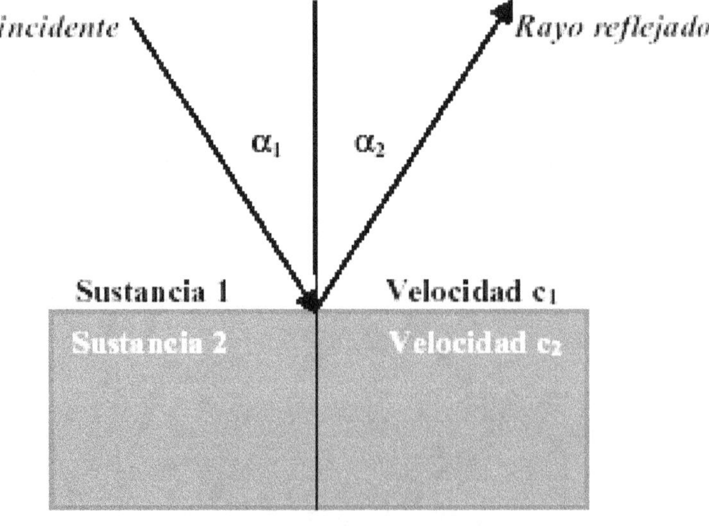

FIGURA 10-3.

El rayo reflejado y el ángulo $\langle_2$, que forma con la perpendicular a la superficie de separación entre las sustancias, se mantienen en el mismo plano formado por el rayo incidente y la perpendicular a la superficie de separación, pero en el semiplano opuesto en relación con el rayo incidente y la perpendicular. Ver figura 10-3.

Los ángulos de incidencia α_1, y reflejado α_2, son iguales. $\alpha_1 = \alpha_2$

10.3.2. Refracción

Si un rayo luminoso incide en forma oblicua, con un ángulo $\langle$, desde una sustancia ópticamente menos densa (por ejemplo el aire), a una más densa (por ejemplo vidrio), su dirección de propagación se quiebra y su trayectoria continúa en la otra sustancia con un ángulo de *refracción* β πara una sustancia isotrópica, o sea un medio que presenta idénticas propiedades en todas sus direcciones, va la *"Ley de Refracción de Snell"* que dice:

El cociente entre el seno del ángulo $\langle$ de incidencia y el seno del ángulo de refracción α es constante e igual a la relación de las velocidades de la luz, c_1/c_2, en ambas sustancias.

$$\frac{\operatorname{sen}\alpha}{\operatorname{sen}\beta} = \frac{c_1}{c_2}$$

α = ángulo de incidencia $\qquad$ β = ángulo de refrección

c_1 = velocidad de la luz en la sustancia 1 $\qquad$ c_2 = velocidad de la luz en la sustancia 2

Si tenemos dos sustancias transparentes, se considera más densa a aquella que posee la menor velocidad de propagación de la luz.

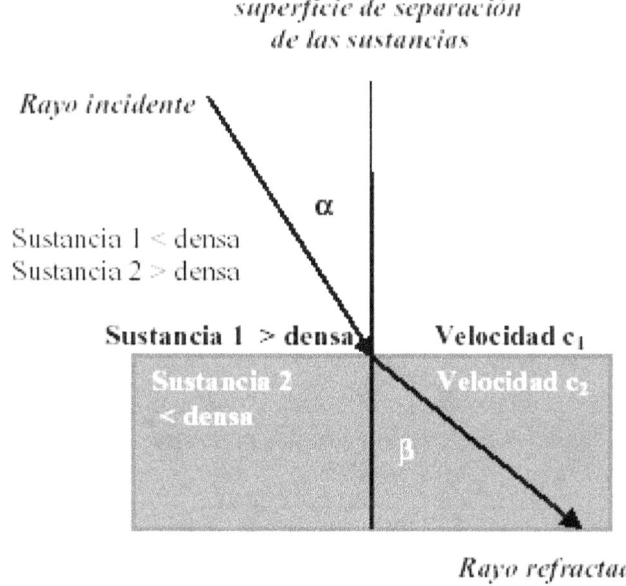

FIGURA 10-4.

Si consideramos la transmisión desde el vacío (H al aire) en el cual la velocidad de la luz es c_0, se obtiene:

$$\frac{\operatorname{sen}\alpha}{\operatorname{sen}\beta} = \frac{c_0}{c} = n$$

La relación entre la velocidad de la luz en el vacío c_0 y de la sustancia c, se denomina "*Indice de Refracción n*". El índice de refracción en el vacío n_0 (H al aire) es igual a 1.

Para dos sustancias con índices de refracción diferentes, n_1 y n_2 y sus correspondientes velocidades de la luz, c_1 y c_2 vale:

$$c_1 = \frac{c_0}{n_1} \qquad y \qquad c_2 = \frac{c_0}{n_2}$$

De donde se obtiene otra expresión de la ley de la Refracción de Snell:

$$\frac{\operatorname{sen}\alpha}{\operatorname{sen}\beta} = \frac{n_2}{n_1}$$

La relación del seno del ángulo de incidencia al seno del ángulo de refracción es inversamente proporcional a la relación de los índices de refracción.

Ejemplo:

Con un índice de refracción $n_1 = 1,5$ (valor típico del vidrio utilizado en las fibras ópticas), se obtiene una velocidad de propagación de c_1 de:

$$c_1 = \frac{c_0}{n_1} = \frac{300.000\, Km/seg}{1,5} = 200.000\,\frac{Km}{seg} = 200\,\frac{m}{\mu seg}$$

O sea, para recorrer 1 km de fibra óptica tarda 5 seg, o 5 nseg por metro.

El índice de refracción "n" de una sustancia depende fundamentalmente de la *longitud de onda* de la luz. En el caso del vidrio de cuarzo, y para longitudes de onda del infrarrojo (de gran importancia para las comunicaciones ópticas), este índice decrece continuamente cuando se incrementa la longitud de onda.

El valor de "n" es válido solo para ondas luminosas que se propagan con una única longitud de onda y con amplitud constante. En estas condiciones, las ondas no conducen información, ya que esto se logra cuando se modula a las mismas con la información a transmitir.

En las comunicaciones ópticas (digitales) se aplica *modulación* mediante pulsos luminosos. Se trata de grupos de ondas de corta duración que contienen ondas luminosas de diferentes longitudes.

Las diferentes ondas integrantes de estos grupos no se propagan con la misma velocidad ya que sus longitudes de onda difieren entre sí. La velocidad de propagación de un grupo de ondas se denomina "*velocidad de grupo*", para la cual se define el índice de refracción del grupo "n_g" por medio de la relación:

$$n_g = n - \lambda \, \frac{dn}{d\lambda}$$

La expresión **dn/d** indica la pendiente de la curva de los índices de refracción **n()**, la cual es decreciente (negativa) en la gama de las longitudes de onda que estamos considerando.

Longitud de onda λ en nm	Indice de refracción n	Indice de refracción de grupo n_g
600	1,4580	1,4780
700	1,4553	1,4712
800	1,4553	1,4671
900	1,4518	1,4646
1000	1,4504	1,4630
1100	1,4492	1,4621
1200	1,4481	1,4617
1300	1,4469	1,4616
1400	1,4458	1,4618
1500	1,4446	1,4623
1600	1,4434	1,4629
1700	1,4432	1,4638
1800	1,4409	1,4648

FIGURA 10-5.

En virtud de ello, el índice de refracción de grupo **n$_g$** es, para cada longitud de onda, mayor que el índice de refracción **n**. Para el cálculo de los tiempos de propagación de señales ópticas se debe utilizar únicamente el índice de refracción del grupo **n$_g$**.

Cabe destacar, que el índice de refracción presenta un mínimo en las longitudes de onda cercanas a los 1300 nm, por lo que esta longitud de onda tiene un interés especial en la transmisión por medio de fibras ópticas. Esto puede verse en la Tabla de la fig. 104.

10.3.3. Reflexión Total

A medida que el rayo de luz incide con un ángulo α cada vez mayor, desde una sustancia ópticamente más densa, con índice de refracción **n$_1$** sobre la superficie de separación con una sustancia ópticamente menos densa con índice de refracción **n$_2$**, el ángulo de refracción β puede llegar a ser de 90°. En la figura 5, el ángulo β**o**, que forma 90°, se corresponde con el ángulo α**o**. En este caso el rayo luminoso (2) se propaga paralelamente a la superficie de separación de ambas sustancias y el ángulo de incidencia α**o** se denomina "*ángulo límite*" de las dos sustancias.

Para el ángulo límite α**o** vale:

$$\operatorname{sen} \alpha_0 = \frac{n_2}{n_1}$$

O sea, el ángulo límite es función de la relación de los índices de refracción de ambas sustancias.

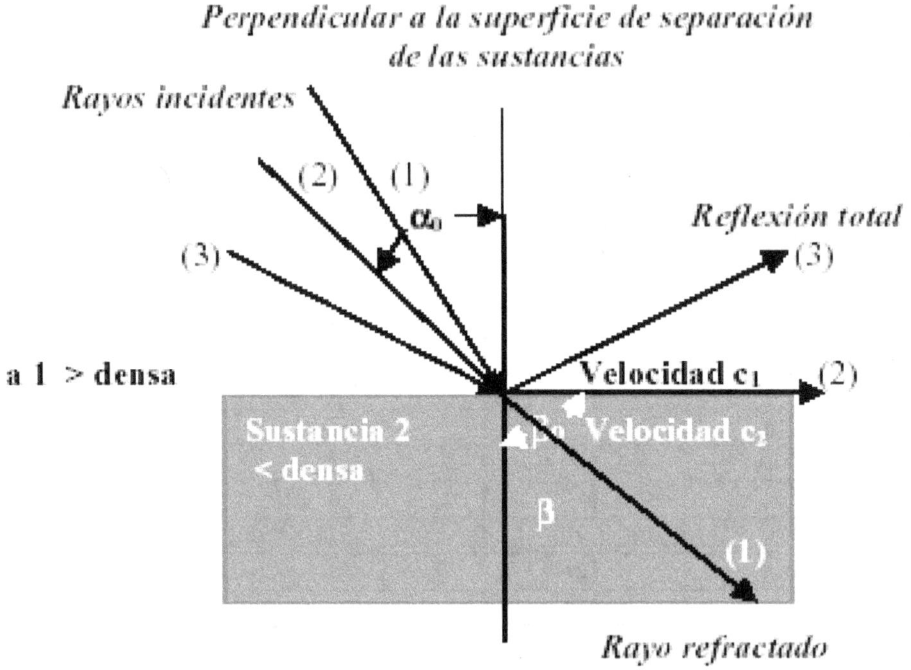

FIGURA 10-6.

(1) Rayo luminoso con reflexión total.

(2) Rayo luminoso con ángulo de reflexión $\beta = 90°$.

(3) Rayo luminoso con refracción

Ejemplos:

El ángulo límite para el agua ($n_1 = 1,333$) y aire ($n_0 = 1$) es:

$$\operatorname{sen}\alpha_0 = \frac{1}{1,33} = 0,75 \qquad y \qquad \alpha_0 = 40°$$

Para el vidrio ($n_1 = 1,5$) y aire ($n_0 = 1$) se tiene:

$$\operatorname{sen}\alpha_0 = \frac{1}{1,5} = 0,67 \qquad y \qquad \alpha_0 = 42°$$

Todos los rayos que inciden con un ángulo $\langle$ mayor que el ángulo límite $\langle_0$ son reflejados en la superficie que separa ambas sustancias, o sea no se propagan en la sustancia menos densa sino en la más densa.

> *"La reflexión total puede ocurrir únicamente cuando un rayo luminoso incide desde una sustancia ópticamente más densa (por ejemplo el vidrio $n_1 = 1,5$) sobre otra ópticamente menos densa (por ejemplo el aire $n_0 = 1$), y nunca se da en el caso inverso".*

10.4. APERTURA NUMÉRICA

En las fibras ópticas se utiliza el efecto de la reflexión total para conducir los rayos luminosos.

Esto se debe a que los conductores de fibra óptica están formados por un centro o "núcleo" formado por vidrio o plástico, con un índice de refracción n_1, recubierto por otro vidrio o plástico con un índice de refracción n_2 menor que n_1.

Analizando la expresión:

$$\alpha_0 = n_0 = \frac{n_2}{n_1}$$

se concluye que todos los rayos que inciden con un ángulo menos que (**90° - α_0**) con respecto al eje de la fibra óptica, son conducidos por el núcleo.

La figura 106 muestra como se comportan los rayos en un trozo de conductor de fibra óptica.

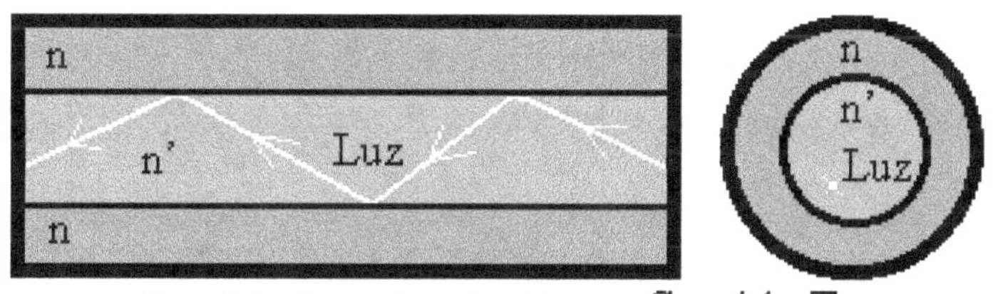

Sección Longitudinal   Sección Transversal

FIGURA 10-7.

Desde el exterior de la fibra, donde tenemos aire, con índice de refracción $n_0 = 1$, el ángulo entre el rayo de luz y el eje de la fibra será, de acuerdo a la **Ley de Snell:**

$$\frac{\operatorname{sen}\theta}{\operatorname{sen}(90°-\theta)} = \frac{n_1}{n_0}$$

$$\operatorname{sen}\theta = n_1 \cos\alpha_0 = \sqrt{1-\operatorname{sen}^2\alpha_0}$$

Considerando la condición de ángulo límite

$$\alpha_0 = \frac{n_2}{n_1}$$

Se obtiene la expresión

$$\operatorname{sen}\theta = \sqrt{n_1 - n_2}$$

el máximo ángulo de acoplamiento $\backslash$**max** se denomina ángulo de *aceptación del conductor de fibra óptica* y es función solo de los índices de refracción n_1 y n_2.

> *"Al seno del ángulo de aceptación se lo denomina apertura numérica (AN) del conductor de fibra óptica".*

$$AN = \operatorname{sen} \theta_{máx}$$

Este valor es de gran importancia para el acoplamiento de la luz a los conductores de fibra óptica.

10.5. Propagación de la Luz en la Fibra Óptica

La propagación de los rayos de luz dentro de la fibra óptica se rige por las leyes de la óptica, tales como la de reflexión y refracción que acabamos de ver. Para ello se considera que la luz se propaga en forma de rayos rectilíneos

Para un análisis más detallado de la propagación de la luz en la fibra óptica se deberá considerar los fenómenos ondulatorios, ya que el diámetro del núcleo del conductor de fibra óptica se encuentra entre los valores típicos de 10 y 100 micrómetros, o sea que es un poco mayor que la longitud de onda de la luz transmitida por ese núcleo (aproximadamente 1 micrómetro).

Debido a esta relación, ocurren fenómenos de interferencias que solo se pueden describir con la óptica ondulatoria.

Se denomina *interferencia* a la superposición de dos o más ondas y su combinación para formar una onda única.

Este fenómeno de la interferencia se produce cuando ambas ondas tienen la misma longitud de onda y existe una diferencia de fase constante entre ambas en el tiempo.

Este tipo de ondas se denomina "*ondas coherentes*".

Si en determinado punto del espacio ambas ondas presentan una diferencia de fase igual a un múltiplo entero de la longitud de onda (λ) se produce una suma de sus amplitudes, en cambio, si esta diferencia es igual a un número entero de media longitud de onda ($\lambda/2$), se restan las amplitudes.

> *"Si ambas amplitudes son iguales, puede ocurrir una anulación total de las ondas."*

Cuando utilizamos dos fuentes de luz, por ejemplo dos lámparas incandescentes, al superponerse sus luces, no se produce ninguna interferencia, ya que su luz es ***incoherente*** debido a fenómenos aleatorios espontáneos, cada uno de los átomos del filamento emite destellos que están constituidos por cortos trenes de ondas con una duración de aproximadamente 10_{-8} segundos. Si consideramos que la luz se propaga en el aire a una velocidad de $3 \times 10_8$ m/seg, estos trenes tienen una longitud de aproximadamente 3 metros.

La superposición de estos trenes es entonces totalmente irregular lo que solo produce la iluminación general del ambiente.

Para la transmisión de luz en conductores de fibra óptica se hace necesario contar con *fuentes luminosas coherentes* o sea que emitan luz lo más coherente posible. Esto implica que el ángulo del espectro del emisor sea lo más pequeño posible.

Existen dos fuentes de luz coherente en uso en la actualidad:

- Los diodos LED (**Light Emiter Diode**), que tiene un ancho espectral de líneas ε 40 nm.
- Los rayos láser, que tienen la posibilidad de luz forzada con diferencias de fase constante a la misma longitud de onda.

Esto también produce interferencias en la fibra óptica. Esto se reconoce porque la luz se propaga en el núcleo solo en determinados ángulos que corresponde a direcciones en las cuales las ondas asociadas al superponerse refuerzan su amplitud (interferencia constructiva).

"Las ondas luminosas permitidas que pueden propagarse en un conductor de fibra óptica se denominan modos (ondas naturales o fundamentales)".

Estos modos de propagación se pueden determinar matemáticamente con mayor exactitud aplicando las Ecuaciones de Maxwell.

Este sistema de ecuaciones, de uso general en ondas electromagnéticas, se puede simplificar considerablemente si para los conductores de fibras ópticas se consideran ondas débilmente guiadas, o sea ondas que se propagan casi en la misma dirección que el eje conductor de la fibra y con intensidades de campo despreciables en la dirección de dicho eje. Esto se presenta cuando las diferencias entre el índice de refracción del núcleo (n1) difiere muy poco del recubrimiento (n2).

Una medida para esto se define como:

$$A = \frac{(n_1)^2 - (n_2)^2}{2(n_1)^2} = \frac{n_1 - n_2}{n_1}$$

Las ondas naturales o fundamentales presentan superficies de ondas planas, se polarizan linealmente y de ahí su denominación

$$LPv\mu$$

Donde $\{$ el índice modal azimutal e indica la mitad del número de puntos luminosos que tiene cada anillo luminoso concéntrico. Puede adoptar los valores 0, 1, 2, 3 ... indican **V=0** que cada anillo luminoso se halla presente sin subdivisión

Con μ se da el índice modal radial, que indica el número de anillos luminosos concéntricos del modo. Puede adoptar los valores 0, 1, 2, 3 ...

El modo fundamental se denomina **LP01** el que sigue el **LP11**.

10.6. FUNDAMENTOS CONSTRUCTIVOS DEL CONDUCTOR DE FIBRA ÓPTICA

10.6.1. Vidrio de Cuarzo

En su forma más pura, el cuarzo cristalino aparece como cristales de roca muy transparente. Sus propiedades ópticas y mecánicas son "*anisotrópicas*" o sea que varían según las diversas direcciones de sus cristales.

En la naturaleza, el cuarzo, es un compuesto químico que se lo denomina "*dióxido de silicio*" (SiO_2), que aparece en forma de cuarzita como componente de la arena. También se lo encuentra formando silicatos formados por compuestos de óxidos metálicos combinados con el cuarzo.

En la actualidad, debido a sus múltiples aplicaciones en la óptica y en la industria (ópticas, elemento piezoeléctrico, etc), se lo elabora sintéticamente, por crecimiento de un núcleo cristalino.

El vidrio de cuarzo, resulta de una masa fundida a partir de dióxido de silicio solidificado, de carácter amorfo (es decir no cristalino), con apariencia sólida debido a su alta viscosidad. No posee punto de fusión, pero a temperaturas elevadas se ablanda y se vuelve pastoso y luego se evapora sin pasar por el estado líquido.

La viscosidad es un valor muy importante para la elaboración del vidrio. A medida que se aumenta la temperatura, la viscosidad disminuye.

10.6.2. Fabricación

La elaboración del vidrio de alta pureza tiene lugar mediante separación del SiO_2 de la fase gaseosa, produciéndose con la adición de oxigeno y con desprendimientos de cloro gaseoso un compuesto muy volátil llamado "*tetracloruro de silicio*" ($SiCl_4$)

Se elige un proceso indirecto a través del $SiCl_4$ y no a partir del SiO_2 natural, ya que mediante la destilación es posible obtener compuestos de con alto grado de pureza.

Temperaturas características del vidrio de cuarzo en función de la viscosidad

Viscosidad [log η]	Estado	Temperatura [°C]
7.6	Temperatura de ablandamiento (Softening point)	1730
13	Limite superior de relajación (Annealing point)	1180
14.5	Limite inferior de relajación (Strain point)	1075

Las fibras ópticas para telecomunicaciones se fabrican en la actualidad utilizando este proceso, ya que uno de los principales factores para la propagación de la luz dentro del conductor de fibra óptica es el índice de refracción "n" del vidrio, el cual puede ser "ajustado" por medio de un adecuado "dopado".

El dopado es un proceso donde se agregan determinados óxidos durante la separación de la fase gaseosa. Por ejemplo, agregando flúor (F) ó trióxido de Boro (B_3O_2), se obtiene un índice de refracción bajo, mientras que si agregamos dióxido de Germanio (GeO_2) o pentóxido de fósforo (P_2O_5), se obtienen índices más altos, como el requerido para el núcleo del conductor de fibra óptica.

La figura siguiente muestra una variación del índice de refracción n en función de distintas concentraciones de elementos dopantes.

En virtud del agregado de estos óxidos, en el SiO_2 no solo se modifica el índice de refracción, sino también otras propiedades, como por ejemplo la dilatación lineal del vidrio por temperatura.

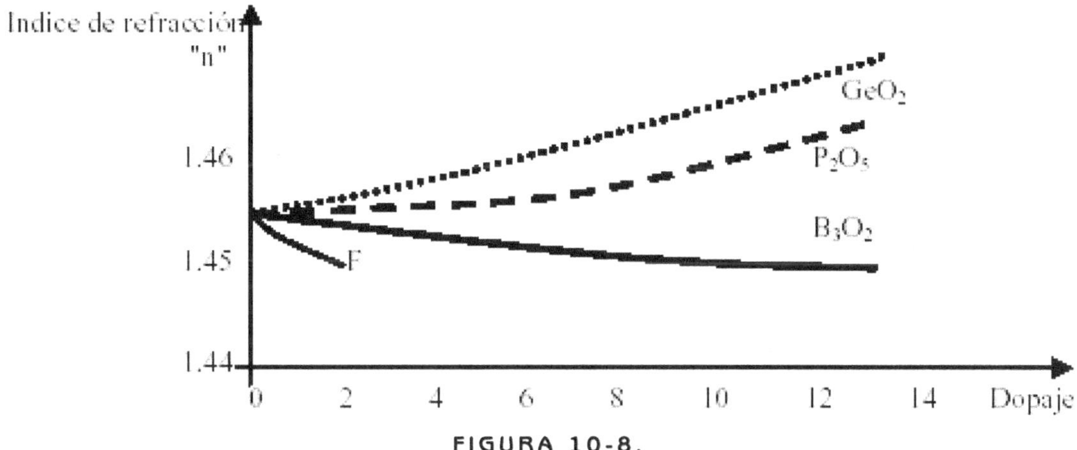

FIGURA 10-8.

Otro hecho de gran importancia es que la incorporación de moléculas extrañas incrementa la dispersión de la luz, y por consiguiente la atenuación de la luz en su propagación a lo largo del conductor.

Otra causa de la atenuación de la luz en el conductor de fibra óptica, es la "*absorción*" por metales como el Hierro (Fe), Cobre (Cu), Cobalto (Co), Cromo (Cr), Níquel (Ni), Manganeso (Mn), y sobre todo por el agua en forma de iones oxidrilo (OH).

Solo pequeñas contaminaciones con algunos de estos componentes producen grandes pérdidas de luz por absorción. La concentración de estas impurezas se indican en "*partes por millón*" (ppm = 10^{-6}) o en "*partes por billón*" (ppb = 10^{-9}). Lo que significa **que** tiene una parte de impureza en 10^6 ó 10^9 partes de la sustancia básica.

La absorción de estas impurezas es muy marcada, por ejemplo:

1 ppm de Cu provoca una atenuación de varios dB/KM a una longitud de onda de 880 nm .

Una concentración de 1 ppm de OH ocasiona las siguientes atenuaciones:

- 0,1 dB/Km a 800 nm,
- 1 dB/Km a 950 nm,
- 1,7 dB/Km a 1240 nm
- 35 dB/Km a 1390 nm

De esto se desprende además que, según la impureza, la atenuación puede llegar a tener valores correspondiente gama de longitudes de onda. (Esto lo estudiaremos más adelante, cuando veamos los parámetros de medición de las fibras ópticas)

Es de resaltar, que si en lugar de dióxido de silicio de alta pureza, se utilizara vidrios con otros componentes se tendrían elevadas atenuaciones en función de las impurezas.

Por ejemplo, el vidrio común, de las ventanas o vasos, está compuesto por óxidos adicionales que lo hacen mucho menos transparentes a la luz, pero en su lugar tienen una serie de ventajas mecánicas y técnicas que lo hace adecuados a la función que cumplen.

10.6.3. Mecanizado de la Fibra Óptica

Las imágenes aquí muestran como se fabrica la fibra monomodo. Cada etapa de fabricación esta ilustrada por una corta secuencia filmada.

La primera etapa consiste en el ensamblado de un tubo y de una barra de vidrio cilíndrico montados concéntricamente. Se calienta el todo para asegurar la homogeneidad de la barra de vidrio.

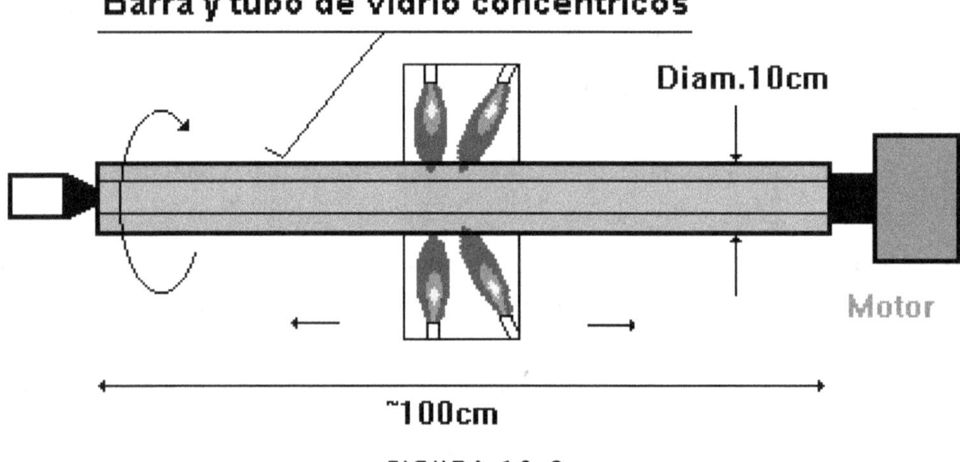

FIGURA 10-9.

Una barra de vidrio de una longitud de 1 m y de un diámetro de 10 cm permite obtener por estiramiento una fibra monomodo de una longitud de alrededor de 150 km.

La barra así obtenida será instalada verticalmente en una torre situada en el primer piso y calentada por las rampas a gas.

El vidrio se va a estirar y "colar" en dirección de la raiz para ser enrollado sobre una bobina.

Se mide el espesor de la fibra (~10um) para dominar la velocidad del motor del enrollador, a fin de asegurar un diámetro constante.

Cada bobina de fibra hace el objeto de un control de calidad efectuado al microscopio.

Barra de vidrio
Rampas a gas
1era capa
fibra
dominio de velocidad motor
espesor
bobina
motor
Nivel

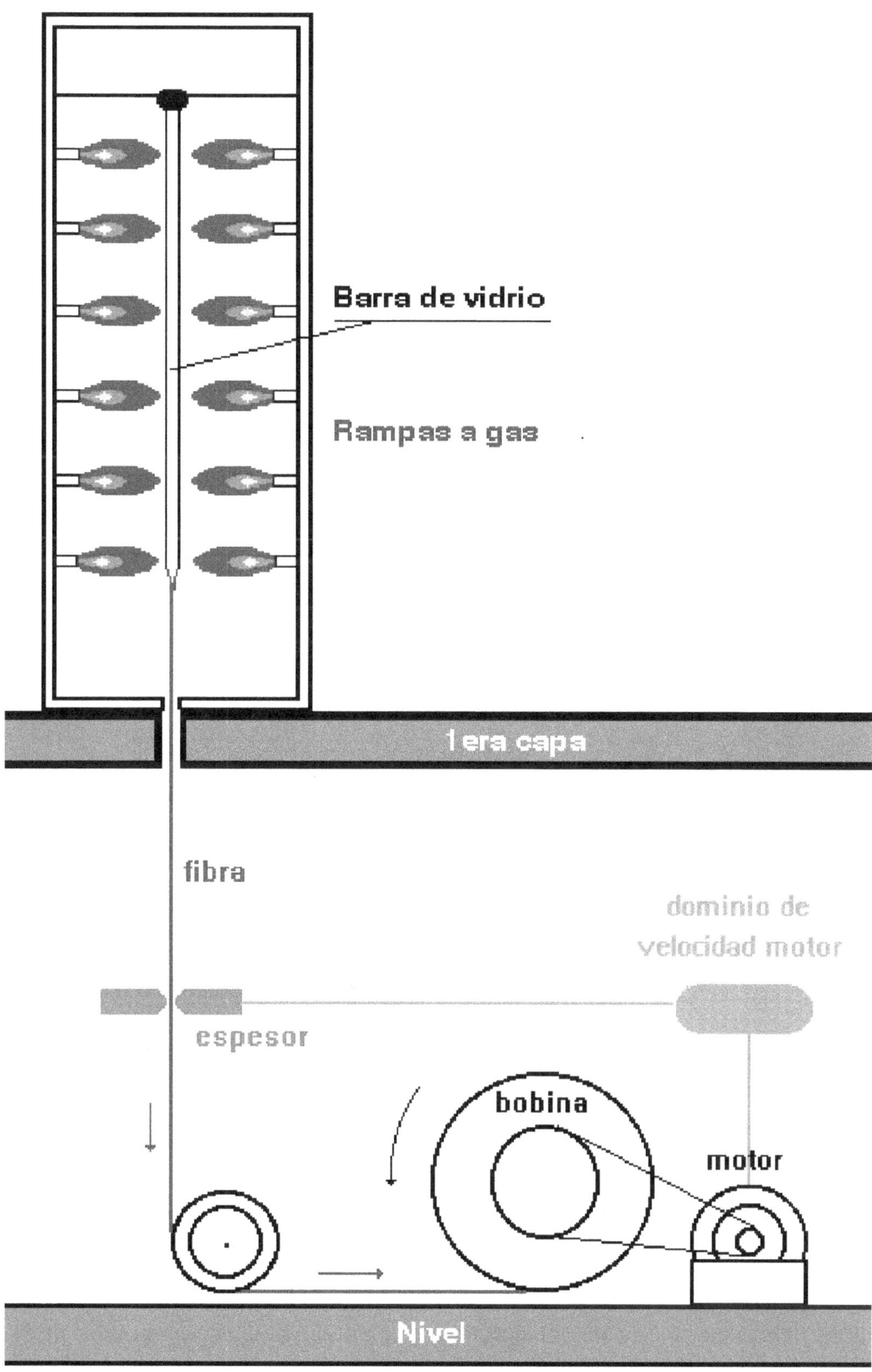

FIGURA 10-10.

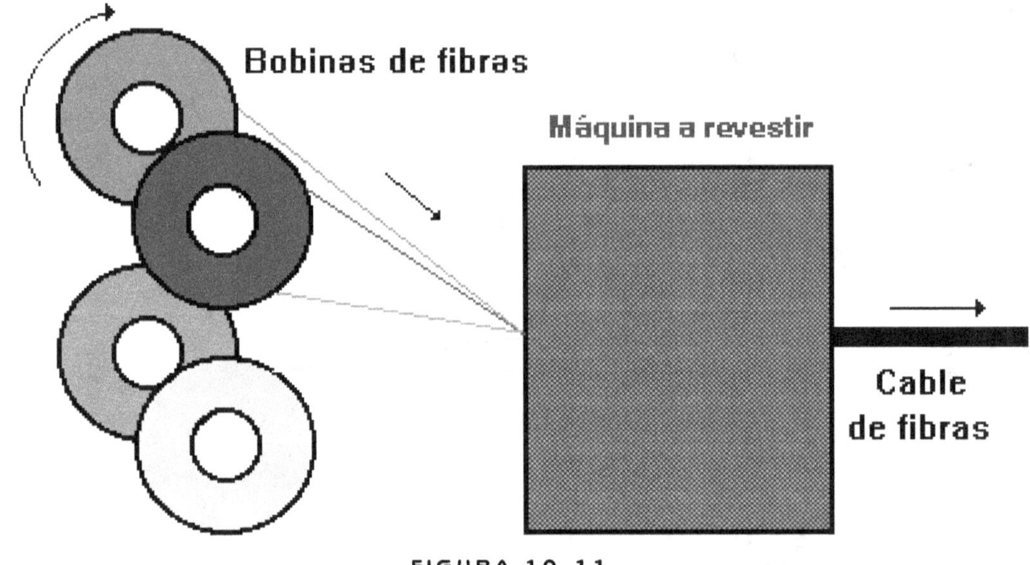

FIGURA 10-11.

Después se va a envolver el vidrio con un revestimiento de protección (~230 um) y ensamblar las fibras para obtener el cable final a una o varias hebras.

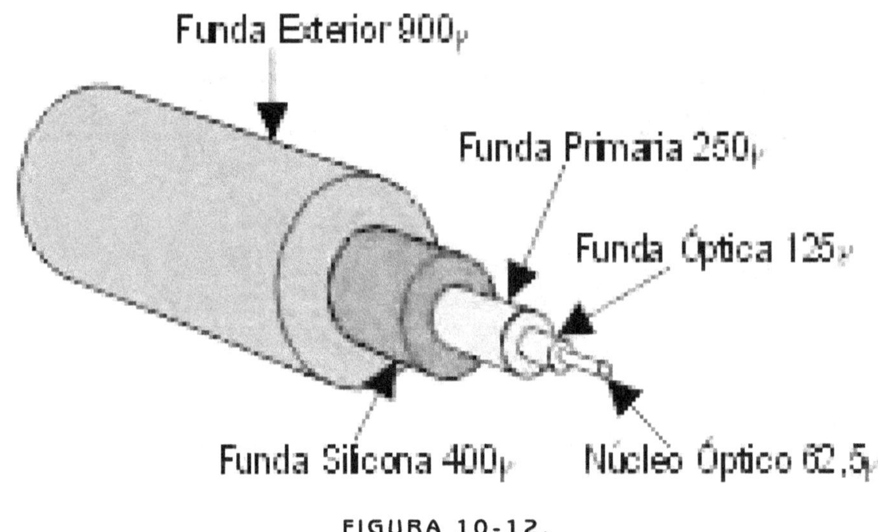

FIGURA 10-12.

10.7. CARACTERÍSTICAS GENERALES

10.7.1. Coberturas más resistentes

La cubierta especial es extruida a alta presión directamente sobre el mismo núcleo del cable, resultando en que la superficie interna de la cubierta del cable tenga arista helicoidales que se aseguran con los subcables.

La cubierta contiene 25% más material que las cubiertas convencionales

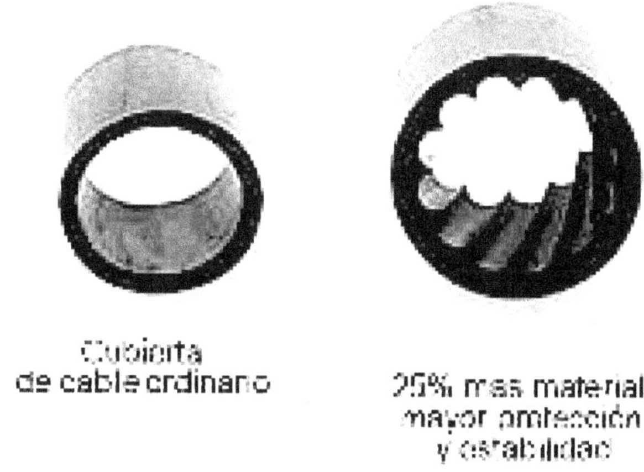

FIGURA 10-13. Uso Dual (interior y exterior):

La resistencia al agua, hongos y emisiones ultra violeta; la cubierta resistente; buffer de 900 μm; fibras ópticas probadas bajo 100 kpsi; y funcionamiento ambiental extendida; contribuyen a una mayor confiabilidad durante el tiempo de vida.

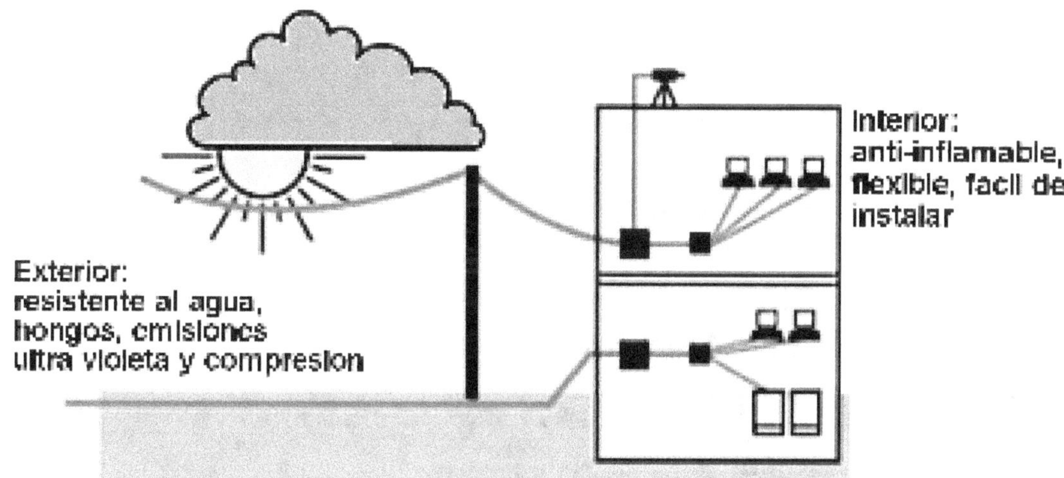

FIGURA 10-14.

10.7.2. Mayor protección en lugares húmedos

En cables de tubo holgado rellenos de gel, el gel dentro de la cubierta se asienta dejando canales que permitan que el agua migre hacia los puntos de terminación. El agua puede acumularse en pequeñas piscinas en los vacíos, y cuando la delicada fibra óptica es expuesta, la vida útil es recortada por los efectos dañinos del agua en contacto. combaten la intrusión de humedad con múltiples capas de protección alrededor de la fibra óptica. El resultado es una mayor vida útil, mayor confiabilidad especialmente ambientes húmedos.

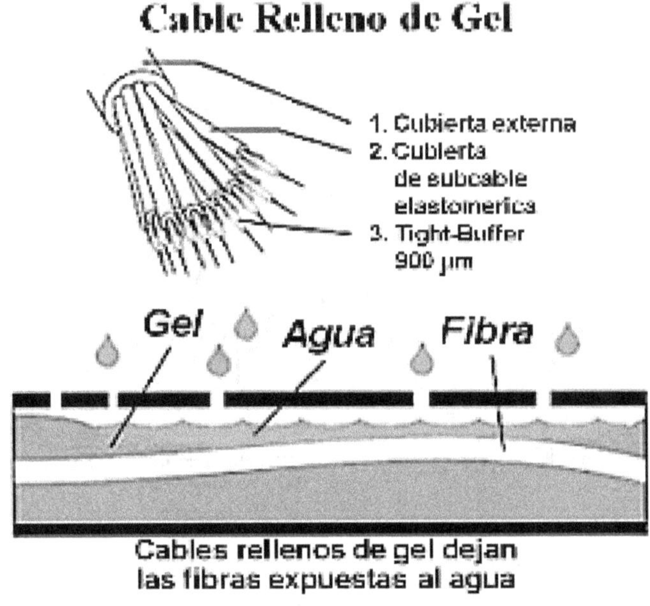

FIGURA 10-15.

10.7.3. Protección Anti-inflamable

Los nuevos avances en protección anti-inflamable hace que disminuya el riesgo que suponen las instalaciones antiguas de Fibra Óptica que contenían cubiertas de material inflamable y relleno de gel que también es inflamable.

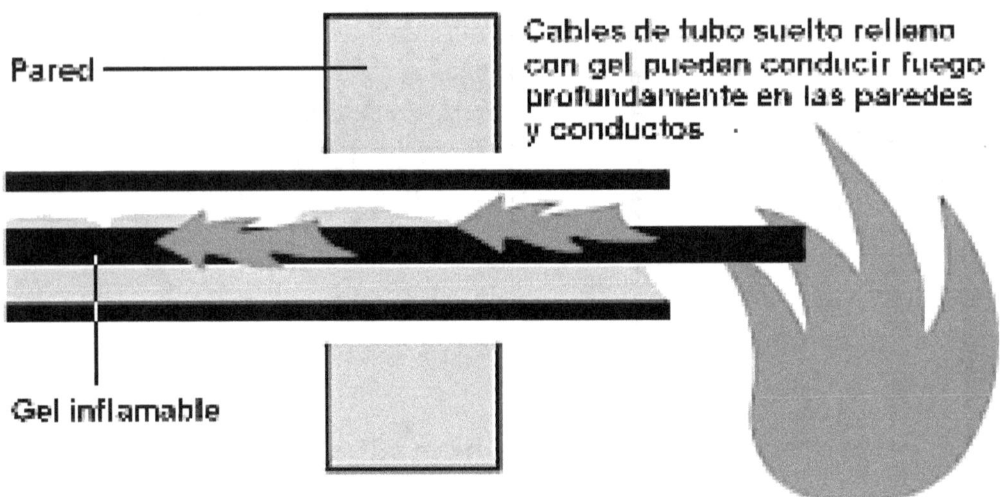

FIGURA 10-16.

Estos materiales no pueden cumplir con los requerimientos de las normas de instalación, presentan un riesgo adicional, y pueden además crear un reto costoso y difícil en la restauración después de un incendio. Con los nuevos avances en este campo y en el diseño de estos cables se eliminan estos riesgos y se cumple con las normas de instalación.

10.7.4. Empaquetado de alta densidad

Con el máximo número de fibras en el menor diámetro posible se consigue una más rápida y más fácil instalación, donde el cable debe enfrentar dobleces agudos y espacios estrechos. Se ha llegado a conseguir un cable con 72 fibras de construcción súper densa cuyo diámetro es un 50% menor al de los cables convencionales.

10.8. Características Técnicas

La fibra es un medio de transmisión de información analógica o digital. Las ondas electromagnéticas viajan en el espacio a la velocidad de la luz.

Básicamente, la fibra óptica está compuesta por una región cilíndrica, por la cual se efectúa la propagación, denominada núcleo y de una zona externa al núcleo y coaxial con él, totalmente necesaria para que se produzca el mecanismo de propagación, y que se denomina envoltura o revestimiento.

La capacidad de transmisión de información que tiene una fibra óptica depende de tres características fundamentales:

a) Del diseño geométrico de la fibra.

b) De las propiedades de los materiales empleados en su elaboración. (diseño óptico)

c) De la anchura espectral de la fuente de luz utilizada. Cuanto mayor sea esta anchura, menor será la capacidad de transmisión de información de esa fibra.

FIGURA 10-17.

Presenta dimensiones más reducidas que los medios preexistentes. Un cable de 10 fibras tiene un diámetro aproximado de 8 o 10 mm. y proporciona la misma o más información que un coaxial de 10 tubos.

El peso del cable de fibras ópticas es muy inferior al de los cables metálicos, redundando en su facilidad de instalación.

El sílice tiene un amplio margen de funcionamiento en lo referente a temperatura, pues funde a 600C. La F.O. presenta un funcionamiento uniforme desde -550 C a +125C sin degradación de sus características.

10.9. Características Mecánicas

La F.O. como elemento resistente dispuesto en el interior de un cable formado por agregación de varias de ellas, no tiene características adecuadas de tracción que permitan su utilización directa.

Por otra parte, en la mayoría de los casos las instalaciones se encuentran a la intemperie o en ambientes agresivos que pueden afectar al núcleo.

La investigación sobre componentes optoelectrónicos y fibras ópticas han traído consigo un sensible aumento de la calidad de funcionamiento de los sistemas. Es necesario disponer de cubiertas y protecciones de calidad capaces de proteger a la fibra. Para alcanzar tal objetivo hay que tener en cuenta su sensibilidad a la curvatura y microcurvatura, la resistencia mecánica y las características de envejecimiento.

Las microcurvaturas y tensiones se determinan por medio de los ensayos de:

- **Tensión**: cuando se estira o contrae el cable se pueden causar fuerzas que rebasen el porcentaje de elasticidad de la fibra óptica y se rompa o formen microcurvaturas.
- **Compresión:** es el esfuerzo transversal.
- **Impacto:** se debe principalmente a las protecciones del cable óptico.
- **Enrollamiento:** existe siempre un límite para el ángulo de curvatura pero, la existencia del forro impide que se sobrepase.
- **Torsión:** es el esfuerzo lateral y de tracción.
- **Limitaciones Térmicas:** estas limitaciones difieren en alto grado según se trate de fibras realizadas a partir del vidrio o a partir de materiales sintéticos.

Otro objetivo es minimizar las pérdidas adicionales por cableado y las variaciones de la atenuación con la temperatura. Tales diferencias se deben a diseños calculados a veces para mejorar otras propiedades, como la resistencia mecánica, la calidad de empalme, el coeficiente de relleno (número de fibras por mm2) o el costo de producción.

10.10. Perfiles de las Fibras Ópticas

Cuando en una fibra óptica consideramos el índice de refracción "n" en función del radio "r", se tiene el perfil del índice de refracción de ese conductor.

Con esto se describe la variación radial del índice de refracción desde el eje del núcleo hacia la periferia del recubrimiento.

$$n = f\left(r\right)$$

La propagación de los "*modos*" depende de la forma de este perfil.

En la práctica interesan los *perfiles exponenciales*.

Se denominan índices exponenciales a aquellos en donde el perfil del índice de refracción presenta una variación que es una función exponencial del radio.

$$f^2(r) = n_1^2 \left[1 - 2A \left(\frac{r}{a} \right)^g \right] \qquad \text{para} \qquad r < a \text{ en el núcleo}$$

$$f^2(r) = n_2^2 = constante \qquad \text{para} \qquad r \geq a \text{ en el recubrimiento}$$

Donde:

n1: índice de refracción en el eje de la fibra óptica (r = 0)

n2: índice de refracción en el recubrimiento

$\propto$: diferencia normalizada de índices de refracción

r: distancia del eje de la fibra óptica en $\lceil$m

a: radio del núcleo en $\lceil$m

g: exponente, también llamado "exponente del perfil"

Así, de acuerdo al valor que adopte g, será el tipo de perfil. Tenemos tres casos especiales, representados en la figura siguiente

Para:

g = 1	perfil triangular
g = 2	perfil parabólico
g → ∝	perfil escalonado (caso límite)

De acuerdo a la expresión (1), cuando "g" aumenta, el segundo término del corchete se hace muy pequeño, ya que "r" es menor o igual a "a".

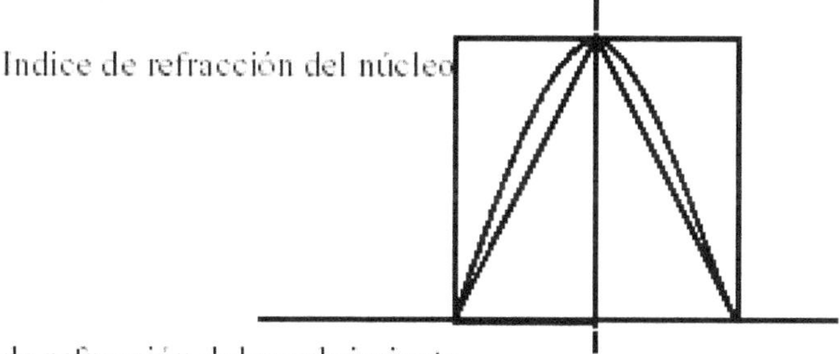

FIGURA 10-18.

La diferencia normalizada de índices de refracción Δ se relaciona con la apertura numérica (AN) o los índices de refracción **n1** y **n2** por la ecuación:

$$A = \frac{AN^2}{2n_1^2} = \frac{n_1^2 - n_2^2}{2n_1^2}$$

Solo cuando g → ∝ el índice de refracción es constante. En todos los demás perfiles el índice de refracción se incrementa en forma gradual desde el valor **n2** hasta el valor **n1** en el eje de la fibra óptica. Debido a esta variación, también se los llama a estos "*perfiles graduales*". Sobre todo para el perfil parabólico (g = 2), dado que las fibras con este tipo de perfil presentan muy buenas características técnicas para la conducción de la onda lumínica.

Otro valor importante en la descripción del conductor de fibra óptica son los "***parámetros V***" o "***parámetros estructurales V***"

Estos parámetros son función del radio "a", de la apertura numérica AN del núcleo y de la longitud de onda o del índice de longitud de onda "k" de la luz.

Los parámetros V son adimensionales:

$$V = 2\pi\left(\frac{a}{\lambda}\right) AN = k\, a\, AN \tag{3}$$

Donde:

λ: longitud de onda

AN: apertura numérica

k: índice de longitud de onda

a: radio del núcleo

El número "N" de los modos conducidos en el núcleo depende de este parámetro con aproximadamente la siguiente relación para un perfil exponencial de exponente "g":

$$N = \frac{V^2}{2} \cdot \frac{g}{g+2}$$

El número "N" de los modos del perfil escalonado, $(g \rightarrow \infty)$ es aproximadamente:

$$N = \frac{V2}{2}$$

El número "N" de los modos del perfil gradual, $(g = 2)$ es aproximadamente:

$$N = \frac{V2}{4}$$

Ejemplo:

---

considerando un conductor de fibra óptica con perfil gradual $(g = 2)$ y los siguientes datos:

diámetro del núcleo: 2 a = 50 $\lceil$m

apertura numérica: AN = 0.2

longitud de onda: λ = 1 µm

El parámetro V es:

$$V = 2\pi\, \frac{\dfrac{50}{2}\,\mu m}{1\,\mu m}\, 0,2 = 2\pi \cdot 5 = 31,4$$

El número "N" de modos conducidos en el núcleo será entonces

$$N = \frac{V^2}{4} = \frac{31,4^2}{4} = 247$$

El conductor de fibra óptica con varios modos se llama "***fibra óptica multimodo***"

Para reducir el número de modos deberá reducirse los parámetros V, y para esto, de acuerdo a la expresión (3), deberá reducirse el diámetro del núcleo (2a) o la apertura numérica (AN), o aumentar la longitud de onda (λ).

De la apertura numérica depende cuanta luz se puede acoplar al núcleo, por lo cual su valor debería ser lo más elevado posible.

La reducción del radio del núcleo (a) solo es posible hasta ciertos límites, debido a las dificultades en el proceso de fabricación, como así también la técnica para el conexionado.

En cuanto a la longitud de onda (λ), se torna más difícil la tarea de fabricación de emisores y receptores para frecuencias elevadas, y en consecuencia su valor no se puede incrementar a discreción.

Esto nos muestra claramente las dificultades de lograr fibras que puedan transmitir un solo modo.

Si una fibra óptica con $\square$ (g $\square\square$), el parámetro V se reduce hasta un valor inferior a la constante "$V_{c\infty}$ = 2,405", se podrá propagar en el núcleo un único modo, el modo fundamental LP_{01}.

Un conductor con estas características de denomina "***fibra óptica monomodo***".

El valor 2,405 se obtiene a partir de las ecuaciones de Bessel. Este es el valor del primer cero de la fundamental. La demostración escapa a los alcances de este curso, solo podemos decir que la función de Bessel para la fundamental es similar a una función senoidal amortiguada.

La constante V_c representa un valor límite para el conductor de fibra óptica con perfil escalonado.

El subíndice c se toma de la expresión en inglés "cut-off value".

Para un perfil exponencial, con un valor cualquiera para "g", se obtiene una aproximación del valor límite V con la expresión:

$$V_c \approx V_{cm} = \sqrt{\frac{g+2}{g}}$$

Para fibra óptica con perfil gradual (g = 2), el valor límite es aproximadamente

$$V_c \approx 2,405 \cdot \sqrt{2} = 3,4$$

10.10.1. Perfil Escalonado

Para que pueda conducirse la luz dentro del núcleo de la fibra óptica con perfil escalonado, el índice de refracción del núcleo debe ser algo mayor que el del recubrimiento, teniendo en cuenta la reflexión total en la superficie de separación de ambos vidrios. Si el valor del índice de refracción se mantiene constante en toda la sección del núcleo, se habla de "***perfil escalonado del índice de refracción***", dado que el índice de refracción se incrementa en un salto o escalón a partir del valor del índice de refracción del recubrimiento y permanece constante. La fabricación de este conductor es sencilla, pero en la actualidad no se la utiliza.

Para describir la propagación de la luz en una fibra óptica multimodo con perfile escalonado, veamos el siguiente ejemplo:

Diámetro del núcleo d = 2 a = 100 $\lceil$m

Diámetro del recubrimiento D = 140 $\lceil$m

Indice de refracción del núcleo n_1 = 1.48

Indice de refracción del recubrimiento n_2 = 1.46

Angulo límite de reflexión total $\langle_0$

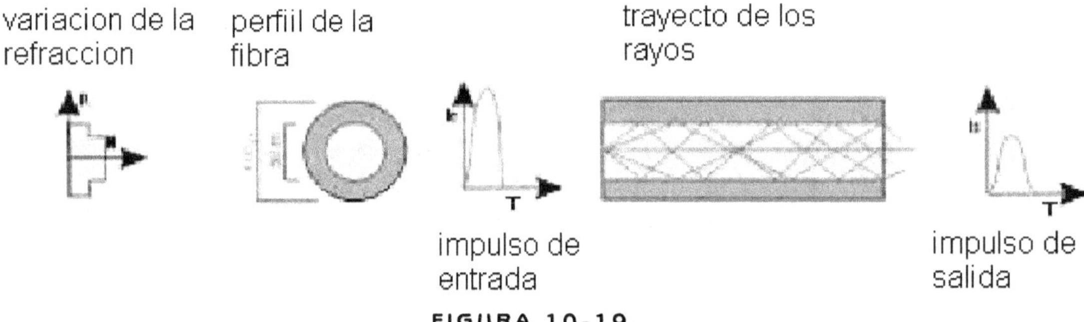

FIGURA 10-19.

El ángulo límite de reflexión total es el menos ángulo respecto del eje del conductor, bajo el cual el rayo luminoso incidente es guiado por el núcleo sin refractarse al recubrimiento. Este ángulo es:

$$\operatorname{sen} \alpha_0 = \frac{n_2}{n_1} = \frac{1,46}{1,48} \approx 0,9865$$

$$\alpha_0 = 80,6°$$

Se propagarán por el núcleo de la fibra, todas aquellos rayos que formen con el eje del conductor un ángulo menor o igual que (90° - $\langle_0$) o sea 90° - 80,6° = 9,4°

Debe tenerse en cuenta de acuerdo a la "Ley de Refracción", cuando se acople al núcleo un rayo luminoso desde el exterior (aire, con n_0 = 1), pues únicamente penetran al núcleo los rayos que se hallen dentro de un determinado ángulo de aceptación.

Para este ejemplo se tiene:

$$\operatorname{sen} \theta = \sqrt{n_1^2 - n_2^2} \approx 0,242$$

$$\theta = 14°$$

El seno del ángulo de aceptación se define como apertura numérica AN

$$A N = \operatorname{sen} \theta \approx 0,242$$

La diferencia normalizada

$$A = \frac{A N^2}{2 n_1^2} \approx \frac{0,242^2}{2 \times 1,42^2} \approx 0,0134 = 1,34 \%$$

El parámetro V para esta fibra de perfil escalonado y con diámetro **2 a = 100 μm**, para una longitud

de onda λ = 850 nm, es:

$$V = 2\pi\left(\frac{a}{\lambda}\right)A\,N = \pi\,\frac{100\ \mu m}{0,85\ \mu m}\,0,242 = 89,4$$

El número N de modos para este conductor es:

$$A = \frac{V^2}{2} = \frac{89,4^2}{2} \approx 4000$$

Un conductor con estas características se denomina fibra óptica multimodo. Un impulso luminoso que se propaga por el núcleo está formado por múltiples impulsos luminosos parciales que son conducidos en cada uno de los modos del conductor.

En el extremo inicial, cada uno de estos modos es excitado con un ángulo de acoplamiento diferente y conducido dentro del núcleo con trayectorias ópticas distintas.

En consecuencia, cada modo recorre un camino diferente y llega al otro extremo en tiempos distintos.

> *"La relación entre los tiempos de recorrido máximo y mínimo es directamente proporcional a la relación entre los índices de refracción del recubrimiento y del núcleo".*

Este efecto se ve atenuado por la influencia recíproca y el intercambio de energía entre los diferentes modos a lo largo de la trayectoria de la fibra óptica.

Esta mezcla o ***acoplamientos de modos*** se produce con mayor intensidad en irregularidades del núcleo, como por ejemplo empalmes o curvaturas de la fibra.

La dispersión modal puede eliminarse totalmente dimensionando al conductor de fibra óptica con perfil escalonado de manera que conduzca a un único modo, el fundamental LP_{01}. Es lo que sucede con las fibras monomodo.

Pero sucede que también el modo fundamental se ensancha en el tiempo al atravesar un conductor con estas características. Este efecto se llama **"*dispersión cromática*"**. Por tratarse de una propiedad del material, esta dispersión generalmente se produce en todos los conductores de fibra óptica. Sin embargo la dispersión cromática resulta relativamente pequeña o casi nula frente a la dispersión modal en longitudes de onda que van desde los 1200 a los 1600 nm.

Para describir el valor del modo fundamental (amplitud del campo radial) se ha introducido el diámetro del campo (**2 w$_0$**).

Es necesario reducir el diámetro de campo hasta unos 10 ⎡m a fin de obtener una fibra óptica de perfil escalonado de baja atenuación y en el cual las longitudes de onda mayores a 1200 nm se propaguen únicamente en el modo fundamental.

Una fibra de estas características se la conoce como fibra óptica monomodo.

Dimensiones típicas de un conductor de fibra óptica monomodo

Diámetro del campo 2 w_0 = 10 ⌈m

Diámetro del recubrimiento D = 125 ⌈m

Indice de refracción del núcleo n_1 = 1.46

Diferencia de índices de refracción $\not\subset$ = 0.003 = 3 %

10.10.2. Perfil Gradual

En una fibra óptica con perfil escalonado y múltiples modos, estos se propagan a lo largo de diferente trayectoria por lo cual llegan al otro extremo en tiempos diferentes. Esta *dispersión modal* es un efecto no deseado y puede reducirse considerablemente si el índice de refracción en el núcleo varía de forma parabólica desde un valor máximo en el eje y decayendo a otro valor mínimo en el límite con el recubrimiento. La variación entre ambos sigue una ley generalmente cuadrática (parabólica). Un conductor de fibra óptica con este perfil se denomina "*fibra gradual*".

Dimensiones típicas de un conductor de fibra óptica con perfil gradual

Diámetro del campo 2a = 50 μm

Diámetro del recubrimiento D = 125 ⌈m

Indice de refracción del núcleo n_1 = 1.46

Diferencia de índices de refracción Λ = 0.010

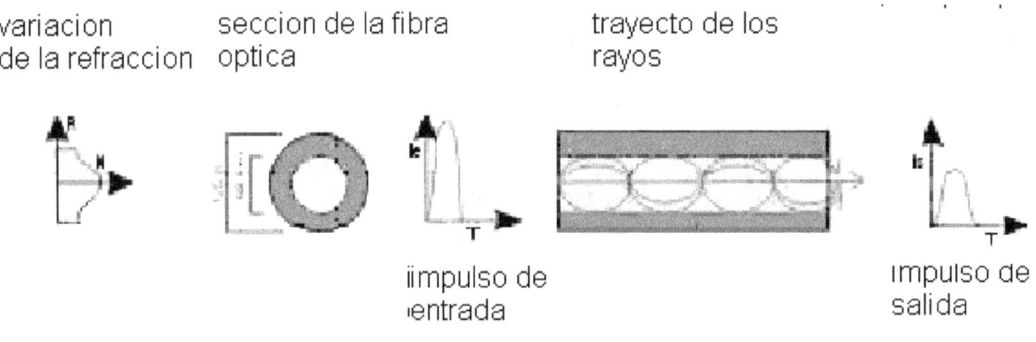

FIGURA 10-20.

Debido a la diferencia gradual del índice de refracción, los rayos luminosos del centro tienen mayor resistencia que los de la periferia del núcleo, eso hace que vayan describiendo trayectorias helicoidales, contrariamente a lo que sucede con el perfil escalonado, en cuyo caso los rayos se propagan en forma zigzagueante.

Como consecuencia de la variación del índice de refracción en el núcleo, los rayos luminosos se refractan continuamente variando su dirección de propagación al recorrer estas trayectorias helicoidales. Si bien los rayos que oscilan en torno al eje deben recorrer un camino más largo que el que se propaga a lo largo del eje, pueden desarrollar mayor velocidad, proporcionalmente al menor índice de refracción del material en los puntos alejados del eje, compensando de esta forma el tiempo por mayor extensión del recorrido.

Dicho de otra manera:

> *"Los rayos helicoidales se propagan más velozmente que el que lo hace linealmente a lo largo del eje. Esta aumento de velocidad está estrechamente relacionado con la reducción del índice de propagación".*

Como resultado de esta forma de propagación desaparece, por compensación, casi totalmente la diferencia de tiempos de recorridos. Cuando se conforma con exactitud el perfil parabólico de índices de refracción, se han medido en una fibra óptica con perfil gradual, con un tiempo total de recorrido de la luz de 5 ſseg, a lo largo de 1 Km, dispersiones de alrededor de 0.1 nseg

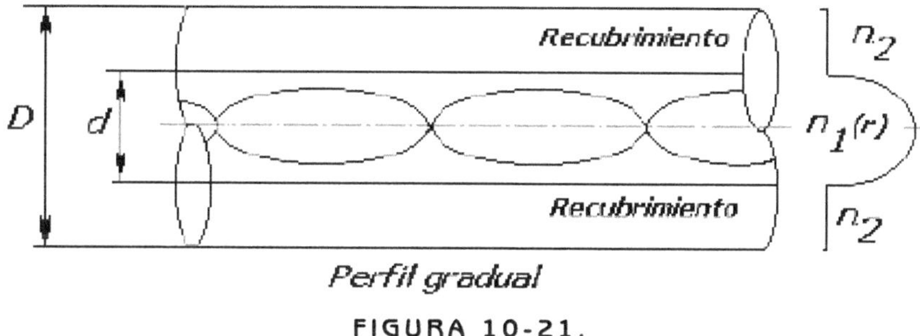

FIGURA 10-21.

10.10.3. Perfil Múltiple

En una fibra óptica monomodo, la dispersión total se compone de dos clases:

- *La dispersión en el material*: originada en el hecho de que el índice de refracción y por lo tanto la velocidad de la luz son funciones de la longitud de onda
- **La dispersión en la guía de ondas**: producida porque la distribución de la luz del modo fundamental entre el núcleo y el revestimiento, y por lo tanto de la diferencia de índices de refracción, también son funciones de la longitud de onda.

Ambas clases de dispersiones combinadas, producen lo que se llama dispersión cromática.

Para longitudes de onda mayores a 1300 nm ambas clases de dispersión tienen signos opuestos en el vidrio de cuarzo.

Si variamos las impurezas en el vidrio de cuarzo, se puede modificar la dispersión en el material haciéndola insignificante. En cambio, la dispersión por guía de ondas se puede modificar considerablemente variando la estructura del perfil de índices de refracción.

El perfil de una fibra monomodo común es un perfil escalonado.

Para esta estructura de perfiles simple se anula la sumatoria de ambas dispersiones en las cercanías de la longitud de onda $\lambda = 1300$ nm.

Para desplazar esta anulación de las dispersiones a otras longitudes de onda, es necesario modificar la dispersión de la guía de ondas y por lo tanto actuar sobre la estructura del perfil del conductor. Se llega así a los perfiles de ***índices de refracción múltiples o segmentados***. Con este tipo de perfiles se pueden fabricar conductores de fibra óptica, cuyo valor cero de dispersión se halla desplazado más allá de los 1550 nm. Estas fibras se llaman "***conductores de fibra óptica con dispersión desplazada***". También se pueden lograr otros conductores con valores bajos de dispersión en la gama de longitudes de onda que va desde los 1300 a 1500 nm. Estos son los llamados "***conductores de fibra óptica de dispersión plana o dispersión compensada***"

10.11. Parámetros de medición de las Fibras Ópticas

Para asegurar la calidad de la fibra óptica, es necesario realizar métodos de medición estándar.

Existen varios comités técnicos internacionales que se dedican a la elaboración de estándares de medición, pero todos responden a los siguientes:

10.11.1. Condiciones de Excitación

Un factor importante para la distribución de la potencia lumínica es el acoplamiento de la luz en el conductor, ya que la potencia del pulso luminoso acoplado se distribuye entre cada uno de los modos en la fibra multimodo. En el caso de una fibra monomodo una parte de la luz se acopla al modo fundamental y la restante se refleja. La luz se propaga por el conductor de diferentes formas, según como sean las "***condiciones de excitación***" (launching condition) de los modos en el acoplamiento de la luz a las fibras ópticas monomodo y multimodo.

10.11.2. Fibras ópticas multimodo

En el caso de ***excitación total*** (full flood launch) se irradia con luz todo el núcleo de la fibra en virtud de lo cual se excita a la totalidad de los modos guiados. Como estos modos son atenuados con deferente intensidad a lo largo del conductor, provocan por intercambio de energía una ***mezcla de modos***. En consecuencia, las condiciones en el extremo final de la fibra multimodo depende del acoplamiento de la luz en el comienzo, independientemente si la excitación es total o no, y de la mezcla de modos durante su recorrido.

En las fibras ópticas multimodo es indispensable definir un método de acoplamiento de la luz para obtener métodos de medición exactos y poder reproducir los parámetros importantes en la técnica de transmisión. Por ello, se considera el hecho de que luego de cierta longitud del conductor de fibra multimodo, se establece un ***estado estacionario*** (steady state) de modos, a partir del cual la distribución de energía entre los distintos modos se mantiene constante.

Resulta importante entonces, medir los parámetros de transmisión en el estado estacionario, el cual técnicamente puede ser alcanzado de diferentes maneras. Una de ellas consiste en acoplar la luz a la fibra con ayuda de una fibra de referencia (dummy fiber), en la cual, de acuerdo a su longitud, haya sido alcanzado el estado estacionario.

Como esto no se produce sino solo al cabo de una longitud considerable, estas fibras de referencia serían inadecuadas. Esto se evita produciendo en un conductor de fibra corto un fuerte acoplamiento de modos por medio de perturbaciones mecánicas estadísticamente irregulares; se obtiene así una suficiente aproximación de una distribución estacionaria de modos.

Estos tramos se llaman ***mezcladores de modos*** (mode scrambler). La forma de obtener este tipo de fibras se realiza de varias formas, como por ejemplo presionar la fibra sobre una superficie áspera, como una tela esmeril, lima, etc.; o bien curvándola en torno de pequeñas esferas, o bien produciendo empalmes cada 1 a 2 metros de un conductor con perfil escalonado con otro gradual y así sucesivamente.

Si es un acoplamiento es necesario suprimir los modos de orden superior, se utilizan *filtros de modos* (mode filter). Para confeccionar un filtro de modos se arrolla el conductor de fibra alrededor de una forma cilíndrica con un diámetro aproximado de 1 cm, suprimiendo de esta forma los modos de orden superior. En general, un mezclador de modos se usa para excitar a todos los modos y un filtro de modos, en cambio, para limitar dicha excitación determinados modos.

Otra forma de obtener un estado estacionario es mediante medios ópticos auxiliares.

Se pueden evitar problemas si se excitan únicamente los modos de orden inferior. Para lograr esto, se usan una combinación adecuada de lentes y diafragmas para acoplar un rayo luminoso que cubre el 70 % del diámetro del núcleo y el 70 % de la apertura numérica.

Para verificar si una excitación produce una distribución estacionaria o se acerca a ese estado, se efectúa con un dispositivo especial una medición de los campos cercano y lejano. Se ha comprobado que en una fibra óptica con perfil gradual y diámetro del núcleo de 50 [m, se alcanza un estado estacionario después de 2 m de conductor.

10.11.3. Fibras ópticas monomodo

En las fibras monomodo con *excitación total* se producen *modos fugados* y *modos en el recubrimiento* que se suprimen a los pocos centímetros utilizando revestimiento (coating) con índice de refracción mayor que el del recubrimiento.

Este revestimiento actúa *como supresor de modos*.

10.12. ATENUACIÓN

En todo medio conductor siempre tiene lugar una atenuación, que consiste en una disminución de la amplitud de la señal, la cual produce una disminución en la energía de la señal que impide reconocerla en el extremo lejano debido a la adición de ruido.

Este fenómeno de la atenuación no solo es privativo de las señales eléctricas, sino que también ocurre con la luz que se propaga a lo largo de un conductor de fibra óptica.

Esta pérdida de energía hace que la señal deba ser regenerada a partir de determinadas distancias, dependiendo del tipo de fibra y de la potencia de la señal lumínica acoplada en el emisor. Por ello, para cubrir grandes distancias sin regeneradores intermedios, es necesario mantener las pérdidas en el mínimo posible.

La atenuación de una fibra óptica es un parámetro importante para la planificación de redes de telecomunicaciones. La atenuación es producida principalmente por los fenómenos físicos de absorción y dispersión.

La magnitud de las pérdidas por atenuación depende entre otros factores de la longitud de onda de la luz acoplada. Por ello, para determinar las gamas de longitudes de onda adecuadas para la transmisión óptica es de utilidad medir la atenuación de la fibra óptica en función de la longitud de onda (espectral).

El fenómeno de la absorción se produce únicamente a determinadas longitudes de onda, por ejemplo la banda de absorción de OH que se produce a 1390 nm.

La pérdida luminosa por dispersión, existe para todas las longitudes de onda y se produce por la falta de homogeneidad en la fibra y estas son generalmente de dimensiones menores a la longitud de onda de la luz.

Se utiliza la Ley de la dispersión de Rayleigh con buena aproximación para explicar el fenómeno de la dispersión. Esta ley indica que a medida que aumentan las longitudes de onda, la pérdida por dispersión decrece con la cuarta potencia de λ

$$\alpha = \frac{1}{\lambda}$$

Si se comparan las pérdidas por dispersión en las longitudes de onda preferidas para las telecomunicaciones ópticas (850, 1300 y 1550 nm), se observa que a 1300 nm, las pérdidas ascienden a solo el 18 % y a 1550 nm a 9% del valor que tenían a 850 nm. Resulta pues ventajoso el utilizar conductores de fibra óptica a estas longitudes de onda.

Si se observa la propagación óptica en el estado estacionario, se verifica que la potencia luminosa P conducida, decrece en forma exponencial con la longitud L del conductor.

$$P(L) = P(0) . 10^{-(L/10}$$

En esta expresión:

P(0): potencia luminosa que se acopla al comienzo del conductor.

P(L): potencia luminosa en el conductor al cabo de L.

α: coeficiente de atenuación (atenuación por unidad de longitud) [dB/Km]

L: longitud [Km]

Un conductor de longitud L y coeficiente de atenuación α tiene una atenuación de:

$$\alpha L = 10 \log \frac{P(0)}{P(L)}$$

Ejemplo:

Una atenuación de 10 dB significa que la potencia luminosa P(L) al cabo de L (Km) vale solo el 10 % de la potencia luminosa de P(0). Con 3 dB vale el 50 % y con 1 dB aproximadamente el 80 %.

Los conductores de fibra óptica monomodo modernos tienen una longitud de onda de 1550 nm, una atenuación de 0,2 dB por kilómetro con una pérdida de solo 4,5 % de la potencia luminosa por cada kilómetro de longitud de conductor.

Para determinar el coeficiente de atenuación de una fibra óptica es necesario medir la potencia luminosa en dos puntos distintos con la condición de que exista entre estos dos puntos un estado estacionario. Esto quiere decir que el acoplamiento de la luz debe efectuarse de manera que no quede luz remanente en el recubrimiento y que en el conductor multimodo se produzca un estado de equilibrio en la distribución de los modos.

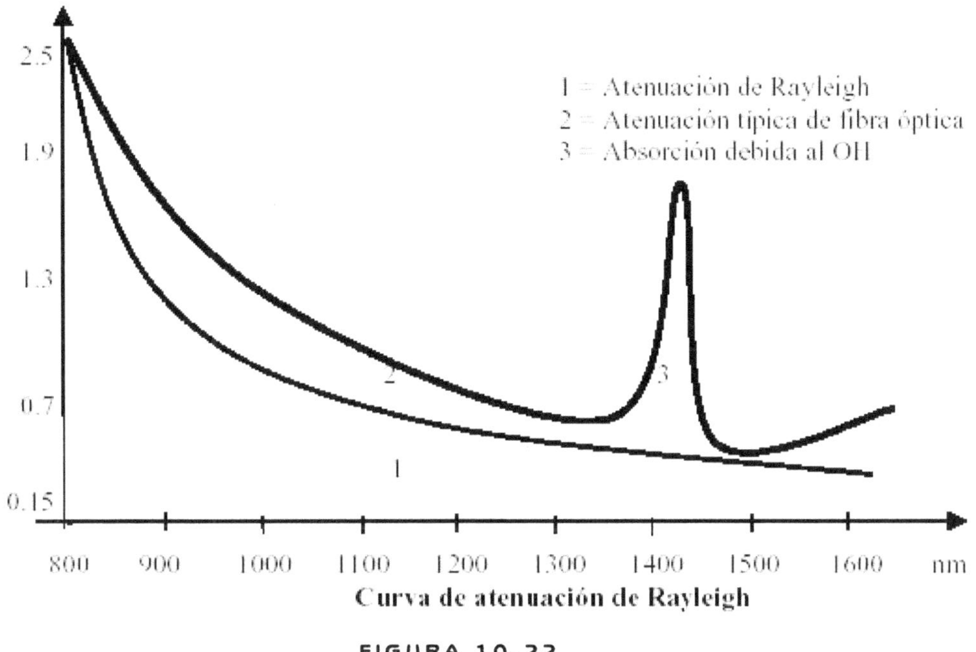

FIGURA 10-22.

Por este motivo, para la medición de la atenuación se utiliza principalmente la excitación al 70 %.

10.13. Métodos de Medición

Los métodos de medición de la atenuación por transmisión de la luz utilizados son:

10.13.1. Método de corte

Se determina la potencia luminosa en dos puntos L_1 y L_2, estando L_2 habitualmente en el extremo lejano y L_1 en el comienzo. Se mide primero la potencia lumínica en el extremo L_2 y luego en L_1. Para la medición en el comienzo se debe efectuar un corte en el conductor sin afectar las condiciones de acoplamiento entre la fuente luminosa (emisor) y el conductor. Con estas mediciones se calcula el coeficiente de atenuación con:

$$\alpha = \frac{10}{L_2 - L_1} \log \frac{P(L_1)}{P(L_2)}$$

Este método es del tipo destructivo, ya que es necesario seccionar un tramo del conductor, lo cual no tiene sentido en cables preensamblados (provistos de conectores).

10.13.2. Método de inserción

En este método se determina la potencia luminosa en el extremo de la fibra bajo medición y luego se la compara con la potencia luminosa en un tramo corto de conductor. Este tramo corto se usa para referencia y debe tener las mismas características y conformación que el conductor bajo medición. Debe tenerse cuidado que las condiciones de acoplamientos sean similares. A causa de estas restricciones, estas mediciones son menos exactas que las obtenidas en el método de corte.

10.13.3. Retrodispersión

En el método de retrodispersión (back scattering technique), la luz se acopla y recibe en el mismo extremo del conductor. Además este método suministra información detallada acerca de la variación de atenuación a lo largo del conductor. Este método se basa en la dispersión de Rayleigh. Mientras que la fracción principal de la potencia luminosa se propaga hacia el extremo del conductor, una pequeña proporción se dispersa retornando hacia el emisor.

Esta potencia retrodispersada experimenta, a su vez, una amortiguación en el trayecto de retorno. La luz remanente que llega al principio del conductor, se desacopla y se mide por medio de un divisor de rayo (espejo semitransparente). Con esta potencia medida y el tiempo de recorrido en el conductor es posible trazar un diagrama del cual se desprende la variación de la atenuación a lo largo de todo el conductor. Se puede observas, en la pantalla de un osciloscopio el recorrido de la señal retrodispersada en función del tiempo.

Si el coeficiente de atenuación y el factor de retrodispersión son constantes a lo largo de todo el conductor, se obtendrá una curva exponencial decreciente desde el comienzo del mismo.

10.14. ANCHO DE BANDA

Los dos parámetros más importantes que definen las características de un conductor de fibra óptica son la atenuación y el ancho de banda (bandwidth B) o bien el producto de longitud y ancho de banda. Mientras que con la atenuación se describen las pérdidas de luz a lo largo del conductor, el ancho de banda constituye una medida de su comportamiento.

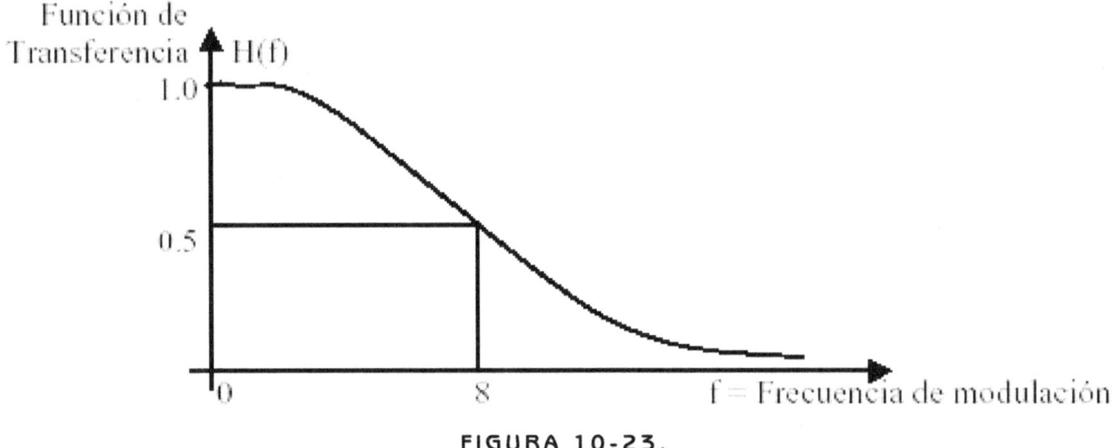

FIGURA 10-23.

Un pulso que se propaga a lo largo de la fibra óptica incrementa su duración a causa de la dispersión. Si este efecto se traslada al campo de las frecuencias, el conductor de fibra óptica se comporta como un filtro pasabajos (low pass)

De acuerdo a la figura, se entiende que en un conductor de fibra óptica, a medida que aumenta la frecuencia de modulación, decrece la amplitud de la onda luminosa, hasta quedar prácticamente anulada.

La fibra, deja pasar bajas frecuencias y atenúa aquellas a medida que van aumentando. Si por cada una de estas frecuencias se mide la amplitud de la potencia luminosa, se obtiene, al relacionar la amplitud al comienzo con la de cada punto la

"Función de Transferencia" H(f).

El desarrollo de la figura representa un filtro pasabajos de Gauss.

> *"La frecuencia de modulación para la cual el valor de la función de transferencia vale la mitad (0,5), se denomina ancho de banda del conductor de fibra óptica".*

El ancho de banda es pues aquella frecuencia de modulación a la cual la amplitud cae a la mitad del valor de la potencia al comienzo. La caída es del 50 %, o sea 3dB.

$$dB = 10\log\frac{P2}{P1} = 10\log\frac{1}{2} = 10\log 0,5 = 10 \cdot 0,301 = 3 \; dB$$

10.15. Ventajas y Desventajas de la Fibra Óptica

Ventajas	Desventajas
<ul><li>La fibra óptica hace posible navegar por Internet a una velocidad de dos millones de bps.</li><li>Acceso ilimitado y continuo las 24 horas del día, sin congestiones.</li><li>Video y sonido en tiempo real.</li><li>Fácil de instalar.</li><li>Es inmune al ruido y las interferencias, como ocurre cuando un alambre telefónico pierde parte de su señal a otra.</li><li>Las fibras no pierden luz, por lo que la transmisión es también segura y no puede ser perturbada.</li><li>Carencia de señales eléctricas en la fibra, por lo que no pueden dar sacudidas ni otros peligros. Son convenientes para trabajar en ambientes explosivos.</li><li>Presenta dimensiones más reducidas que los medios preexistentes.</li><li>El peso del cable de fibras ópticas es muy inferior al de los cables metálicos, capaz de llevar un gran número de señales.</li><li>La materia prima para fabricarla es abundante en la naturaleza.</li><li>Compatibilidad con la tecnología digital.</li></ul>	<ul><li>Sólo pueden suscribirse las personas que viven en las zonas de la ciudad por las cuales ya esté instalada la red de fibra óptica.</li><li>El costo es alto en la conexión de fibra óptica, las empresas no cobran por tiempo de utilización sino por cantidad de información transferida al computador, que se mide en megabytes. (Téngase presente la disposición de las compañías ISP que han resuelto cobrar por transferencia de datos en Iso servicios de Banda Ancha)</li><li>El costo de instalación es elevado.</li><li>Fragilidad de las fibras.</li><li>Disponibilidad limitada de conectores.</li><li>Dificultad de reparar un cable de fibras roto en el campo.</li></ul>

10.16. Aplicaciones de la Fibra Óptica

10.16.1. Internet

El servicio de conexión a Internet por fibra óptica, derriba la mayor limitación del ciberespacio: su exasperante lentitud.

Para navegar por la red mundial de redes, Internet, no sólo se necesitan un computador, un módem y algunos programas, sino también una gran dosis de paciencia. El ciberespacio es un mundo lento hasta la desesperación. Un usuario puede pasar varios minutos esperando a que se cargue una página o varias horas tratando de bajar un programa de la Red a su PC.

Esto se debe a que las líneas telefónicas, el medio que utiliza la mayoría de los millones de usuarios para conectarse a Internet, no fueron creadas para transportar videos, gráficas, textos y todos los demás elementos que viajan de un lado a otro en la Red.

Aunque gracias a la tecnología moderna, pueden soportar tráfico enteramente digital, sus limitaciones en banda –apta para el tráfico telefónico- la hacen sino inadecuada para el tráfico de datos, si muy lenta en la transferencia.

Pero las líneas telefónicas no son la única vía hacia el ciberespacio. Podremos tener un servicio que permita conectarse a Internet a través de la fibra óptica.

La fibra óptica hace posible navegar por Internet a una velocidad de dos millones de bps, impensable en el sistema convencional, en el que la mayoría de usuarios se conecta a 28.000 ó 33.600 bps.

10.16.2. Redes

La fibra óptica se emplea cada vez más en la comunicación, debido a que las ondas de luz tienen una frecuencia alta y la capacidad de una señal para transportar información aumenta con la frecuencia.

En las redes de comunicaciones se emplean sistemas de láser con fibra óptica. Hoy funcionan muchas redes de fibra para comunicación a larga distancia, que proporcionan conexiones transcontinentales y transoceánicas.

Una ventaja de los sistemas de fibra óptica es la gran distancia que puede recorrer una señal antes de necesitar un repetidor para recuperar su intensidad. En la actualidad, los repetidores de fibra óptica están separados entre sí unos 100 km, frente a aproximadamente 1,5 km en los sistemas eléctricos. Los amplificadores de fibra óptica recientemente desarrollados pueden aumentar todavía más esta distancia.

Otra aplicación cada vez más extendida de la fibra óptica son las redes de área local. Al contrario que las comunicaciones de larga distancia, estos sistemas conectan a una serie de abonados locales con equipos centralizados como ordenadores (computadoras) o impresoras. Este sistema aumenta el rendimiento de los equipos y permite fácilmente la incorporación a la red de nuevos usuarios. El desarrollo de nuevos componentes electroópticos y de óptica integrada aumentará aún más la capacidad de los sistemas de fibra.

Las computadoras de una red de área local (LAN, *Local Area Network*) están separadas por distancias de hasta unos pocos kilómetros, y suelen usarse en oficinas o campus universitarios. Una LAN permite la transferencia rápida y eficaz de información en el seno de un grupo de usuarios y reduce los costes de explotación. En estos casos las fibras son el elemnto indispensable en el armado de los Backbone o cables troncales de campus

Otros recursos informáticos conectados son las redes de área amplia (WAN, *Wide Area Network*) o las centralitas particulares (PBX). Las WAN son similares a las LAN, pero conectan entre sí ordenadores separados por distancias mayores, situados en distintos lugares de un país o en diferentes países; emplean equipo físico especializado y costoso y arriendan los servicios de comunicaciones.

En nuestro país, las empresas prestatarias de los servicios de telefonía básica (Telecom. Y Telefónica) han instalado cables de fibras por todo el territorio nacional, y aún a países vecinos como Chile, Uruguay y Brasil.

Las PBX proporcionan conexiones informáticas continuas para la transferencia de datos especializados como transmisiones telefónicas, pero no resultan adecuadas para emitir y recibir los picos de datos de corta duración empleados por la mayoría de las aplicaciones informáticas.

10.16.3. Telefonía

Con motivo de la normalización de interfaces existentes, se dispone de los sistemas de transmisión por fibra óptica para los niveles de la red de telecomunicaciones públicas en una amplia aplicación, contrariamente para sistemas de la red de abonado (línea de abonado), hay ante todo una serie de consideraciones.

Para la conexión de un teléfono es completamente suficiente con los conductores de cobre existentes. Precisamente con la implantación de los servicios en banda ancha como la videoconferencia, la videotelefonía, etc, la fibra óptica se hará imprescindible para el abonado, (con una red urbana integrada de telecomunicaciones en banda ancha por fibra óptica) se han recopilado amplias experiencias en este aspecto.

Según la estrategia elaborada, los servicios de banda ancha posteriormente se ampliarán con los servicios de distribución de radio y de televisión en una red de telecomunicaciones integrada en banda ancha (Aunque la legislación actual en nuestro país todavía no está al nivel del avance que experimentan los sistemas de comunicaciones)

10.16.4. Otras aplicaciones

Las fibras ópticas también se emplean en una amplia variedad de sensores, que van desde termómetros hasta giroscopios.

Su potencial de aplicación en este campo casi no tiene límites, porque la luz transmitida a través de las fibras es sensible a numerosos cambios ambientales, entre ellos la presión, las ondas de sonido y la deformación, además del calor y el movimiento. Las fibras pueden resultar especialmente útiles cuando los efectos eléctricos podrían hacer que un cable convencional resultara inútil, impreciso o incluso peligroso.

Las centrales de generación o transformación de energía de alta tensión (AT) utilizan para los sistemas SCADA (de adquisición y transporte de datos) sistemas basados en fibras ópticas para evitar la interferencia en los cables convencionales de las corrientes espurias de la alta tensión presente.

Se ha diseñado un cable especial de guarda (el conductor que se encuentra sobre las líneas de transporte de energía y que está conectado a a tierra en todas y cada una de las torres de transporte) como un tubo de acero hueco donde se inserta por dentro un conductor de fibra óptica para el transporte de datos entre estaciones.

También se han desarrollado fibras que transmiten rayos láser de alta potencia para cortar y taladrar materiales.

La aplicación más sencilla de las fibras ópticas es la transmisión de luz a lugares que serían difíciles de iluminar de otro modo, como la cavidad perforada por la turbina de un dentista.

También pueden emplearse para transmitir imágenes; en este caso se utilizan haces de varios miles de fibras muy finas, situadas exactamente una al lado de la otra y ópticamente pulidas en sus extremos. Cada punto de la imagen proyectada sobre un extremo del haz se reproduce en el otro extremo, con lo que se reconstruye la imagen, que puede ser observada a través de una lupa. La transmisión de imágenes se utiliza mucho en instrumentos médicos para examinar el interior del cuerpo humano y para efectuar cirugía con láser, en sistemas de reproducción mediante facsímil y fotocomposición, en gráficos de ordenador o computadora y en muchas otras aplicaciones.

Comparación con otros medios de transmision

Comparación con los cables coaxiales

Características	Fibra Óptica	Coaxial
Longitud de la Bobina (mts)	2000	230
Peso (kgs/km)	190	7900
Diámetro (mm)	14	58
Radio de Curvatura (cms)	14	55
Distancia entre repetidores (Kms)	40	1.5
Atenuación (dB / km) para un Sistema de 56 Mbps	0.4	40

10.17. COMUNICACIONES POR SATÉLITE VS FIBRA ÓPTICA

Es más económica la F.O. para distancias cortas y altos volúmenes de tráfico, por ejemplo, para una ruta de 2000 circuitos., el satélite no es rentable frente a la solución del cable de fibras hasta una longitud de la misma igual a unos 2500 kms.

La calidad de la señal por cable es por mucho más alta que por satélite, porque en los geoestacionarios, situados en órbitas de unos 36,000 kms. de altura, y el retardo próximo a 500 mseg. introduce eco en la transmisión, mientras que en los cables este se sitúa por debajo de los 100 mseg admitidos por el CCITT.

La inclusión de supresores de eco encarece la instalación, disminuye la fiabilidad y resta la calidad al cortar los comienzos de frase.

El satélite se adapta a la tecnología digital, si bien las ventajas en este campo no son tan evidentes en el analógico, al requerirse un mayor ancho de banda en aquel y ser éste un factor crítico en el diseño del satélite.

CAPITULO 11

CABLEADO ESTRUCTURADO (UTP)

11.1. ANTECEDENTES

Hasta el año 1993 había dos especificaciones principales de terminación de cableado: Los cables de datos y por otro lado, los cables de voz y eventualmente los sistemas de vigilancia (CCTV) y monitoreo y control

Las especificaciones de cableado seguían estrictamente las especificaciones del fabricante de la red instalada.

Por otra parte, las instalaciones de voz (telefonía), datos (red de ordenadores), e imagen (CCTV, sistemas de monitoreo y seguridad) como dijimos estaban separadas, es decir que había redes independientes para cada servicio, con los consiguientes problemas de costos y mantenimiento que ello supone. (Un técnico de la red telefónica no va a intervenir en los datos o las redes de CTV, con lo cual los costos en personal técnico, para cada servicio, ya sea por contratos de mantenimiento o propios se encarece enormemente).

Por otra parte, si cambiaba la tecnología, se debía cambiar la totalidad de la red.

En la actualidad, en el mundo de los sistemas de cableado estructurado, todos estos inconvenientes desaparecen ya que ahora tenemos una única red que soporta diferentes tipos de servicios (voz, datos, video, monitoreo, control de dispositivos, etc.) que pueden correr sobre un mismo tipo de cable.

11.2. INTRODUCCIÓN

La aparición del cableado estructurado permitió entonces *"integrar"* en una misma red todos los servicios de comunicaciones corporativos.

Aparecen también Normas que establecen requerimientos mínimos de calidad y normalización de elementos, lo que le confiere carácter de *"multimarca"*, lo cual significa *"la no dependencia de un fabricante para certificar o instalar una red."*

Las instalaciones dependen ahora de parámetros físicos tales como distancia o ancho de banda, lo que nos da independencia tecnológica.

11.3. Definición de Cableado Estructurado

> *"Es un esquema genérico de cableado, que correctamente diseñado e instalado, debe cubrir las necesidades de conectividad de la organización por un periodo relativamente largo de tiempo"*

Instalar el cableado de una organización no significa aplicar el cable estandar de una red para cubrir las necesidades inmediatas, sino

- Especificar el espacio físico a cubrir por el cableado
- Realizar el diseño global multimedia
- Calcular y evaluar los parámetros físicos de distancia y ancho de banda.
- Comprobar (y respetar) el cumplimiento de las normativas.
- Implementar el diseño.
- Certificar las instalaciones.

11.4. Normativas

El estándar más conocido de cableado estructurado en el mundo está definido por la EIA/TIA [Electronics Industries Association/Telecomunications Industries Association] de Estados Unidos), y especifica el cableado estructurado sobre cable de par trenzado UTP de categoria 5, el estándar 568A.

Existe otro estándar producido por AT&T muchos antes de que la EIA/TIA fuera creada en 1985, el 258A, pero ahora conocido bajo el nombre de EIA/TIA 568B.

11.4.1. Organizaciones de Estándares de Cableado

Hay muchas organizaciones involucradas en el cableado estructurado en el mundo. En Estados Unidos es la ANSI, Internacionalmente es la ISO (International Standards Organization).

El propósito de las organizaciones de estándares es formular un conjunto de reglas comunes para todos en la industria, en el caso del cableado estructurado para propósitos comerciales es proveer un conjunto estándar de reglas que permitan el soporte de múltiples marcas o fabricantes.

Los estándares 568 son actualmente desarrollados por la TIA (Telecommunications Industry Association) y la EIA (Electronics Industry Association) en Estados Unidos.

Estos estándares han sido adoptados alrededor del mundo por otras organizaciones.

En 1985 muchas compañías de la industria de las telecomunicaciones estaban desconcertadas por la falta de estándares de cableado. Entonces la EIA se puso a desarrollar un estándar para este propósito. el primer borrador (draft) del estándar no fue liberado sino hasta julio de 1991, y se le fue dado el nombre de EIA/TIA-568. en 1994 el estándar fue renombrado a TIA/EIA 568A, el existente estándar de AT&T 258A fue incluido y referenciado como TIA/EIA-568B. Estos estándares de facto se hicieron populares y ampliamente usados, después fueron adoptados por organismos internacionales como el ISO/IEC 11801:1995.

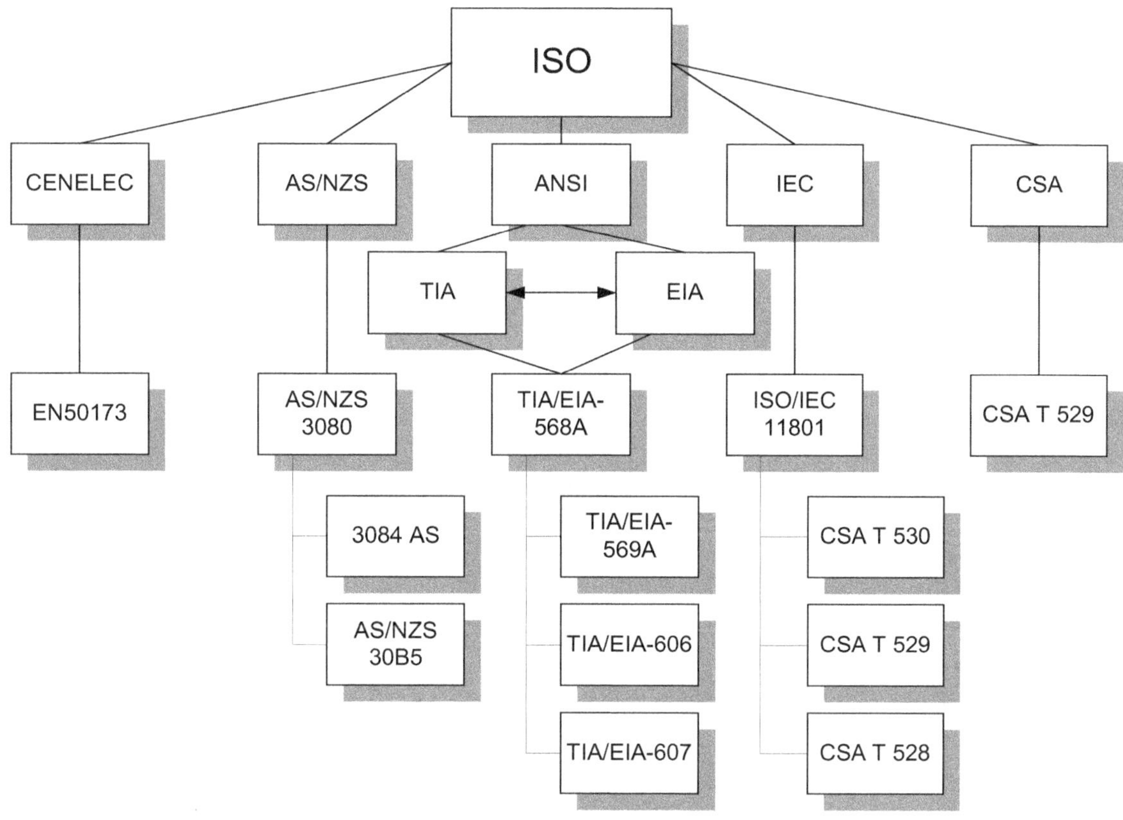

FIGURA 11-1.

Internacionalmente los estandares de cableado están definidos en ISO/IEC IS 11801, en los Estados Unidos son definidos por la EIA/TIA, en Canadá por la CSA T529 y en otros organismos de otros países.

Las normas EIA no tienen ámbito de actuación en países europeos u orientales, ISO (Organización internacional para la normalización) encargó al grupo de trabajo ISO/IEC/SC25/WG3 realizar unas normas internacionales basándose en TIA/EIA 568.

Estas normas se utilizan actualmente en todas las instalaciones.

Para componentes se ratifican en TIA/EIA 568.

Crean una nueva clasificación de clases por enlace extremo a extremo, independiente de los componentes utilizados.

11.4.2. Normativa TIA/EIA-568A

El objetivo de esta Norma es permitir el planeamiento e instalación de un sistema de cableado estructurado para edificios comerciales.

Standard para el Cableado de Telecomunicaciones de Edificios Comerciales

Standard de la industria americana

- EIA/TIA-568 - Julio 1991
- TIA/EIA-568A - Octubre 1995
- EIA/TIA-568B - 1998/1999/2000/2001

11.4.3. Normativa TIA/EIA 568B

Principales Diferencias

Se dividió la norma anterior TIA/EIA -568A en cuatro partes:

1) TIA/EIA -568 B1: Documentación de Sistemas y
2) Usuario Final - Se incorporan las mediciones de campo.
3) TIA/EIA -568 B2: Componentes de UTP y de FTP. Se agregan los sistemas basados en el cableado Categoría 6.
4) TIA/EIA -568 B3: Componentes de Fibra Optica - nuevo conector MT-RJ-Fibra Optica de 50 µm.
5) TIA/EIA -568 B4: Componentes de Cobre Blindados (150).

11.5. CARACTERÍSTICAS PRINCIPALES DEL CABLEADO ESTRUCTURADO

El cableado estructurado posee una serie de ventajas sobre otros sistemas que se traducen en ahorros de costos, agilidad de la red, facilidad de nuevos servicios y tecnologías, ampliaciones, etc.

Así podemos reconocer como ventajas las siguientes:

1) Flexibilidad
2) Modularidad
3) Costos

La Flexibilidad es quizás la más importante de las características del cableado estructurado, ya que nos permite diseñar nuestra red pudiendo hacer todos los cambios que sean necesarios sin afectar ni el funcionamiento ni tener que realizar costosas modificaciones para mantener el nivel de servicio.

De esta forma está garantizada la pposibilidad de ubicar servicios futuros. Para ello, cuando se haga el análisis y diseño del cableado se debe:

- Prever más puntos de trabajo de los necesarios en la actividad.
- Prever la utilización indistinta de los puntos de trabajo.
- Diseñar el cableado para que pueda soportar fácilmente nuevas tecnologías.

La Modularidad hace que nuestro cableado tenga, en lo posible, un diseño independiente de la tecnología y estructura de los elementos a conectar, así como de la topología de red utilizada. Esto redunda en la posibilidad de entornos multimarca y multiproducto.

No realizar un cableado estructurado hará que los costos aumenten constantemente en las actualizaciones:

- Ampliación de cableado para soportar nuevos servicios
- Cambios en la estructuración existente
- Dificultad de encontrar la fuente de errores en caso de avería
- Tiempo y recursos humanos empleados

Es decir, que de acuerdo a las dos características anteriores, la flexibilidad y la modularidad, esto se va a traducir necesariamente en un ahorro de los costos de instalación, mantenimiento y ampliación de la red en el futuro inmediato.

11.6. El Diseño del Sistema de Cableado

El profesional que realice el diseño de la red corporativa, deberá tener en cuenta una serie de aspectos enfocados en consideraciones específicas surgidas de las necesidades de la organización en el área de comunicaciones.

Es así que debe prestarse especial atención a los siguientes aspectos:

- Prestaciones y calidad de servicio
- Optimización de los costos de instalación
- Conformidad con las normas internacionales.
- Flexibilidad de utilización: evitar intervenir de nuevo sobre la parte fija del cableado.
- Dimensionando previendo como mínimo la conexión de 2 terminales voz/datos por puesto de trabajo.
- No hacer asignación previa de los cables y de las tomas de teléfono o equipo informático, y conectar 4 pares a cada toma.

11.7. Los 6 Subsistemas del Sistema de Cableado Estructurado

Generalmente, cuando de trata de redes corporativas (organizaciones) el sistema se diseña para un edificio o un conjunto de edificios (denominado Campus) que albergan las oficinas de la corporación (una empresa, un área de gobierno, una universidad, etc) Es posible reconocer en este esquema una serie de elementos funcionales que componen la red, pero que poseen entidad independientes

Los elementos funcionales del sistema son:

1) Entrada al edificio
2) cuarto de equipos
3) Cableado vertical y de campus (Backboe)

4) Gabinete o rack de comunicaciones

5) Cableado horizontal

6) Area de trabajo

Nos referiremos a cada uno de ellos en detalle a fin de tener una visión del "armado" del cableado estructurado en un edificio

Es posible reconocer cada uno de los elementos funcionales sin mayor dificultad, aunque muchas veces los arquitectos o ingenieros que diseñan el edificio no tengan en cuenta la importancia de estos elementos, ni sus requerimientos de servicios esenciales, tales como aire acondicionado, energía y potencia suficientes de una red estabilizada en baja tensión (220 V), barras de puesta a tierra (generalmente ausentes las posibilidades de conexiones a tierra, las que luego deben hacerse con largos tendidos de cables por bandejas y/o cablecanal).

En este sentido, el diseñador de la red debe colaborar activamente con los diseñadores del edificio, a fin de prever las facilidades necesarias para la instalación de los sistemas de comunicaciones.

El problema se complica cuando el edificio es existente y no se han dejado previstas las facilidades necesarias. En este caso, la pericia, el ingenio y el buen gusto (conforme a las Reglas del Buen Arte) del profesional en sistemas sacaran el proyecto adelante.

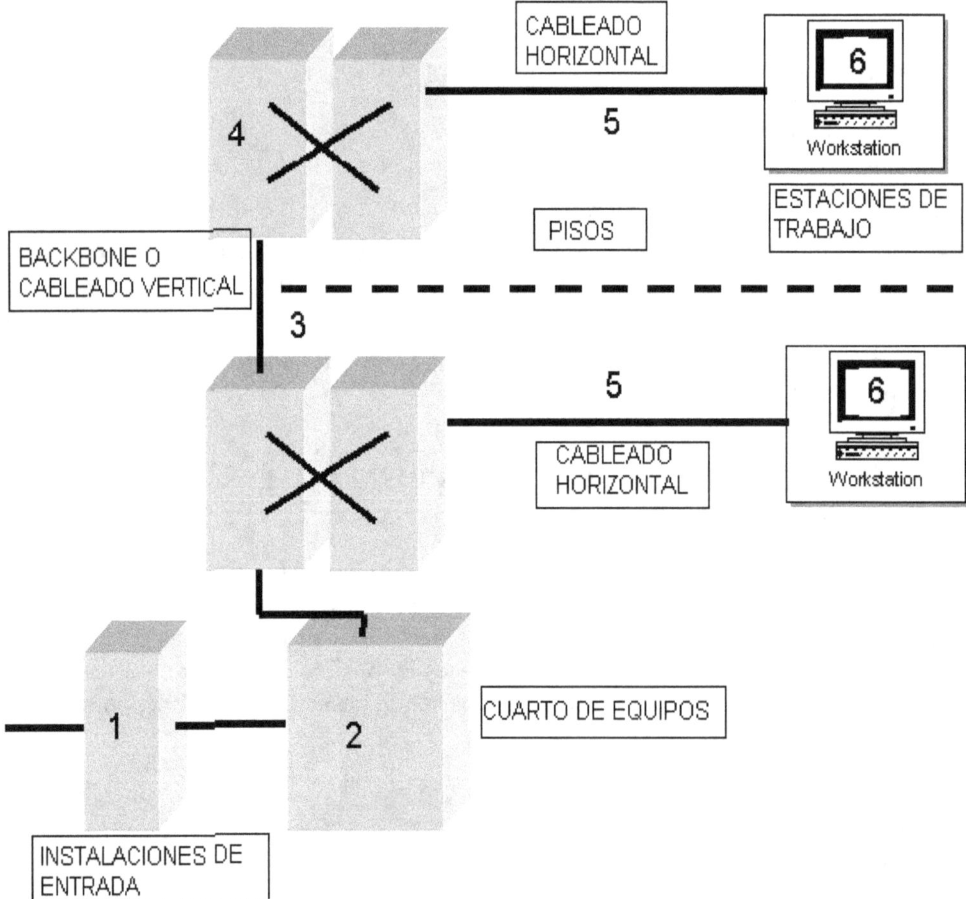

FIGURA 11-2. Los subsistemas del cableado.

11.7.1. Las instalaciones de entrada

La entrada a las instalaciones del edificio es el punto en el cual el cableado externo hace interfaz con el cableado de la troncal del edificio.

Este punto consiste en la entrada de los servicios de telecomunicaciones al edificio (acometidas), incluyendo el punto de entrada a través de la pared y hasta el cuarto o espacio de entrada. Los requerimientos de la inteface de red están definidos en el estándar TIA/EIA-569A, en este lugar están concentradas las instalaciones de proveedores externos de servicios de comunicaciones, tales como los armarios de telefonía de los proveedores de telefonía básica, o los multiplexores y demultiplexores de los sistemas PCM, los rack de los proveedores de Internet, si los hubiera, las entradas de video, etc.

Se ha hablado de la conveniencia de establecer esta instalación en la planta baja del edificio, en lo posible con un acceso diferenciado y libre de obstáculos para la manipulación cómoda de equipos (que en algunos casos pueden ser grandes y pesados), debe tenerse en cuenta que aquí trabajaran técnicos de otras empresas, ajenos a nuestra organización (por ejemplo, personal de Telecom. o Telefónica)

FIGURA 11-3. Vista de un cuarto de comunicaciones y los cables de conexiones

FIGURA 11-4. Paneles de pacheo

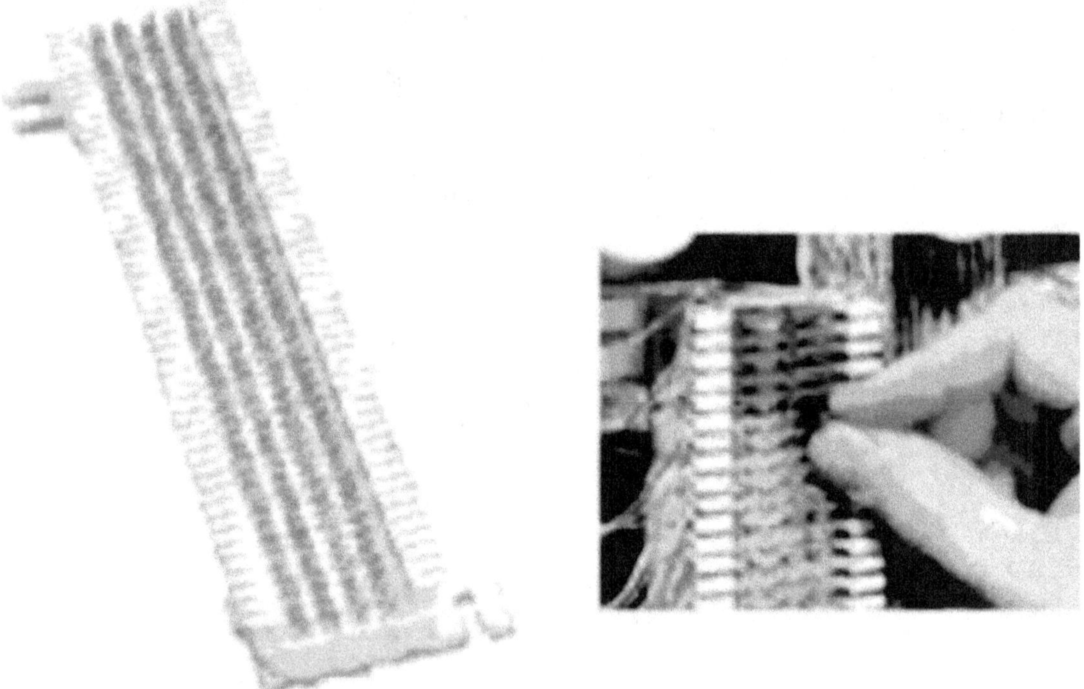

FIGURA 11-5. Regletas de conexiones telefónicas

11.7.2. Cuarto de equipos

El cuarto de equipos es un espacio centralizado dentro del edificio donde se albergan los equipos de red (enrutadores, switches, mux, dtu), equipos de datos, main frame y procesadores de comunicaciones, PBXs,.(los sistemas de telefonía), video, etc.

Este espacio es ya de uso de la organización y su personal y no admite la presencia de extraños en sus instalaciones. Es un punto neurálgico y sensible en los sistemas de comunicaciones

Los aspectos de diseño del cuarto de equipos está especificado en el estándar TIA/EIA 569A.

11.7.3. Cableado de troncales (backbone)

El cableado troncal (vertical o backbone)) permite la interconexión entre los gabinetes de telecomunicaciones, cuartos de telecomunicaciones y los servicios de la entrada.

Es la "columna vertebral" donde se asienta todo el sistema. Normalmente consiste en cables de *"dorsalm cross-connects"* principales y secundarios, terminaciones mecánicas y regletas o *jumpers* usados en conexiones troncal - troncal.

Esto incluye:

- Conexión vertical entre pisos (risers)
- Cables entre un cuarto de equipos y cable de entrada a los servicios del edificio.
- Cables entre edificios. (cableado de campus)

Tipo de cables requeridos para troncales o backbone

Tipo de Cable	Distancias máximas
100 ohm UTP (24 or 22 AWG)	800 metros (Voz)
150 ohm STP	90 metros (Datos)
Fibra Multimodo 62.5/125 μm	2,000 metros (todos los servicios)
fibra Monomodo 8.3/125 μm	3,000 metros (todos los servicios)

11.7.4. Gabinete o rack de Telecomunicaciones

El rack de telecomunicaciones es el área dentro de un edificio que alberga el equipo del sistema de cableado de telecomunicaciones. Este incluye las terminaciones mecánicas y/o cross-conects (patch panel) para el sistema de cableado entre el vertical y horizontal.

Estos cuartos, de menor dimensión que un "cuarto de equipos", pueden albergar equipos tales como swicht, hub, repetidores, etc. Y son la salida de los cables horizontales a las estaciones de trabajo (normalmente UTP)

Generalmente se ubica cada dos pisos, y abastecen a las estaciones de trabajo por medio de ductos de piso.

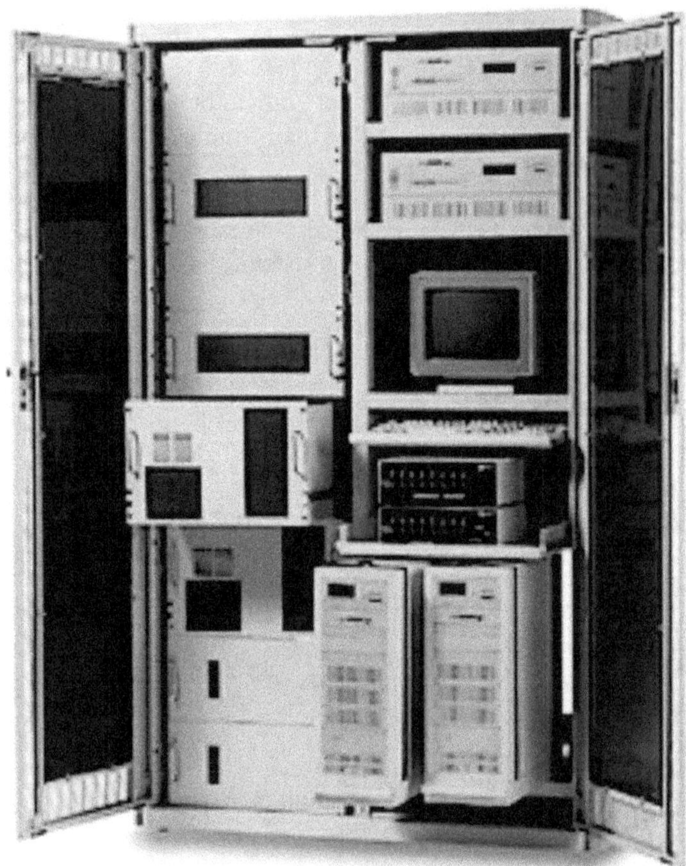

FIGURA 11-6.

11.7.5. Cableado horizontal

El sistema de cableado horizontal se extiende desde el área o puesto de trabajo al rack de telecomunicaciones (cuarto de piso) y consiste de lo siguiente:

- Cableado horizontal
- Enchufe de telecomunicaciones
- Terminales de cable (conectores RJ 45/11)
- Conexiones de transición

Las extensiones a las estaciones de trabajo son cableadas generalmente con UTP, pudiendo usarse en algunos casos fibra óptica, lo que importa una elección mejor, peor más cara

Por lo tanto, tres tipos de medios son reconocidos para el cableado horizontal, pero respetando las distancias máximas que establecen las normas:

- Cable UTP 100-ohm, 4-pares, (24 AWG sólido)
- Cable 150-ohm STP, 2-pares
- Fibra óptica 62.5/125-µm, 2 fibras

11.7.6. Área de trabajo

Los componentes del área de trabajo se extienden desde el enchufe de telecomunicaciones a los dispositivos o estaciones de trabajo.

Los componentes del área de trabajo son los siguientes:

- Dispositivos: computadoras, terminales, teléfonos, etc.
- Cables de parcheo: cables modulares, cables adaptadores/conversores, jumpers de fibra, etc.
- Adaptadores - deberán ser externos al enchufe de telecomunicaciones.

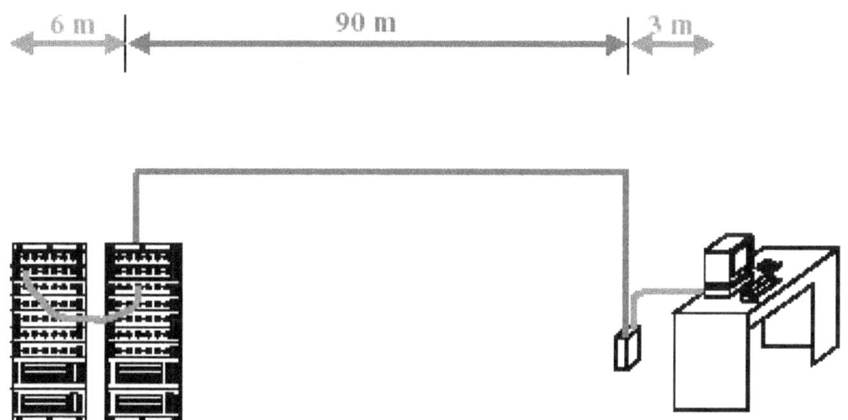

FIGURA 11-7. Máximas distancias con cable UTP

11.8. LA ELECCIÓN DEL CABLE

Una vez resueltos los problemas de diseño básicos de nuestra red, corresponde en esta etapa la selección del nivel de cable apropiado, o mejor dicho la categoría, si decidimos utilizar el UTP.

Actualmente no hay motivos validos para no usar cableado UTP de Categoría 5. El cable que trataremos en adelante será el "**Unshielded Twister Pair (UTP) Categoría 5**", al que nos referiremos como **UTPC5** en adelante.

El UTPC5 contiene 4 pares de cables trenzados contenidos en una vaina de PVC. generalmente gris, aunque se lo consigue también en colores amarillo y blanco, dependiendo del fabricante de los mismos.

11.9. ORDENANDO LOS PARES

Los pares de cables dentro del cable UTP tienen una aislamiento de pvc individual de diferentes colores que sirven para identificar el conductor y el par al que pertenece.

Además, cada par de cables tiene un código de color, para que los pares puedan ser identificados en cada punta. Los códigos de los cuatro pares están constituidos por un color sólido (lleno) y otro del mismo color pero con fondo blanco. (en forma de "virolas" sobre el fondo del aislamiento)

La siguiente tabla muestra el orden normal de los pares de cables, no su forma de conectarse:

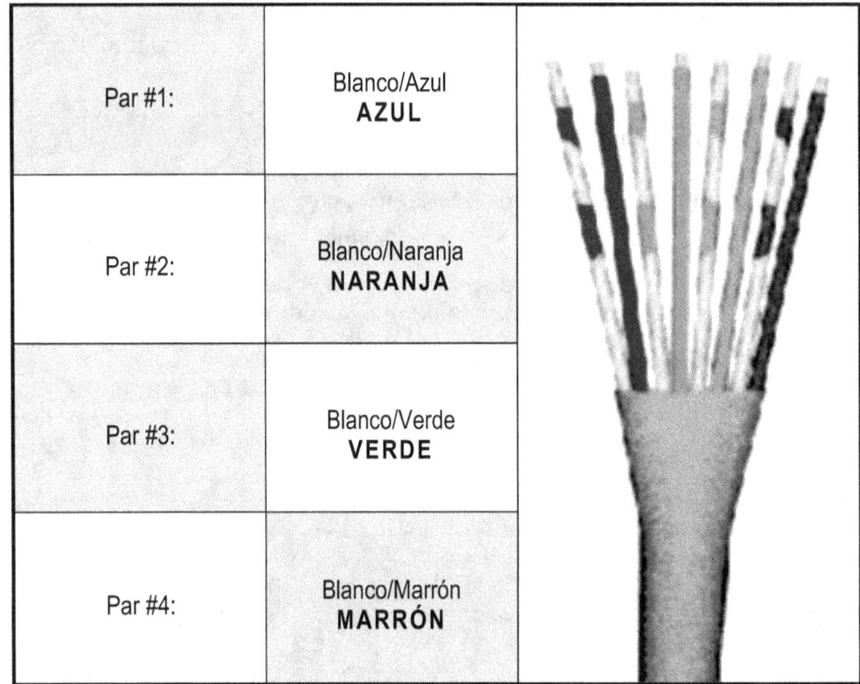

Par #1:	Blanco/Azul **AZUL**	
Par #2:	Blanco/Naranja **NARANJA**	
Par #3:	Blanco/Verde **VERDE**	
Par #4:	Blanco/Marrón **MARRÓN**	

FIGURA 11-8.

11.10. CONECTORES

Los conectores y jacks de uso común para cable **UTPC5** son los RJ45. El conector es una pieza de plástico transparente en donde se inserta el cable. El Jack es también de plástico, pero en este se inserta el conector. Las siglas RJ significan *Registro de Jack* y el 45 especifica el esquema de numeración de pines. El cable se inserta en el conector, este se conecta al jack que puede estar en la pared, en la tarjeta de red la computadora o en el concentrador.

El sistema es de una simplicidad absoluta, y un funcionamiento correcto por un largo tiempo sin presentar fallas, con la sola recomendación de observar cuidadosamente las disposiciones de las normas de cableado durante su conectorizado y su instalación.

11.11. NORMAS DE CONEXIONADO

11.11.1. Norma EIA/TIA 568B RJ45 (AT&T 258A)

Veamos Ahora la secuencia de colores necesaria para el armado del conector RJ45. La especificación IEEE para Ethernet 10 Base T requiere usar solo dos pares trenzados, un par es conectado a los pines 1 y 2, y el segundo par a los pines 3 y 6.

De esta manera, la red de datos trabajará solo con dos pares de los cuatro del conductor y por lo tanto, podremos disponer de los dos restantes para otro servicio, que normalmente es de sistemas de voz (telefonía – fax).

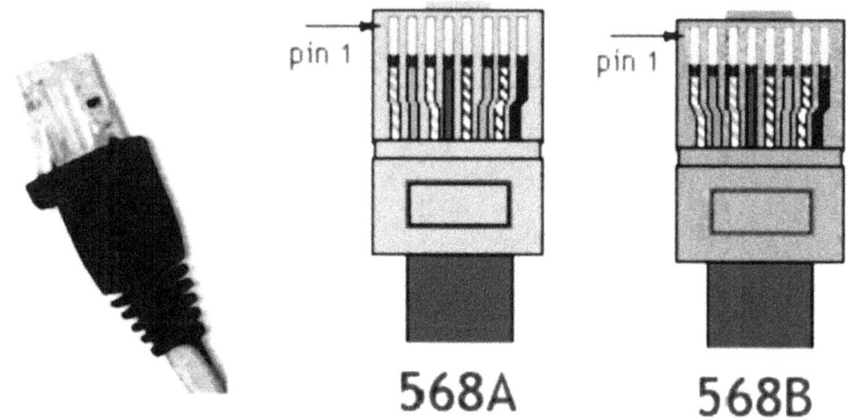

FIGURA 11-9. Conectores RJ 45

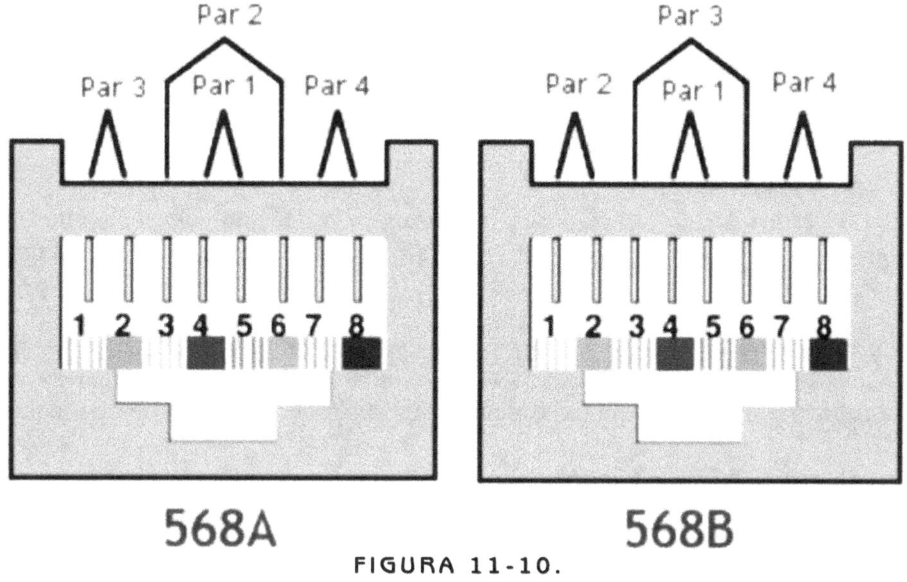

FIGURA 11-10.

De acuerdo con la Norma EIA/TIA 568B RJ45:

- El Par #2 (blanco/naranja, naranja) y
- el Par #3 (blanco/verde, verde) son los unicos usados para datos en 10 Base T.

Esto nos permite, como d1jimos más arriba, disponer de los pares uno (blanco / blanco azul) y cuatro (marrón / blanco marrón) para otros servicios.

Para que no haya confusiones aquí esta el ejemplo gráfico de la *Norma 568B EIA/TIA (AT&T 258A)*

Ya ordenados, los cables deben juntarse y cortar las puntas, para que estén todas al mismo nivel y no haya problemas al insertalos en el conector RJ45. Los pares juntados y nivelados deben verse como en la figura de arriba.

Es importante asegurarse que todas las puntas lleguen hasta el tope del canal dentro del conector. Una vez insertados será necesario "grimpearlos" con las pinzas adecuadas.

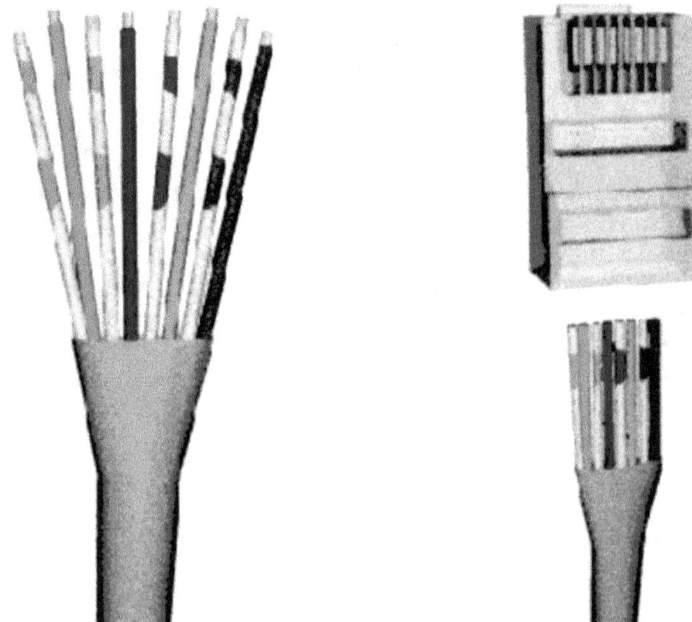

FIGURA 11-11.

Observese que no es necesario "pelar" el cable antes de insertarlo, las laminas en el conector perforarán el recubrimiento de los cables asegurando el correcto contacto eléctrico con las laminillas del conector.

Además, un seguro, en la parte posterior del conector "sujetará" el cable para evitar que se deslize hacia afuera. (en la misma operación de grimpeado se realizan las dos acciones simultaneas: el contacto eléctrico y el "sellado" en la parte baja del conector prensando el cable con cubierta incluida.

Ya "grimpeado", el conector y el cable se verán así:

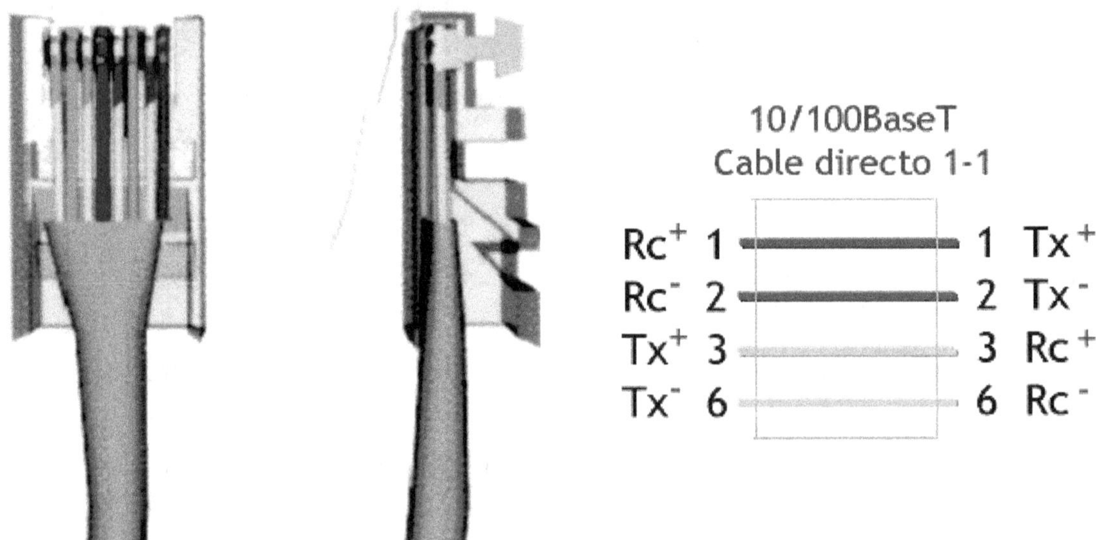

FIGURA 11-12.

Si se van a usar como cables de pacheo, o en un concentrador, las dos puntas del cable (la que se conecta al equipo y la que se conecta a la tarjeta de red en la computadora) deberán armarse usando la misma norma, no importa si esta es 568A o 568B, solo deben ser iguales (y respetarse en todas las conexiones posteriores)

11.12. Cables Cruzados

11.12.1. Crossover

Ahora bien, supongamos que solo hay dos maquinas y no se justifica la compra de un concentrador.

Este es un caso muy común en las oficinas pequeñas o en su propia casa. La conexión en este caso es de máquina a máquina, sin que intervengan en este caso ningún otro tipo de equipo.

Como siempre, usaremos un cable UTP Categoria 5 y haremos con el lo que se conoce como *"cable cruzado" o "crossover"* en el que se cambia el orden de los dos pares que transmiten los datos.

Es decir, haremos un cable donde, los pines 1 y 2 de una de las puntas se conectarán a los pines 3 y 6 de la otra. y los pines 3 y 6 de la primer punta estarán conectados a los pines 1 y 2 de la otra punta. Los pines 4, 5, 7 y 8 no se mueven.

Ya vimos la norma 568B y el orden de colores de sus pares de cables. Para hacer en cable cruzado usaremos otro orden conocido como la norma 568A. Una de las normas se aplicará en una de las puntas del cable y la otra en la otra punta, no importa que norma se conecte en cada computadora

Las dos puntas se conectarán así:

Par # 2 conectado a pines 1 y 2:	
Pin 1 color:	**BLANCO / VERDE**
Pin 2 color:	**VERDE**
Par # 3 conectado a pines 3 y 6:	
Pin 3 color:	**BLANCO / NARANJA**
Pin 6 color:	**NARANJA**

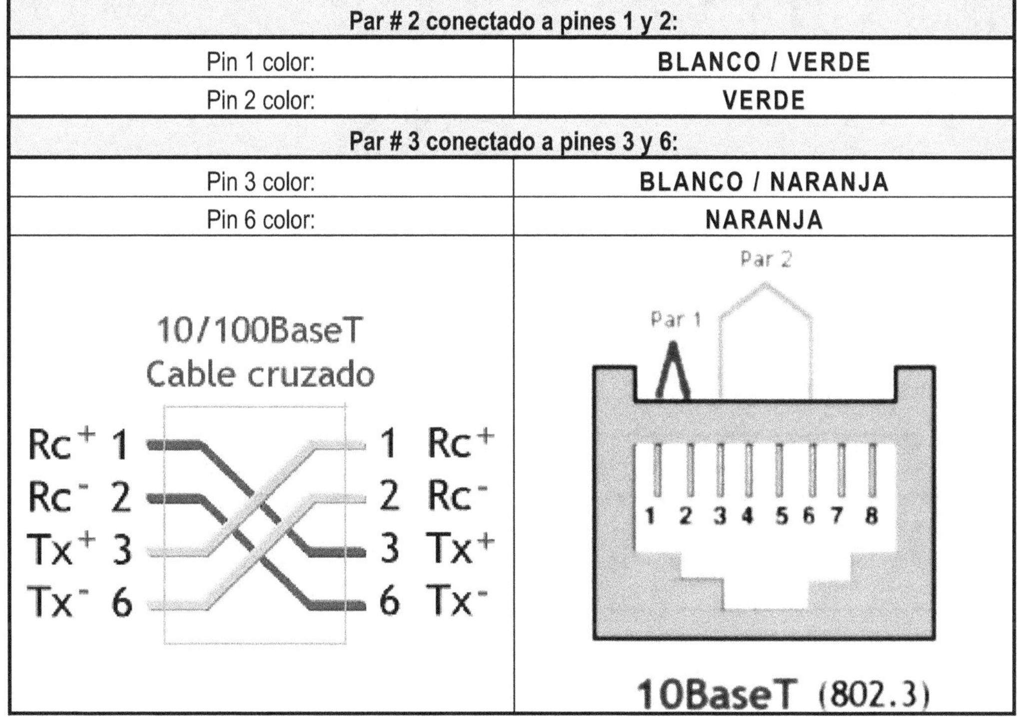

FIGURA 11-13.

La totalidades de los pines se conectarán de la siguiente forma

De un lado: Punta Estandar 568B	Del otro lado: Punta Cruzada 568A (Crossover)
Pin 1 Blanco/Naranja	**Pin 1** Blanco/Verde
Pin 2 Naranja	**Pin 2** Verde
Pin 3 Blanco/Verde	**Pin 3** Blanco/Naranaja
Pin 4 Azul	**Pin 5** Blanco/Azul
Pin 6 Verde	**Pin 6** Naranaja
Pin 7 Blanco/Marrón	**Pin 7** Blanco/Marrón
Pin 8 Marrón	**Pin 8** Marrón

Este es el orden correcto de los pines y pares de color para la punta cruzada.

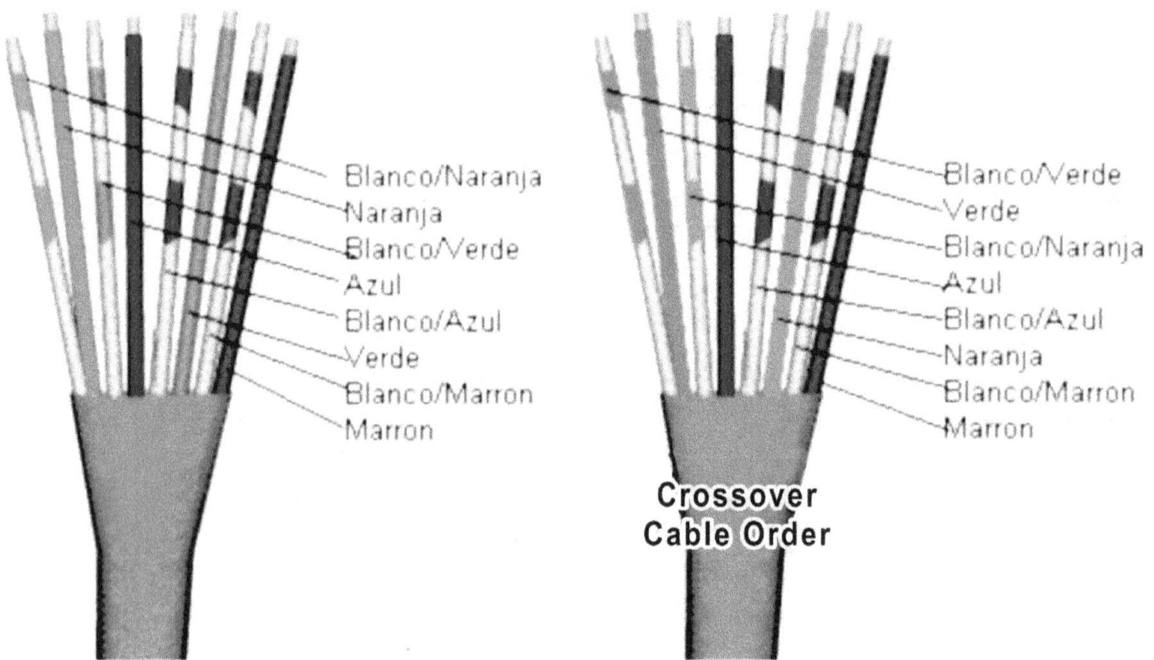

FIGURA 11-14.

Como norma general podemos decir:

> *"cuando se conectan dos equipos iguales, el cable **debe ser crossover**"*

cuando los equipos a conectar, no son iguales (por ejemplo una PC a un swicht)

> *"el cable debe ser derecho"*

esto es, la misma norma en ambos extremos.

Es muy importante tener en cuenta que cuando se conectan computadoras en red no solo se las esta conectando lógica y físicamente, sino que también se las esta conectado eléctricamente. Los valores de tensión y corriente que circulan por esos conductores "llevando" los bit de un lado a otro deben tener el camino perfecto para evitar inconvenientes -que siempre se traducen en demoras en el proceso de la información- y en muchos casos esas demoras producen congestión.

Por otra parte, no debemos olvidar que corrientes espurias, tales como una descarga de voltaje no deseado, puede dañar una o varias maquinas.

Por esta razón, es de vital importancia aplicar una buena tierra física a la instalación a todos los elementos de la instalación, sean estos los equipos, los rack, los main frame, las bandejas portacables, en fin, todos los elementos metálicos de la red enlazados y a un mismo potencial eléctrico: el de tierra. De esta forma podremos evitar no solo sorpresas desagradables, sino también caídas en la prestación del servicio, con los consabidos problemas que ello acarrea.

CAPITULO 12

CERTIFICACIÓN DE CABLEADO

12.1. INTRODUCCIÓN

Habíamos visto en el capitulo anterior que el principal componente del cableado estructurado son los cables de pares trenzados . Podemos clasificar estos de la siguiente forma:

- ✦ Cables UTP (Unshielded Twisted Pair)

  - Pares trenzados sin apantallar.
  - Más baratos y más ampliamente utilizados

- ✦ Cables FTP (Foiled Twisted Pair)

  - Pares sin apantallar con lámina externa apantallante.

- ✦ Cables STP (Shielded Twisted Pair)

  - Apantallamiento individual para cada par y global.
  - Máxima impedancia de transferencia del apantallamiento 30m Ohm/m a 100 Khz.
  - Más caros y más utilizados en USA.

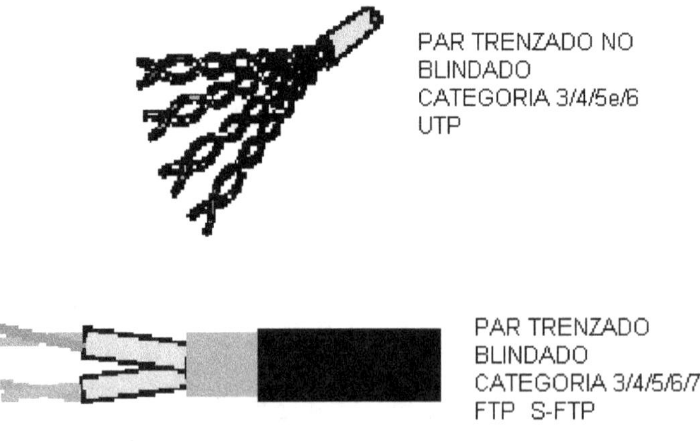

En este capitulo nos referiremos a la forma de *"calificar"* una red, es decir, establecer de antemano el comportamiento futuro de la instalación en función de la calidad (y categoría) de los componentes utilizados, de la excelencia de la Mano de Obra de instalación y del funcionamiento global previsto de la red.

12.2. CLASIFICACION SEGÚN CATEGORÍAS

La clasificación según *categorías* clasifica cables, conectores, cordones, latiguillos, *patch panels*, etc., es decir *elementos o componentes* de una red, pero no clasifica instalaciones.

Fue el primero en aparecer y todos los fabricantes clasifican sus componentes en categorías.

- No certifica enlace, o sea, instalación. Si una instalación está hecha con material categoría 5 puede no funcionar a las frecuencias deseadas por una mala instalación: cables mal destrenzados, conectores mal ensamblados, ángulos de giro críticos en los cables, poca protección, etc.
- Actualmente se compra el material según categorías pero se certifica por enlace (clases).

Es decir que en una primera clasificación podemos definir la categoría de nuestros componentes, lo cual haremos en función de la velocidad de trabajo de la futura red.

Esto es así, ya que la categoría de los componentes está relacionada con la máxima frecuencia en Mega Hertz a la que pueden trabajar estos. Veamos:

Categoria	Frecuencia Máxima
Categoría 3	16 MHz
Categoría 5	100 MHz
Categoría 5e	100 MHz
Categoría 6	200 MHz
Categoría 7	600 MHz

12.3. NORMATIVA POR CLASES

Esta normativa no define la calidad de los componentes, lo cual ya está perfectamente establecido en la clasificación por Categorías, -como vimos en los párrafos precedentes-, sino que exige unos parámetros de calidad de la instalación de extremo a extremo.

Es decir, ahora estamos verificando el funcionamiento dinámico de la red ya que sin importar la categoría de los componentes, certificamos el funcionamiento de la misma valores de frecuencia, independiente de los materiales utilizados.

Cabe recordar que las especificaciones en frecuencia en realidad hacen referencia al Ancho de Banda (MHz) esto es:

> *"El rango de frecuencia en el cual los componentes y los sistemas son especificados"* *(No están en una aplicación en particular o en una transferencia de datos especial).*

Por otra parte, hablar de Transferencia de Datos (Mbps) es:

> *"Que tan rápido se puede enviar datos a través de un sistema con un ancho de banda dado dependiente de una aplicación y esquema decodificación".*

Veamos la clasificación por Clases:

Clase	Especificación de enlace
Clase A	Hasta 100KHz
Clase B	Hasta 1 MHz
Clase C	Hasta 16 MHz
Clase D	Hasta 100MHz con enlaces en Cu, Con FO se permiten velocidades mayores

Los enlaces de una clase siempre soportan los de todas las clases inferiores. Esto significa que se puede "armar" una red Clase D, (para lo cual deberemos usar componentes Categoría 5 ó 5e) pero utilizarla con anchos de banda menores a lo estipulado por la clase D.

De la misma manera, *"si de extremo a extremo se cumplen los parámetros de calidad para transmitir señales de 100 MHz, no importa la categoría de los componentes";* por ejemplo que el cable sea de categoría 3 y los conectores de categoría 5.

12.4. PARÁMETROS DEL ENLACE

Toda línea de transmisión de dos conductores puede describirse, en lo que a sus propiedades eléctricas se refiere, en términos de una combinación de parámetros físicos.

Pasaremos ahora a considerar los parámetros que caracterizan un enlace y que son los "valores" que van a definir en definitiva el ancho de banda real que va a soportar nuestra red.

Algunos de estos parámetros, como veremos más abajo, dependen de las características constructivas del cable, otros son función del manipuleo que se haga con esos cables en el proceso de instalación de la red.

En algunos casos, el manejo indebido de los materiales, (cables pelados en exceso, tiradas más largas de lo establecido por las normas, etc) degradan en gran manera la calidad de una instalación, por la modificación que se hace de algún parámetro físico intrínseco (generalmente de los cables).

Podemos identificar los siguientes *parámetros del enlace*:

- Impedancia característica
- Atenuación

- Pérdidas de paradiafonía (NEXT, FEXT, ELFEXT, PS)
- Pérdidas de retorno (SRL Structural Retorn Level)
- Relación atenuación/paradiafonía (ACR)
- Resistencia DC
- Retardo de propagación
- Balanceo

Algunos de estos parámetros, como dijimos, son propios de los cables y vienen dados por el fabricante.

Por ejemplo, la *impedancia característica* es un valor típico y propio de cada tipo de cable, en el UTP cat. 5 ese valor es de 100 ohms. Una señal que "viaje por el cable mirando hacia adelante verá siempre una impedancia de 100 ohm hacia el extremo distante". La impedancia está determinada por la inductancia en serie L, la capacidad en derivación C, la resistencia en serie R y la conductancia en derivación G, en un cuadripolo de constantes discretas que representa un cable de constantes distribuidas.

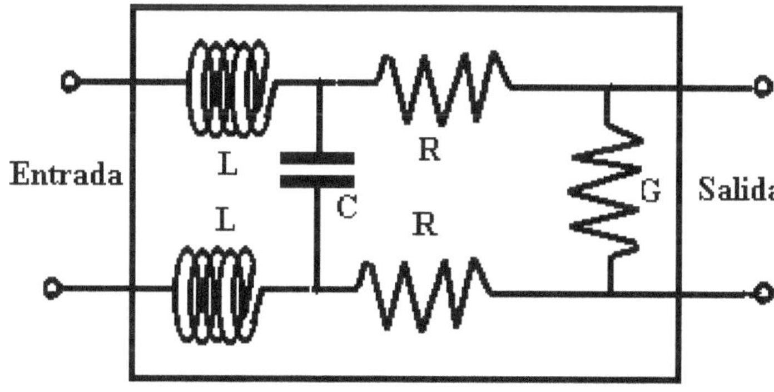

FIGURA 12-1.

El análisis de ese cuadripolo, (que no es el objetivo de este libro) nos permite determinar la impedancia Z y la admitancia Y en derivación, definiendo las ecuaciones:

$$Z = R + j\omega L$$
$$Y = G + j\omega C$$

En el cálculo de las propiedades eléctricas de la línea, las cantidades Z y Y se utilizan para derivar dos constantes adicionales: la impedancia característica Zo y la constante de propagación γ, definidas de la siguiente manera:

$$Z_0 = \sqrt{\frac{Z}{Y}} = R_o + jX_0$$

$$\gamma = \sqrt{ZY} = \alpha + j\beta$$

donde alfa es la constante de atenuación y beta la constante de fase.

Tanto Zo como γ son números complejos en general, pero en el caso en que la frecuencia es tan elevada que $\omega L \rangle\rangle R$ y $\omega C \rangle\rangle G$, se puede suponer que la Zo es real y su expresión es: $Zo = \sqrt{\frac{L}{C}}$

Por otra parte, el *Teorema de la máxima transferencia de energía* establece que para que esto se produzca, la impedancia de salida del equipo (amplificador, mux, etc) debe ser igual a la impedancia de entrada del medio transmisor (el cable), y en el otro extremo igual. Un ejemplo claro: los parlantes de un equipo de audio deben tener la misma impedancia que los terminales de salida del amplificador para brindar la máxima potencia. (generalmente 4/8 ohm)

Algo similar sucede con *la resistencia de corriente continua (DC)* siendo este también un parámetro "distribuido" a lo largo del cable.

Efectivamente, los conductores de los pares son de cobre recocido del 99 % de pureza, y si bien son muy buenos conductores (aunque inferior al oro y apenas superior a la plata, pero la relación costo/calidad es mejor en el cobre) poseen un valor de resistencia al paso de la corriente que es función directa del largo del conductor e inversamente proporcional al cuadrado de la sección del material: $\rho = K \dfrac{l}{s^2}$ donde K es una constante que depende del tipo de material.

Podemos medir la resistencia de loop, que consiste en cortocircuitar el par en un extremo y medir la resistencia que tiene (en CC) en todo su largo:

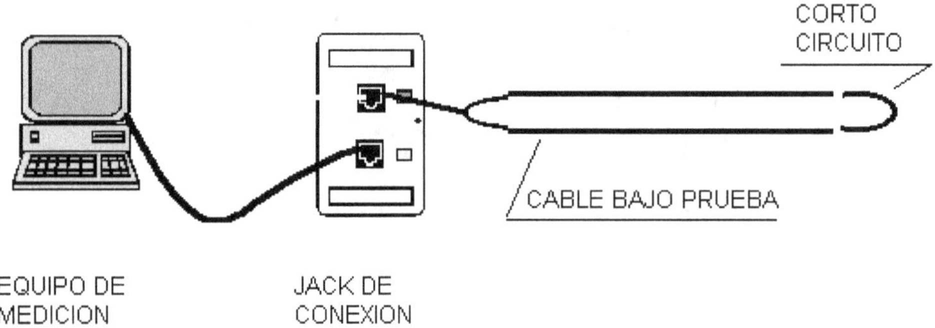

FIGURA 12-2.

De esta forma obtenemos el valor de la resistencia de lazo (o loop). En un circuito tipo telefónico, donde el cable de par trenzado tiene una impedancia de 600 ohm, la máxima resistencia de loop admitida es de 3000 ohm.

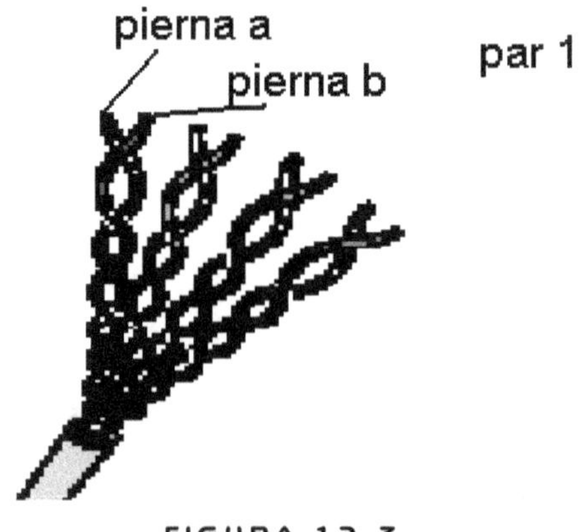

FIGURA 12-3.

Por otra parte, el *balanceo* es la capacidad que tiene el cable de mantenerse "estable o balanceado" entre cada una de sus piernas y tierra.

Si se miden entre la pierna "a" y tierra valores de aislamiento,(en Mega ohm) estos deberán ser iguales a los que se obtengan sobre la pierna "b", con lo que el cable estará balanceado.

12.5. ATENUACIÓN

Los valores de la atenuación medidos en cualquier cable dependen de las característica eléctricas del material del cable y de su construcción. También tienen importancia las pérdidas por inserción debido a malas terminaciones.

La atenuación genera efectos no deseados graves, ya que valores altos de atenuación degrada seriamente la señal (desmejora de la relación señal a ruido) hasta que hacen la transmisión no fiable o de muy baja velocidad.

Podemos decir que la atenuación (se mide en dB) se incrementa con los siguientes factores:

+ Frecuencia
+ Temperatura

  - Cat 3: 1,5% por grado C
  - Cat 4 y 5: 0,4% por grado C

+ Longitud del enlace

  - Directamente proporcional

+ Conducto Metálico

  - Incremento de aproximadamente 3%

+ Humedad relativa

  - HR incrementa de 40% a 90%: Incremento de 2%.

El factor que más afecta en este caso s la longitud del enlace, por lo que nunca debemos sobrepasar las distancias máximas establecidas en las normas EIA/TIA para instalaciones en edificios, a fin de asegurar la velocidad de transmisión que hemos fijado.

Los valores de temperatura y humedad normalmente son controlados ya que la mayoría de los entornos donde está la red, tiene equipos acondicionadores de aire, lo que no supone un problema.

Las bandejas portacables y los ductos metálicos generalmente no se pueden evitar para tener una instalación prolija.

De todos modos, el incremento global de la atenuación en este caso no es tan severo y es un valor manejable.

12.6. Paradiafonia

12.6.1. NEXT: Near End Crosstalk

Es acoplamiento electromagnético (capacitivo o inductivo) entre dos circuitos físicamente aislados. De esta forma una señal en un circuito causa ruido parásito en el otro, ya que las variaciones de corriente de la señal que viaja por un conductor, induce corrientes espurias en los conductores vecinos, que –al no ser parte de la señal que viaja en ese conductor- se convierten en ruido.

Este acoplamiento o inducción en un par, por acción de otro, puede ser:

- **Acoplamiento capacitivo**. Es debido al desequilibrio en la capacidad de los cuatro conductores de los dos circuitos.
- **Acoplamiento inductivo**. Es debido a la interacción del campo magnético. A frecuencias menores de 100 MHz la paradiafonía es predominantemente capacitiva.

La paradiafonía es un fenómeno que se viene estudiando desde las primeras líneas telefónicas. La longitud de dos alambres paralelos en una línea larga hacía que ésta tomara una característica netamente capacitiva.

La distorsión que este fenómeno causa en los circuitos telefónicos no es tan grave, ya que aquí es suficiente con que la transmisión sea "intelegible", esto es, que podamos entender lo que dice nuestro interlocutor, sin importar calidad, timbre de voz, sonoridad, altura, etc. porque esa es la función para la cual ha sido diseñado el sistema telefónico (con un ancho de banda estrecho)

Esto se soluciona con la torsión de los cables (una cierta cantidad de vueltas por unidad de longitud, -metro-) para darle una característica más inductiva compensando la capacitancia original.

Si esto no era suficiente, se agregaban bobinas ecualizadoras (Bobinas Pupin) lo que daba al cable la característica de "cable pupinizado".

En las líneas para transmisión de datos, los requerimientos son mayores, ya aquí hay diferencias sustanciales con los sistemas telefónicos:

- Los sistemas son digitales
- Las frecuencias de trabajo (o el ancho de banda) son mucho mayores
- Las velocidades de transmisión por tanto son muchísimos más elevadas
- Las interferencias espurias pueden enmascarar la señal, con lo cual se pierde la información en su conjunto

Es decir que en estos sistemas de comunicación los requerimientos de calidad del enlace son fundamentales para la calidad de la transmisión.

Veamos todos aquellos factores de "ruido" en el enlace:

En la figura podemos hemos representado ambos extremos de la línea y los cuatro pares del cable UTP, se observa que indicamos velocidades de transferencias de datos de 100 a 1.000 Mbps.

Podemos ver claramente como se producen tanto el NEXT como el FEXT, aunque en este caso por haberse representado todas las interferencias sobre los pares del conductor (no solamente sobre un adyacente) deberíamos hablar de POWER SUN NEXT, POWER SUN FEXT (PS – NEXT, PS – FEXT) que es el parámetro que mide justamente la diafonía sobre todos los pares del conductor.

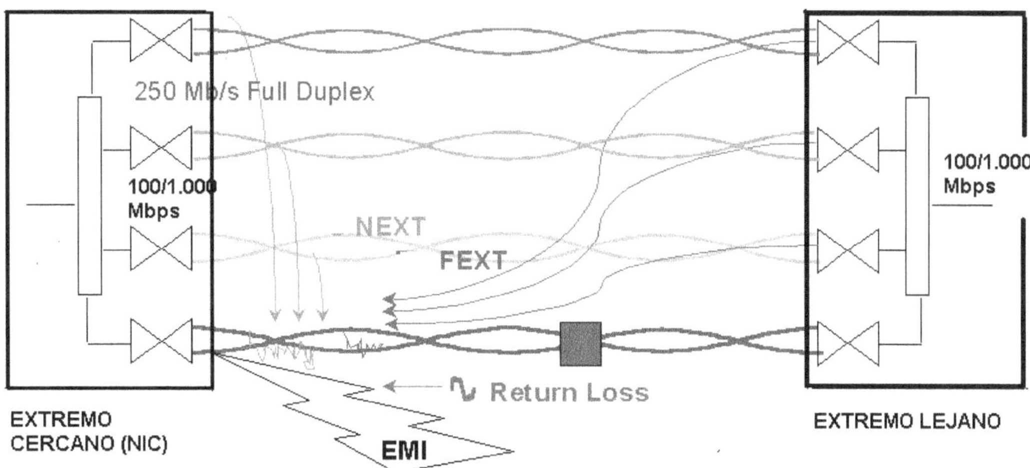

- NEXT
- Return Loss
- FEXT - INTERFERENCIA
- EMI ELECTRO MAGNETICA

FIGURA 12-4.

También hemos representado la pérdida estructural de retorno (RETURN LOSS) ó SRL.

Tanto el Next como el Fext responden al mismo origen tal como hemos expresado más arriba. La diferencia entre uno y otro estriba en donde evaluamos los efectos del acoplamiento indeseado.

En el caso del NEXT (NearEnd CrossTalk) esa interferencia se evalúa en el extremo cercano, (tal su expresión en ingles), es decir el efecto medido en el mismo extremo donde se produce la señal que origina la inducción en los pares vecinos.

El Fext (Far End CrossTalk), la medición se hace en el otro extremo, y en caso del ELFEXT, (Equal Level Far End CrossTalk) la medición más real, ya que mide los valores de paradiafonía en el extremo lejano pero sin tener en cuenta los valores de atenuación del tramo de cable.

Todas estas mediciones, por tratarse de relaciones o valores donde está involucrada potencia, se hacen en dB.

12.7. RETARDO DE PROPAGACIÓN (DELAY SKEW)

En el proceso de fabricación del cable, los pares son trenzados (más propiamente torcionados sobre su eje) a fin proveerles una mayor inmunidad a la paradiafonía.

Ahora bien, el paso de la helice de torsión no es en todos los pares el mismo, en uno son unas pocas vueltas por metro, en otros son varias. ¿Cual es el resultado de esta acción ?

> *"Las distancias eléctricas entre los pares de un cable UTP no son iguales"*

Analicemos lo que acabamos de expresar: la señal se propaga a la velocidad de la luz, o a velocidades cercanas, dependiendo del medio. Con lo cual podemos asimilar que en nuestro cable la constante de propagación será una velocidad cercana a los 300.000 Km por seg.

Por otra parte, la distancia máxima a recorrer es de 100 metros, podemos calcular el tiempo que tarda muestra señal en recorrer la totalidad del cable apelando a una simple expresión de la física clásica -movimiento uniforme- tal como

$$t = \frac{e}{v}$$ (*) el tiempo de propagación es igual espacio recorrido sobre la velocidad

pero habíamos dicho que la "distancia eléctrica" de los pares no eran todas iguales, por lo tanto aquel que esté más retorcido será literalmente más largo que el que tenga menos torsión, con lo que en la expresión (*) el espacio no será para todos los pares iguales y por consiguiente tampoco el tiempo de recorrido

La norma establece que el retardo máximo en el subsistema horizontal no debe superar 1 ms para ninguna clase.

En otros subsistemas deben cumplir:

Clase	Retardo	Frecuencia de Medición
Clase A	< 20 mSeg	10 KHz
Clase B	< 5 mSeg	1 MHz
Clase C y D	< 1 mSeg	10 30 MHz respectivamente

FIGURA 12-5.

Se define el "Retardo Asimétrico" como la diferencia del retardo de propagación entre el par más rápido y el par más lento.

12.8. ACR – RELACION ATENUACIÓN / PARADIAFONIA

La relación entre estos dos parámetros determina lo que se conoce como ACR:

ACR (dB) = NEXT (dB) - ATENUACION (dB)

Frecuencia	Clase D
1	57
4	45
10	37
16	32,5
20	30
31,25	25
62,5	15
100	6,5

FIGURA 12-6.

Solamente se utiliza en la clase D. (Enlaces para más de 100 Mhz)

La siguiente tabla nos muestra los mínimos valores de ACR permitidos:

12.9. PARÁMETROS DE FIBRA OPTICA

A continuación mencionaremos algunos parámetros típicos que se suelen medir en los enlaces de Fibra Optica.

- *Atenuación óptica*. Nunca debe superar 11 dB. En fibras multimodo (mayor atenuación) debe ser menor a 7,4 dB (850 nm) o 4,4 dB (1300 nm) para 1500 m. También se limita la atenuación de otras longitudes de onda respecto a la central.
- *Ancho de banda modal* (fibras multimodo). Debe ser mayor que 100 MHz para fibras de 850 nm y mayor que 250 MHz para fibras de 1300 MHz.
- *Pérdidas de retorno*. No debe superar los 25 dB.
- *Retardo de propagación mínimo*. En el subsistema horizontal no debe superar los 1,5 ms. Aunque en algunas aplicaciones se puede imponer una cota menor.

En la normativa solamente se contempla la utilización de una ventana de transmisión. Sirve para fibras multimodo y monomodo, aunque por precio sólo se utilizan las primeras.

12.10. CERTIFICACIONES

Algunos fabricantes certifican la calidad y el funcionamiento de una instalación para una clase determinada y por un lapso que suele alcanzar los 10 ó 15 años.

Para poder obtener este documento la instalación debe cumplir que:

- Todos los componentes sean de la empresa certificadora.
- El instalador esta obligado a entregar a la empresa los planos de la instalación y un informe de las comprobaciones de clase de todos los enlaces.
- La empresa certificadora se reserva el derecho a comprobar la clase de los enlaces en cualquier momento.
- El personal deben tener el "título de instalador" otorgado por el fabricante.
- Ejemplos: ATT (sistema PDS), AMP,etc.

Como vemos, si una red fue instalada con todos (absolutamente todos) los componentes de una marca determinada, el fabricante, -empresas multinacionales- (de reconocido prestigio y calidad) extiende los certificados que vemos en las figuras siguientes, si se han cumplido las pautas que ellos han establecido.

Esto puede crear una relación perversa, porque instalador y fabricante están obligados a trabajar en conjunto, en comunión, ("casados", como suele decirse en la jerga profesional).

Por otra parte, la empresa capacita a los instaladores y estos solo venden e instalan productos de esa marca. Lo que se dice un circulo perfecto.

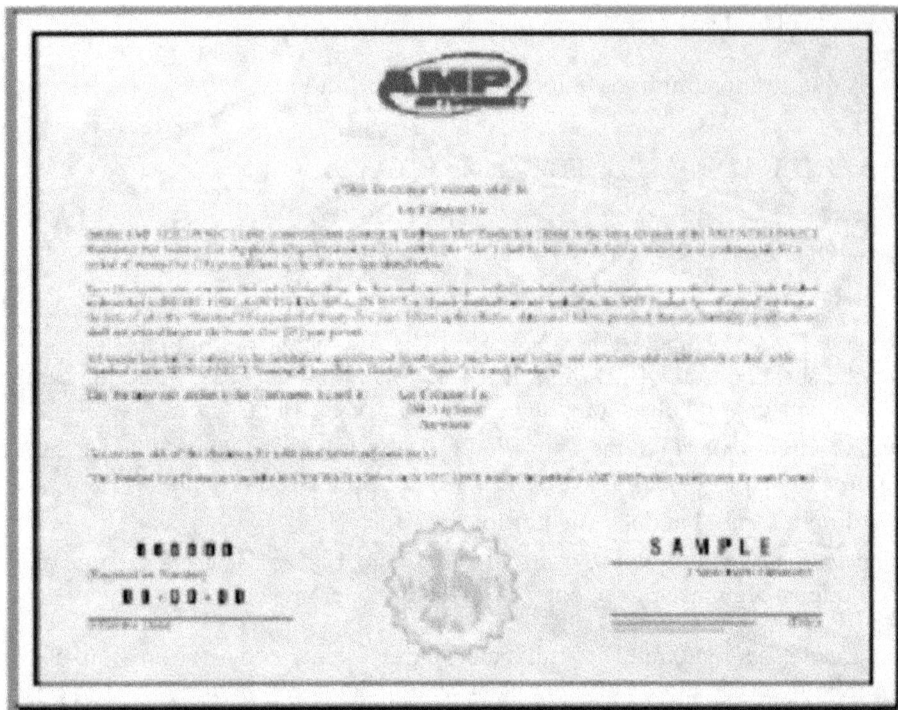

FIGURA 12-7. Certificado de Garantía de Componentes

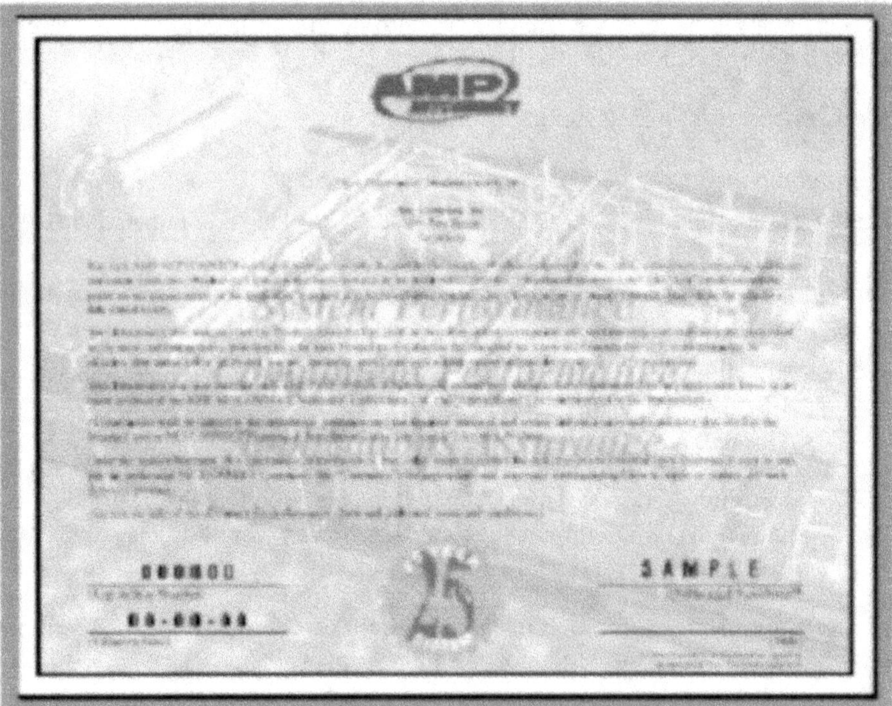

FIGURA 12-8. Garantía de Perfomance

En este ejemplo hemos tomado los certificados que entrega la empresa AMP

Para poder obtener entonces una *"Certificación"* que avale el funcionamiento de la red (el cableado) que hemos terminado de instalar, se debe medir todos los enlaces para certificar el cumplimiento de la normativa.

Debemos aclarar que las mediciones que realizaremos, se hacen siempre sobre elementos pasivos de la red, es decir, medimos cables (enlaces), conectores, pacheras, patch cord, terminales, jack, etc, pero no medimos equipos activos o inteligentes que estarán intercalados en la red, tales como swichers, repetidores, concentradores, multiplexores, etc. ni tampoco se interviene en aspectos relacionados con el software.

Aclarado este punto, veamos como deben ser los equipos de medida, y de que deben ser capaces

- Calcular directamente el cumplimiento de las normativas de clase.
- Calcular de manera independiente los valores de todos los parámetros de calidad.
- Ser portátiles para poderse instalar en todos los enlaces.

Por lo tanto, los equipos que utilicemos en las pruebas de campo, deberan tener las siguientes características:

- Cumplir la normativa de equipos de medida de cableado: TSB67.
- Realizar un autotest en menos de 25 segundos.
- Conexión a RS-232 para poder descargar en un PC las medidas.
- Biblioteca de cables.
- Flash Eprom. Para poder actualizar las nuevas normativas.
- Bandas de calidad.
- Portabilidad.
- Certificación por clases.

12.10.1. Procedimiento de Certificación

El proceso de certificación comienza con la elección del estandar con que se realizará la medición.

Este estandar, que tiene que tener incorporado nuestro tester, debe fijar todas las pruebas que se realizaran y los valores máximos permitidos en todos los casos con la indicación de "pasa" o "no pasa".

El Autotest ejecuta todas las pruebas necesarias para el estándar elegido.

Si el enlace pasa:

- Salvar los resultados y certificar el siguiente enlace.

Si el enlace falla:

- Utilizar las funciones de diagnóstico para aislar el problema.
- Reparar el problema y volver a certificar. Las pruebas que realiza el autotest, ya las tiene incorporadas en sus funciones de medición y son los parámetros que hemos analizado anteriormente. Así podemos ver que los resultados muestran (se ha graficado el display del aparato):

- Mapa de Cableado

- Resistencia

- Longitud

- Tiempo de propagación

- Diferencia de retardo

- Impedancia

- Next

- Fext

- ACR

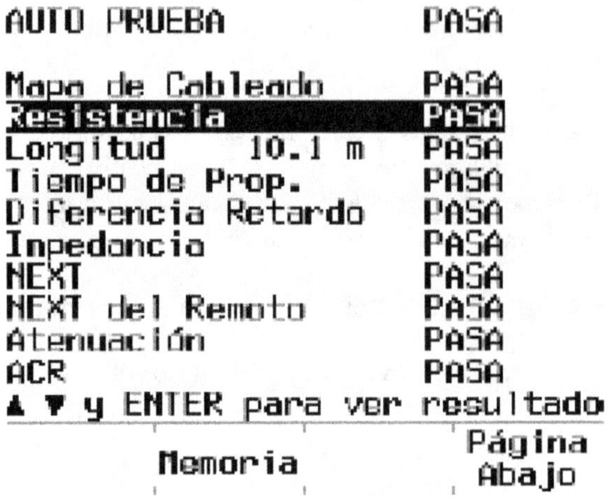

FIGURA 12-9.

El mapa de cableado, hace referencia a la disposición de los pares, en cuanto a la conexión que hemos hecho con ellos y como se "ven", es decir que no halla pares cruzados, cambiados, alterados, cortados o sin circuito.

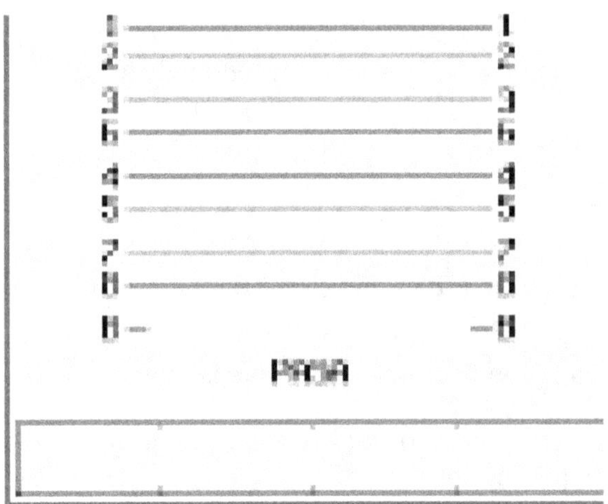

FIGURA 12-10. Mapa de cableado

Como vemos en este ejemplo, todos los pares están correctamente instalados y respetan la norma de conexión que hemos elegido. (Véase la asignación de pines)

La medida de la longitud es un valor importante, por cuanto vimos que la norma establece que no se deben superar los 90 metros en un enlace pasivo (sin repetidores o elementos activos) por lo que el tester debe "medir" la distancia que tiene ese enlace:

Medida de la longitud del enlace

- Se calcula con el retardo eléctrico más pequeño e incluye la longitud de los dos latiguillos.

Límites de la prueba (PASA/FALLA)

- Longitud máxima permitida para el enlace MAS 10%
- Se calcula con el retardo eléctrico más pequeño

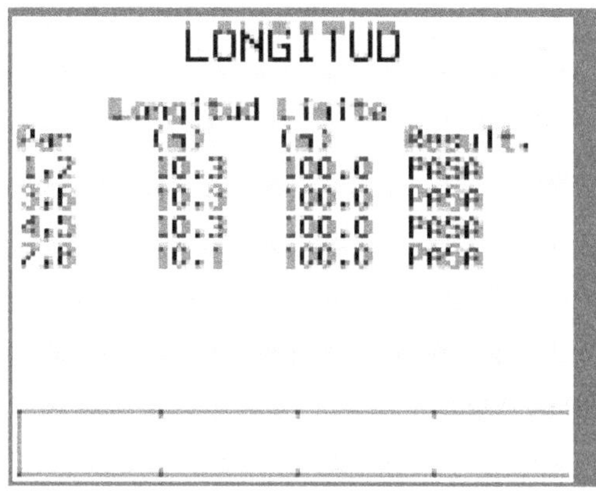

FIGURA 12-11.

Obsérvese que el aparato establece la longitud de cada par y da la referencia de la longitud máxima que estos pueden alcanzar.

Medición de la Atenuación

PASA

- Medida más alta de atenuación y la frecuencia a la que ocurre.

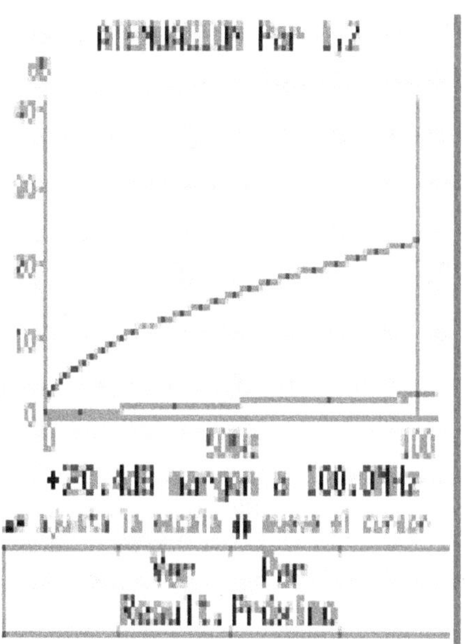

FIGURA 12-12. Resultados de la medición de Atenuación

NO PASA

- Atenuación medida y la frecuencia a la que ocurre
- Límite de prueba a esa frecuencia.

Tal como vimos más arriba, la medición de la atenuación debe entregar el reporte de si pasa o no pasa, pero también los valores de atenuación más altos encontrados y la frecuencia a la que ocurren.

En este caso debemos visualizar dos pantallas para ver completo el resultado de un par. (el tester grafica la curva de repuesta de la atenuación en función de la frecuencia.

12.11. MEDICIÓN DE EL NEXT

El next se comporta como si fuera una interferencia de ruido, donde la señal inducida, como ya vimos, puede tener una amplitud suficiente como para:

- corromper la señal original
- ser detectada falsamente como datos válidos

Efectos

- Estaciones intermitentemente "colgadas"
- Fallos generales en la red

Los efectos del next son similares a los que producen el Fext y en general todos los ruidos producidos por diafonía (o paradiafonía)

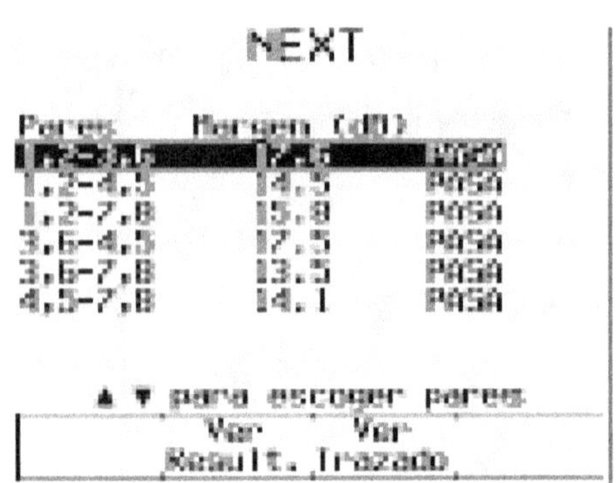
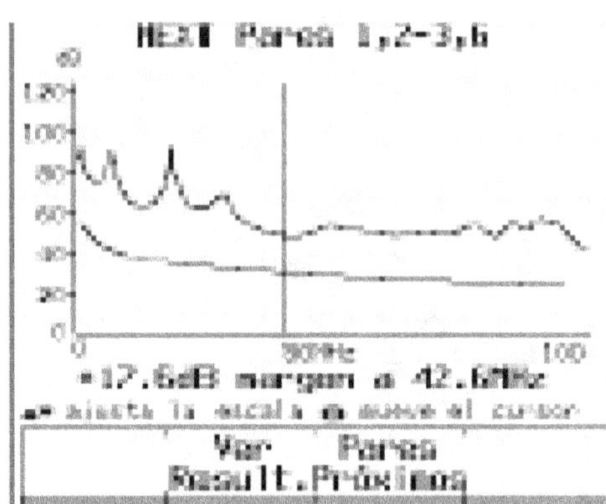

FIGURA 12-13. Resultados de la medición del Next

Como vemos, el procedimiento de medición de enlaces es relativamente simple. Lo que hemos "hecho" en los ejemplos de medición que ilustran estas líneas, debemos repetirlo para todos y cada uno de los enlaces que tenga la red, desde los cuartos de comunicaciones en el cableado horizontal, en los enlaces, en los backbone o cableados vertical, respetando si los enlaces son de cable UTP, o fibra.

Toda esta información, se debe descargar en una PC que nos permita hacer el análisis de funcionamiento de la red (hay software específicos)

Por supuesto que es muy común encontrar algunos enlaces que no cumplen con algún parámetro de medición, lo cual implica que se debe intervenir para dar solución al problema y medir nuevamente (y cuantas veces sea necesario hasta obtener el "pasa".

Por esta razón, resulta conveniente mantener el personal de instalaciones hasta que se tengan los resultados en las mano.

Las fallas más comunes que se encuentran en este tipo de instalaciones tiene que ver con procesos de manipuleo de los cables y la falta de experiencia del perosnla de instalaciones.

Por ejemplo, pelar los cables mas de lo que la norma establece (3 mm), porque es más fácil para armar la roseta o caja de conexión, o no tener pinzas de inserción y usar destornilladores!, son todos hechos causales de probables fallas.

Otro fallo muy común es jalar los cables, cuando se están pasando por cañerías, con tanta fuerza que en algunos casos se cortan algunos pares y en otros, más graves, se modifican sus características eléctricas por estiramiento, dando lugar a fallas que son más difíciles de encontrar que un cable cortado.

CAPITULO **13**

ARQUITECTURA DE LOS SISTEMAS DE TELECOMUNICACIONES

13.1. MODELO OSI (OPEN SYSTEMS INTERCONNECTION)

> *REFERIDO AL MODELO DE 7 CAPAS PARA LA INTERCONEXIÓN DE SISTEMAS ABIERTOS DESARROLLADO POR LA ORGANIZACIÓN INTERNACIONAL DE STANDARD ISO.*

Basado en el principio enunciado por Julio Cesar (Divide y Reinaras), el modelo es iniciado por la **IBM** para redes de computadoras. En IBM se denomina **SNA** (*Systems Network Architectura*) y es original de 1974, con versión definitiva en 1985. Este modelo es perfeccionado por la Organización Internacional de Normalizaciones **ISO** en el estándar **ISO 3309.**

El modelo ISO se inicia en 1977 y se adopta en 1984. Se denomina Modelo de Interconexión de Sistemas Abiertos **OSI** con 7 capas. En **ITU-T X.200** se adopta el modelo **ISO/IEC 7498-1** para sistemas de comunicaciones.

Por mucho tiempo se consideró al diseño de redes un proceso muy complicado de llevar a cabo, debido a que los fabricantes de computadoras tenían su propia arquitectura de red, y esta era muy distinta al resto, y en ningún caso existía compatibilidad entre marcas.

La idea es diseñar redes como una secuencia de capas, cada una construida sobre la anterior.

Las capas se pueden dividir en dos grupos:

1) Servicios de transporte (niveles 1, 2, 3 y 4).
2) Servicios de soporte al usuario (niveles 5, 6 y 7).

El modelo OSI está pensado para las grandes redes de telecomunicaciones de tipo WAN.

No es un estándar de comunicaciones ya que es un lineamiento funcional para las tareas de comunicaciones, sin embargo muchos estándares y protocolos cumplen con los lineamientos del modelo.

Como se menciona anteriormente, OSI nace como una necesidad de uniformar los elementos que participan en la solución de los problemas de comunicación entre equipos de diferentes fabricantes. (Posibilitar entornos "multimarca – multiproducto", cortando la dependencia de los sistemas "propietario")

13.1.1. Problemas de Compatibilidad

El problema de compatibilidad (para equipos de distintos fabricantes) se presenta entre los equipos que van a comunicarse debido a diferencias en:

- Procesador Central.
- Velocidad.
- Memoria.
- Dispositivos de Almacenamiento.
- Interface para las Comunicaciones.
- Códigos de caracteres.
- Sistemas Operativos.

Lo que hace necesario atacar el problema de compatibilidad a través de distintos niveles (o capas.)

13.1.2. Importantes Beneficios

1) Mayor comprensión del problema.
2) La solución de cada problema especifico puede ser optimizada individualmente.

13.1.3. Objetivos claros y definidos del modelo

Formalizar los diferentes niveles de interacción para la conexión de computadoras habilitando así la comunicación del sistema de computo independientemente del fabricante y la arquitectura, como así también la localización o el sistema operativo.

13.1.4. Alcance de los objetivos

1. Obtener un modelo en varios niveles manejando el concepto de BIT, hasta el concepto de APLICION.
2. Desarrollo de un modelo en el que cada capa define un
3. Encapsular las especificaciones de cada protocolo de manera que se oculten los detalles.
4. Especificar la forma de diseñar familias de protocolos, esto es, definir las funciones que debe realizar cada capa.

13.2. ESTRUCTURA DEL MODELO OSI

A-	Estructura multinivel:
	Se diseña una estructura multinivel con la idea de que cada nivel resuelva solo una parte del problema de la comunicación, con funciones especificas.

B-	El nivel superior utiliza los servicios de los niveles inferiores
	Cada nivel se comunica con su homologo en las otras máquinas, usando un mensaje a través de los niveles inferiores de la misma. La comunicación entre niveles se define de manera que un nivel N utilice los servicios del nivel N-1 y proporcione servicios al nivel N+1.

C-	Puntos de acceso:
	Entre los diferentes niveles existen interfaces llamadas "puntos de acceso" a los servicios.

D-	Dependencia de Niveles:
	Cada nivel es dependiente del nivel inferior como así también lo es del nivel superior.

E-	Encabezados:
	En cada nivel, se incorpora al mensaje un formato de control. Este elemento de control permite que un nivel en la computadora receptora se entere de que la computadora emisora le está enviando un mensaje con información.

FIGURA 13-1.

Cualquier nivel puede incorporar un encabezado al mensaje. Por esta razón se considera que un mensaje está constituido de dos partes, el **encabezado** y la **información**.

Entonces, la incorporación de encabezados es necesaria aunque represente un lote extra en la información, lo que implica que un mensaje corto pueda ser voluminoso.

Sin embargo, como la computadora receptora retira los encabezados en orden inverso a como se enviaron desde la computadora emisora, el mensaje original no se afecta.

Esta arquitectura representada utiliza la terminología de las primeras redes llamadas ARPANET, donde las maquinas que se utilizan para correr los programas en la red se llaman host (computadoras centrales), o también llamadas terminales.

Los host se comunican a través de una subred de comunicaciones que se encarga de enviar los mensajes entre los host, como si fuera un sistema de comunicación telefónica. La subred se compone de dos elementos: las líneas de transmisión de datos, y los elementos de conmutación, llamados IMP (procesadores de intercambio de mensajes).

De ésta manera todo el tráfico que va o viene a un hostal pasa a través de su IMP.

El diseño de una subred puede ser de dos tipos:

1) Canales punto a punto.
2) Canales de difusión.

El primero (punto a punto) contiene varias líneas de comunicaciones, conectadas cada una a un par de IMP.

Cuando un mensaje (paquete) se envía de un IMP otro, se utiliza un IMP intermedio, que garantiza el envío del mensaje, esta modalidad se utiliza en las redes extendidas que son del tipo almacenamiento y reenvío.

El segundo (difusión) contiene un solo canal de difusión que se comparte con todas las máquinas de la red. Los paquetes que una máquina quiera enviar, son recibidos por todas las demás, un campo de dirección indica quién es el destinatario, este modelo se utiliza en redes locales.

13.3. ARQUITECTURA DE RED BASADA EN EL MODELO OSI

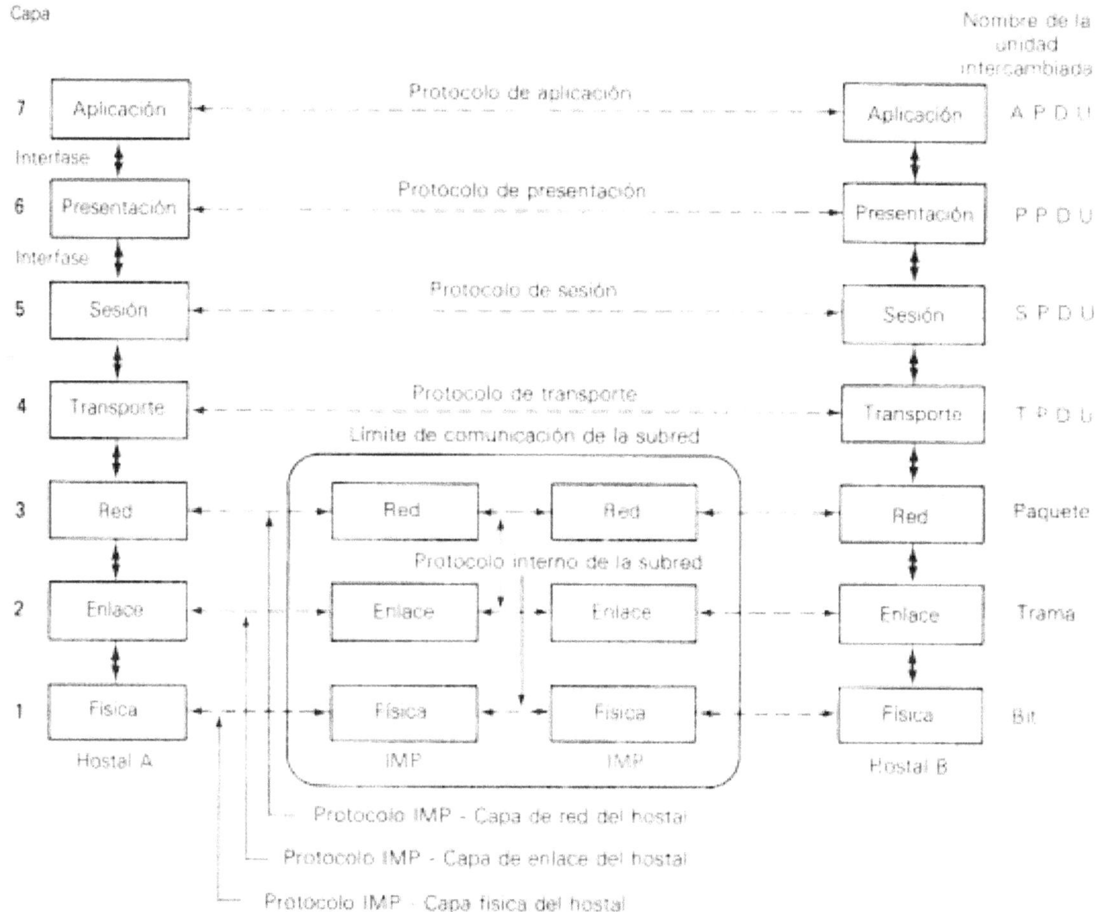

FIGURA 13-2. Arquitectura de la red basada en el modelo OSI.

La organización de las redes en capas ayuda a reducir la complejidad, dado que cada capa se va construyendo sobre la anterior y debe prestar servicios a la siguiente.

El número de capas, sus nombres o contenidos varían según el modelo que se utilice.

El conjunto de **Capas y Protocolos** definen la **Arquitectura de Red,** la que deberá tener toda la información necesaria para construir el **Software y el hardware,** de cada capa de acuerdo a los lineamientos del modelo elegido.

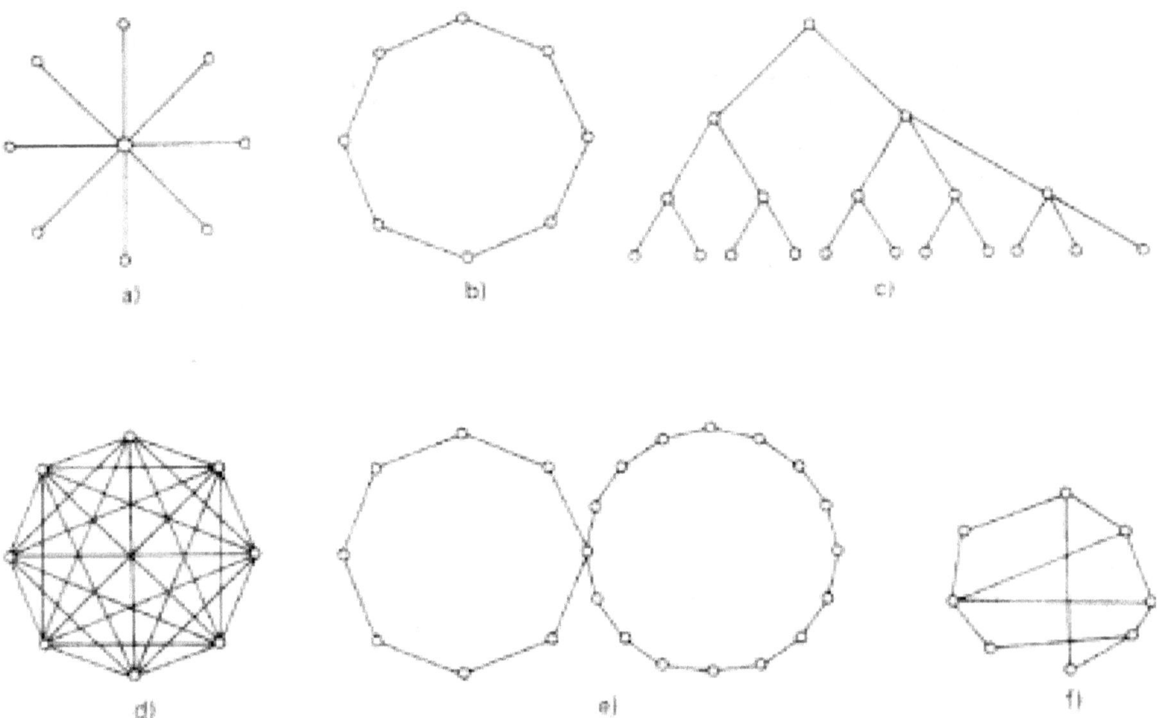

FIGURA 13-3. Diseño punto a punto. a)Estrella, b)Anillo,
c) Árbol, d) Completa, e I ntersección de anillos, f) Irregular.

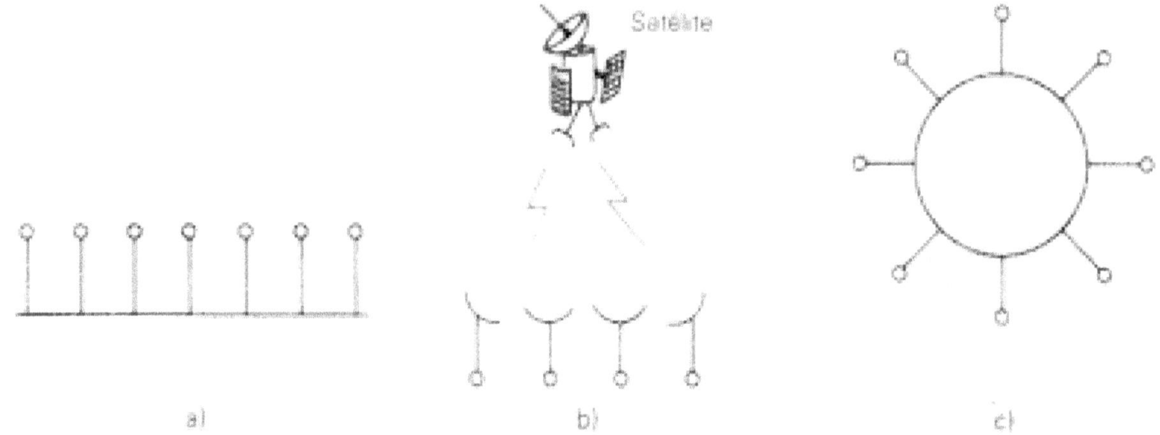

FIGURA 13-4. Diseño de difusión. a) Bus, b) Satélite o radio, c)Anillo.

13.4. Capas, Protocolos e Interfaces

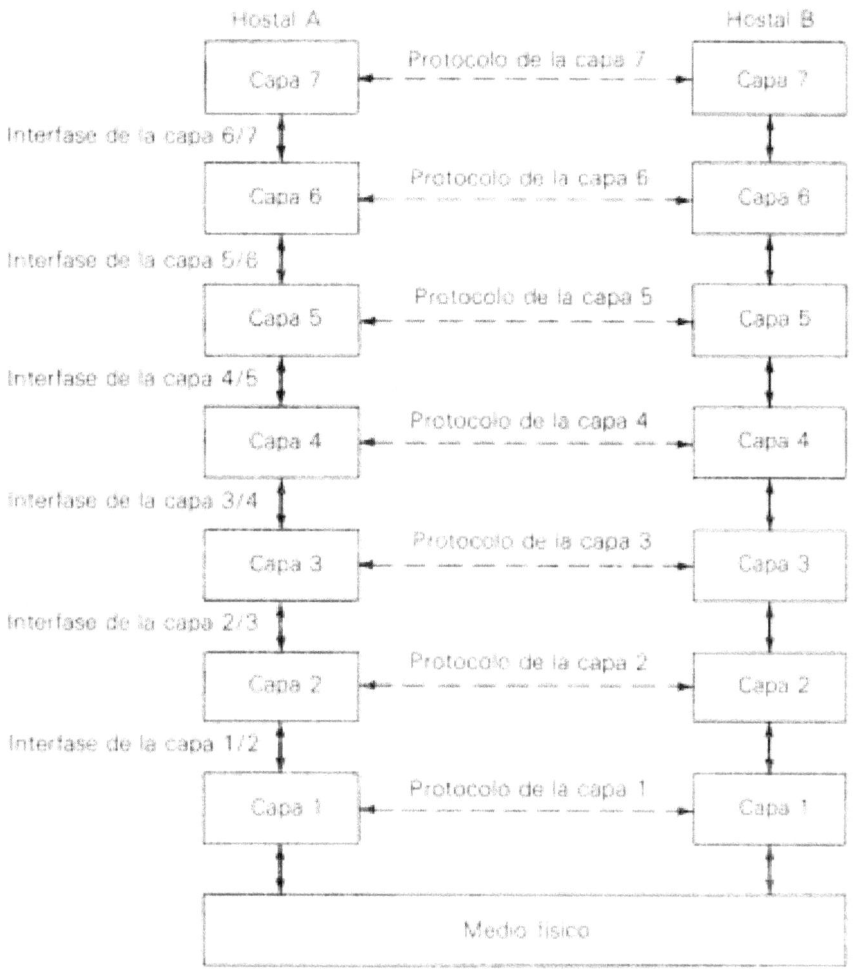

FIGURA 13-5. Capas, protocolos e interfaces

13.5. Jerarquía de Protocolos

Como dijimos anteriormente, las redes de diseñan en capas con el propósito de reducir la complejidad, pero la cantidad de capas, las funciones que se llevan a cabo en cada una y el nombre varían de una red a otra.

De acuerdo con esto, cada una de las capas libera a la posterior del conocimiento de las funciones subyacentes.

La consecuencia lógica de esto es que es necesario establecer interfaces de comunicación entre capas que definen los servicios y operaciones.

Cuando una *capa n* de una máquina A establece comunicación con la *capa n* una máquina B, se establecen reglas y convenciones para llevarla a cabo, lo cual se denomina protocolo de la *capa n.*

13.6. CAPAS DEL MODELO OSI

13.6.1. Capa Física

Aquí se encuentran los medios materiales para la comunicación como las placas, cables, conectores, es decir los medios mecánicos y eléctricos.

La capa física se ocupa de la transmisión de bits a lo largo de un canal de comunicación, de cuantos microsegundos dura un bit, y que voltaje representa un 1 y cuantos un 0. La misma debe garantizar que un bit que se manda llegue con el mismo valor. Muchos problemas de diseño en la parte física son problema de la ingeniería electrónica o eléctrica.

Medios de transmisión

- **Par trenzado (twisted pair).** Consiste en dos alambres de cobre enroscados (para reducir interferencia eléctrica).
- **Cable coaxial.** Un alambre aislado dentro de un conductor cilíndrico. Tiene un mejor blindaje y puede alcanzar distancias más largas con velocidades mayores.
- **Fibra óptica.** Hoy tiene un ancho de banda de 50.000 Gbps, pero es limitada por la conversión entre las señales ópticas y eléctricas (1 Gbps). Los pulsos de luz rebotan dentro de la fibra.

Nos ocuparemos en extenso sobre estos medios conductores en los capítulos sucesivos

Además de estos hay también medios inalámbricos de transmisión. Cada uno usa una banda de frecuencias en alguna parte del espectro electromagnético. Las ondas de longitudes más cortas tienen frecuencias más altas, y así apoyan velocidades más altas de transmisión de datos. (Recordemos que $\lambda = \dfrac{c}{f}$, es decir la longitud de onda es directamente poroporcional a la velocidad de la luz e inversamente proporcional a la frecuencia)

Veamos algunos ejemplos:

- **Radio.** 10 KHz-100 MHz. Las ondas de radio son fáciles de generar, pueden cruzar distancias largas, y entrar fácilmente en los edificios. Son omnidireccionales, lo cual implica que los transmisores y receptores no tienen que ser alineados.

  - Las ondas de frecuencias bajas pasan por los obstáculos, pero el poder disminuye con la distancia.
  - Las ondas de frecuencias más altas van en líneas rectas. Rebotan en los obstáculos y la lluvia las absorbe.

- **Microondas.** 100 MHz-10 GHz. Propagación en líneas rectas. Antes de la fibra formaban el centro del sistema telefónico de larga distancia. La lluvia y las nevadas las absorben provocando "fading".
- **Infrarrojo.** Se usan en la comunicación de corta distancia (por ejemplo, controlo remoto de televisores). No pasan por las paredes, lo que implica que sistemas en distintas habitaciones no se interfieren. No se pueden usar fuera.

✦ **Ondas de luz.** Se usan lasers. Ofrecen un ancho de banda alto con costo bajo, pero el rayo es muy angosto, y el alineamiento es difícil.

El sistema telefónico

✦ En general hay que usarlo para redes más grandes que una LAN.

✦ Consiste en las oficinas de conmutación, los alambres entres los clientes y las oficinas (los local loops), y los alambres de las conexiones de larga distancia entre las oficinas (los troncales o backbones)). Hay una jerarquía de las oficinas.

✦ La tendencia es hacia la señalización digital. Ventajas:

  • La regeneración de la señal es fácil sobre distancias largas.

  • Se pueden entremezclar la voz y los datos.

  • Los amplificadores son más baratos porque solamente tienen que distinguir entre dos niveles.

  • El mantenimiento es más simple; es fácil detectar errores.

Satélites

✦ Funcionan como repetidores de microondas. Un satélite contiene algunos transponders que reciben las señales de alguna porción del espectro, las amplifican, y las retransmiten en otra frecuencia.

✦ Hay tres bandas principales: C (que tiene problemas de interferencia terrenal), Ku, y Ka (que tienen problemas con la lluvia).

✦ Un satélite tiene 12-20 transponedores, cada uno con un ancho de banda de 36-50 MHz. Una velocidad de transmisión de 50 Mbps es típica. Se usa la multiplexación de división de tiempo.

✦ La altitud de 36.000 km sobre el ecuador permite la órbita geosíncrona, pero no se pueden ubicar los satélites con espacios de menos de 1 o 2 grados.

✦ Los tiempos de tránsito de 250-300 milisegundos son típicos.

✦ Muy útil en la comunicación móvil, y la comunicación en las áreas con el terreno difícil o la infraestructura débil.

Se trata en detalle más adelante.

13.6.2. Capa De Enlace

Se encarga de transformar la línea de transmisión común en una línea sin errores para la capa de red, esto se lleva a cabo dividiendo la entrada de datos en **tramas de asentimiento**, por otro lado se incluye un patrón de bits entre las tramas de datos. Esta capa también se encarga de solucionar los problemas de reenvío, o mensajes duplicados cuando hay destrucción de tramas. Por otro lado es necesario controlar el tráfico.

Un grave problema que se debe controlar es la transmisión bidireccional de datos.

El tema principal son los algoritmos para la comunicación confiable y eficiente entre dos máquinas adyacentes.

Problemas: los errores en los circuitos de comunicación, sus velocidades finitas de transmisión, y el tiempo de propagación.

Normalmente se parte de un flujo de bits en marcos.

Marcos

El nivel de enlace trata de detectar y corregir los errores. Normalmente se parte el flujo de bits en marcos y se calcula un checksum (comprobación de datos) para cada uno.

Las tramas contendrán información como:

- Número de caracteres (un campo del encabezamiento guarda el número. Pero si el número es cambiado en una transmisión, es difícil recuperar.)
- Caracteres de inicio y fin.

Servicios para el nivel de red

Servicio sin acuses de recibo. La máquina de fuente manda marcos al destino. Es apropiado si la frecuencia de errores es muy baja o el tráfico es de tiempo real (por ejemplo, voz).

Servicio con acuses de recibo. El receptor manda un acuse de recibo al remitente para cada marco recibido.

Control de flujo

Se usan protocolos que prohíben que el remitente pueda mandar marcos sin el permiso implícito o explícito del receptor.

Por ejemplo, el remitente puede mandar un número indeterminado de marcos pero entonces tiene que esperar.

Detección y corrección de errores

Ejemplo: **HDLC.**

En este ejemplo se verá un protocolo que se podría identificar con el segundo nivel OSI. Es el HDLC (High-level Data Link Control). Este es un protocolo orientado a bit, es decir, sus especificaciones cubren que información lleva cada uno de los bits de la trama.

BITS 8	8	8	>=0	16	8
01111110	Adress	Control	Data	Checksum	01111110

FIGURA 13-6.

Como se puede ver en el formato de trama, se definen unos campos que se agregan a la información (Datos). Estos campos se utilizan con distintos fines. Con el campo Checksum se detectan posibles errores en la transmisión mientras que con el campo control se envía mensajes como datos recibidos correctamente, etc.

13.6.3. Capa De Red

Se ocupa del control de la operación de la subred. Lo más importante es eliminar los cuellos de botella que se producen al saturarse la red de paquetes enviados, por lo que también es necesario encaminar cada paquete con su destinatario.

Dentro de la capa existe una contabilidad sobre los paquetes enviados a los clientes.

Otro problema a solucionar por esta capa es la interconexión de redes heterogéneas, solucionando problemas de protocolo diferentes, o direcciones desiguales.

Este nivel encamina los paquetes de la fuente al destino final a través de encaminadores (routers) intermedios. Tiene que saber la topología de la subred, evitar la congestión, y manejar saltos cuando la fuente y el destino están en redes distintas.

El nivel de red en la Internet (Funcionamiento del protocolo IP)

El protocolo de IP (Internet Protocol) es la base fundamental de Internet. Hace posible enviar datos de la fuente al destino. El nivel de transporte parte el flujo de datos en datagramas. Durante su transmisión se puede partir un datagrama en fragmentos que se montan de nuevo en el destino.

Paquetes de IP:

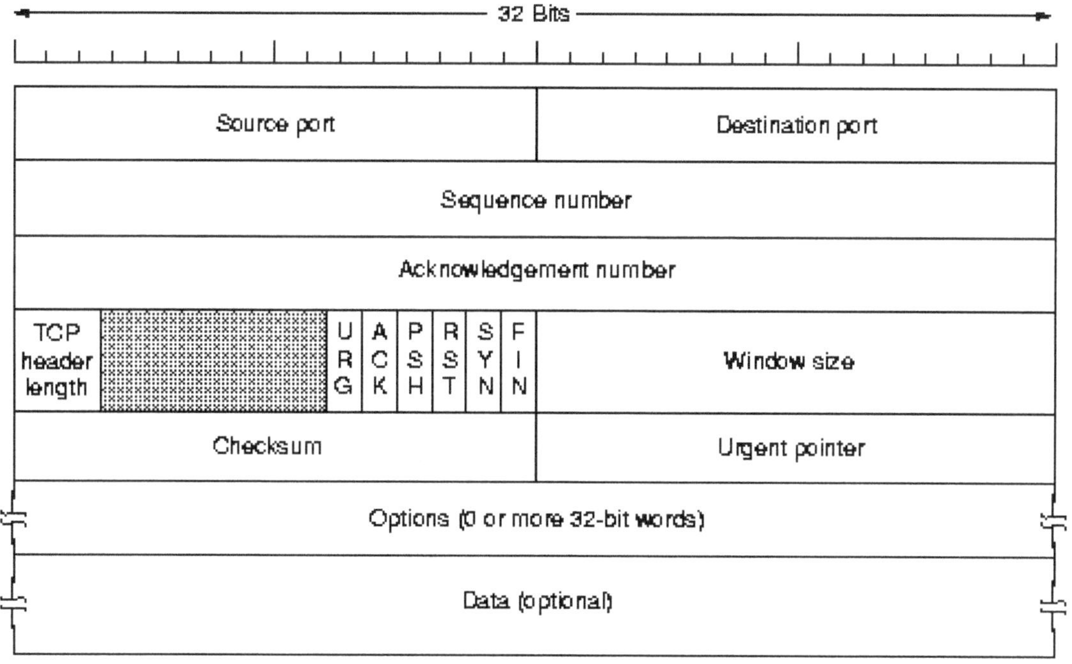

FIGURA 13-7.

- **Versión.** Es la 4. Permite las actualizaciones.
- **IHL.** La longitud del encabezamiento en palabras de 32 bits. El valor máximo es 15, o 60 bytes.

- **Tipo de servicio.** Determina si el envío y la velocidad de los datos es fiable. No usado.
- **Longitud total.** Hasta un máximo de 65.535 bytes.
- **Identificación.** Para determinar a qué datagrama pertenece un fragmento.
- **DF (Don't Fragment).** El destino no puede montar el datagrama de nuevo.
- **MF (More Fragments).** No establecido en el fragmento último.
- **Desplazamiento del fragmento.** A qué parte del datagrama pertenece este fragmento. El tamaño del fragmento elemental es 8 bytes.
- **Tiempo de vida.** Se decrementa cada salto.
- **Protocolo.** Protocolo de transporte en que se debiera basar el datagrama. Las opciones incluyen el enrutamiento estricto (se especifica la ruta completa), el enrutamiento suelto (se especifican solamente algunos routers en la ruta), y grabación de la ruta.

Más adelante nos referiremos en extenso al Protocolo IP.

13.6.4. Capa de Transporte

La función principal es de aceptar los datos de la capa superior y dividirlos en unidades más pequeñas, para pasarlos a la capa de red, asegurando que todos los segmentos lleguen correctamente, esto debe ser independiente del hardware en el que se encuentre.

Para bajar los costos de transporte se puede multiplexar varias conexiones en la misma red.

Esta capa necesita hacer el trabajo de multiplexión transparente a la capa de sesión.

El quinto nivel utiliza los servicios del nivel de red para proveer un servicio eficiente y confiable a sus clientes, que normalmente son los procesos en el nivel de aplicación.

El hardware y software dentro del nivel de transporte se llaman la *entidad de transporte.*

Puede estar en el corazón del sistema operativo, en un programa, en una tarjeta, etc.

Sus servicios son muy semejantes a los del nivel de red. Las direcciones y el control de flujo son semejantes también. Por lo tanto, ¿por qué tenemos un nivel de transporte? ¿Por qué no solamente el nivel de red?

La razón es que el nivel de red es una parte de la subred y los usuarios no tienen ningún control sobre ella. El nivel de transporte permite que los usuarios puedan mejorar el servicio del nivel de red (que puede perder paquetes, puede tener routers que no funcionan a veces, etc.). El nivel de transporte permite que tengamos un servicio más confiable que el nivel de red.

También, las funciones del nivel de transporte pueden ser independiente de las funciones del nivel de red. Las aplicaciones pueden usar estas funciones para funcionar en cualquier tipo de red.

Protocolos de transporte

Los protocolos de transporte se parecen los protocolos de enlace. Ambos manejan el control de errores, el control de flujo, la secuencia de paquetes, etc. Pero hay diferencias:

En el nivel de transporte, se necesita una manera para especificar la dirección del destino. En el nivel de enlace está solamente el enlace.

En el nivel de enlace es fácil establecer la conexión; el host en el otro extremo del enlace está siempre allí. En el nivel de transporte este proceso es mucho más difícil.

Establecimiento de una conexión

Desconexión

La desconexión asimétrica puede perder datos. La desconexión simétrica permite que cada lado pueda liberar una dirección de la conexión a la vez.

Control de flujo

Se debe controlar que el número de paquetes enviados a un destino para que no colapse a este.

Multiplexación

A veces el nivel de transporte tiene que multiplexar las conexiones. Si se desea una transmisión de datos muy rápida se abrirán varias conexiones y los datos se dividirán para hacerlos pasar por estas.

Si solo se tiene una conexión pero se quieren pasar varios datos se deberá multiplexar el canal. Por tiempos transmitirá una conexión u otra.

Recuperación de caídas

Si una parte de la subred se cae durante una conexión, el nivel de transporte puede establecer una conexión nueva y recuperar de la situación.

El encabezamiento de TCP

TCP (Protocolo de control de transmisión) es el método usado por el protocolo IP (Internet protocol) para enviar datos a través de la red. Mientras IP cuida del manejo del envío de los datos, TCP cuida el trato individual de cada uno de ellos (llamados comúnmente "paquetes") para el correcto enrutamiento de los mismos a través de Internet.

El encabezamiento de TCP para la transmisión de datos tiene este aspecto:

La puerta de la fuente y del destino identifican la conexión.

El número de secuencia y el número de acuse de recibo son normales. El último especifica el próximo byte esperado.

La longitud (4 bits) indica el número de palabras de 32 bits en el encabezamiento, ya que el campo de opciones tiene una longitud variable.

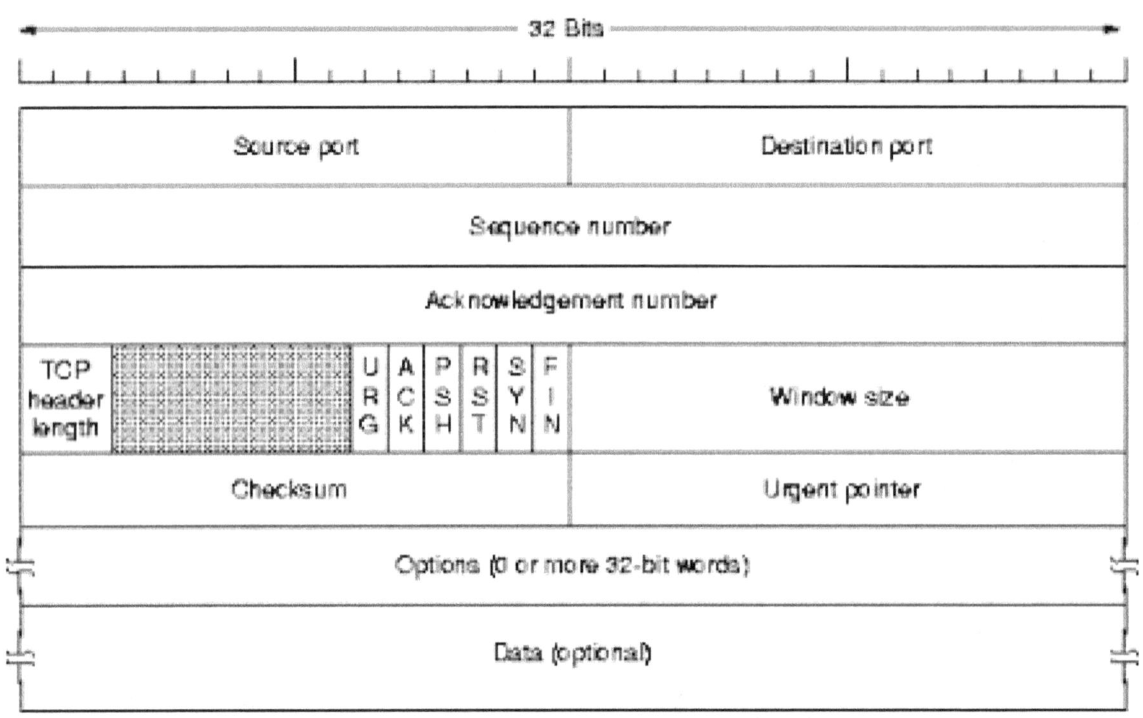

FIGURA 13-8.

Los flags:

URG.	Indica que el segmento contiene datos urgentes. El puntero urgente punta al desplazamiento del número de secuencia corriente donde están los datos urgentes.
ACK.	Indica que hay un número de acuse en el campo de acuse.
PSH (Push).	El receptor no debiera almacenar los datos antes de entregarlos.
RST (Reset).	Hay un problema en la conexión.
SYN.	Se usa para establecer las conexiones. Una solicitud de conexión tiene SYN = 1 y ACK = 0, mientras que la aceptación de una conexión tiene SYN = 1 y ACK = 1.
FIN.	Indica que el mandador no tiene más datos a mandar. La desconexión es simétrica.

TCP usa una ventana de tamaño variable. Este campo indica cuantos bytes se pueden mandar después del byte de acuse.

El checksum provee más confiabilidad.

Las opciones permiten que los hosts puedan especificar el segmento máximo que están listos para aceptar (tienen que poder recibir segmentos de 556 bytes), usar una ventana mayor que 64K bytes, y usar repetir selectivamente en vez de repetir un número indeterminado de veces.

13.6.5. Capa De Sesión

Permite a los usuarios sesionar entre sí permitiendo acceder a un sistema de tiempo compartido a distancia, o transferir un archivo entre dos máquinas.

Uno de los servicios de esta capa es la del seguimiento de turnos en el tráfico de información, como así también la administración de tareas, sobre todo para los protocolos.

Otra tarea de esta capa es la de sincronización de operaciones con los tiempos de caída en la red.

De acuerdo con la idea central del modelo, los servicios que presta esta capa tienen por objeto proporcionar los medios para que la capa 6 (es decir la capa superior) organice y sincronice el intercambio de datos, por lo que las funciones serán:

- Establecimiento y liberación de la conexión de sesión.
- Intercambio de datos normal o acelerado.
- Sincronización de la conexión. (Innecesario en los protocolos TCP/IP de capa 4/3.)

13.6.6. Capa De Presentación

Se ocupa de los aspectos de sintaxis y semántica de la información que se transmite, por ejemplo la codificación de datos según un acuerdo.

Esto se debe a que los distintos formatos en que se representa la información que se transmite son distintos en cada máquina. Otro aspecto de esta capa es la compresión de información reduciendo el n° de bits.

Esta capa permite la presentación de la información que las entidades de aplicación comunican o mencionan en su comunicación.

Se ocupa como dijimos de la **sintaxis** (reglas gramaticales para representación de los datos; secuencia y ortografía de los comandos) pero no interviene en la **semántica** (función que cumple cada parte del mensaje; significado para la capa 7).

Ejemplos de protocolos de capa 6 son la compresión de texto, criptografía, reformateo y terminal virtual. (Los protocolos UNIX (TCP/IP) no poseen capa 5 y 6)

Las funciones de esta capa son:

- Transformación y selección de la sintaxis para la capa 7.
- Transferencia de datos.
- Negociación y renegociación de la sintaxis.
- Establecimiento del formato de datos (compresión de código).

13.6.7. Capa De Alicación

Contiene una variedad de protocolos que se necesitan frecuentemente, por ejemplo para la cantidad de terminales incompatibles que existen para trabajar con un mismo editor orientado a pantalla. Para esto se manejan terminales virtuales de orden abstracto.

Otra función de esta capa es la de transferencias de archivos cuando los sistemas de archivos de las máquinas son distintos solucionando esa incompatibilidad. Aparte se encarga de sistema de correo electrónico, y otros servicios de propósitos generales.

El nivel de aplicación es siempre el más cercano al usuario.

Por nivel de aplicación se entiende el programa o conjunto de programas que generan una información para que esta viaje por la red.

El ejemplo más inmediato sería el del correo electrónico. Cuando procesamos y enviamos un correo electrónico este puede ir en principio a cualquier lugar del mundo, y ser leído en cualquier tipo de ordenador.

Los juegos de caracteres utilizados por el emisor y el receptor pueden ser diferentes por lo que alguien se ha de ocupar de llevar a cabo estos ajustes. También se ha de crear un estándar en lo que la asignación de direcciones de correo se refiere.

De todas estas funciones se encarga el nivel de aplicación. El nivel de aplicación, mediante la definición de protocolos, asegura una estandarización de las aplicaciones de red.

En nuestro ejemplo del correo electrónico esto es lo que sucedería...

Supongamos que escribimos un mensaje como el siguiente:

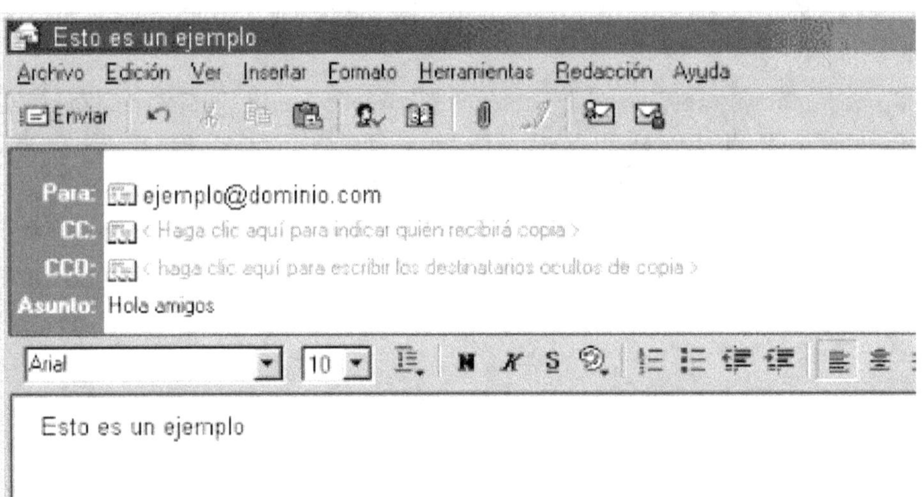

FIGURA 13-9.

En nuestro caso hemos escrito este e-mail en un ordenador PC con Windows98 con el programa de correo Microsoft Outlook.

Fuese cual fuese el ordenador, sistema operativo o programa de correo que utilizásemos, lo que finalmente viajaría por la red cuando enviáramos el correo sería algo como esto:

```
charset="iso-8859-1"
From:"Remitente" Email del remitente
To: Destinatario
Subject: Hola amigos
Date: Thu, 25 Feb 2001 09:44:14 +0100
MIME-Version: 1.0
Content-Type: text/plain;
Content-Transfer-Encoding: 7bit
X-Priority: 3
X-MSMail-Priority: Normal
X-Mailer: Microsoft Outlook Express
4.72.3110.5
X-MimeOLE: Produced By Microsoft MimeOLE
V4.72.3110.3

Hola amigos
```

El estándar que define esta codificación de mensajes es el protocolo SMTP. Cualquier ordenador del mundo que tenga un programa de correo electrónico que cumpla con el estándar SMTP será capaz de sacar por pantalla nuestro mensaje.

Las funciones que realiza la capa de aplicación difieren de los ofrecidos por las otras capas debido al hecho que, como no existe una capa superior, no ofrece servicios.

Ejemplos de protocolos de capa 7 son el terminal virtual y transferencia de

archivos (file)

Se pueden identifican las siguientes funciones:

- Identificación del corresponsal mediante la dirección.
- Determinación de la disponibilidad y establecimiento de la autorización.
- Determinación de la metodología de costos de la comunicación.
- Determinación de la calidad de servicio (errores y costo).
- Selección de disciplina de diálogo y limitaciones de sintaxis.

TRANSMISION DE DATOS EN EL MODELO OSI

Cuando el equipo emisor desea enviar datos al equipo receptor, entrega los datos a la capa de aplicación (7), donde se añade la cabecera de aplicación en la parte delantera de los datos, que se entrega a la capa de presentación, y de esta manera, y en forma descendente y sucesiva se prosigue hasta la capa física.

Luego de la transmisión física, la máquina receptora, se encarga de hacer los pasos inversos para recuperar la información, desde la capa física (1) hasta la capa de aplicación.

TERMINOLOGIA EN EL MODELO OSI

Entidades

Elementos activos que se encuentran en cada una de las capas, ej. software, hardware, cuando las entidades se encuentran en la misma capa son entidades pares.

Proveedor de servicio

Es cada entidad inferior a otra que le puede ofrecer servicios o funciones.

SAP

Es el punto de acceso a los servicios de una capa inferior, cada SAP tiene una dirección que lo identifica.

Interface

Es el conjunto de reglas que hace que las capas se puedan comunicar. Se usa una IDU (unidad de datos de la interface) a través del SAP, la IDU consiste en una SDU (unidad de datos de servicio), además de alguna información de control, necesaria para que las capas inferiores realicen su trabajo, pero no forma parte de los datos.

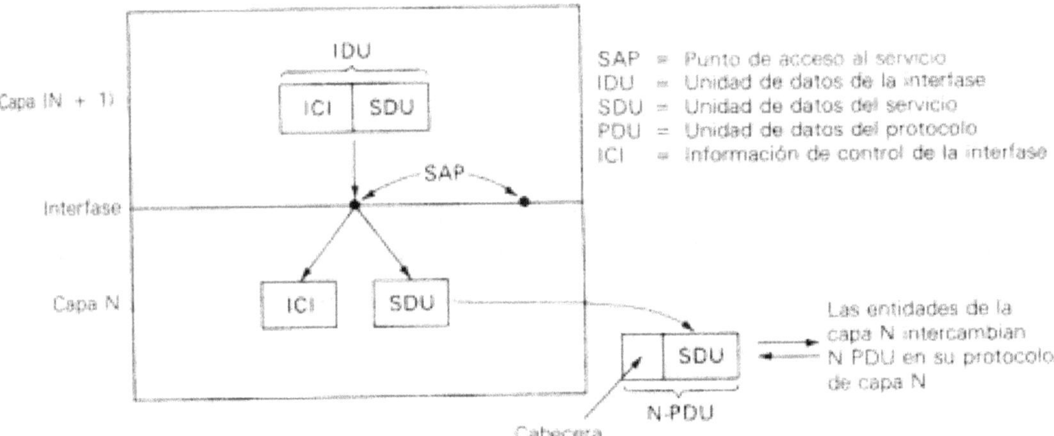

FIGURA 13-10. Elementos de una transmisión en modelo OSI entre capas.

Servicios orientados a conexión y servicios sin conexión

El servicio orientado a conexión se modeló basándose en el sistema telefónico. Así el usuario establece la conexión, la usa, y luego se desconecta. El sistema es similar al usado como una tubería.

En cambio el servicio sin conexión se modeló como el servicio postal. Cada mensaje lleva consigo la dirección del destino, donde no interesa el camino que tome, el inconveniente es el manejo de los tiempos de llegada de los mismos, ya que no se puede determinar el tiempo en que llegará cada mensaje enviado.

La transferencia de archivos se realiza generalmente con el servicio orientado a conexión. Para esto existen dos variantes: **secuencia de mensajes** y **flujos de octetos**. En el primero se mantiene el límite del mensaje, en cambio en el otro se pueden enviar octetos de 2k sin limite.

Primitiva De Servicio

Un servicio posee un conjunto de primitivas que hace que el usuario pueda acceder a ellos, y estas primitivas indican al servicio la acción que deben realizar.
Existen cuatro categorías de primitivas:

- Petición o solicitud, que realiza el pedido de conexión o enviar datos
- Indicación, una vez realizado el trabajo se le avisa a la entidad correspondiente
- Respuesta, responde si de acepta o rechaza la conexión.
- Confirmación, cada entidad se informa sobre la solicitud.
- Cada capa genérica N recibe una unidad de servicio **SDU** desde la capa N+1;
- Agrega una información adicional denominado protocolo de control **PCI** y
- Forma la unidad de datos **PDU** que corresponde al SDU de la capa N-1.

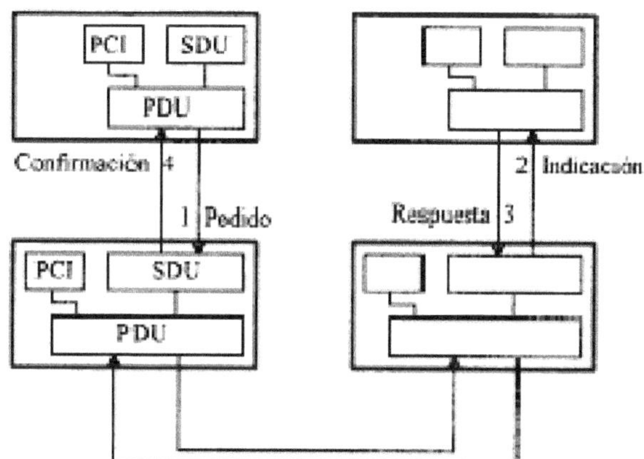

-**Pedido** desde N a N-1 (requerimiento de servicio);

-**Indicación** desde N-1 a N (notificación de requerimiento);

-**Respuesta** desde N a N-1 (reconocimiento de indicación);

-**Confirmación** desde N-1 a N (pedido completado).

FIGURA 13-11.

13.7. RELACION ENTRE SERVICIOS Y PROTOCOLOS

Un servicio es un conjunto de primitivas (operaciones), que la capa efectuará en beneficio de sus usuarios, sin indicar la manera en que lo hará. También un servicio es una interface entre dos capas.

Un protocolo, a diferencia de servicio, es un conjunto de reglas que gobiernan el formato y el significado de las tramas, paquetes y mensajes que se intercambian entre las entidades corresponsales, dentro de la misma capa.

Algunas consideraciones sobre el modelo OSI

Si bien el modelo está configurado sobre la base de la arquitectura SNA (System Network Arquitecture) no por eso deja de tener algunos problemas, a pesar de ser la arquitectura masivamente aceptada junto con TCP/IP.

Así un problema que aparece en algunas funciones, como lo es el direccionamiento, el control de errores, reaparecen en las subsecuentes capas, por lo que una de las propuestas es manejar el error en las capas superiores para impedir repetirlo en las inferiores.

La terminal virtual se situó en la capa de aplicación porque el comité tuvo problemas con la decisión sobre los usos de la capa de presentación.

La seguridad y criptografía de los datos fue un aspecto controvertido en el que nadie se puso de acuerdo en que capa debería haber ido, y lo dejaron de lado.

Otra de las críticas a la norma original es que se ignoraron los servicios y protocolos sin conexión, aun cuando era bien sabido que ésta es la forma en que trabajan la mayor parte de las redes de área local.

La critica más seria es que el modelo fue enfocado a las comunicaciones. En muy pocas partes se menciona la relación que guarda la informática con las comunicaciones, algunas de las elecciones que se tomaron son completamente inapropiadas con respecto al modo en que trabajan los ordenadores y el software. Por ejemplo el conjunto de primitivas de los servicios (típico de los sistemas telefónicos)

13.8. PROTOCOLOS DE REDES LOCALES Y METROPOLITANAS (LAN/MAN)

Los comités 802 del Intituto de Ingenieros Eléctricos y Electrónicos (IEEE, Institute of Electrical and Electronics Engineers), también denominados proyecto 802, definen normas para redes de áreas locales (LAN, Local Área Networks) y redes Metropolitanas (MAN, Metropolitan Área Networks). Establecieron la mayoría de las normas de los años 80, cuando empezaba a surgir la conexionen red de las computadoras personales. Las normas 802, se concentran principalmente en la interfaz física relacionada con los niveles físico y de enlace de datos del modelo de referencia OSI. Las Normas 802 son:

- 802.1 Interconexión de Redes
- 802.2 control de enlaces lógicos (LLC)
- 802.3 LAN con CSMA/CD (Ethernet)
- 802.4 LAN en bus con testigo (Token Bus)
- 802.5 LAN en anillo con testigo (Token Ring)
- 802.6 Red de área Metropolitana (MAN)
- 802.7 Grupo asesor para técnicas de banda ancha
- 802.8 Grupo asesor para técnicas de fibra óptica
- 802.9 Redes integradas por voz/datos
- 802.10 Seguridad de red

- 802.11 Redes inalámbricas
- 802.12 LAN de acceso de prioridad bajo demanda (100VG-AnyLAN)
- 802.13 No se utilizó esta denominación
- 802.14 Red de comunicaciones de banda ancha basada en TV por cable
- 802.15 Red de área personal inalámbrica (WPAN)
- 802.16 Acceso inalámbrico de banda ancha (BBWA)
- 802.17 Grupo de estudio de anillos de paquetes resistentes (RPRSG)

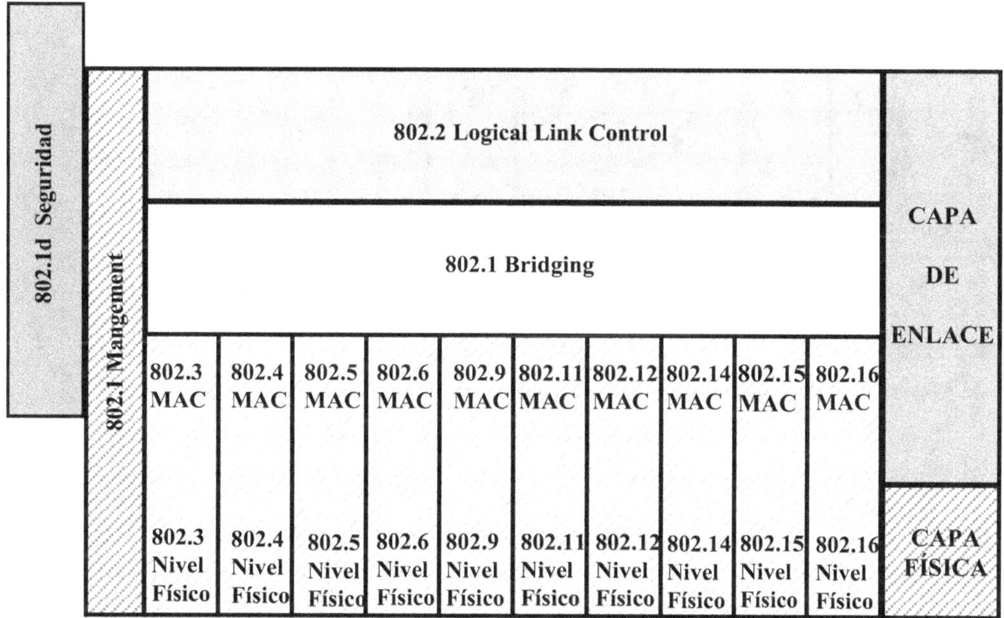

FIGURA 13-12. Relación entre los diferentes estándares 802.

13.8.1. IEEE 802.1

La familia de estándares 802 describe la relación con el modelo de referencia OSI (Open System Interconection) y explica la conexión entre estos estándares y los protocolos de capas superiores a través de dos modelos: el modelo de referencia de estándares para redes de área local y metropolitana (LAN&MAN/RM, Local and Metropolitan Área Network Reference Model) y el modelo de implementación (LAN&MAN/IM, Local and Metropolitan Área Network Inplementation Model), cuyos objetivos son:

- Proveer un listado de los estándares incluidos en la familia 802.
- Servir de guía para la lectura de otros estándares de la familia 802.

Estos modelos se encuentran definidos por la IEEE 802.1 junto a un grupo de estándares para internetworking y administración denominados "Bridging", siendo los más populares:

- 802.1b Administración de redes Locales y Metropolitanas
- 802.1d Bridges de Control de Acceso al Medio
- 802.1q Bridging de Redes Locales Virtuales

Estos protocolos, establecen la relación de compatibilidad entre las diferentes normas de acceso al medio y las tramas de administración entre dispositivos de internetworking.

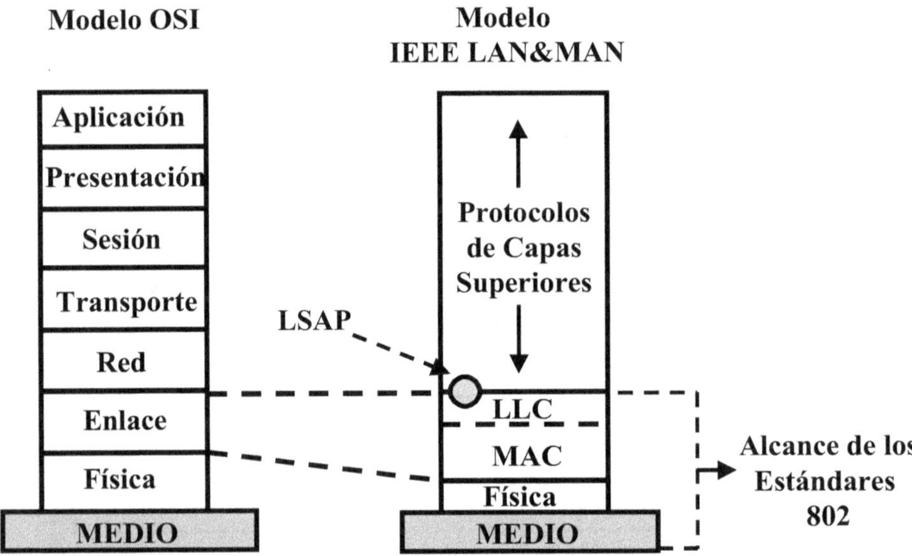

FIGURA 13-13. Relación entre los modelos de referencia OSI e IEEE.

El modelo de referencia de la IEEE expresa las relaciones entre los modelos de referencia OSI y LAN&MAN (ver figura 2). La parte aplicable del modelo OSI consiste en las dos capas más bajas (Enlace y Física), las cuales se vinculan con las mismas 2 (dos) capas en el modelo LAN&MAN. La subcapa MAC (Media Acces Control) del modelo IEEE se encuentra entre la subcapa LLC (Logical Link Control) y la topología física. Los puntos de acceso al servicio (SAPs, Services Access Points) son direccionados como puntos finales de una transacción entre las capas superiores y la de enlace, y se denotan como LSAP, es decir Link Services Access Point. Múltiples LSAPs proveen puertos que funcionan como interfaces entre múltiples usuarios de capa superior y la capa de enlace. La subcapa MAC provee un único puerto de interface con la subcapa LLC de igual forma que la capa física provee una único puerto de interface con la subcapa MAC. De esta manera, un usuario del servicio LLC es identificado dentro de una trama, mediante la combinación lógica de los campos de dirección MAC y LLC-SAP. Los puertos son códigos de identificación que hacen referencia a los protocolos de capa de red a los cuales se les presta servicio. Estos protocolos pueden haber sido definidos por organismos de estandarización y se los considerará públicos; o bien, pueden haber sido definidos por organismos privados y se los considerará privados. El hecho es que hay que poder identificarlos de alguna manera, por lo cual la normativa 802.1 establece una forma de identificación para que múltiples protocolos de capa superior puedan utilizar un único puerto MAC. A dicha identificación se la denomina direccionamiento de puerto.

Subcapa LLC

Describe tres tipos de operaciones para la comunicación de datos entre LSAPs:

- Servicios no orientados a conexión (tipo 1)
- Servicios orientados a conexión (tipo 2)
- Servicios orientados a conexión con reconocimiento (tipo 3)

Las operaciones de tipo 1 entidades de subcapa LLC intercambian tramas de información para establecer el enlace lógico. Estas tramas son sin reconocimiento porque no se realiza control de flujo ni control de errores.

En las operaciones de tipo 2 se establecen enlaces entre entidades de capa LLC antes de enviar las tramas de información, las cuales se envían a posteriori de forma secuenciada. Se realiza control de flujo y recuperación de errores.

Con las operaciones de tipo 3, las tramas de información que intercambian entidades de LLC se realizan luego del establecimiento del enlace lógico entre ellas. Sin embargo las tramas poseen reconocimiento para permitir la recuperación de errores y un adecuado ordenamiento. Mediante este tipo de operaciones, una estación puede realizar un poll (sondeo) a otra estación para solicitarle datos.

Subcapa MAC

Esta subcapa se encarga de las funciones propias del control de acceso al medio compartido y brinda soporte a la LLC. Para diferentes aplicaciones, existen diferentes MAC. La subcapa MAC realiza el direccionamiento y reconocimiento de tramas LLC. También realiza otras funciones como generación de la secuencia de corrección y chequeo de las tramas y la delimitación de la PDU (Protocol Data Unit) de la subcapa LLC.

Capa Física

La capa física provee las capacidades de transmisión y recepción de bits entre entidades de subcapa MAC que intercambian datos a través de entidades de la capa física. Esta capa provee las capacidades de transmisión y recepción de señales moduladas en canales de una frecuencia específica (para los casos de transmisión en banda ancha) o en una banda de un único canal (para el caso de transmisión en banda base).

Direccionamiento Físico

El IEEE estableció una forma de direccionamiento de quipos para ser utilizada en la subcapa MAC, de forma tal que dicha dirección sea única y universal, a través de la aplicación de un código de direccionamiento para equipos individuales, para direcciones grupales e identificación de protocolos. A este identificador se lo denomina OUI (Organizationally Unique Identifiers), y consta de 24 bits representados por 3 (tres) bloques de dos dígitos hexadecimales, donde los dos primeros bits del primer bloque, tienen una aplicación específica y reservada, dejando los siguientes 22 bits como identificadores OUI (esto permite 2^{22} posibles identificadores organizacionales, es decir, aproximadamente 4 millones de posibilidades diferentes). El primer bit puede ser 0, si la dirección es una dirección individual o 1 si la dirección es grupal. El segundo bit, será 0 si la dirección es global, es decir, si fue asignada por el IEEE; y será 1 si es asignada localmente y no tienen relación alguna con el IEEE. Generalmente este bit siempre es 0.

La administración universal de direcciones LAN MAC comenzó con la Corporación XEROX quien creó la administración de identificadores de bloques para direcciones Ethernet (Blocks IDs). Estos bloques fueron asignados por la Oficina de Administración Ethernet y tenía 24 bits (3 octetos) para identificar a las distintas organizaciones fabricantes de placas de red y 24 bits restantes (otros 3 octetos) par que estos fabricantes utilizasen como número de serie del hardware. Por lo tanto, una dirección de intrefaz física en Ethernet tenía 48 bits representados en bloques de 2 dígitos hexadecimales (por ejemplo: 00-19-C4-04-55-25). Las direcciones de tipo multicast eran representadas mediante el primer bit del primer octeto, denominado LSB (the Least Significant Bit).

El proyecto IEEE 802, decide estandarizar las tecnologías LAN y asume la responsabilidad de definir procedimientos para la administración de direcciones universales en redes locales y metropolitanas y utiliza los criterios aplicados por el órgano administrador de direcciones Ethernet y suple su función, creando el OUI de la IEEE.

Dentro de las direcciones MAC se encuentra la dirección FF-FF-FF-FF-FF-FF, la cual representa un mensaje de difusión dirigido a todos los equipos de una red (dirección de Broadcast). El direccionamiento MAC es aplicado indistintamente por todos los demás estándares de la familia 802, referidos a normas de acceso al medio, independientemente de la topología física de la que se trate.

13.8.2. IEEE 802.2

Este estándar describe las funciones, características, protocolos y servicios que constituyen la subcapa superior de la capa de enlace, definida en el Modelo de Referencia OSI y especifica los servicios requeridos entre la subcapa LLC y las interfaces lógicas con la capa de red, con la subcapa MAC y las funciones de administración de la subcapa LLC.

La estructura de PDU (Protocol Data Unit) para esta subcapa está definida mediante un procedimiento orientado al bit, permitiendo la realización de tres tipos de operaciones para la comunicación de datos entre LSAPs. En el primer tipo, las PDUs que se intercambian entre LLCs, no necesitan establecimiento de conexión previa. En el segundo tipo de operación, se establece una conexión de enlace de datos entre dos LLCs antes del intercambio de información. En el tercer tipo, las PDUs son intercambiadas entre LLCs sin necesidad de establecimiento de conexión previo pero las estaciones pueden permitir envío y solicitud de datos simultáneamente.

Este estándar se definió para ocuparse de aquellas funciones previstas en el modelo OSI como propias de la capa de enlace, que fuesen independientes del tipo de medio físico que la LAN/MAN posea. Por lo tanto, todas las funciones dependientes del medio físico se definirán en otros estándares junto con las diferentes normas de acceso al medio. En el estándar 802.2 se describen las relaciones con la subcapa MAC que serán respetadas por todos los diferentes estándares que incluyan normas de acceso al medio.

La estructura de PDU de la LLC se muestra en al figura 3 y a continuación, se definen sus campos:

- DSAP (destination services access point): indica la dirección del puerto LLC con el cual se intenta establecer una conexión. Este campo contiene 8 (ocho) bits de los cuales el primer bit indica si la dirección es individual o grupal (0 o 1 respectivamente) y los restantes 7 (siete) bits corresponden al identificador de puerto.
- SSAP (source services access point): indica la dirección del puerto LLC que inicia el establecimiento de la conexión. Este campo contiene 8 (ocho) bits de los cuales el primer bit indica si es un comando o una respuesta (0 o 1 respectivamente) y los restantes 7 (siete) bits corresponden al identificador de puerto.
- Control: este campo puede ser de 8 (ocho) o 16 (dieciséis) bits, y representan funciones de comando/respuesta e inclusive números de secuencia cuando sean requeridos.
- Información: contiene la información a transmitir. Es de tamaño variable, pudiendo ser 0. Su tamaño dependerá del tamaño de la trama MAC para el tipo de acceso al medio que se utilice.

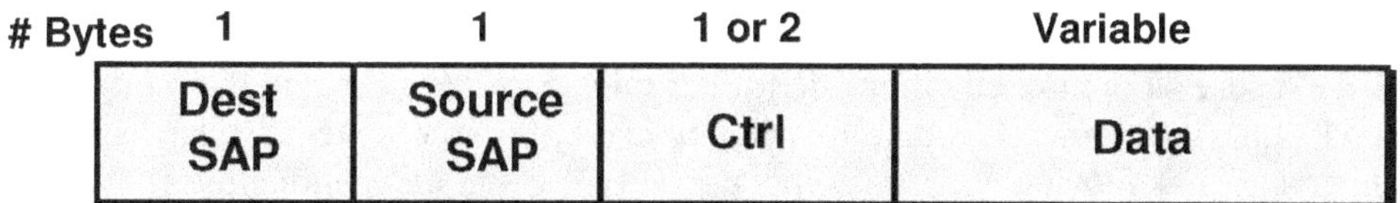

FIGURA 13-14. Formato de una trama LLC.

La subcapa LLC, deriva del protocolos de control de enlace lógico de lato nivel (HDLC, High-Level Data Link Control); el cual establecía 3 (tres) tipos de tramas:

- Tramas de información (I-Frame)
- Tramas de Supervisión (S-Frame)
- Tramas no numeradas (U-Frame)

La determinación del tipo de trama se encuentra señalada en el campo de control (ver figura 4).

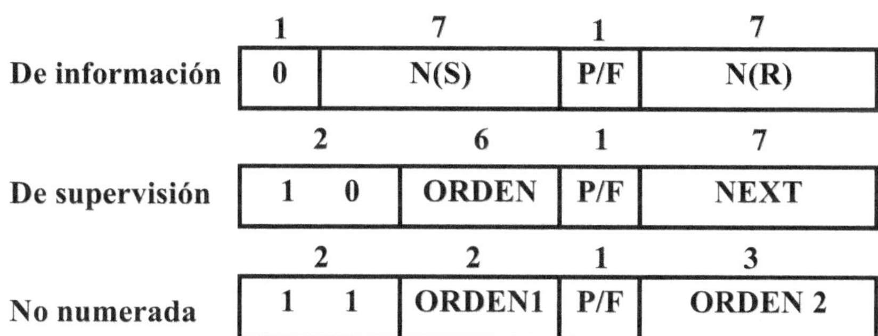

FIGURA 13-15. Formato del campo de control de una trama LLC.

- <u>Descripción del campo tipo:</u> la determinación del tipo de trama está dada por el primer bit del campo tipo, el cual será "0" sólo para tramas de información. Si el primer bit es "1", entonces no es una trama de información, pudiendo ser de supervisión (segundo bit "0") o no numerada (segundo bit "1").

  Los campos N(S) y N(R), indican los números de secuencia enviados en la trama y último recibido anteriormente, respectivamente. Esto permite la función de control de flujo de trama en operaciones del tipo 2.

  El campo orden de una trama de supervisión, posee los dos primeros bits para indicar que tipo de función de supervisión se solicita o responde, quedando los siguientes 4 (cuatro) bits en "0", ya que son reservados.

  El campo P/F indica si se trata de una solicitud (1 = Poll-bit) o de una respuesta a una solicitud anterior (0 = Final-bit).

  En el caso de las tramas no numeradas los campos ORDEN1 y ORDEN2 representan las funciones de control que se solicitan o responden.

- <u>Tramas de Información:</u> se utilizan para indicar transferencias de datos numeradas en operaciones de tipo 2, excepto cuando se especifique lo contrario. Es el único caso en el que una PDU LLC contiene campo de información. Cada trama "I" posee el número de secuencia de trama enviado por el remitente y el último número de secuencia de trama recibido por el remitente. Los bits de P/F son independientes pudiendo ser 1 o 0.

- <u>Tramas de Supervisión</u>: las tramas de supervisión se utilizan para desempeñar funciones de supervisión en operaciones de tipo 2, tales como el acuse de recibo de una trama "I" que solicitan retrasmisión o solicitan temporariamente la suspensión de la transmisión. Las funciones de los campos N(R) y P/F son independientes.

- <u>Tramas no numeradas (Unnambered)</u>: las tramas "U" se utilizan en operaciones de tipo 1, 2 o 3 para proveer funciones de control de enlace adicionales y transferencia de información no secuenciada. Esta trama no contiene números de secuencia, pero incluyen el bit P/F que puede ser 1 o 0.

13.9. ETHERNET

13.9.1. IEEE 802.3

Ethernet es una especificación LAN de banda base inventado por Xerox Corporation que opera a 10 Mbps y que utilizan el método de acceso múltiple por sensado de portadora y detección de colisión (CSMA/CD, Carrier Sense Multiple Access with Collisión Detection) para implementarse sobre cables coaxiales. Ethernet fue creada por Xerox en la década de 1970, pero ahora el término se utiliza a menudo para referirse a todos los CSMA/CD de LANs. Ethernet fue diseñado para servir en redes con baja necesidad de tráfico pesado, y la especificación IEEE 802.3 fue desarrollado en 1980 basándose en la tecnología Ethernet original. La versión 2.0 de Ethernet fue desarrollada conjuntamente por Digital Equipment Corporation, Intel Corporation y Xerox Corporation (lo que se llegó a llamar Corporación DIX). Es compatible con IEEE 802.3.

Ethernet ha sobrevivido como un elemento esencial en la tecnología de los medios de comunicación debido a su gran flexibilidad y su relativa simplicidad de aplicación y fácil entendimiento. Aunque otras tecnologías han sido promocionadas como probables sustitutos, los administradores de redes se han convertido mediante la aplicación de Ethernet y sus derivados en eficaces solucionadores a una serie de requisitos de redes de campus. Para resolver las limitaciones de Ethernet, los innovadores (y organismos de normalización) han creado progresivamente tecnologías Ethernet de mayor capacidad. Los críticos podrían despedir a Ethernet como una tecnología que no pueden escalar, pero su sistema de transmisión subyacente sigue vigente como uno de los principales medios de transporte de datos para aplicaciones contemporáneas del campus.

CSMA/CD es un método de acceso al medio que permite que sólo una estación transmita al mismo tiempo en un medio compartido. El objetivo de Ethernet es proporcionar un mejor servicio de entrega. Sin embargo, Ethernet usa CSMA/CD para considerar todas las peticiones de transmisión y determinar qué dispositivo puede transmitir y cuándo, para que todos los dispositivos reciban el servicio adecuado.

Ethernet e IEEE 802.3 especifican tecnologñías similares. Ambas son LANs de CSMA/CD. Las estaciones de una LAN CSMA/CD pueden acceder ala red en cualquier momento. Antes de enviar los datos, las estaciones CSMA/CD escuchan la red para decidir si está en uso; si fuese así, esperarán, caso contrario, las estaciones transmitirán. Se denomina colisión cuando dos estaciones que escuchan el tráfico de red en el medio, no oyen nada; asumirán que nadie transmite y entonces colocan su mensaje en el medio simultáneamente, provocando que ambas transmisiones se dañen y las estaciones deban retransmitir, mas tarde. Este choque de señales, provoca un aumento de la tensión eléctrica en el medio que es detectado por los equipos cercanos, desencadenándose las siguientes acciones inmediatamente:

a. Las estaciones cercanas al choque de señales interpreta que ha habido una colisión en la red.

b. Las estaciones propagan la colisión para que todos los equipos de la red desistan en entrar al medio.

c. Cada estación ejecuta un mecanismo que retrasa los posteriores intentos por acceder al medio (algoritmo de retroceso exponencial). Dicho mecanismo calcula un cierto tiempo de espera antes de intentar acceder al medio (utiliza una secuencia de números aleatorios para ello).

d. Aquella estación con un tiempo de espera menor, es la primera que accederá al medio.

e. Las posibilidades de que dos estaciones obtengan, como resultado de la aplicación del algoritmo, el mismo tiempo de espera, es muy bajo. No obstante, si sucede, cada estación espera un tiempo cada vez más elevado (aunque siempre aleatorio) y vuelve a intentar.

Las LANs Ethernet y 802.3 son redes de difusión, lo que significa que todas las estaciones verán todas las tramas al mismo tiempo, sin importar si son destinatarias o no de dichas tramas. Si así fueran, entonces realizan los controles de errores de trama y en caso de no haber errores, envían el contenido del campo datos a las capas superiores (si hay errores de trama simplemente la descartan sin avisar, al igual que si no son las destinatarias del mensaje).

Las diferencias entre las redes Ethernet y 802.3 son sutiles. Ethernet proporciona servicios de capas 1 y 2 del modelo OSI, mientras que 802.3 especifica las características de capa física (Capa 1 de OSI) y la norma de acceso al medio (Subcapa MAC), pero no especifica ninguna funcionalidad de control de enlace lógico (de allí que se dice que 802.3 es una norma de una capa y media). Ambas se implementan mediante hardware, ya sea por una placa de red colocada en un computador o como un circuito en una tarjeta de circuitos primaria en computadores o equipos de Networking (como routers y switchs).

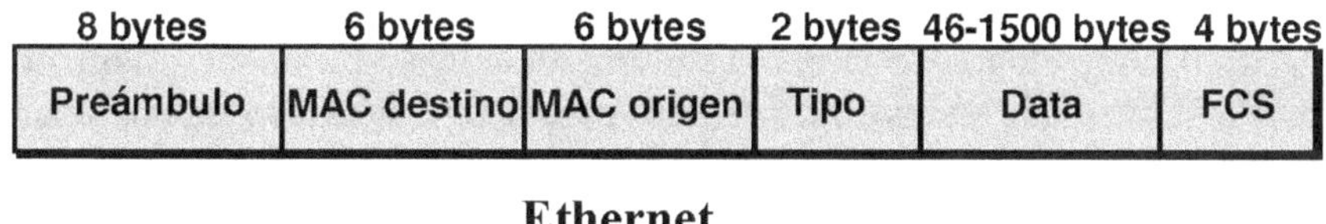

Ethernet

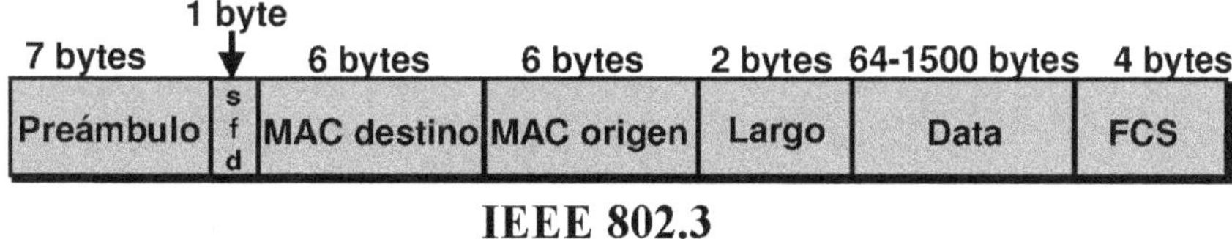

IEEE 802.3

FIGURA 13-16. Formato de tramas Ethernet y IEEE 802.3.

Se han especificado al menos 18 (dieciocho) versiones de Ethernet y 802.3 en el proceso de especificación, con variantes en la capa física pero manteniendo la misma estructura de trama MAC, la cual deviene de la primaria trama Ethernet pero con algunas diferencias (ver figura 5).

Los campos de las tramas Ethernet y 802.3 se describen a continuación:

- <u>Preámbulo</u>: el propósito es la sincronización de las tramas mediante el envío de una señal de 5 Mhz que corresponde a 7 bytes "10101010" (Ethernet le agrega un octavo byte "10101011" que en 802.3 está a parte).

- <u>Delimitador de inicio de trama (sfd, Start Frame Delimiter)</u>: el byte delimitador de IEEE 802.3 finaliza con dos bits 1 consecutivos, que sirven para sincronizar las zonas de recepción de tramas de todas las estaciones de una LAN. El sfd está especificado explícitamente en Ethernet.

- <u>Direcciones de origen y de destino</u>: los primeros 3 bytes de las direcciones están especificados por el IEEE en función del fabricante. Los últimos 3 bytes se especifican por el fabricante de la Ethernet o de la IEEE 802.3. Las direcciones de origen son siempre direcciones "unicast" (un nodo único). Las direcciones de destino pueden ser de "unicast", "multicast" (de grupo) o "boradcast" (todos los nodos).

- <u>Campo Tipo (Ethernet)/ Longitud (IEEE 802.3)</u>: este campo especifica el protocolo de capa superior que recibe los datos después de que se complete su procesamiento en la red Ethernet (esto es así porque en Ethernet no existe una función de control de enlace lógico separada de la función de acceso al medio; por lo tanto, la trama Ethernet incluye el direccionamiento entre de capas superiores en formato hexadecimal, tarea que el IEEE ha designado a la LLC en la norma 802.2. En 802.3, este campo indica el número de bytes de datos que siguen a este campo.

- <u>Datos:</u> en Ethernet, cuando se completa su procesamiento en la capa física y en la capa de enlace de datos, los datos que contiene la trama se envían a un protocolo de capa superior, que se define en el campo "tipo". Aunque la versión 2 de Ethernet no especifica ningún relleno en concreto, al contrario que IEEE 802.3, Ethernet espera por los menos 46 bytes de datos, al igual que 802.3. Pero en la IEEE 802.3 tras completarse su procesamiento en la capa física y en la capa de enlace, los datos se envían a un protocolo de capa superior que debe estar definido en el área de datos de la trama (dentro de la trama LLC). Si los datos de la trama son insuficientes para llegar al tamaño mínimo de 64 bytes, se insertan los bytes de relleno para asegurar por lo menos una trama de 64 bytes.

- <u>Secuencia de verificación de trama (FCS, Frame Check Secuence)</u>: Esta secuencia contiene valor CRC (Código de redundancia cíclica) de 4 bytes que es creado por el dispositivo emisor, y es recalculado por el dispositivo receptor para verificar si se han dañado las tramas.

13.9.2. Ethernet 10 Mb

El cableado Ethernet especifica el uso de un transceptor (tranceiver) para sujetar un cable a la red física. Dicho transceptor realiza muchas de las funciones de capa física, incluida la detección de colisiones. El estándar IEEE 802.3 prevé una variedad de opciones de cableado, para los cuales se define una convención que denomina los componentes de la capa física (por ejemplo: 10BaseT ver figura 7).

El modelo de implementación donde se especifican los componentes de la capa física de la IEEE 802.3 se muestra en la figura 8. Esta especificación es la más cercana a Ethernet.

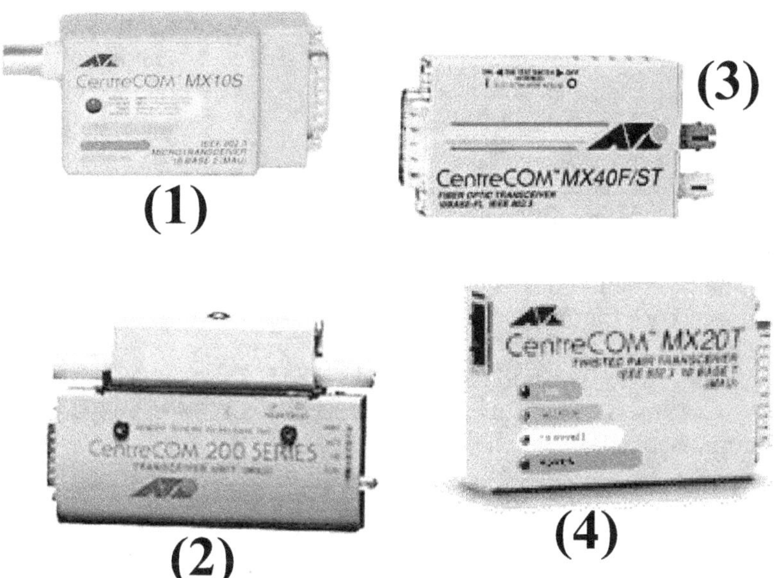

FIGURA 13-17. Traceivers para 10Base2 (1), 10Base5 (2), 10BaseF (3) y 10BaseT (4).

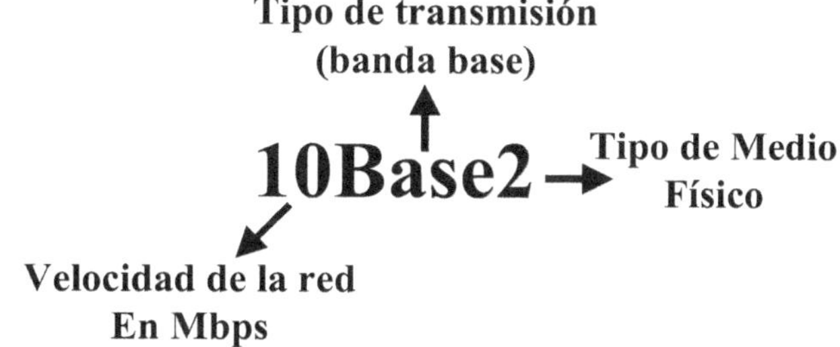

FIGURA 13-18. Convención de IEEE para la denominación de los componentes físicos de 802.3.

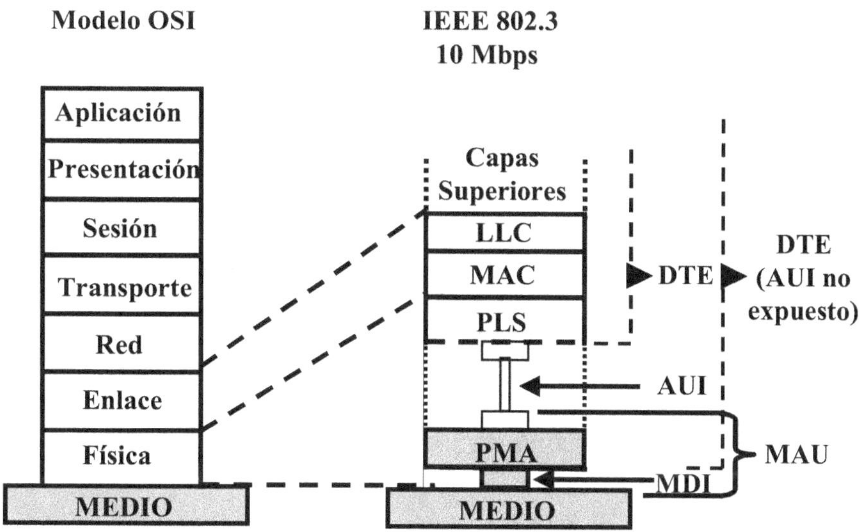

FIGURA 13-19. Modelo de implementación de componentes físicos de 802.3.

El modelo presenta la subcapa PLS (Phisycal Signaling Sublayer) cuya función es la de permitirle a una entidad de la subcapa MAC intercambiar datos a través del medio físico con otra entidad de capa "par". Entre las funciones principales se encuentra la detección de portadora en el medio y la codificación.

La interfaz de conexión del medio físico se denomina Interfaz Conectada al Medio (AUI, Attachment Unit Interface), la cual es interna al DTE (Data Terminal Equipment) y es la encargada de garantizar la independencia del tipo de medio físico, permitiendo una separación entre el DTE y el dispositivo de conexión a la red, denominado Unidad Conectada al Medio (MAU, Media Attachment Unit), en lugar del trasceptor Ethernet.

La MAU posee la capacidad de soportar diferentes tipos de medio físico, ya sean cables coaxiales, pares trenzados o fibra óptica, gracias a las funciones de la subcapa PMA (Phisycal Dependen Attachment) y el MDI (Médium Dependent Interface).

En algunos casos el AUI puede estar expuesto y tiene la forma de un conector serial de 15 (quince) pines (DB15) al cual se conecta a un transceptor con el MAU, que puede estar separado hasta 50 (cincuenta) metros, mediante el uso de un cable de pares telefónicos categoría 3 (tres). En ese caso, la función de la subcapa PLS se encuentra en el transceptor, por lo cual es necesario agregar una nueva subcapa al modelo de implementación (ver figura 9) denominada subcapa de convergencia que contiene la MII (Media Independence Interface) que permite la conexión entre la subcapa MAC y las funciones de capa física que están en el transceptor.

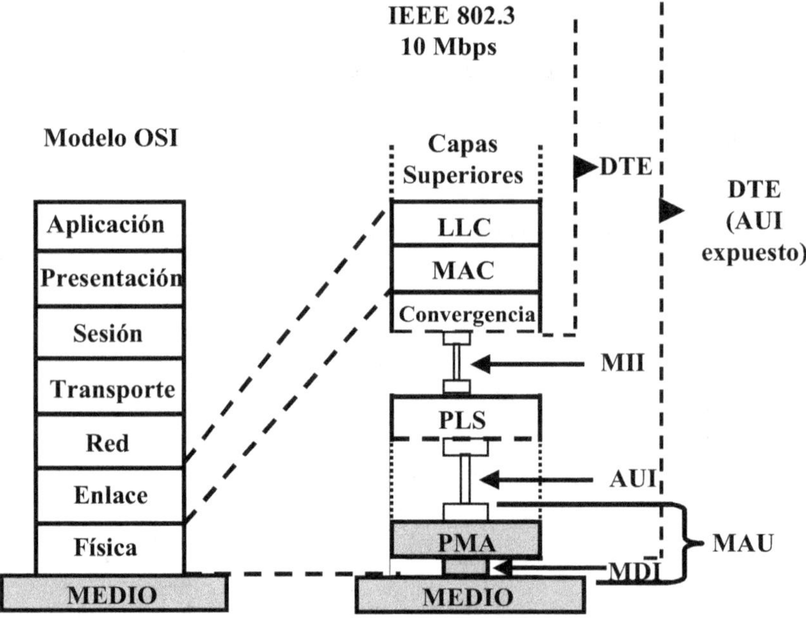

FIGURA 13-20. Modelo de implementación de componentes físicos de 802.3 con subcapa de convergencia y MII.

Para la señalización de capa física se utiliza un esquema de señales NLP (Normal Link Pulse) y codificación Manchester Diferencial, por su sencillés. Existen varias implementaciones de Ethernet, siendo las más importantes las siguientes:

10Base2

Topología en bus físico con cable coaxial fino de 50 ohms, del tipo RG58 que permitía la conexión de hasta 30 (treinta) PC´s separadas por una distancia mínima entre ellas de 1.5 metros y un tamaño máximo de segmento sin repetición de 185 metros (ver figura 10). El tipo de transmisión era half duplex.

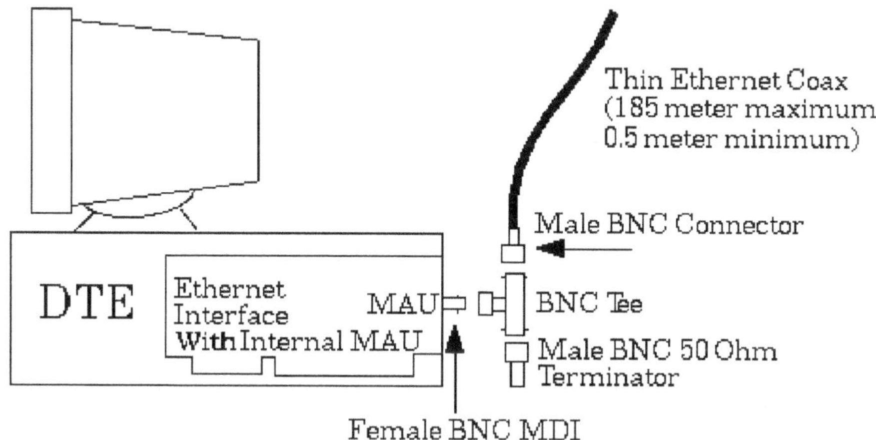

FIGURA 13-21. Ejemplo de conexión 10Base2 denominada la Ethernet fina o "thinnet" por el tipo de cable coaxial utilizado y para diferenciarla de 10Base5 que fue diseñada anteriormente.

10Base5

Topología en bus físico con cable coaxial grueso de 50 ohms, del tipo RG59 que permitía la conexión de hasta 100 (cien) PC´s separadas por una distancia mínima entre ellas de 1.5 metros y un tamaño máximo de segmento sin repetición de 500 metros (ver figura 11). Presentaba la particularidad de no poder cortar el cable coaxial, lo que hacía necesario la utilización de transceptores de tipo "vampiro", a los que se conectaba el cablea coaxial mediante dos hileras de pines: una tocaba el conductor central del cable y otra, más corta, tocaba la malla, permitiendo el canal retorno de electrones. El tipo de transmisión era half duplex.

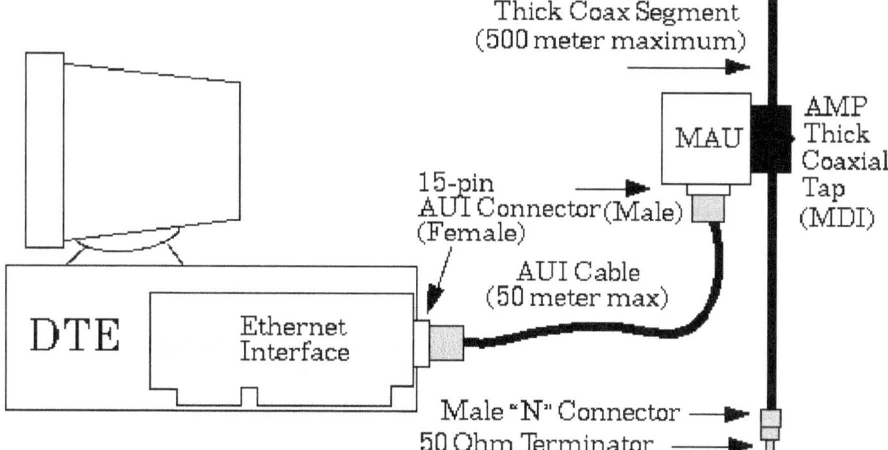

FIGURA 13-22. Ejemplo de conexión 10Base5 denominada la Ethernet gruesa o "thicknet" por el tipo de cable coaxial utilizado.

10BaseT

Topología en estrella física con cable de 4 (cuatro) pares trenzado categoría 3 (UTP de 100 ohms o STP de 150 ohms) que permitía la conexión punto a punto de una PC a un dispositivo concentrador denominado Hub a una distancia no mayor a los 100 metros (ver figura 12). El tipo de transmisión era half duplex hasta 1993 donde se desarrollan los productos full duplex, principalmente para 100 Mbps. La función del Hub era la de repetir la señal recibida por uno de sus puertos a todos los otros puertos activos que tuviese. Existían concentradores pasivos que no se conectaban a la línea eléctrica sino que tomaban energía de las señales que transportaba la propia red y por lo tanto eran meros amplificadores (no filtraban el ruido ni poseían capacidad de regeneración de la señal). A diferencia de estos, los concentradores activos tenían la posibilidad de regeneración de la señal, mediante un puerto denominado puerto de "UpLink", a través del cual era posible añadir otro concentrador o repetidor. Estos sí estaban conectados a la línea de corriente eléctrica. La cantidad de PC´s posibles de conectar era 1024, con cuatro de estos dispositivos, con una distancia total del segmento de 500 metros. No obstante, debido al retardo que producía la cantidad de Hubs conectados entre sí, se determinó que tan sólo 3 (tres) de ellos podían ser Hubs (es decir, concentrar PC´s), debiendo el restante funcionar como repetidor (dispositivo utilizado para extender el segmento de red). A esta regla denominada 5-4-3, se la puede aplicar en las otras tecnologías, donde se puede extender el largo total de los segmento 10Base2 y 10Base5 mediante repetidores.

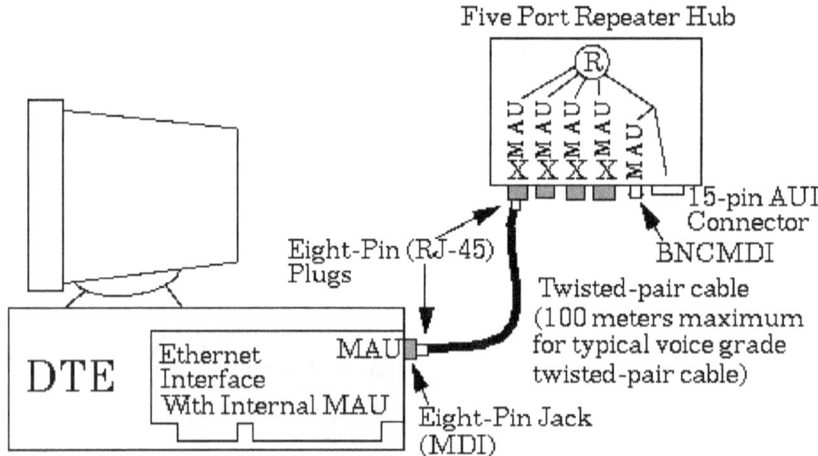

FIGURA 13-23. Ejemplo de conexión 10BaseT a un concentrador (Hub) de 5 (cinco) puertos.

10BaseF

Topología en estrella física con fibra óptica de 800/900 nm de longitud de onda, que permitía la conexión punto a punto de una PC a un dispositivo concentrador (Hub) a una distancia entre 1 (uno) y 2 (dos) kilómetros, dependiendo del tipo de implementación (ver figura 13). Se desarrollaron 3 (tres) implementaciones diferentes con fibra óptica:

a. 10Base FP: sistema de estrella pasivo para la interconexión de repetidores y/o PC´s a distancias no mayores a los 1000 metros mediante fibra multimodo. Utilizada cuando la energía no era suficiente para abastecer al Hub. Operaba en modo Half Duplex.

b. 10Base FB: sistema de interconexión de repetidores a una distancia de hasta 2000 metros mediante fibra monomodo, utilizada como backbone de varios repetidores y/o Hubs colocados en cascada.

c. 10BaseFL: sistema de estrella activo para la interconexión de repetidores y/o PC´s a distancias de hasta 2000 metros mediante fibra multimodo. Compatible con 10BaseFP Operaba en modo Half Duplex y Full Duplex.

La cantidad de PC´s posibles de conectar era 1024, con cuatro de estos dispositivos, con una distancia total del segmento de 5000 metros.

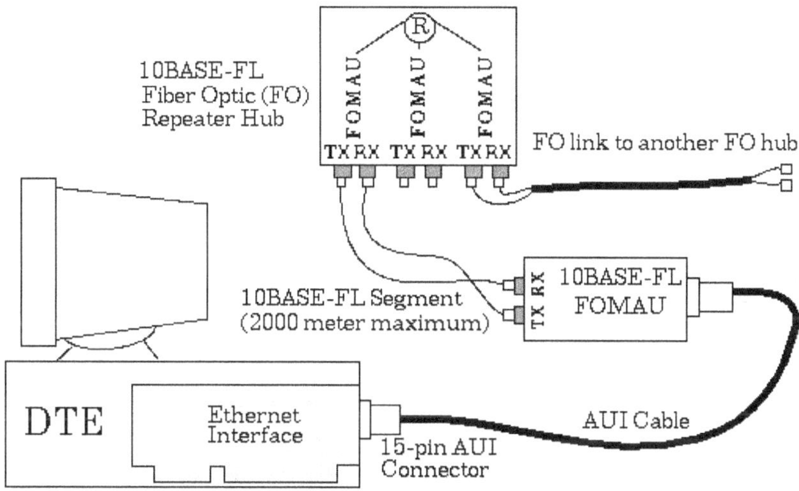

FIGURA 13-24. Ejemplo de conexión 10BaseFL a un concentrador (Hub) de 3 (tres) puertos.

13.9.3. Ethernet 100 Mb

100-Mbps Ethernet es una LAN de alta velocidad que ofrece la tecnología de mayor ancho de banda a los usuarios, así como a los servidores y clusters de servidores (a veces llamadas granjas de servidores) en los centros de datos.

El grupo de estudio para una red Ethernet más rápida, estableció varios según el método de acceso a utilizarse. El tema en cuestión es si esta nueva Ethernet más rápida apoyaría CSMA / CD para acceder a la red de mediano o algún otro método de acceso. Por ello es que el grupo de estudio se dividió en dos:

- La Fast-Ethernet Alliance (alinaca de la Ethernet rápida)
- Foro 100VG_AnyLAN

Cada grupo elaboró una especificación para correr tanto Ethernet como Token Ring a altas velocidades, respectivamente.

100BaseT es la especificación IEEE para la aplicación de 100 Mbps Ethernet sobre cableados de pares trenzados categoría 5 (cinco) sin blindaje (UTP) y con blindaje (STP). El control de acceso al medio es compatible con los estándares de subcapa MAC 802.3. La empresa Grand Junction (hoy como una unidad de negocio de Cisco Systems) fue quien desarrollara Fast Ethernet en 1992, la cual fue normalizada por el IEEE en la especificación 802.3u en 1995 con el nivel físico basado en FDDI (Fiber Data Distributed Interface), estándar diseñado por la 802.6 sobre fibra óptica con denominación 100BaseF para la alternativa Fast Ethernet sobre ese medio físico (ver modelo de implementación en figura 14).

100VG-AnyLAN es una especificación IEEE para implementaciones de 100 Mbps Ethernet y Token Ring sobre cables de 4 pares UTP, pero la capa MAC no es compatible con los estándares de capa MAC 802.3. 100VG-AnyLAN fue desarrollado por Hewlett-Packard para apoyar el desarrollo de nuevas aplicaciones sensibles al tiempo, tales como multimedia. Una versión de Hewlet-Packard es la aplicación normalizada en la especificación IEEE 802.12.

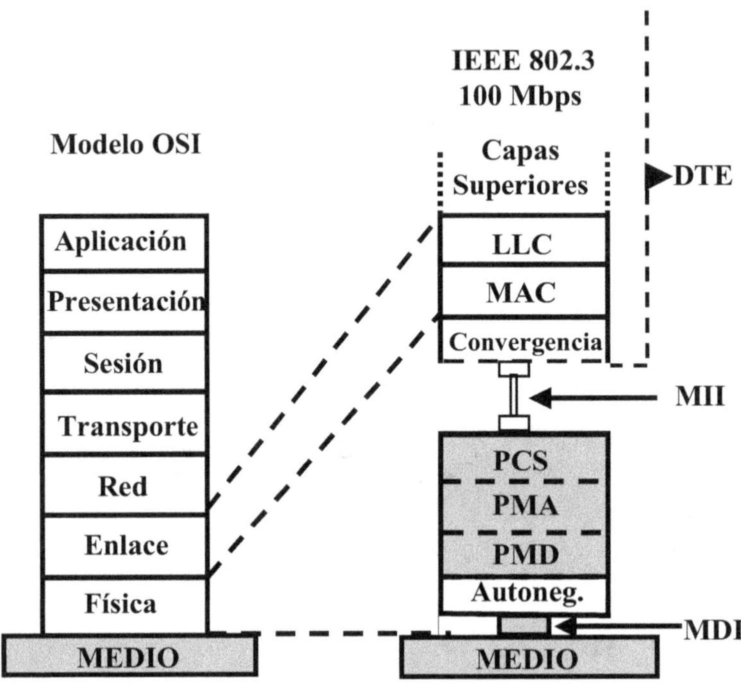

FIGURA 13-25. Modelo de implementación de componentes físicos de 802.3u (Fast Ethernet).

La especificación 802.3u, realiza cambios tanto en la codificación como en el sincronismo.

En el último caso, Ethernet poseía sincronismo a nivel de trama, por ello es que se enviaba el preámbulo con la señal de 5 Mhz al inicio del envío de los datos; en la nueva especificación, el sincronismo se encuentra en capa física, por lo que se hacen innecesarios los 7 (siete) bytes del preámbulo, no obstante se los mantiene por compatibilidad con la versión anterior.

En lo referido a la codificación, se cambia el sistema de señalización a MTL-3, con 3 (tres) voltajes distintos y se pasa de Manchester Diferencial a 4B/5B (donde vinculan grupos de 4 bits en grupos de 5 bits; estas palabras de 5 bits están predeterminadas en el diccionario y son elegidas de forma que habrá por lo menos una transición por bloque de bits para evitar problemas de sincronismo). Se incorpora la autonegociación como un opcional, que permite a la interface física determinar junto al concentrador, la tasa de transferencia y el control de flujo. A partir de 100 Mbps., se incorpora la transmisión full duplex y se desactiva la detección de colisiones ya que se utiliza un canal de UpLink por un par de cables (UTP/STP) y otro de DownLink, pero de utilización simultánea.

La interface independiente del medio (MII) provee la interconexión entre entidades de la subcapa MAC y de la capa física. La MII es capaz de soportar 10 Mbps, o 100 Mbps. La capa de convergencia provee el vínculo entre las señales provistas por la MII y la definición de los servicios entre entidades de las subcapa MAC y PCS.

La normativa 802.3u especifica la Physical Coding Sublayer (PCS) y la Physical Medium Attachment (PMA) sublayer como implementaciones comunes de la capa física de la familia de 100 Mbps generalmente conocidas como 100Base-X. Existe actualmente dos incorporaciones dentro de esta familia: 100Base-TX y 100Base-FX.

100BASE-TX especifica la operación sobre dos medios de cobre (UTP y STP), mientras que 100Base-FX especifica la operación sobre dos tipos de fibras ópticas (monomodo y multimodo), para las cuales se define un esquema de codificación NRZI (Non Return to Zero Inverted).

13.9.4. Ethernet 1000 Mb

Gigabit Ehternet utiliza la extensión 802.3u para la subcapa MAC ampliando sus capacidades más allá de los 100 Mbps, mediante la conexión a la capa física a través de la Gigabit Media Independen Interface (GMII) en las definiciones establecidas como 1000Base-LX, 1000Base-SX, 1000Base-CX y 1000BaseTx (ver figura 15). En estas definiciones, la tasa de bits es mayor y los tiempos de bit son mas cortos. Operando en full duplex, el tiempo mínimo de transmisión de un paquete se redujo en un factor de 10 (diez); mientras que en half duplex, la reducción no alcanza esa tasa.

Se separan los comités de estudio para pares trenzados de los de fibra óptica en octubre de 1995, publicándose primero los estándares para fibra óptica (1998) en la normativa 802.3z denominada Gigabit Ethernet o GigaEthernet. Existen dos implementaciones para fibra:

- 1000Base-SX: implementación para fibra multimodo de 850 nm de longitud de onda láser, con un esquema de codificación 8B/10B convertida en NRZ (No Return to Zero level) a una distancia de 275 a 550 metros.

- 1000Base-LX: implementación para fibras tanto multimodo como monomodo de 1310 nm de longitud de onda láser, con un esquema de codificación 8B/10B NRZ (No Return to Zero level) a una distancia no mayor a los 550 metros para multimodo y hasta 5000 metros en monomodo.

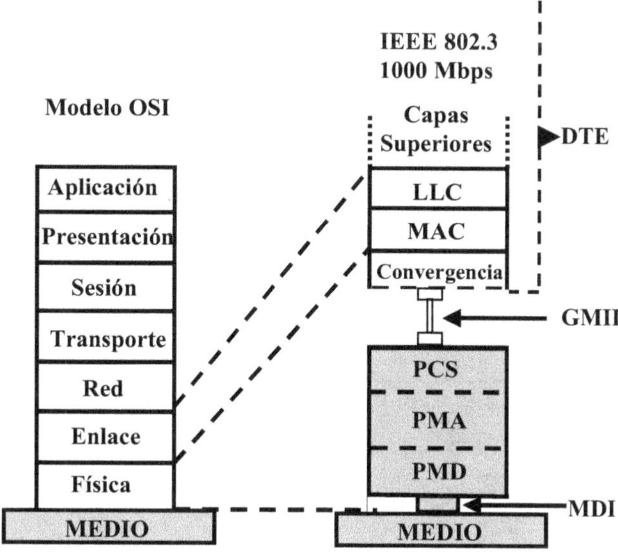

FIGURA 13-26. Modelo de implementación de componentes físicos de 802.3 para GigaEthernet.

El cambio de tecnología se encuentra en el hecho de que se utilizan los 4 (cuatro) pares de cables UTP/STP para transmitir y recibir al mismo tiempo, produciendo que las señales viajen en el mismo medio físico, pero en sentido opuesto. Esta técnica, obliga al uso de dos tipos de frecuencias diferentes a los fines de poder identificarlas en los extremos del cable. El esquema de codificación pasa a ser 8B/10B para STP y PAM5 (Modulación por Amplitud de Pulso de 5 niveles) para UTP, mientras que la categoría de los pares de cobre utilizados pasará de 5 (cinco) a 6 (seis). Esta implementación se conoce como 802.3ab y se estandariza en 1999.

13.9.5. Temporización Ethernet

Cualquier estación de una red Ethernet que desee trasmitir un mensaje, primero escucha el medio para asegurar que ninguna otra estación no se encuentre transmitiendo. Si el cable está en silencio, la estación comienza a transmitir de inmediato. La señal eléctrica tarda un tiempo en transportarse por el cable (retardo de propagación) y cada repetidor subsiguiente introduce una pequeña cantidad de latencia (retardo que se produce en un dispositivo desde que el dispositivo recibe un mensaje hasta que lo retransmite) en el envío de la trama desde un puerto al siguiente. Debido al retardo y a la latencia, es posible que más de una estación comience a transmitir a la vez o casi al mismo tiempo, produciéndose una colisión.

Si la estación conectada opera en full duplex entonces la estación puede enviar y recibir de forma simultánea y no se deberían producir colisiones. Las operaciones en full-duplex también cambian las consideraciones de temporización y eliminan el concepto de la ranura temporal. La operación en full-duplex permite diseños de arquitectura de redes más grandes ya que se elimina la restricción en la temporización para la detección de colisiones.

En el modo half duplex, si se asume que no se produce una colisión, la estación transmisora enviará 64 bits de información de sincronización de tiempos que se conoce como preámbulo. Las versiones de 10 Mbps y más lentas de Ethernet son asíncronas; es decir que cada estación receptora utiliza los ocho octetos de la información de temporización para sincronizar el circuito receptor con los datos entrantes y luego los descarta. Las implementaciones de 100 Mbps y de mayor velocidad de Ethernet son síncronas; es decir, que la información de temporización no es necesaria ya que el sincronismo se encuentra en el código de línea de la capa física, sin embargo, por razones de compatibilidad, el preámbulo y el delimitador de inicio de trama están presentes.
Para todas las velocidades de transmisión de Ethernet de 1000 Mbps o menos, el estándar describe la razón por la cual una transmisión no puede ser menor que la ranura temporal. La ranura temporal de la Ethernet de 10 y 100 Mbps es de 512 tiempos de bit o 64 octetos. La ranura temporal de la Ethernet de 1000 Mbps es de 4096 tiempos de bit o 512 octetos (ver figura 16).
La ranura temporal se calcula en base de las longitudes máximas de cable para la arquitectura de red legal de mayor tamaño y todos los tiempos de retardo de propagación del hardware se encuentran al máximo permisible y se utiliza una señal de congestión de 32 bits cuando se detectan colisiones.

Velocidad Ethernet en bits x segundo	Tiempo del bit en nano-segundos
10 Mbps	100 ns
100 Mbps	10 ns
1000 Mbps (1 Gbps)	1 ns
10000 Mbps (10 Gbps)	0.1 ns

FIGURA 13-27. Comparación entre temporizaciones de diferentes implementaciones de Ethernet.

La ranura temporal real calculada es apenas mayor que la cantidad de tiempo teórica necesaria para realizar una transmisión entre los puntos de máxima separación de un dominio de colisión, colisionar con otra transmisión en el último instante posible y luego permitir que los fragmentos de la colisión regresen a la estación transmisora y sean detectados, de manera tal que pueda darse cuenta que la colisión fue ocasionada por su propia transmisión (ver figura 17). Por ello, aunque la trama de menor tamaño aceptable por las especificaciones 802.3 es de 46 bytes, se completan con ceros (campo relleno) hasta lograr un mínimo establecido de 64 bytes, es decir el equivalente a 51.2 microsegundos, que es el tiempo que tarda un equipo en un extremo del bus (al inicio) en enterarse que ha colisionado con otro en el otro extremo del mismo bus (al final) en una implementación 10 Mbps.

Para que una Ethernet de 1000 Mbps pueda operar en half duplex, se agregó un campo de extensión al enviar tramas pequeñas con el sólo fin de mantener ocupado al transmisor el tiempo suficiente para que vuelva el fragmento de colisión. Este campo sólo se incluye en los enlaces en half-duplex de 1000 Mbps y permite que las tramas de menor tamaño duren el tiempo suficiente para satisfacer los requisitos de la ranura temporal. La estación receptora descarta los bits de extensión. En los borradores de Ethernet de 10 Gigabits se consideran sólo transmisiones full duplex.

El espacio mínimo entre dos tramas que no han sufrido una colisión recibe el nombre de espacio entre tramas. Se mide desde el último bit del campo de la FCS de la primera trama hasta el primer bit del preámbulo de la segunda trama.

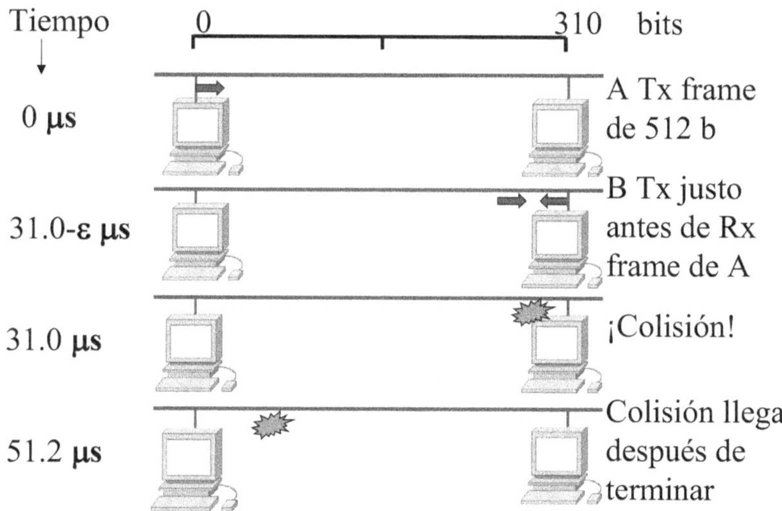

FIGURA 13-28. Cronología de una colisión en Ethernet.

Una vez enviada la trama, todas las estaciones de Ethernet de 10 Mbps deben esperar un mínimo de 96 tiempos de bit (9.6 microsegundos) antes de que cualquier estación pueda transmitir la siguiente trama. En versiones de Ethernet más veloces, el espacio sigue siendo de 96 tiempos de bit, pero el tiempo que se requiere para dicho intervalo se vuelve proporcionalmente más corto. Este intervalo se conoce como separación. El propósito del intervalo es permitir que las estaciones lentas tengan tiempo para procesar la trama anterior y prepararse para la siguiente trama.

Se espera que un repetidor regenere los 64 bits completos de información de temporización, que equivalen el preámbulo más el delimitador de inicio de trama. Esto es así a pesar de la pérdida potencial de algunos de los bits iniciales del preámbulo ante una sincronización lenta. Debido a esta reintroducción forzada de los bits de temporización, cierta reducción menor de la separación entre las tramas no sólo es posible sino que también esperada. Algunos "chipsets" de Ethernet son sensibles a un acortamiento del espacio entre las tramas y comienzan a dejar de ver las tramas a medida que se reduce la separación. Con el aumento del poder de procesamiento de las estaciones de trabajo, resultaría muy sencillo para un computador personal saturar un segmento de Ethernet con tráfico y comenzar a transmitir nuevamente antes de que se cumpla el tiempo de retardo del espacio entre las tramas.

Una vez producida la colisión y que todas las estaciones permitan que el cable quede inactivo (cada una espera que se cumpla el intervalo completo entre las tramas), entonces, las estaciones que sufrieron la colisión deben esperar un período adicional y cada vez potencialmente mayor antes de intentar la retransmisión de la trama que sufrió la colisión. El período de espera está intencionalmente diseñado para que sea aleatorio de modo que dos estaciones no demoren la misma cantidad de tiempo antes de efectuar la retransmisión, lo que causaría colisiones adicionales. Esto se logra en parte al aumentar el intervalo a partir del cual se selecciona el tiempo de retransmisión aleatorio cada vez que se efectúa un intento de retransmisión. El período de espera se mide en incrementos de la ranura temporal del parámetro.

Si la capa MAC no puede enviar la trama después de 16 (dieciséis intentos), abandona el intento y genera un error en la capa de red. Tal episodio es verdaderamente raro y suele suceder sólo cuando se producen cargas en la red muy pesadas o cuando se produce un problema físico en la red.

Velocidad en bits x segundo	Espacio intertrama	Tiempo necesario
10 Mbps	96 bit-times	9.6 microsegundos
100 Mbps	96 bit-times	0.96 micro segundos
1000 Mbps (1 Gbps)	96 bit-times	0.096 micro segundos
10000 mbps (10 Gbps)	96 bit-times	0.0096 micro segundos

FIGURA 13-29. Espacio Intertrama para las diferentes Implementaciones de Ethernet.

Los resultados de las colisiones o fragmentos de colisión, son tramas parciales o corruptas de menos de 64 octetos y que tienen una FCS inválida. Estas colisiones se clasifican (según el lugar en la trama donde ocurren, ver figura 19) en:

- Locales
- Remotas
- Tardías

Para crear una colisión local en un cablea coaxial, la señal viaja por el cable hasta que encuentra una señal que proviene de la otra estación. Entonces, las formas de onda se superponen cancelando algunas partes de la señal y reforzando o duplicando otras. La duplicación de la señal empuja el nivel de voltaje de la señal más allá del máximo permitido. Esta condición de exceso de voltaje es, entonces, detectada por todas las estaciones en el segmento local del cable como una colisión.

En el cable UTP la colisión se detecta en el segmento local sólo cuando una estación detecta una señal en el par de recepción (RX) al mismo tiempo que está enviando una señal en el par de transmisión (TX). Como las dos señales se encuentran en pares diferentes, no se produce un cambio en la característica de la señal. Las colisiones se reconocen en UTP sólo cuando la estación opera en half duplex. La única diferencia funcional entre la operación en half duplex y full duplex en este aspecto es si es posible o no que los pares de transmisión y de recepción se utilicen al mismo tiempo. Si la estación no participa en la transmisión, no puede detectar una colisión local.

Las características de una colisión remota son una trama que mide menos que la longitud mínima, tiene una checksum de FCS inválida, pero no muestra el síntoma de colisión local del exceso de voltaje o actividad de transmisión/recepción simultánea. Este tipo de colisión generalmente es el resultado de colisiones que se producen en el extremo lejano de una conexión con repetidores. El repetidor no envía un estado de exceso de voltaje y no puede hacer que una estación tenga ambos pares de transmisión y de recepción activos al mismo tiempo. La estación tendría que estar transmitiendo para que ambos pares estén activos y esto constituiría una colisión local. En las redes de UTP este es el tipo más común de colisión que se observa.

No hay posibilidad de que se produzca una colisión normal después de que las estaciones transmitan los primeros 64 octetos de datos. Las colisiones que se producen después de los primeros 64 octetos reciben el nombre de "colisiones tardías". La diferencia más importante entre las colisiones tardías y las colisiones que se producen antes de los primeros 64 octetos radica en que la placa de red Ethernet retransmitirá de forma automática una trama que ha sufrido una colisión normal, pero no retransmitirá automáticamente una trama que ha sufrido una colisión tardía. En lo que respecta a la placa de red, todo salió bien y las capas superiores de la pila del protocolo deben determinar si se perdió la trama. A diferencia de la retransmisión, una estación que detecta una colisión tardía la maneja de la misma forma que si fuera una colisión normal.

Trama IEEE 802.3

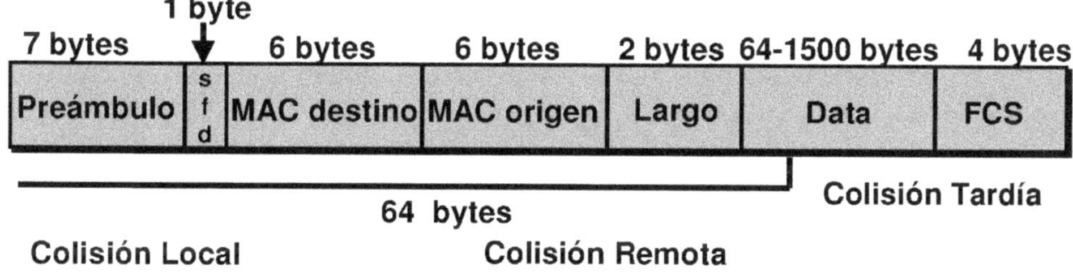

FIGURA 13-30. Tipos de Colisiones.

13.10. PROTOCOLOS DE RED: PROTOCOLO TCP/IP

Un poco de historia

El Protocolo de Internet (IP) y el Protocolo de Transmisión (TCP), fueron desarrollados inicialmente en 1973 por el informático estadounidense Vinton Cerf como parte de un proyecto dirigido por el ingeniero norteamericano Robert Kahn y patrocinado por la Agencia de Programas Avanzados de Investigación (ARPA, siglas en inglés) del Departamento Estadounidense de Defensa.

Internet comenzó siendo una red informática de ARPA (llamada ARPAnet) que conectaba redes de ordenadores de varias universidades y laboratorios en investigación en Estados Unidos. World Wibe Web se desarrolló en 1989 por el informático británico Timothy Berners-Lee para el Consejo Europeo de Investigación Nuclear (CERN, siglas en francés).

13.10.1. Arquitectura de TCP/IP

TCP/IP es el protocolo común utilizado por todos los ordenadores conectados a Internet, de manera que éstos puedan comunicarse entre sí. Hay que tener en cuenta que en Internet se encuentran conectados ordenadores de clases muy diferentes y con *hardware* y *software* incompatibles en muchos casos, además de todos los medios y formas posibles de conexión. Aquí se encuentra una de las grandes ventajas del TCP/IP, pues este protocolo se encargará de que la comunicación entre todos sea posible. TCP/IP es compatible con cualquier sistema operativo y con cualquier tipo de *hardware*.

TCP/IP no es un único protocolo, sino que es en realidad lo que se conoce con este nombre es un conjunto de protocolos que cubren los distintos niveles del modelo OSI. Los dos protocolos más importantes son el TCP (Transmission Control Protocol) y el IP (Internet Protocol), que son los que dan nombre al conjunto. La arquitectura del TCP/IP consta de cinco niveles o capas en las que se agrupan los protocolos, y que se relacionan con los niveles OSI de la siguiente manera:

- **Aplicación**: Se corresponde con los niveles OSI de aplicación, presentación y sesión. Aquí se incluyen protocolos destinados a proporcionar servicios, tales como correo electrónico (SMTP), transferencia de ficheros (FTP), conexión remota (TELNET) y otros más recientes como el protocolo HTTP (*Hypertext Transfer Protocol*).

- **Transporte**: Coincide con el nivel de transporte del modelo OSI. Los protocolos de este nivel, tales como TCP y UDP, se encargan de manejar los datos y proporcionar la fiabilidad necesaria en el transporte de los mismos.

- **Internet**: Es el nivel de red del modelo OSI. Incluye al protocolo IP, que se encarga de enviar los paquetes de información a sus destinos correspondientes. Es utilizado con esta finalidad por los protocolos del nivel de transporte.

- **Físico**: Análogo al nivel físico del OSI.

- **Red**: Es la interfaz de la red real. TCP/IP no especifíca ningún protocolo concreto, así es que corre por las interfaces conocidas, como por ejemplo: 802.2, CSMA/CD, X.25, etc.

NIVEL DE APLICACIÓN
NIVEL DE TRANSPORTE
NIVEL DE INTERNET
NIVEL DE RED
NIVEL FÍSICO

FIGURA 13-31. Arquitectura TCP/IP

El TCP/IP necesita funcionar sobre algún tipo de red o de medio físico que proporcione sus propios protocolos para el nivel de enlace de Internet. Por este motivo hay que tener en cuenta que los protocolos utilizados en este nivel pueden ser muy diversos y no forman parte del conjunto TCP/IP. Sin embargo, esto no debe ser problemático puesto que una de las funciones y ventajas principales del TCP/IP es proporcionar una abstracción del medio de forma que sea posible el intercambio de información entre medios diferentes y tecnologías que inicialmente son incompatibles.

Para transmitir información a través de TCP/IP, ésta debe ser dividida en unidades de menor tamaño. Esto proporciona grandes ventajas en el manejo de los datos que se transfieren y, por otro lado, esto es algo común en cualquier protocolo de comunicaciones. En TCP/IP cada una de estas unidades de información recibe el nombre de "datagrama" (*datagram*), y son conjuntos de datos que se envían como mensajes independientes.

13.10.2. Protocolos TCP/IP

FTP, SMTP,	
TELNET	SNMP, X-WINDOWS,
RPC, NFS	
TCP	UDP
IP, ICMP, 802.2, X.25	
ETHERNET, IEEE 802.2, X.25	

FIGURA 13-32.

- **FTP (File Transfer Protocol).** Se utiliza para transferencia de archivos.
- **SMTP (Simple Mail Transfer Protocol).** Es una aplicación para el correo electrónico.
- **TELNET:** Permite la conexión a una aplicación remota desde un proceso o terminal.
- **RPC (Remote Procedure Call).** Permite llamadas a procedimientos situados remotamente. Se utilizan las llamadas a RPC como si fuesen procedimientos locales.
- **SNMP (Simple Network Management Protocol).** Se trata de una aplicación para el control de la red.
- **NFS (Network File System).** Permite la utilización de archivos distribuidos por los programas de la red.
- **X-Windows**. Es un protocolo para el manejo de ventanas e interfaces de usuario.

13.10.3. Características de TCP/IP

- Ya que dentro de un sistema TCP/IP los datos transmitidos se dividen en pequeños paquetes, éstos resaltan una serie de características.
- La tarea de IP es llevar los datos a granel (los paquetes) de un sitio a otro. Las computadoras que encuentran las vías para llevar los datos de una red a otra (denominadas enrutadores) utilizan IP para trasladar los datos. En resumen *IP mueve los paquetes de datos a granel, mientras TCP se encarga del flujo y asegura que los datos estén correctos.*
- Las líneas de comunicación se pueden compartir entre varios usuarios. Cualquier tipo de paquete puede transmitirse al mismo tiempo, y se ordenará y combinará cuando llegue a su destino. Compare esto con la manera en que se transmite una conversación telefónica. Una vez que establece una conexión, se reservan algunos circuitos para usted, que no puede emplear en otra llamada, aun si deja esperando a su interlocutor por veinte minutos.
- Los datos no tienen que enviarse directamente entre dos computadoras. Cada paquete pasa de computadora en computadora hasta llegar a su destino. Éste, claro está, es el secreto de cómo se pueden enviar datos y mensajes entre dos computadoras aunque no estén conectadas directamente entre sí. Lo que realmente sorprende es que sólo se necesitan algunos segundos para enviar un archivo de buen tamaño de una máquina a otra, aunque estén separadas por miles de kilómetros y pese a que los datos tienen que pasar por múltiples computadoras. Una de las razones de la rapidez es que, cuando algo anda mal, sólo es necesario volver a transmitir un paquete, no todo el mensaje.
- Los paquetes no necesitan seguir la misma trayectoria. La red puede llevar cada paquete de un lugar a otro y usar la conexión más idónea que esté disponible en ese instante.

No todos los paquetes de los mensajes tienen que viajar, necesariamente, por la misma ruta, ni necesariamente tienen que llegar todos al mismo tiempo.

- La flexibilidad del sistema lo hace muy confiable. Si un enlace se pierde, el sistema usa otro. Cuando usted envía un mensaje, el TCP divide los datos en paquetes, ordena éstos en secuencia, agrega cierta información para control de errores y después los lanza hacia fuera, y los distribuye. En el otro extremo, el TCP recibe los paquetes, verifica si hay errores y los vuelve a combinar para convertirlos en los datos originales. De haber error en algún punto, el programa TCP destino envía un mensaje solicitando que se vuelvan a enviar determinados paquetes.

13.11. Cómo funciona TCP/IP

13.11.1. IP

IP a diferencia del protocolo X.25, que está orientado a conexión, es sin conexión. Está basado en la idea de los datagramas interred, los cuales son transportados transparentemente, pero no siempre con seguridad, desde el hostal fuente hasta el hostal destinatario, quizás recorriendo varias redes mientras viaja.

El protocolo IP trabaja de la siguiente manera; la capa de transporte toma los mensajes y los divide en datagramas, de hasta 64K octetos cada uno. Cada datagrama se transmite a través de la red interred, posiblemente fragmentándose en unidades más pequeñas, durante su recorrido normal. Al final, cuando todas las piezas llegan a la máquina destinataria, la capa de transporte los reensambla para así reconstruir el mensaje original.

Un datagrama IP consta de una parte de cabecera y una parte de texto. La cabecera tiene una parte fija de 20 octetos y una parte opcional de longitud variable. En la **figura 1** se muestra el formato de la cabecera. El campo *Versión* indica a qué versión del protocolo pertenece cada uno de los datagramas. Mediante la inclusión de la versión en cada datagrama, no se excluye la posibilidad de modificar los protocolos mientras la red se encuentre en operación.

El campo ***Opciones*** se utiliza para fines de seguridad, encaminamiento fuente, informe de errores, depuración, sellado de tiempo, así como otro tipo de información. Esto, básicamente, proporciona un escape para permitir que las versiones subsiguientes de los protocolos incluyan información que actualmente no está presente en el diseño original. También, para permitir que los experimentadores trabajen con nuevas ideas y para evitar, la asignación de bits de cabecera a información que muy rara vez se necesita.

Debido a que la ***longitud de la cabecera*** no es constante, un campo de la cabecera, ***IHL***, permite que se indique la longitud que tiene la cabecera en palabras de 32 bits. El valor mínimo es de 5. Tamaño 4 bit.

El campo ***Tipo de servicio*** le permite al hostal indicarle a la subred el tipo de servicio que desea. Es posible tener varias combinaciones con respecto a la seguridad y la velocidad. Para voz digitalizada, por ejemplo, es más importante la entrega rápida que corregir errores de transmisión. En tanto que, para la transferencia de archivos, resulta más importante tener la transmisión fiable que entrega rápida. También, es posible tener algunas otras combinaciones, desde un tráfico rutinario, hasta una anulación instantánea. Tamaño 8 bit.

La ***Longitud total*** incluye todo lo que se encuentra en el datagrama -tanto la cabecera como los datos. La máxima longitud es de 65 536 octetos(bytes). Tamaño 16 bit.

El campo ***Identificación*** se necesita para permitir que el hostal destinatario determine a qué datagrama pertenece el fragmento recién llegado. Todos los fragmentos de un datagrama contienen el mismo valor de identificación. Tamaño 16 bits.

Enseguida viene un bit que no se utiliza, y después dos campos de 1 bit. Las letras ***DF*** quieren decir no fragmentar. Esta es una orden para que las pasarelas no fragmenten el datagrama, porque el extremo destinatario es incapaz de poner las partes juntas nuevamente. Por ejemplo, supóngase que se tiene un datagrama que se carga en un micro pequeño para su ejecución; podría marcarse con DF porque la ROM de micro espera el programa completo en un datagrama. Si el datagrama no puede pasarse a través de una red, se deberá encaminar sobre otra red, o bien, desecharse.

Las letras ***MF*** significan más fragmentos. Todos los fragmentos, con excepción del último, deberán tener ese bit puesto. Se utiliza como una verificación doble contra el campo de *Longitud total*, con objeto de tener seguridad de que no faltan fragmentos y que el datagrama entero se reensamble por completo.

El ***desplazamiento de fragmento*** indica el lugar del datagrama actual al cual pertenece este fragmento. En un datagrama, todos los fragmentos, con excepción del último, deberán ser un múltiplo de 8 octetos, que es la unidad elemental de fragmentación. Dado que se proporcionan 13 bits, hay un máximo de 8192 fragmentos por datagrama, dando así una longitud máxima de datagrama de 65 536 octetos, que coinciden con el campo *Longitud total*. Tamaño 16 bits.

El campo ***Tiempo de vida*** es un contador que se utiliza para limitar el tiempo de vida de los paquetes. Cuando se llega a cero, el paquete se destruye. La unidad de tiempo es el segundo, permitiéndose un tiempo de vida máximo de 255 segundos. Tamaño 8 bits.

Cuando la capa de red ha terminado de ensamblar un datagrama completo, necesitará saber qué hacer con él. El campo *Protocolo* indica, a qué proceso de transporte pertenece el datagrama. El TCP es efectivamente una posibilidad, pero en realidad hay muchas más.

Protocolo: El número utilizado en este campo sirve para indicar a qué protocolo pertenece el datagrama que se encuentra a continuación de la cabecera IP, de manera que pueda ser tratado correctamente cuando llegue a su destino. *Tamaño: 8 bit.*

El ***código de redundancia*** *de la cabecera* es necesario para verificar que los datos contenidos en la cabecera IP son correctos. Por razones de eficiencia este campo no puede utilizarse para comprobar los datos incluidos a continuación, sino que estos datos de usuario se comprobarán posteriormente a partir del *código de redundancia* de la cabecera siguiente, y que corresponde al nivel de transporte. Este campo debe calcularse de nuevo cuando cambia alguna opción de la cabecera, como puede ser el tiempo de vida. *Tamaño: 16 bit*

La Dirección de origen contiene la dirección del *host* que envía el paquete. *Tamaño: 32 bit.*

La Dirección de destino: Esta dirección es la del *host* que recibirá la información. Los *routers* o *gateways* intermedios deben conocerla para dirigir correctamente el paquete. *Tamaño: 32 bit.*

13.11.2. La dirección de Internet

El *protocolo IP* identifica a cada ordenador que se encuentre conectado a la red mediante su correspondiente dirección. Esta dirección es un número de 32 bit que debe ser único para cada *host*, y normalmente suele representarse como cuatro cifras de 8 bit separadas por puntos.

La dirección de Internet (IP Address) se utiliza para identificar tanto al ordenador en concreto como la red a la que pertenece, de manera que sea posible distinguir a los ordenadores que se encuentran conectados a una misma red. Con este propósito, y teniendo en cuenta que en Internet se encuentran conectadas redes de tamaños muy diversos, se establecieron tres clases diferentes de direcciones, las cuales se representan mediante tres rangos de valores:

- **Clase A**: Son las que en su primer byte tienen un valor comprendido entre 1 y 126, incluyendo ambos valores. Estas direcciones utilizan únicamente este primer byte para identificar la red, quedando los otros tres bytes disponibles para cada uno de los *hosts* que pertenezcan a esta misma red. Esto significa que podrán existir más de dieciséis millones de ordenadores en cada una de las redes de esta clase. Este tipo de direcciones es usado por redes muy extensas, pero hay que tener en cuenta que sólo puede haber 126 redes de este tamaño. ARPAnet es una de ellas, existiendo además algunas grandes redes comerciales, aunque son pocas las organizaciones que obtienen una dirección de "clase A". Lo normal para las grandes organizaciones es que utilicen una o varias redes de "clase B".

- **Clase B:** Estas direcciones utilizan en su primer byte un valor comprendido entre 128 y 191, incluyendo ambos. En este caso el identificador de la red se obtiene de los dos primeros bytes de la dirección, teniendo que ser un valor entre 128.1 y 191.254 (no es posible utilizar los valores 0 y 255 por tener un significado especial). Los dos últimos bytes de la dirección constituyen el identificador del *host* permitiendo, por consiguiente, un número máximo de 64516 ordenadores en la misma red. Este tipo de direcciones tendría que ser suficiente para la gran mayoría de las organizaciones grandes. En caso de que el número de ordenadores que se necesita conectar fuese mayor, sería posible obtener más de una dirección de "clase B", evitando de esta forma el uso de una de "clase A".

- **Clase C:** En este caso el valor del primer byte tendrá que estar comprendido entre 192 y 223, incluyendo ambos valores. Este tercer tipo de direcciones utiliza los tres primeros bytes para el número de la red, con un rango desde 192.1.1 hasta 223.254.254. De esta manera queda libre un byte para el *host*, lo que permite que se conecten un máximo de 254 ordenadores en cada red. Estas direcciones permiten un menor número de *host* que las anteriores, aunque son las más numerosas pudiendo existir un gran número redes de este tipo (más de dos millones).

En la clasificación de direcciones que se muestra se puede notar que ciertos números no se usan. Algunos de ellos se encuentran reservados para un posible uso futuro, como es el caso de las direcciones cuyo primer byte sea superior a 223 (clases D y E, que aún no están definidas), mientras que el valor 127 en el primer byte se utiliza en algunos sistemas para propósitos especiales. También es importante notar que los valores 0 y 255 en cualquier byte de la dirección no pueden usarse normalmente por tener otros propósitos específicos.

El número 0 está reservado para las máquinas que no conocen su dirección, pudiendo utilizarse tanto en la identificación de red para máquinas que aún no conocen el número de red a la que se encuentran conectadas, en la identificación de *host* para máquinas que aún no conocen su número de *host* dentro de la red, o en ambos casos.

Tabla de direcciones IP de Internet.					
Clase	Primer byte	Identificación de red	Identificación de hosts	Número de redes	Número de hosts
A	1 .. 126	1 byte	3 byte	126	16.387.064
B	128 .. 191	2 byte	2 byte	16.256	64.516
C	192 .. 223	3 byte	1 byte	2.064.512	254

FIGURA 13-33.

El número 255 tiene también un significado especial, puesto que se reserva para el *broadcast*. El *broadcast* es necesario cuando se pretende hacer que un mensaje sea visible para todos los sistemas conectados a la misma red. Esto puede ser útil si se necesita enviar el mismo datagrama a un número determinado de sistemas, resultando más eficiente que enviar la misma información solicitada de manera individual a cada uno. Otra situación para el uso de *broadcast* es cuando se quiere convertir el nombre por dominio de un ordenador a su correspondiente número IP y no se conoce la dirección del servidor de nombres de dominio más cercano.

Lo usual es que cuando se quiere hacer uso del *broadcast* se utilice una dirección compuesta por el identificador normal de la red y por el número 255 (todo unos en binario) en cada byte que identifique al *host*. Sin embargo, por conveniencia también se permite el uso del número 255.255.255.255 con la misma finalidad, de forma que resulte más simple referirse a todos los sistemas de la red.

El *broadcast* es una característica que se encuentra implementada de formas diferentes dependiendo del medio utilizado, y por lo tanto, no siempre se encuentra disponible. En ARPAnet y en las líneas punto a punto no es posible enviar *broadcast*, pero sí que es posible hacerlo en las redes *Ethernet*, donde se supone que todos los ordenadores prestarán atención a este tipo de mensajes.

En el caso de algunas organizaciones extensas puede surgir la necesidad de dividir la red en otras redes más pequeñas (*subnets*). Como ejemplo podemos suponer una red de clase B que, naturalmente, tiene asignado como identificador de red un número de dos bytes. En este caso sería posible utilizar el tercer byte para indicar en qué red *Ethernet* se encuentra un *host* en concreto. Esta división no tendrá ningún significado para cualquier otro ordenador que esté conectado a una red perteneciente a otra organización, puesto que el tercer byte no será comprobado ni tratado de forma especial. Sin embargo, en el interior de esta red existirá una división y será necesario disponer de un software de red especialmente diseñado para ello. De esta forma queda oculta la organización interior de la red, siendo mucho más cómodo el acceso que si se tratara de varias direcciones de clase C independientes.

13.11.3. TCP

Una entidad de transporte TCP acepta mensajes de longitud arbitrariamente grande procedentes de los procesos de usuario, los separa en pedazos que no excedan de 64K octetos y, transmite cada pedazo como si fuera un datagrama separado. La capa de red, no garantiza que los datagramas se entreguen apropiadamente, por lo que TCP deberá utilizar temporizadores y retransmitir los datagramas si es necesario. Los datagramas que consiguen llegar, pueden hacerlo en desorden; y dependerá de TCP el hecho de reensamblarlos en mensajes, con la secuencia correcta.

Cada octeto de datos transmitido por TCP tiene su propio número de secuencia privado. El espacio de números de secuencia tiene una extensión de 32 bits, para asegurar que los duplicados antiguos hayan desaparecido, desde hace tiempo, en el momento en que los números de secuencia den la vuelta.

TCP, sin embargo, sí se ocupa en forma explícita del problema de los duplicados retardados cuando intenta establecer una conexión, utilizando el protocolo de ida-vuelta-ida para este propósito.

En la **figura 2** se muestra la cabecera que se utiliza en TCP. La primera cosa que llama la atención es que la cabecera mínima de TCP sea de 20 octetos. A diferencia de la clase 4 del modelo OSI, con la cual se puede comparar a grandes rasgos, TCP sólo tiene un formato de cabecera de TPDU(llamadas mensajes). Enseguida se analizará minuciosamente campo por campo, esta gran cabecera. Los campos *Puerto fuente y Puerto destino* identifican los puntos terminales de la conexión(las direcciones TSAP de acuerdo con la terminología del modelo OSI). Cada hostal deberá decidir por sí mismo cómo asignar sus puertos.

Los campos ***Numero de secuencia y Asentimiento en superposición*** efectúan sus funciones usuales. Estos tienen una longitud de 32 bits, debido a que cada octeto de datos está numerado en TCP.

La ***Longitud de la cabecera TCP*** indica el número de palabra de 32 bits que están contenidas en la cabecera de TCP. Esta información es necesaria porque el campo *Opciones* tiene una longitud variable, y por lo tanto la cabecera también.

Después aparecen seis banderas de 1 bit. Si el *Puntero acelerado* se está utilizando, entonces URG se coloca a 1. ***El puntero acelerado*** se emplea para indicar un desplazamiento en octetos a partir del número de secuencia actual en el que se encuentran datos acelerados. Esta facilidad se brinda en lugar de los mensajes de interrupción. El bit SYN se utiliza para el establecimiento de conexiones. La solicitud de conexión tiene SYN=1 y ACK=0, para indicar que el campo de asentimiento en superposición no se está utilizando. La respuesta a la solicitud de conexión si lleva un asentimiento, por lo que tiene SYN=1 y ACK=1. En esencia, el bit SYN se utiliza para denotar las TPDU CONNECTION REQUEST Y CONNECTION CONFIRM, con el bit ACK utilizado para distinguir entre estas dos posibilidades. El bit FIN se utiliza para liberar la conexión; especifica que el emisor ya no tiene más datos. Después de cerrar una conexión, un proceso puede seguir recibiendo datos indefinidamente. El bit RST se utiliza para reiniciar una conexión que se ha vuelto confusa debido a SYN duplicados y retardados, o a caída de los hostales. El bit EOM indica el Fin del Mensaje.

El control de flujo en TCP se trata mediante el uso de una ***ventana*** deslizante de tamaño variable. Es necesario tener un campo de 16 bits, porque la ventana indica el número de octetos que se pueden transmitir más allá del octeto asentido por el campo ventana y no cuántas TPDU.

El ***código de redundancia*** también se brinda como un factor de seguridad extrema. El algoritmo de código de redundancia consiste en sumar simplemente todos los datos, considerados como palabras de 16 bits, y después tomar el complemento a 1 de la suma.

El campo de *Opciones* se utiliza para diferentes cosas, por ejemplo para comunicar tamaño de tampones durante el procedimiento de establecimiento.

13.11.4. En que se utiliza TCP/IP

Muchas grandes redes han sido implementadas con estos protocolos, incluyendo DARPA Internet "Defense Advanced Research Projects Agency Internet", en español, Red de la Agencia de Investigación de Proyectos Avanzados de Defensa. De igual forma, una gran variedad de universidades, agencias gubernamentales y empresas de ordenadores, están conectadas mediante los protocolos TCP/IP. Cualquier máquina de la red puede comunicarse con otra distinta y esta conectividad permite enlazar redes físicamente independientes en una red virtual llamada Internet. Las máquinas en Internet son denominadas "hosts" o nodos.

TCP/IP proporciona la base para muchos servicios útiles, incluyendo correo electrónico, transferencia de ficheros y login remoto.

El correo electrónico está diseñado para transmitir ficheros de texto pequeños. Las utilidades de transferencia sirven para transferir ficheros muy grandes que contengan programas o datos. También pueden proporcionar chequeos de seguridad controlando las transferencias.

El login remoto permite a los usuarios de un ordenador acceder a una máquina remota y llevar a cabo una sesión interactiva.

13.12. La nueva versión de IP (IPng)

La nueva versión del protocolo IP recibe el nombre de **IPv6**, aunque es también conocido comúnmente como IPng (*Internet Protocol Next Generation*). El número de versión de este protocolo es el 6 (que es utilizada en forma mínima) frente a la antigua versión utilizada en forma mayoritaria. Los cambios que se introducen en esta nueva versión son muchos y de gran importancia, aunque la transición desde la versión antigua no debería ser problemática gracias a las características de compatibilidad que se han incluido en el protocolo. IPng se ha diseñado para solucionar todos los problemas que surgen con la versión anterior, y además ofrecer soporte a las nuevas redes de alto rendimiento (como ATM, Gigabit Ethernet, etc.)

Una de las características más llamativas es el nuevo sistema de direcciones, en el cual se pasa de los 32 a los 128 bit, eliminando todas las restricciones del sistema actual. Otro de los aspectos mejorados es la seguridad, que en la versión anterior constituía uno de los mayores problemas. Además, el nuevo formato de la cabecera se ha organizado de una manera más efectiva, permitiendo que las opciones se sitúen en extensiones separadas de la cabecera principal.

13.12.1. Formato de la cabecera

El tamaño de la cabecera que el protocolo IPv6 añade a los datos es de 320 bit, el doble que en la versión antigua. Sin embargo, esta nueva cabecera se ha simplificado con respecto a la anterior. Algunos campos se han retirado de la misma, mientras que otros se han convertido en opcionales por medio de las extensiones. De esta manera los *routers* no tienen que procesar parte de la información de la cabecera, lo que permite aumentar de rendimiento en la transmisión. El formato completo de la cabecera sin las extensiones es el siguiente:

Organización de la cabecera IPv6.			
Versión	Prioridad	Etiqueta de flujo	
Longitud		Siguiente Cabecera	Límite de existencia
Dirección de origen			
Dirección de destino			

FIGURA 13-34.

- **Versión:** Número de versión del protocolo IP, que en este caso contendrá el valor 6. *Tamaño: 4 bit.*
- **Prioridad:** Contiene el valor de la prioridad o importancia del paquete que se está enviando con respecto a otros paquetes provenientes de la misma fuente. *Tamaño: 4 bit.*

- **Etiqueta de flujo:** Campo que se utiliza para indicar que el paquete requiere un tratamiento especial por parte de los *routers* que lo soporten. *Tamaño: 24 bit.*

- **Longitud:** Es la longitud en bytes de los datos que se encuentran a continuación de la cabecera. *Tamaño: 16 bit.*

- **Siguiente cabecera:** Se utiliza para indicar el protocolo al que corresponde la cabecera que se sitúa a continuación de la actual. El valor de este campo es el mismo que el de protocolo en la versión 4 de IP. *Tamaño: 8 bit.*

- **Límite de existencia:** Tiene el mismo propósito que el campo de la versión 4, y es un valor que disminuye en una unidad cada vez que el paquete pasa por un nodo. *Tamaño:8 bit.*

- **Dirección de origen:** El número de dirección del *host* que envía el paquete. Su longitud es cuatro veces mayor que en la versión 4. *Tamaño: 128 bit.*

- **Dirección de destino:** Número de dirección de destino, aunque puede no coincidir con la dirección del *host* final en algunos casos. Su longitud es cuatro veces mayor que en la versión 4 del protocolo IP. *Tamaño: 128 bit.*

Las extensiones que permite añadir esta versión del protocolo se sitúan inmediatamente después de la cabecera normal, y antes de la cabecera que incluye el protocolo de nivel de transporte. Los datos situados en cabeceras opcionales se procesan sólo cuando el mensaje llega a su destino final, lo que supone una mejora en el rendimiento. Otra ventaja adicional es que el tamaño de la cabecera no está limitado a un valor fijo de bytes como ocurría en la versión 4.

Por razones de eficiencia, las extensiones de la cabecera siempre tienen un tamaño múltiplo de 8 bytes. Actualmente se encuentran definidas extensiones para *routing* extendido, fragmentación y ensamblaje, seguridad, confidencialidad de datos, etc.

13.12.2. Direcciones en la Versión 6

El sistema de direcciones es uno de los cambios más importantes que afectan a la versión 6 del protocolo IP, donde se han pasado de los 32 a los 128 bit (cuatro veces mayor). Estas nuevas direcciones identifican a un interfaz o conjunto de interfaces y no a un nodo, aunque como cada interfaz pertenece a un nodo, es posible referirse a éstos a través de su interfaz.

El número de direcciones diferentes que pueden utilizarse con 128 bits es enorme. Teóricamente serían 2^{128} direcciones posibles, siempre que no apliquemos algún formato u organización a estas direcciones. Este número es extremadamente alto, pudiendo llegar a soportar más de 665.000 **trillones** de direcciones distintas por cada **metro cuadrado** de la superficie del planeta Tierra. Según diversas fuentes consultadas, estos números una vez organizados de forma práctica y jerárquica quedarían reducidos en el peor de los casos a 1.564 direcciones por cada metro cuadrado, y siendo optimistas se podrían alcanzar entre los tres y cuatro trillones.

Existen tres tipos básicos de direcciones IPng según se utilicen para identificar a un interfaz en concreto o a un grupo de interfaces. Los bits de mayor peso de los que componen la dirección IPng son los que permiten distinguir el tipo de dirección, empleándose un número variable de bits para cada caso. Estos tres tipos de direcciones son:

- **Direcciones *unicast*:** Son las direcciones dirigidas a un único interfaz de la red. Las direcciones *unicast* que se encuentran definidas actualmente están divididas en varios grupos. Dentro de este tipo de direcciones se encuentra también un formato especial que facilita la compatibilidad con las direcciones de la versión 4 del protocolo IP.

- **Direcciones *anycast:*** Identifican a un conjunto de interfaces de la red. El paquete se enviará a un interfaz cualquiera de las que forman parte del conjunto. Estas direcciones son en realidad direcciones *unicast* que se encuentran asignadas a varios interfaces, los cuales necesitan ser configurados de manera especial. El formato es el mismo que el de las direcciones *unicast*.

- **Direcciones *multicast:*** Este tipo de direcciones identifica a un conjunto de interfaces de la red, de manera que el paquete es enviado a cada una de ellos individualmente.

Las direcciones de *broadcast* no están implementadas en esta versión del protocolo, debido a que esta misma función puede realizarse ahora mediante el uso de las direcciones *multicast*.

CAPITULO 14

LAS INTERFACES DE CONEXIÓN

14.1. PUERTOS

Los ordenadores personales actuales aún conservan prácticamente todos los puertos heredados desde que se diseñó el primer PC de IBM. Por razones de compatibilidad aún seguiremos viendo este tipo de puertos, pero poco a poco irán apareciendo nuevas máquinas en las que no contaremos con los típicos conectores serie, paralelo, teclado etc. Y en su lugar sólo encontraremos puertos USB, Fireware (IEE 1394) o SCSI.

Un ejemplo típico lo tenemos en las máquinas iMac de Apple, que aunque no se trate de máquinas PC-Compatibles, a nivel hardware comparten muchos recursos, y nos están ya marcando lo que será el nuevo PC-2000 en cuanto a que sólo disponen de bus USB para la conexión de dispositivos a baja-media velocidad, como son el teclados, ratón, unidad ZIP, módem, etc...

Tampoco hay que olvidar otro tipo de conectores que son ya habituales en los ordenadores portátiles como los puertos infrarrojos, que pueden llegar a alcanzar velocidades de hasta 4 Mbps y que normalmente cumplen con el estándar IrDA, o las tarjetas PC-Card (antiguamente conocidas como PCMCIA) ideales para aumentar la capacidad de dichas máquinas de una manera totalmente estándar.

14.2. PUERTO SERIE

El puerto serie de un ordenador es un adaptador asíncrono utilizado para poder intercomunicar varios ordenadores entre sí.

Un puerto serie recibe y envía información fuera del ordenador mediante un determinado software de comunicación o un driver del puerto serie.

El software envía la información al puerto carácter a carácter, convirtiéndolo en una señal que puede ser enviada por un cable serie o un módem.

Cuando se ha recibido un carácter, el puerto serie envía una señal por medio de una interrupción indicando que el carácter está listo. Cuando el ordenador ve la señal, los servicios del puerto serie leen el carácter.

14.2.1. Tipos de Puertos serie

Hay muchos tipos de puertos serie, que están definidos normalmente por el tipo de UART (Universal Asynchronous Receiver / Transmitter, Receptor/Transmisor Asíncrono Universal) usado por el puerto serie. El UART es un chip del puerto serie que convierte los datos de formato paralelo utilizados por el PC en datos de formato serie para su envío.

UART's sin buffer

Los UARTs sin buffer fueron diseñados cuando los módem más rápidos transmitían a 1200 bps. No tienen buffer de carácter extra en el UART, por lo que dependen del procesador para borrar cada carácter enviado por el módem antes de que el siguiente carácter sea enviado. Los UARTs sin buffer comprenden las series 8250, el 16450 y el original 16550.

El 8250 fue el original UART usado en el IBM PC/XT, y el 8250B es una versión un poco más lenta, aunque lo suficiente para un PC/XT. Este UART no debería ser usado en un IBM AT o una máquina más rápida, ya que muchos programas de chequeo muestran un informe erróneo, y existen riesgos ocasionales de error, incluso pueden producirse fallos si se utilizan en estas máquinas.

El 8250 A es una versión mejorada del 8250 / 8250 B, trabaja un poco más rápido sobre el bus del PC, no sobre el módem, y con menores problemas. No es lo suficientemente rápido para ser aplicado en un AT.

El 16450 es una versión más rápida, también sobre el bus del 8250 A, y es lo suficientemente rápido para soportar las velocidades de transmisión de algunos ordenadores actuales .Opera bien a 38KBPS.

EL 16550 fue montado durante un corto período de tiempo en los ordenadores. Posee un buffer interno de 16 bytes que no funciona, muchos IBM PS/2 incluyen este chip.

UART's con buffer

Los UARTs con buffer han sido diseñados como apoyo a los módem rápidos de la actualidad. El UART original con buffer es el 16550A, que puede acumular 16 caracteres en un buffer antes de que el procesador lea el dato. Esto hace que el software del PC tenga una mayor facilidad para comunicarse con el módem, creándose menos errores y una mayor velocidad de transmisión.

El 16550A

Esta es una versión mejorada del 16550, donde el buffer trabaja, y es el standard UART de los 90, que requieren las transmisiones rápidas con los actuales módem. El buffer colabora en los sistemas operativos Windows y OS/2. Asimismo, evita los overrun y los errores CRC que se puedan producir en aplicaciones DOS u ordenadores más rápidos.

Existen diferentes versiones del 16550A creadas por diferentes fabricantes. Así, hay quienes han optado por poner dos UARTs en un mismo chip. Otros han hecho el "súper-I/O", que incluye dos puertos serie, y los controles del disco duro y la diskettera. Estas modificaciones lo han mejorado con el paso del tiempo.

El StarTech 16650 UART

Este chip es una versión mejorada del 16550A UART, que posee un buffer FIFO de 32 bytes, control de flujo automático y un gran potencial en comunicaciones. Desgraciadamente, su diseño no lo hace completamente compatible con el 16550A, lo que supone que en algunas ocasiones puede no trabajar con algunas aplicaciones y drivers. Particularmente, muchas aplicaciones DOS no funcionan adecuadamente con este chip cuando corren en una ventana DOS bajo otro sistema operativo. Además no existen drivers para Windows 95, Windows NT u OS/2.

Texas Instruments 16750 UART

Texas Instruments hizo un UART totalmente compatible con el 16550A. El 16750 posee un buffer de 64 bytes y capacidad de control de flujo automático

14.2.2. Otros Tipos de puerto serie

Pequeños puertos serie

Existen algunas tarjetas diseñadas específicamente para dotar de un puerto serie de alta velocidad para comunicaciones. Estas tarjetas tienen un microprocesador en su interior que asiste al PC en las comunicaciones. Además, disponen de un modo de transferencia de datos de alta velocidad que es mucho más eficiente que el interface de puerto serie normal. Estas tarjetas necesitan unos drivers especiales para su uso, pero también disponen de un interface standard de puerto serie por motivos de compatibilidad.

Hayes ESP-I y ESP-II

Hayes ha introducido tres diferentes tipos de "Enhanced Serial Ports", o tarjeta ESP. La original tarjeta ESP (ESP-I) es una tarjeta "full-length 8-bit" con dos 16550A puertos serie y un procesador que tiene en cuenta las transmisiones entre el puerto original y el procesador. Esta tarjeta no es soportada por Windows ni OS/2, por lo que se hace necesario el uso del puerto Standard.

La tarjeta ESP-II está disponible con un o dos puertos serie. Este producto reemplazó al modelo original y dispone de drivers para diferentes entornos al mismo tiempo, e incluso Hayes ha introducido un driver para Windows 95.

HSSP (Practical Peripherals High Speed Serial Port)

Un Practical Peripheral High Speed Serial Port (HSSP) es una versión mejorada de la tarjeta Hayes ESP-II, y es idéntica en su construcción a la ESP-II.

El T/Port

El T/Port de Telcor Systems, Inc. es una tarjeta especial que incluye un microprocesador y es utilizada para la comunicación con un host durante un tiempo elevado. El T/Port mejora el funcionamiento del ordenador, especialmente cuando opera bajo Windows u OS/2. Presenta una emulación del interfase 16450.

Otros tipo de puertos serie

Algunos módem internos utilizan chips con la apariencia de un 16450 UART, pero realmente son procesadores simulando ese UART.

Otros módem, también disponen de un segundo buffer que aumenta la capacidad del principal y ofrece una considerable protección ante caracteres perdidos (overrun errors).

14.3. USB

USB (**U**niversal **S**erial **B**us) comenzó a desarrollarse en 1994 a partir de diversos estudios que realizaron las empresas Compaq©, Intel©, Microsoft©, NEC©, IBM Pc, Digital Equipment Corp y Northern Telecom, partiendo de tres elementos clave:

- La conexión de la computadora personal a los servicios de telefonía, que hasta ese año había sido una industria por separado, previniendo la expansión de las telecomunicaciones e Internet en todos los ámbitos.
- La facilidad de uso, en contraposición a las interfaces de esa época que implicaban el uso de diversos controladores, constantes configuraciones y un bajo rendimiento.
- La expansión de puertos, hasta entonces limitada a la inserción de tarjetas de circuitos en la propia computadora personal y, en consecuencia, una muy limitada flexibilidad de elementos, dispositivos y programas compatibles.

La primera especificación comercial de USB (conocida como 1.1) data del año1998. Un año después, USB era ya una interfaz común en la mayoría de los equipos de cómputo personal. El objetivo se cumplió: permitir que dispositivos de diversos fabricantes pudieran comunicarse entre sí en una arquitectura abierta.

Ahora era posible conectar un periférico a la computadora, ya no a 56Kbps o 115 Kbps, como lo hacen los puertos seriales, sino hasta 12Mbps.

En abril de 2000 se presentó el USB de alta velocidad o USB 2.0 que llega hasta 480 Mbps. Desde la perspectiva del usuario, los puertos e interfaces USB son muy sencillos de emplear.

14.4. Acoplamiento

14.4.1. Sistema USB A-B

El sistema de acoplamiento posee conectores de dos tipos e imposibles de colocar de manera errónea.

FIGURA 14-1.

Debido a su formato trapezoidal, tanto para el conector tipo A y tipo B, evita la inserción invertida en su alojamiento. Los alojamientos hembras se encuentran en los dispositivos y los alojamientos machos se encuentran en el cable de interconexión. Los conectores del tipo A corresponden al Concentrador Raíz, o a los Concentradores secundarios (estos pueden encontrarse inclusive en los periféricos). Los conectores de tipo B se encuentran en los dispositivos periféricos (siempre que estos no contengan un HUB secundario).El sistema de blindaje se completa a través de las cazoletas metálicas de los conectores, lo que posibilita trabajar con señales de alta frecuencia y el drenado de señales parásitas producidas por las cargas estáticas.

Un cable USB está compuesto por cuatro conductores: dos de potencia y dos de datos, rodeados de una capa de blindaje para evitar interferencias, para transmisiones a 1.5 Mbps se utiliza conductores no apantallados. .

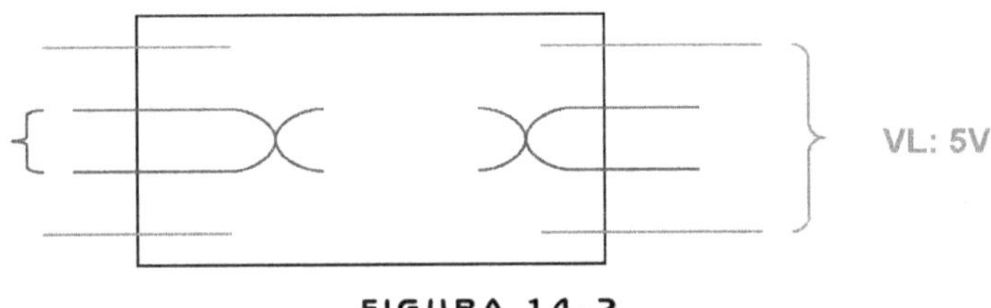

FIGURA 14-2.

Los conductores de potencia pueden suministrar, 5 voltios de tensión y una corriente de 500 mA, a aquellos dispositivos que así lo requieran, como cámaras de videoconferencia y lectores de tarjetas de memoria, o recibir las comunicaciones de dispositivos con mayor consumo de energía (impresoras, discos, grabadoras etc.).

- USB dota de 2.5 watts a los dispositivos que así lo requieren
- Los conductores destinados para alimentación cumplen con el Standard AWG 20 → al 26
- Los conductores destinados a Txd y Rxd cumplen con el Standard AWG 28
- La longitud máxima de los cables es de 5 metros.

Con respecto a los conectores: serie A y serie B, los primeros presentan las cuatro patillas correspondientes a los cuatro conductores alineadas en un plano. El color recomendado es blanco sucio y los receptáculos se presentan en cuatro variantes: vertical, en ángulo recto, panel y apilado en ángulo recto. El montaje pasamuros, se emplea en aquellos dispositivos en los que el cable externo, está permanentemente unido a los mismos, tales como teclados, ratones, y hubs o concentradores. Los conectores de la serie B presentan los contactos distribuidos en dos planos paralelos, dos en cada plano, y se emplean en los dispositivos periféricos, por ejemplo, impresoras, scanner, y módems.

14.5. APLICACIONES ACTUALES

- Discos duros de estado sólido portátiles.
- Adaptadores de video para monitores de PC.
- Grabadores de audio y video sobre bus USB.
- Conexiones de PC a PC a través de puertos USB.
- Sustitución de los puertos serie y paralelo.

En las placas que se venden actualmente, especialmente si son en formato ATX, el conector del bus USB está presente como un estándar, a veces hasta por duplicado

Cuando se deben conectar más dispositivos de los que ya ocupan puertos USB, es indispensable usar un concentrador USB (Hub). El concentrador amplía la cantidad de puertos disponibles para otros dispositivos.

 Una sola computadora, combinando cables de no más de cinco metros de longitud cada uno y concentradores, puede tener asociados hasta 127 dispositivos USB.

Cuando un periférico USB se conecta por primera vez, el sistema operativo detecta su presencia e instala el controlador correspondiente o bien, puede solicitar al usuario el disco de instalación de ese periférico, por que el mismo no se encuentra en la versión del S.O., de este modo al instalar el driver, el icono del dispositivo será arrastrado a la Carpeta del Sistema. La funcionalidad de USB con controladores de carga dinámica elimina las precauciones sobre problemas técnicos que en la actualidad se relacionan con la conexión de periféricos. Después de trabajar con el dispositivo, el usuario puede desconectarlo directamente del puerto USB, sin riesgo de perder la configuración o dañar el aparato.

Los periféricos USB se basan en la comodidad del "plug-and-play" al eliminar la necesidad de apagar o reiniciar el ordenador cuando se conecta un periférico. Esta capacidad real de "conexión y desconexión en funcionamiento" permite que se conecten periféricos USB según hagan falta. Por ejemplo, un usuario que está realizando una tarea, podría intercambiar una expansión de memoria USB con una grabadora de discos USB, sin experimentar demoras (Hot Pluggable).

Esta conexión tan sencilla permite velocidades de transmisión de hasta 480 Mbps. La relación entre un conexionado sencillo e inteligencia residente se hace evidente en este tipo de interfase.

El sistema de bus serie universal USB consta de tres componentes:

- Controlador
- Hubs o Concentradores
- Periféricos

14.6. Como Funciona

Trabaja como interfaz para transmisión de datos y distribución de energía, que ha sido introducida en el mercado de PC's y periféricos para mejorar las lentas interfaces serie (RS-232) y paralelo.

Es un bus basado en el paso de un testigo, semejante a otros buses como los de las redes locales en anillo con paso de testigo y las redes FDDI.

Emplea una topología de estrellas apiladas que permite el funcionamiento simultáneo de 127 dispositivos a la vez. En la raíz o vértice de las capas, está el controlador anfitrión o host que controla todo el tráfico que circula por el bus. Esta topología permite a muchos dispositivos conectarse a un único bus lógico sin que los dispositivos que se encuentran más abajo en la pirámide sufran retardo. A diferencia de otras arquitecturas, USB no es un bus de almacenamiento y envío, de forma que no se produce retardo en el envío de un paquete de datos hacia capas inferiores.

14.6.1. Controlador

USB dispone de un **Controlador** (Host), un circuito residente en la placa **A**daptadora de **C**omunicación (AC) del ordenador. Este es responsable de las comunicaciones entre los periféricos USB y la CPU, es también responsable de la admisión de los periféricos dentro del bus, tanto si se detecta una conexión como una desconexión. El controlador USB distribuye testigos por el bus. El dispositivo cuya dirección coincide con la que porta el testigo responde aceptando o enviando datos al controlador. Al momento de activarse busca a todos los dispositivos conectados por USB y les asigna una dirección. Este proceso se llama Numeración, manteniéndose aún después del arranque. De manera adicional, el controlador detecta el tipo de transferencia de datos aceptable por el dispositivo, por ejemplo:

1) Datos por interrupción. Dispositivos como ratones y teclados no requieren enviar grandes volúmenes de información, tan sólo pequeños pulsos de datos.
2) Bloque. Las impresoras reciben mayores volúmenes de datos, generalmente en bloques de 64 bytes, siendo cada uno de ellos verificado para tener la garantía de una buena recepción.
3) Síncronos. Aquellos aparatos que operan con información constante (audio, video) y que no se verifica su correcta recepción.

Una vez que los dispositivos tienen un número asignado, el controlador verifica cuánto ancho de banda consumen aquéllos que operan por interrupción y en forma síncrona: al llegar al 90% se cancela el acceso de cualquier otro dispositivo USB, ya que el 10% restante se reserva para los datos de control y de bloque.

El ancho de banda debe repartirse entre los dispositivos, lo que no importa mucho si estamos conectando otro ratón, pero que nos indica que conectar 126 impresoras al mismo puerto USB e intentar imprimir en todas a la vez no es una buena idea. Sin embargo, parece un ancho suficiente para utilizar algunos dispositivos portátiles como las unidades Zip, mientras no intentemos usarlos a la vez que una impresora un módem y un escáner USB (combinación ciertamente improbable). Lo cual implica la necesidad de un controlador que coordine su actividad, pero esto lo hace de fácil fabricación y económico de implementar .El controlador también gestiona la distribución de energía a los periféricos que lo requieran, si se producen errores durante la conexión, el controlador lo comunica a la CPU, que, a su vez, lo transmite al usuario. Una vez que se ha producido la conexión correctamente, el controlador asigna al periférico los recursos del sistema que éste precise para su funcionamiento.

14.7. CONCENTRADORES O HUBS

Son distribuidores inteligentes de datos y alimentación, y hacen posible la conexión a un único puerto USB de 127 dispositivos. De una forma selectiva reparten datos y alimentación hacia sus puertas descendentes y permiten la comunicación hacia su puerta de retorno o ascendente. Un hub de 4 puertos, por ejemplo, acepta datos del PC para un periférico por su puerta de retorno o ascendente y los distribuye a las 4 puertas descendentes si fuera necesario. Los concentradores también permiten las comunicaciones desde el periférico hacia el PC, aceptando datos en las 4 puertas descendentes y enviándolos hacia el PC por la puerta de retorno.

El concentrador raíz, es el primer concentrador de toda la cadena, que permite a los datos y a la energía circular hacia uno o dos conectores USB del PC, y de allí a los 127 periféricos que, como máximo, puede soportar el sistema lo cual es posible añadiendo concentradores adicionales . Por ejemplo, si el PC tiene una única puerta USB y a ella le conectamos un hub o concentrador de 4 puertas, el PC se queda sin más puertas disponibles. Sin embargo, el hub de 4 puertas permite realizar 4 conexiones descendentes. Conectando otro hub de 4 puertas a una de las 4 puertas del primero, habremos creado un total de 7 puertas a partir de una puerta del PC. De esta forma, es decir, añadiendo concentradores, el PC puede soportar hasta 127 periféricos USB.

La mayoría de los concentradores se encontrarán incorporados en los periféricos. Por ejemplo, un dispositivo USB puede contener un concentrador de 7 puertas incluido dentro de su chasis. El dispositivo utilizará una de ellas para sus datos y control y le quedarán 6 para conectar allí otros periféricos.

14.8. PERIFÉRICOS

USB 1.1 soporta periféricos de baja y media velocidad. Empleando dos velocidades para la transmisión de datos de 1.5 Mbps y 12 Mbps se consigue una utilización más eficiente de sus recursos.

Periféricos de baja velocidad

Los periféricos de baja velocidad tales como: teclados, ratones, joysticks, y otros periféricos para juegos emplean 1.5 Mbps.

Periféricos de velocidad media

Los periféricos de velocidad media como: monitores, módems, scanners, equipos de audio, etc emplean 12 Mbps dado que transmiten mayor volumen de datos en tiempo real.

USB 2.0 soporta periféricos de alta, media y baja velocidad

Periféricos de alta velocidad

Los periféricos de alta velocidad tales como: discos duros de estado sólido, grabadores de audio y video sobre USB, unidades Zip, etc. Emplean velocidades de hasta 480 Mbps.

Un dispositivo de alta velocidad USB 2.0 puede conectarse a un controlador USB 1.1, pero no operará en toda su capacidad. Por su parte, un dispositivo USB 1.1 puede conectarse a un controlador USB 2.0 a un máximo de 12 Mbps. Si la computadora tiene USB 1.1 y se desea migrar a USB 2.0, será necesario adquirir e instalar una nueva tarjeta controladora.

Nuevos estándares comenzaron a aparecer y USB 1.1 quedó medio obsoleto, pues no estaba acorde a las velocidades de transferencia del momento. Así, el puerto IEEE-1394 conocido en el ambiente Mac como FireWire y en los PC como iLink- sobrepasó en velocidad al USB, y bastante: 400 Mbps.
Es cierto que para muchos periféricos esta velocidad es demasiada, no es necesaria, pero para algunos dispositivos es una cosa fundamental. Por ejemplo, los discos duros, los copiadores de CD, o las videocámaras digitales. La cantidad de información que necesitan transferir en poco tiempo es mucha, y los 12 Mbps no fueron suficientes. FireWire fue el rey de estos productos.A mediados del 2001 se presentó la nueva maravilla de los puertos, USB 2.0. Con una velocidad de transferencia de 480 Mbps, sobrepasó al estándar 1394. La poderosa firma Intel no se demoró mucho en subirse al

carro de la victoria y decir que sus chips vendrían integrados con esta nueva versión, que entre sus gracias está que es absolutamente compatible con la versión anterior. Si se tienen dispositivos USB 1.1, no hay problema en conectarlos al puerto USB 2.0.

14.9. FIREWIRE IEEE 1394

Este estándar para conexiones de alta velocidad fue desarrollado originalmente por Apple Computer© en 1986, adoptándolo la IEEE en 1995 como la norma 1394. Debido a que tienen mayor velocidad de transmisión que un USB 1.1. Los principales productos que son compatibles con FireWire IEEE 1394 son cámaras, video caseteras DV y DVB, así como reproductores de audio digital. Todas las comunicaciones son en tiempo real y síncronas, por lo que los datos se transfieren sin degradación perceptible.

De manera similar a la operación de USB, FireWire soporta elevados anchos de banda. La primera versión, conocida como FireWire 400, es contemporánea al USB 1.1, conectando dispositivos a distancias no mayores a 4.5 metros y con anchos de banda de 400 Mbps. La nueva versión, FireWire 800, también llamada IEEE 1394b, proporciona hasta 800 Mbps y hasta 100 metros de distancia con enlaces de fibra óptica, en abierta competencia con los 480 Mbps del USB 2.0. Diversos fabricantes de hardware han adoptado ambas versiones en sus productos, tal es el caso de Sony©, cuya implementación del IEEE 1394 se llama i.Link© S400 y del IEEE 1394b como i.Link© S800.

Otras características de FireWire IEEE 1394 son:

- Flexibilidad de conexiones. Se pueden conectar hasta 63 dispositivos en un bus, incluyendo computadoras.
- Transmisión en tiempo real. Aplicaciones críticas como audio, video y gráficos generados por computadora se benefician notablemente de la transmisión síncrona en este estándar.
- Potencia en el cable. A diferencia de USB que dota de 2.5 watts a los dispositivos que así lo requieren (ej: ratón), FireWire IEEE 1394 proporciona hasta 45 watts. Más que suficiente para discos duros de alto rendimiento y baterías de carga rápida.
- Conectar y usar ("plug-and-play" / Hot Pluggable) Los dispositivos asociados a FireWire se reconocen de manera automática en el sistema, pudiendo lanzar las aplicaciones correspondientes sin intervención del usuario.

USB y FireWire IEEE 1394 han revolucionado la forma de conectar periféricos a las computadoras. Sin embargo, su impacto va más allá: las velocidades que alcanzan obligan a pensar en la sustitución de no sólo los antiguos puertos seriales y paralelos (ya hay muchas computadoras que no los incluyen), sino también en modificar las interfaces de comunicación internas: discos duros, lectores de discos compactos y DVDs, tarjetas de video y de audio y enlaces de red.

Parece indudable que en el futuro cercano ambos tipos de interfaz sean el estándar para la interconexión de todo tipo de aparatos a relativa corta distancia. La convergencia digital de televisiones, reproductores caseros de DVD, sistemas de teatro en casa, cámaras y grabadoras de audio y video conectadas a la computadora es ya una posibilidad. Otras aplicaciones incluyen la producción de televisión y radio con alta calidad, evitando el uso de diversos cables así como la degradación de la señal que, combinado con los sistemas de transmisión directa al hogar y la televisión de alta definición, llevarán imagen y voz sin distorsiones desde el estudio hasta la pantalla del espectador.

FireWire es uno de los estándares de periféricos más rápidos que se han desarrollado

Con un ancho de banda 30 veces mayor que el conocido estándar de periféricos USB 1.1, el FireWire 400 se ha convertido en el estándar más respetado para la transferencia de datos a alta velocidad. Apple fue el primer fabricante de ordenadores que incluyó FireWire en toda su gama de productos. Una vez más, Apple ha vuelto a subir las apuestas duplicando la velocidad de transferencia con su implementación del estándar IEEE 1394b FireWire 800.

14.10. FIREWIRE 800 (FIREWARE 2 Y/O IEEE1394B)

La velocidad sobresaliente del FireWire 800 frente al USB 2.0 convierte al primero en un medio mucho más adecuado para aplicaciones que necesitan mucho ancho de banda, como las de gráficos y vídeo, que a menudo consumen cientos o incluso miles de megabytes de datos por archivo. Por ejemplo, una hora de vídeo en formato DV ocupa unos 13.000 megabytes (13 GB). Otras de sus ventajas son, por ejemplo:

Arquitectura altamente eficiente. IEEE 1394b reduce los retrasos en la negociación, mientras la 8B10B reduce la distorsión de señal y aumenta la velocidad de transferencia

8B10B: 8 bits se codifican en 10 bits. Este código fue desarrollado por IBM y permite suficientes transiciones de reloj, la codificación de señales de control, detección de errores. El código 8B10B es similar a 4B5B de FDDI, el que no fue adoptado debido al pobre equilibrio de corriente continua.

14.10.1. Conectividad

En este sistema es independiente cómo se conectan los dispositivos entre ellos, FireWire 800 funciona a la perfección. Por ejemplo, se puede incluso enlazar la Mac a la cadena de dispositivos FireWire 800 por los dos extremos para mayor seguridad durante acontecimientos en directo.

14.10.2. Compatibilidad retroactiva

Los fabricantes han adoptado el FireWire para una amplia gama de dispositivos, como videocámaras digitales, discos duros, cámaras fotográficas digitales, audio profesional, impresoras, escáneres y electrodomésticos para el ocio. Los cables adaptadores para el conector de 9 contactos del FireWire 800 permiten utilizar productos FireWire 400 en el puerto FireWire 800.

FireWire 800 comparte las revolucionarias prestaciones del FireWire 400:

Flexibles opciones de conexión. Conecta hasta 63 ordenadores y dispositivos a un único bus: se puede incluso compartir una cámara entre dos Mac's o PC's.

14.10.3. Distribución en el momento

Fundamental para aplicaciones de audio y vídeo, donde un fotograma que se retrasa o pierde la sincronización arruina un trabajo, el Firewire puede garantizar una distribución de los datos en perfecta sincronía.

14.10.4. Ventajas de Firewire

- Alcanzan una velocidad de 400 megabits por segundo. es hasta cuatro veces más rápido que la red Ethernet 100Base- T y 40 veces más rápido que la red Ethernet 10-Base-T.
- Soporta la conexión de hasta 63 dispositivos con cables de una longitud máxima de 425 cm.
- No es necesario apagar un escáner o una unidad de CD antes de conectarlo o desconectarlo, y tampoco requiere reiniciar la CPU.
- Los cables FireWire se conectan muy fácilmente: no requieren números de identificación de dispositivos, conmutadores DIP, tornillos, cierres de seguridad ni terminadores.
- FireWire funciona tanto con Macintosh como con PC.
- FireWire 400 envía los datos por cables de hasta 4,5 metros de longitud. Mediante fibra óptica profesional
- FireWire 800 puede distribuir información por cables de hasta 100 metros, lo que significa que se podría transmitir un CD desde un extremo a otro de una cancha de fútbol cada diez segundos y no es necesario otro ordenador o dispositivo para alcanzar estas distancias. Siempre que los dispositivos se conecten a un concentrador FireWire 800, puedes enlazarlos mediante un cable de fibra óptica.

14.10.5. Aplicaciones de Fireware

La edición de vídeo digital con FireWire ha permitido que tuviera lugar una revolución en la producción del vídeo con sistemas de escritorio. La incorporación de FireWire en cámaras de vídeo de bajo costo y elevada calidad permite la creación de vídeo profesional en la Macintosh. Atrás quedan las carísimas tarjetas de captura de vídeo y las estaciones de trabajo con dispositivos SCSI de alto rendimiento.

FireWire permite la captura de vídeo directamente de las nuevas cámaras de vídeo digital con puertos FireWire incorporados y de sistemas analógicos mediante conversores de audio y vídeo a FireWire.

14.10.6. Redes IP sobre Firewire

Como explica Apple, "con este software instalado, se pueden utilizar entre ordenadores Macintosh y periféricos los protocolos IP existentes, incluyendo AFP, HTTP, FTP, SSH, etcétera. En todos los casos, se puede utilizar Rendezvous para su configuración, resolución de nombres y descubrimiento."

Si unimos la posibilidad de usar las conexiones Firewire para crear redes TCP/IP a las prestaciones de Firewire 2 (Fireware 800), tenemos razones muy serias para que Apple recupere rápidamente la atención de los fabricantes de periféricos que posibilite a los usuarios de aplicaciones que requieren gran ancho de banda en redes locales, como todas las relacionadas con el vídeo digital.

14.10.7. USB vs. Fireware

Normalmente se confunde el IEEE 1394 y el Universal Serial Bus (USB). Ambos son tecnologías que persiguen un nuevo método de conectar múltiples periféricos a un ordenador. Ambos permiten que los periféricos sean añadidos o desconectados sin la necesidad de reiniciar. Ambos usan conexiones sencillas y flexibles. Pero aquí terminan las similitudes. Aunque los cables de IEEE 1394 y USB pueden parecer a la vista los mismos, la cantidad de datos que por ellos se transfiere es diferente.

IEEE 1394 ofrece una transferencia de datos 16 veces superior a la ofrecida por el USB. Eso es porque el USB fue diseñado para no prevenir futuros aumentos de velocidad en su capacidad de transferencia de datos.

IEEE 1394 tiene bien definidos otros tipos de ancho de banda, con velocidad incrementada a 400 Mbps (50 MB/s), 800 Mbps (100 MB/s), y 1 Gbps+ (125 MB/s) y más allá en los próximos años. Tantos incrementos en la capacidad de transferencia de datos serán requeridos para los dispositivos tales como HDTV, cajas de mezclas digitales y sistemas de automatización caseros que planean incorporar interfaces 1394.

Todo esto no significa que el 1394 gane la "guerra" de interfaces. No hay necesidad de ello. La mayoría de los analistas industriales esperan que los conectores 1394 y USB coexistan pacíficamente en los ordenadores del futuro. Reemplazarán a los conectores que podemos encontrar hoy en las partes de atrás de los PC's. USB se reservará para los periféricos con un pequeño ancho de banda (ratones, teclados, módems), mientras que el 1394 será usado para conectar la nueva generación de productos electrónicos de gran ancho de banda.

FireWire y USB se han abierto camino en la industria informática y electrónica de consumo. El USB es la tecnología preferida para la mayoría de ratones, teclados y otros dispositivos de entrada de información de banda estrecha. Por ejemplo, el USB también está muy extendido en cámaras fotográficas digitales, impresoras, escáneres, joysticks y similares. FireWire, gracias a su mayor ancho de banda, longitud de cable y alimentación por el bus, es más adecuado para aplicaciones de vídeo digital (DV), audio profesional, discos duros, cámaras fotográficas digitales de alto nivel y aparatos de ocio domésticos.

14.11. PUERTO PARALELO

Tras la acentuada falta de estandarización del interfaz paralelo, surgió Centronics como un standard en este tipo de conexión, debido a la facilidad de uso y la comodidad a la hora de trabajar con él.

A raíz de este interfaz, posteriormente apareció una norma Standard IEEE 1284 para el interfaz paralelo en los ordenadores personales, en la cual se tratan varios tipos de protocolos. La transmisión en paralelo entre un ordenador y un periférico, se basa en la transmisión de datos simultáneamente por varios canales, generalmente 8 bits. Por esto se necesitan 8 cables para la transmisión de cada bit, más otros tantos cables para retorno de estas señales, además de las correspondientes a las señales de control del dispositivo, el número de estos dependerá del protocolo de transmisión utilizado.

Las principales señales de control utilizadas son:

- **STROBE:** el ordenador comunica al periférico la validación de datos.
- **BUSY:** el periférico comunica a través de ella, que NO esta preparado para recibir datos.
- **ACK:** el periférico comunica a través de ella, que esta preparado para recibir datos.
- **ERROR:-** indica que se ha producido un error en el periférico.
- **PE:** depende del tipo del periférico, en el caso de la impresora indica que no tiene papel.
- **SELECT IN:** el sistema selecciona el dispositivo.
- **INIT:** señal de reset que actúa sobre el buffer de transferencia de datos del periférico.

Algunos de estos canales pueden ser utilizados para alguna acción adicional o cambiar la anteriormente descrita, según el protocolo que se utilice.

14.11.1. Norma IEE 1284

La norma "IEEE Std. 1284-1994 Standard Signaling Method for a Bi-directional Parallel Peripheral Interface for Personal Computers", supone tal avance para el puerto paralelo como el Pentium frente al 286. Esta norma provee una alta velocidad de comunicación bi-direccional entre el ordenador y el periférico externo lo que hace la comunicación de 50 a 100 veces más rápido que el puerto paralelo original. A parte del incremento de velocidad la gran ventaja es que la compatibilidad con todos los periféricos existentes que puedan usar el puerto paralelo.

La norma 1284 define cinco modos de transmisión de datos. Cada tipo provee un método de transmisión de datos ya sea la dirección ordenador - periférico, la inversa (Periférico - Ordenador) o bi-direccional.

14.11.2. Modos de transmisión

- **Ordenador - Periférico:** Compatibility Mode: "Centronics" en modo standard.
- **Periférico - Ordenador:** Byte Mode: 8 bits al mismo tiempo usando líneas de datos, algunas veces puede funcionar como un puerto bi-direccional.
- **Bi-direccional**
- **EPP:** Puerto Paralelo Ampliado, usado principalmente por periféricos como: CD-ROM, cintas, discos duros, adaptadores de redes, etc. excluyendo las impresoras.
- **ECP:** Puerto con Capacidad Extendida, usado principalmente por scanners e impresoras de nueva generación.

Todos lo puertos paralelos pueden usarse en modo bi-direccional usando el modo Compatibility. El modo Byte puede ser utilizado por al menos el 25% de las bases instaladas de puertos paralelos.

Todos los modos utilizan software solo para la transmisión de datos, el driver se encarga de escribir los datos, comprobar las líneas de unión (BUSY), hacer valer las señales de control apropiadas (STROBE) y luego pasar al siguiente byte. Este software limita la efectiva transmisión de datos a unos ratios de 50 a 100 Kbytes por segundo.

Además de los 2 anteriores modos, EPP y ECP están implementados sobre los más nuevos controladores de E/S por la mayoría de fabricantes. Estos modos usan hardware para ayudar a la transmisión de datos. Por ejemplo en el modo EPP, un byte de datos puede ser enviado al periférico por una simple instrucción de salida. El control E/S controla todo el intercambio y transmisión de datos al periférico.

La norma IEEE 1284 nos indica lo siguiente:

- 5 tipos de operaciones para transmitir datos.
- Un método para el ordenador y el periférico para determinar el modo de transmisión mantenido y negociar el modo requerido.
- Define el interfaz físico: Cables y Conectores
- Define el interfaz eléctrico: Tensión e Impedancia.

14.11.3. Modo ECP

El protocolo de puerto de capacidad extendida o ECP, fue propuesto por Hewlett Packard y Micro-soft como un modo avanzado para la comunicación de periféricos del tipo de los scanners y las im-presoras. Como el protocolo EPP, el ECP proporciona una alta resolución en la comunicación bi-direccional entre el adaptador del ordenador y el periférico.

El protocolo ECP proporciona los siguientes ciclos, en ambas direcciones:

- Ciclos de Datos
- Ciclos de Comandos

Las características principales del ECP incluyen la RLE (Run Length Encoding) o **compresión de datos en los ordenadores**, FIFO para los canales directo e inverso y DMA.

La característica RLE mejora la compresión de datos en tiempo real y puede lograr una compresión de datos superior 64:1. Esto es particularmente útil para las impresoras y scanners que transfieren gran cantidad de imágenes y tienen largas cadenas de datos idénticos.

El canal de direcciones contiene una pequeña diferencia con el del EPP. El canal de dirección se intenta que se use para sistemas lógicos múltiples de dirección con un sistema físico único. Piense en esta idea como un nuevo sistema multi-función como por ejemplo un Fax/Impresora/Módem. Con este protocolo se puede estar enviado datos a la impresora y al Módem a la vez.

Pasos en la fase de transmisión directa:

1) El ordenador sitúa los datos sobre las líneas de datos, inicia un ciclo de datos activando el HostAck.
2) El ordenador desactiva HostClk para indicar un dato valido.
3) El periférico reconoce el ordenador activando PeriphAck.
4) El ordenador activa HostClk. Este es el punto que debería ser usado para cerrar los datos al periférico.
5) El periférico desactiva PeriphAck indicando que esta preparado para recibir el siguiente byte.
6) El ciclo se repite pero en un ciclo de comando ya que HostAck esta desactivado.

Reconfiguración de las señales de control para ECP

SEÑAL SPP	NOMBRE	In/Out	DESCRIPCIÓN
STROBE	HostClk	OUT	Usado con PeriphAck para transmitir datos o direcciones en canal directo.
AUTOFEED	HostAck	OUT	Proporciona estado de datos y de comando en la dirección directa. Usado con PeriphClk transfiere datos en canal inverso.
SELECTIN	1284Active	OUT	Cuando el ordenadores esta en el modo de transmisión 1284 se activa.
INIT	ReverseRequest	OUT	Se desactiva para colocar en canal inverso.

SEÑAL SPP	NOMBRE	In/Out	DESCRIPCIÓN
ACK	PeriphClk	IN	Usado con HostAck para transmisión de datos en canal inverso.
BUSY	PeriphAck	IN	Usado con HostClk para transmisión de información de datos o direcciones en canal directo. Proporciona estado de comandos y datos en canal inverso.
PE	AckReverse	IN	Desactivado para reconocer Reverse Request.
SELECT	Xflag	IN	Flag de extensibilidad.
ERROR	PeriphRequest	IN	Desactivado por el periférico para indicar que es posible la transferencia inversa.
Data[8:1	Data[8:1	BI-DI	Usado para proporcionar datos entre el periférico y el ordenador.

La primer figura muestra los dos ciclos de transmisión de datos directos, cuando HostAck esta activado indica que un ciclo de datos se esta llevando a cabo. Cuando HostAck esta desactivado se lleva a cabo un ciclo de comandos, los datos representan un cálculo de RLE (compresión de datos) o un canal de direcciones. El bit 8 del byte de datos se usa para indicar una RLE, si el bit 8 es cero entonces los bits del 1 al 7 representan un calculo de la longitud de cadena de transmisión, si el bit es 1 entonces los bits 1 al 7 representan un canal de dirección.

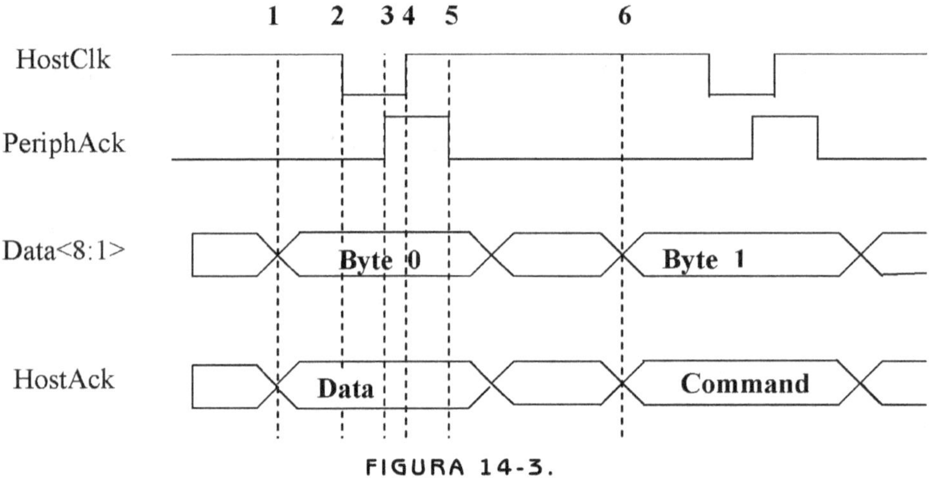

FIGURA 14-3.

La siguiente figura muestra en proceso inverso de transferencia, con las diferencias entre el protocolo ECP y EPP, con el software del EPP puede mezclar operaciones de lectura escritura sin ningún problema. Con el protocolo ECP los cambios en la dirección de datos deben ser negociados, el ordenador debe pedir una transmisión por el canal inverso desactivando el canal ReverseRequest, entonces esperar que el periférico reconozca la señal desactivando AckReverse. Solamente entonces una transmisión de datos por canal inverso puede llevarse a cabo.

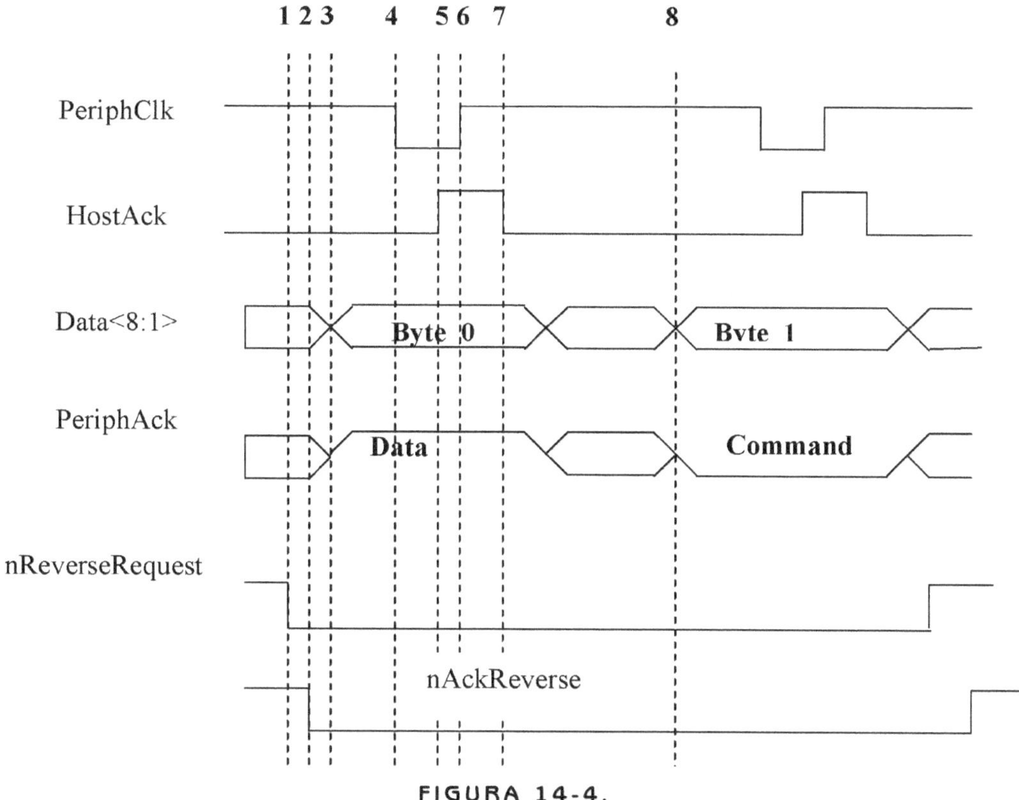

FIGURA 14-4.

Pasos en la fase de transmisión inversa:

1) El ordenador pide una transmisión por el canal inverso desactivando ReverseRequest.
2) El periférico señala que esta de acuerdo para proceder desactivando AckReverse.
3) El periférico sitúa los datos sobre las líneas de datos e indica un ciclo de datos activando PeriphAck.
4) El periférico desactiva PeriphClk para indicar un dato valido.
5) El ordenador reconoce la señal activando HostAck.
6) El periférico PeriphClk. Esta manera debería ser usada para guardar los datos en el ordenador.
7) El ordenador desactiva Host.Ack para indicar que esta preparado para el siguiente byte.
8) El ciclo se repite pero esta vez es un ciclo de comando porque PeriphAck esta desactivado.

14.11.4. Modo EPP

El protocolo EPP fue originalmente desarrollado por Intel, Xircom y Zenith Data Systems, como una manera de obtener un puerto paralelo de alta resolución totalmente compatible con el puerto paralelo Standard. Esta capacidad fue implementada por Intel en el procesador 386SL.

El protocolo EPP ofreció muchas ventajas a los fabricantes de periféricos que utilizaban puertos paralelos y fue rápidamente adoptado por muchos de ellos. Una asociación de 80 fabricantes se unió para el desarrollo de este protocolo, esta asociación se llamo el Comité EPP. Este protocolo fue desarrollado antes de la aparición de la norma IEEE 1284, por lo tanto hay una pequeña diferencia entre el anterior EPP y el nuevo EPP después de la norma.

El protocolo EPP realiza cuatro ciclos de transferencia:

- Ciclo de escritura de datos
- Ciclo de lectura de datos
- Ciclo de escritura de direcciones
- Ciclo de lectura de direcciones

Los ciclos de datos están pensados para transferir datos tanto al ordenador como al periférico. Los ciclos de direcciones son usados para transferir direcciones, canales, comandos e información de control. La siguiente tabla describe las señales EPP y sus señales asociadas SPP.

SEÑAL SPP	NOMBRE	In/Out	DESCRIPCIÓN
STROBE	WRITE	OUT	Inactivo indica una operación de escritura. Activo un ciclo de lectura.
AUTOFEED	DATASTB	OUT	Inactivo Operación de lectura o escritura de datos que esta en proceso.
SELECTIN	ADDRSTB	OUT	Inactivo Operación de lectura o escritura de direcciones, que esta en proceso.
INIT	RESET	OUT	Inactivo resetea periférico
ACK	INTR	IN	El periférico genera una interrupción al ordenador
BUSY	WAIT	IN	Inactivo indica OK para comenzar el ciclo Activo indica OK para finalizar el ciclo
D[8:1	AD[8:1	BI-DI	Fluyen bi-direccionalmente direcciones y datos
PE	definido por usuario	IN	Diferentes usos según periférico
SELECT	definido por usuario	IN	Diferentes usos según periférico
ERROR	definido por usuario	IN	Diferentes usos según periférico

Fases de transmisión de ciclo de escritura de datos:

1) El programa ejecuta un ciclo de escritura E/S al puerto 4 (Puerto de datos EPP).
2) La línea WRITE indica la salida de datos hacia el puerto paralelo.
3) Se confirma el DataStrobe ya que el canal WAIT esta desactivado.
4) El puerto de reconocimiento desde el periférico.

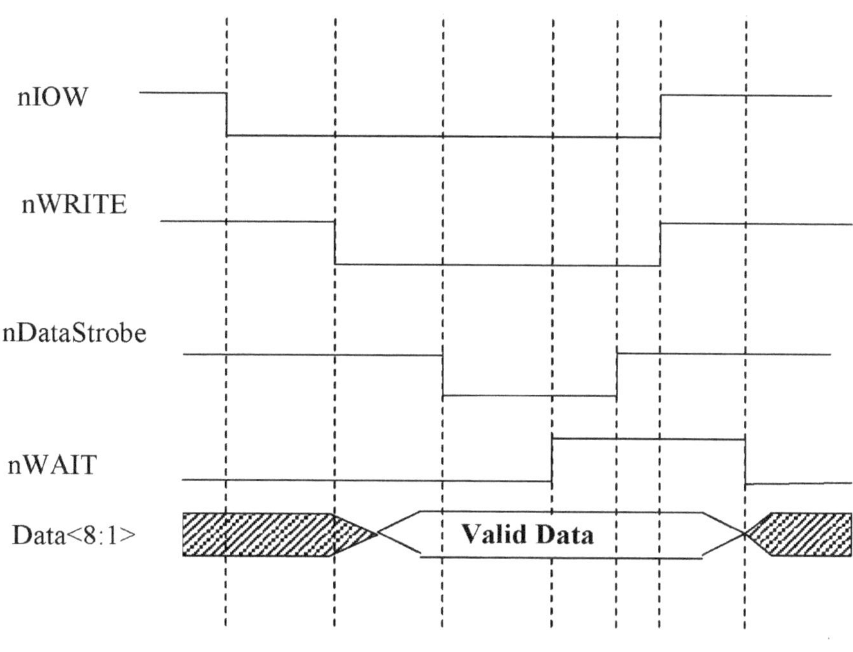

FIGURA 14-5.

5) El DataStrobe se desconecta y finaliza el ciclo EPP.

6) El ciclo ISA E/S finaliza.

7) El canal WAIT es desactivado para indicar que el próximo ciclo puede comenzar.

Una de las más importantes características es que la transferencia de datos ocurre en un ciclo ISA E/S. El resultado es que mediante el uso del protocolo EPP para la transmisión de datos un sistema puede mejorar los ratios de transmisión desde 500 K hasta 2Mbytes por segundo, de esta manera los periféricos de puertos paralelos pueden operar tan eficientemente como un periférico conectado directamente a la placa.

En la anterior figura el canal DataStrobe puede ser conectado a causa de que el canal WAIT esta desactivado, el canal WAIT se desactiva en respuesta a un canal DataStrobe conectado, un canal DataStrobe se desactiva en respuesta a que un canal WAIT esta siendo desconectado. Un canal WAIT se conecta en respuesta a un canal DataStrobe esta siendo desconectado, de esta manera el periférico puede controlar el tiempo de inicialización requerido para su operación. Esto se hace de la siguiente manera: el tiempo de inicialización es el que transcurre desde la activación del canal DataStrobe a la desactivación del canal WAIT, los periféricos son los encargados de controlar este tiempo.

Al empezar la transmisión el canal DataStrobe o el AddStrobe se activaría según el estado de la señal WAIT. Esto significa que el periférico puede que no espere el comienzo de un ciclo al tener desactivado el canal WAIT.

La siguiente figura muestra un ejemplo de un ciclo de lectura de direcciones:

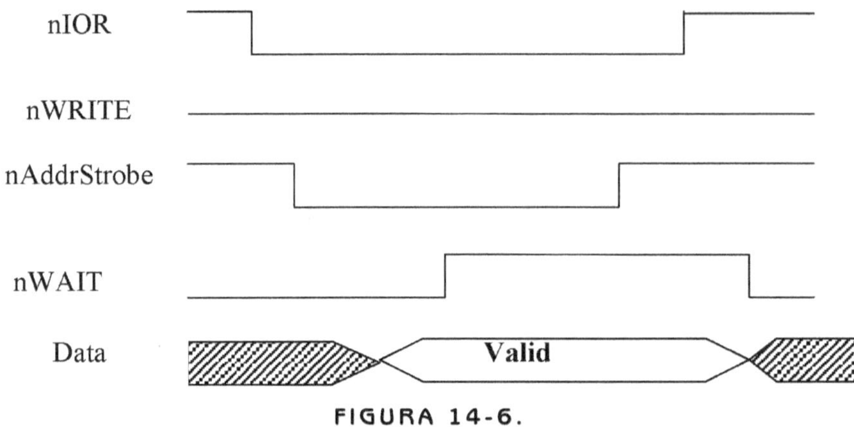

FIGURA 14-6.

14.11.5. Modo compatible

Es la denominada norma CENTRONICS, es un protocolo de señales, necesario para operar terminales en conexión tipo paralelo, el cual fue originalmente desarrollado y utilizado por la firma del mismo nombre en sus dispositivos, y ante el buen resultado obtenido fue paulatinamente tomado por los organismos internacionales, quienes con pequeñas modificaciones, la lanzaron como norma internacional para la interconexión de equipos en modo paralelo.

Bajo esta norma la comunicación de los datos se efectúa en código ASCII (Código Americano Standard para Intercambio de Información). Desde un punto de vista del Hardware se utilizan ocho líneas por las cuales el terminal transmite los datos. Además de varias líneas de control, de las cuales las más importantes son dos Busy y Strobe. La línea BUSY es utilizada para que el receptor informe al transmisor que esta ocupado y por lo tanto que no le debe ser enviado otro dato, si esta señal esta en alto, indica la condición de OCUPADO. La línea STROBE indica al receptor que el contenido de las líneas de datos es el próximo carácter que debe considerar (validación de datos). Existen además una serie de líneas adicionales para el control de errores, situaciones de excepción, etc.

Este modo define los pasos a seguir por la mayoría de PC's a la hora de transferir datos a una impresora

Pasos en la fase de transmisión:

Proceso de selección e inicialización1 Selección del dispositivo (SELECT IN ACTIVA)2 Reset sobre el buffer de transferencia del periférico (INIT ACTIVA) Proceso de transferencia

1) Escribe los datos en el registro de datos.
2) El programa lee el estado del registro de control para comprobar que el periférico no este ocupado (chequea el estado de la señal BUSY).
3) Si no esta ocupada (BUSY en bajo), entonces escribe el registro de control para validar los datos enviando un pulso con la señal STROBE en bajo.
4) Chequea el estado de la señal ACK la cual a través de un pulso negado informa que el periférico está listo para recibir el próximo carácter.

Interface de Tiempo Centronics

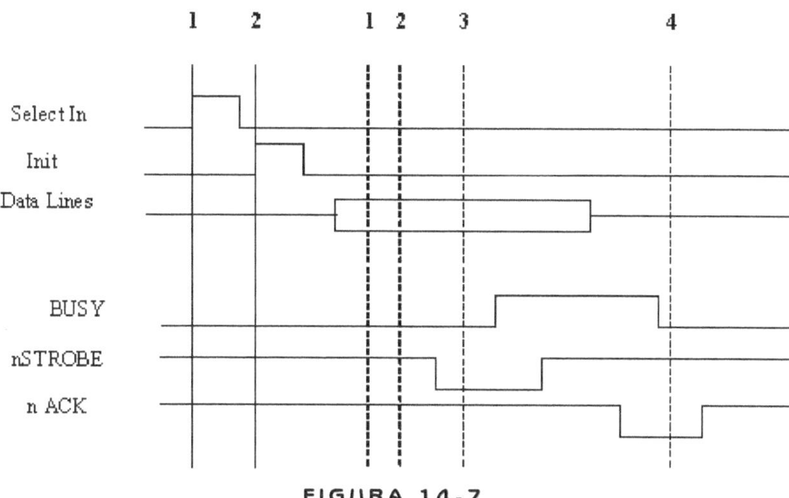

FIGURA 14-7.

Como se puede observar, para enviar 1 byte de datos se requiere 4 instrucciones de E/S y tantas instrucciones de control adicionales más como se requieran. El efecto neto de esto es una limitación de las capacidades del ancho de banda del puerto del orden de 75 Kbytes por segundo.

Este ancho de banda es suficiente para comunicaciones punto a punto con muchas impresoras, pero es muy limitado para adaptadores pocket LAN, discos duros móviles y las nuevas generaciones de impresoras láser. Desde luego este modo es solamente para el canal directo y debe ser combinado con un canal inverso para conseguir un completo canal bi-direccional.

Fue incluido para proveer compatibilidad a la amplia gama de periféricos e impresoras instalados.

Muchos controladores de E/S integrados han implementado un modo que, conservando su compatibilidad con éste, utiliza un buffer FIFO para transferir datos. Se le conoce como "Fast Centronics" o "Modo FIFO de puerto paralelo". Los ratios que pueden alcanzarse con él son de más de 500 Kbytes por segundo, sin embargo no está descrito en la norma IEEE 1284.

14.12. ECP PARALELO

14.12.1. Distribución de pines para DB-25 en el PC

Pin	NOMBRE	Dir	FUNCIÓN
1	nStrobe	⇒	Strobe
2	data0	⇔	Address, Data or RLE Data Bit 0
3	data1	⇔	Address, Data or RLE Data Bit 1
4	data2	⇔	Address, Data or RLE Data Bit 2
5	data3	⇔	Address, Data or RLE Data Bit 3
6	data4	⇔	Address, Data or RLE Data Bit 4

Pin	NOMBRE	Dir	FUNCIÓN
7	data5	⇔	Address, Data or RLE Data Bit 5
8	data6	⇔	Address, Data or RLE Data Bit 6
9	data7	⇔	Address, Data or RLE Data Bit 7
10	/nAck	⇐	Acknowledge
11	Busy	⇐	Busy
12	PError	⇐	Paper End
13	Select	⇐	Select
14	/nAutoFd	⇒	Autofeed
15	/nFault	⇒	Error
16	/nInit	⇒	Initialize
17	/nSelectIn	⇒	Select In
18	GND	⇔	Signal Ground
19	GND	⇔	Signal Ground
20	GND	⇔	Signal Ground
21	GND	⇔	Signal Ground
22	GND	⇔	Signal Ground
23	GND	⇔	Signal Ground
24	GND	⇔	Signal Ground
25	GND	⇔	Signal Ground

14.13. PUERTO PARALELO MODO COMPATIBLE

14.13.1. Distribución de pines para DB-25 en el PC

Pin	NOMBRE	Dir	FUNCIÓN
1	/STROBE	⇒	Strobe
2	D0	⇒	Data Bit 0
3	D1	⇒	Data Bit 1
4	D2	⇒	Data Bit 2
5	D3	⇒	Data Bit 3
6	D4	⇒	Data Bit 4
7	D5	⇒	Data Bit 5
8	D6	⇒	Data Bit 6
9	D7	⇒	Data Bit 7
10	/ACK	⇐	Acknowledge
11	BUSY	⇐	Busy
12	PE	⇐	Paper End

Pin	NOMBRE	Dir	FUNCIÓN
13	SEL	⇐	Select
14	/AUTOFD	⇒	Autofeed
15	/ERROR	⇐	Error
16	/INIT	⇒	Initialize
17	/SELIN	⇒	Select In
18	GND	⇔	Signal Ground
19	GND	⇔	Signal Ground
20	GND	⇔	Signal Ground
21	GND	⇔	Signal Ground
22	GND	⇔	Signal Ground
23	GND	⇔	Signal Ground
24	GND	⇔	Signal Ground
25	GND	⇔	Signal Ground

14.14. PUERTO PARALELO

14.14.1. Distribución de pines en conector Centronics de 36 pines en el DCE

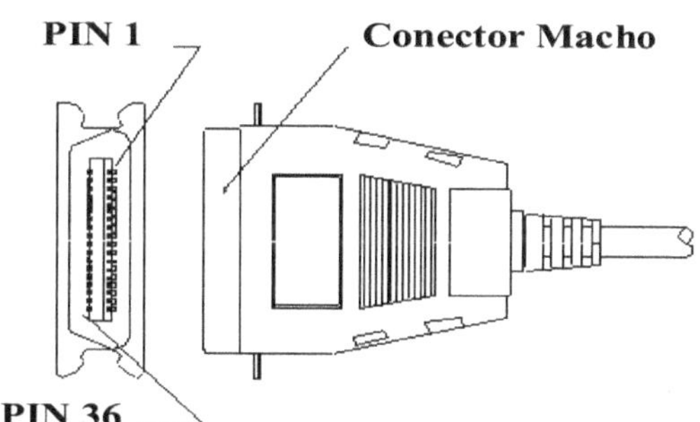

FIGURA 14-8.

Pin	NOMBRE	Dir	FUNCIÓN
1	/STROBE	⇐	Strobe
2	D0	⇔	Data Bit 0
3	D1	⇔	Data Bit 1
4	D2	⇔	Data Bit 2
5	D3	⇔	Data Bit 3
6	D4	⇔	Data Bit 4
7	D5	⇔	Data Bit 5
8	D6	⇔	Data Bit 6

Pin	NOMBRE	Dir	FUNCIÓN
9	D7	⇔	Data Bit 7
10	/ACK	⇒	Acknowledge
11	BUSY	⇒	Busy
12	POUT	⇒	Paper Out
13	SEL	⇒	Select
14	/AUTOFEED	⇐	Autofeed
15	n/c		Not used
16	0 V	⇒	Logic Ground
17	CHASSIS GND	⇔	Shield Ground
18	+5 V PULLUP	⇒	+5 V DC (50 mA max)
19	GND	⇔	Signal Ground (Strobe Ground)
20	GND	⇔	Signal Ground (Data 0 Ground)
21	GND	⇔	Signal Ground (Data 1 Ground)
22	GND	⇔	Signal Ground (Data 2 Ground)
23	GND	⇔	Signal Ground (Data 3 Ground)
24	GND	⇔	Signal Ground (Data 4 Ground)
25	GND	⇔	Signal Ground (Data 5 Ground)
26	GND	⇔	Signal Ground (Data 6 Ground)
27	GND	⇔	Signal Ground (Data 7 Ground)
28	GND	⇔	Signal Ground (Acknowledge Ground)
29	GND	⇔	Signal Ground (Busy Ground)
30	/GNDRESET	⇔	Reset Ground
31	/RESET	⇐	Reset
32	/FAULT	⇒	Fault (Low when offline)
33	0 V	⇒	Signal Ground
34	n/c		Not used
35	+5 V	⇒	+5 V DC
36	/SLCT IN	⇐	Select In (Taking low or high sets printer on line or off line respectively)

CAPITULO **15**

EL MODEM EN LA TRANSMISIÓN DE DATOS

15.1. INTRODUCCIÓN

En los capítulos anteriores hemos visto los principios de funcionamiento de la mayoría de los sistemas y subsistemas que componen una transmisión digital, es decir desde los fundamentos de la Teoría de la Información, pasando por los tipos de Modulación Digital, a los Puertos de Conexión de que dispone nuestra PC para "manejar" o "comunicarse" con sus periféricos.

Esto nos ha permitido tener una idea clara de cómo es el proceso de manejo de la información en los sistemas digitalizados (al menos esa es la intención del autor).

Ahora bien, en la actualidad, hay un volumen muy grande información que se cruza entre PC`s alrededor de todo el mundo, sin distinción de fronteras, y todo esto se hace normalmente a través de la WWW. a la que en un altísimo porcentaje accedemos por medio de la red telefónica, con una conexión a los dos hilos de cobre que traen el servicio de la telefonía básica a nuestros hogares.

Por tanto, vemos entonces que la mayoría de las comunicaciones entre ordenadores, en la transferencia de archivos, correo electrónico, chat, juegos y todas las aplicaciones que podamos imaginar a través de la web, se realizan mediante líneas telefónicas.

La pregunta que se impone es: ¿Está preparada la red telefónica para soportar transmisiones digitales de un cierto volumen de información?

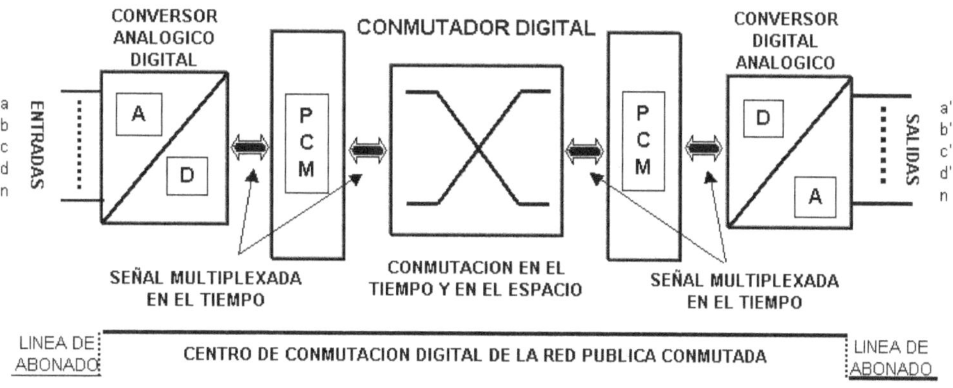

FIGURA 15-1. Diagrama en bloques de una central telefónica digital

La repuesta no resulta tan simple como: *si lo está, o no, no lo está,* dado que en el presente la digitalización también es propiedad de los sistemas telefónicos, y todo el manejo de las señales de voz se procesan dentro de las centrales de conmutación en forma totalmente digital. (véase la figura que antecede).

Excepto ambos extremos, desde los conversores A/D y D/A, el resto del proceso de conmutación es digital, incluyendo tramas PCM y canales de 64 KBps que se conmutan en la posición (tiempo) para lo cual se dispone de buffers de 32 octetos, o se conmutan en el espacio mediante matrices de una o varias etapas, e incluso matrices combinadas espacio –tiempo.

Por lo que, desde el punto de vista de la central telefónica, el proceso es digital en su totalidad y por otra parte, al utilizar técnicas PCM, no habría limitaciones de ancho de banda. (sumamos grupos, super grupos, etc)

Pero no hemos analizado aún el "talón de Aquiles" de este sistema que radica en las líneas de abonado (los dos extremos de la figura anterior).

Es decir, nuestro problema radica en el Plantel Exterior, que es como se llama a los complejos sistemas de cables que llevan la telefonía a cada hogar.

Nuevamente podemos formularnos la pregunta que inició este raonamiento, pero ahora sería: ¿está preparada la red de distribución pública, para soportar transmisiones de información digital?

Analicemos un poco este aspecto antes de dar nuestra repuesta a la pregunta, ya que ahora no estamos tan seguros de la repuesta.

Las trasmisiones digitales (como ya hemos analizado) estaban "formadas" por pulsos (o trenes de pulsos) cuadrados, de tipo binario (H ó L, 1 ó 0) con una cierta amplitud en tensión para un *"uno"* (nivel alto) y otro valor para un *"cero"* (nivel bajo).

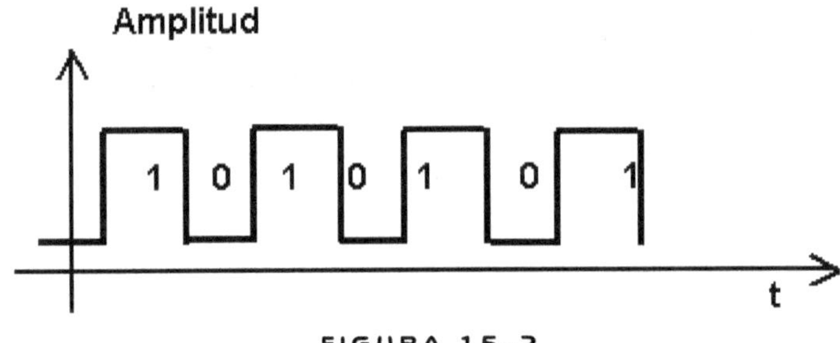

FIGURA 15-2.

Estos pulsos, que conforman la esencia de las transmisiones digitales, podían analizarse a través de la serie de Fourier (Véase Capítulo III) para señales periódicas de cualquier tipo, o por la transformada de Fourier, si, como en el caso normal de señales digitales, son señales cuadradas aperiódicas.

Por otra parte, este tipo de transmisiones se presenta como bruscas transiciones entre niveles de tensión altos y bajos. Por lo que si los pulsos sufren deformaciones, se hace imposible la reconstrucción de la señal original en el receptor.

Supongamos que queremos transmitir una señal de 2.400 Bps, sobre una línea telefónica. El periodo de los pulsos sería:

$$T = \frac{1}{2400} seg \qquad\qquad\qquad 416\mu seg.$$

Para poder transmitir correctamente una señal de este tipo debemos poder transmitir la componente fundamental y algunas armónicas (al menos la 3ra. y la 5ta.), con lo que los pulsos, si bien algo deformados, podrían ser reconocidos como tales y decodificados correctamente en el extremo distante.

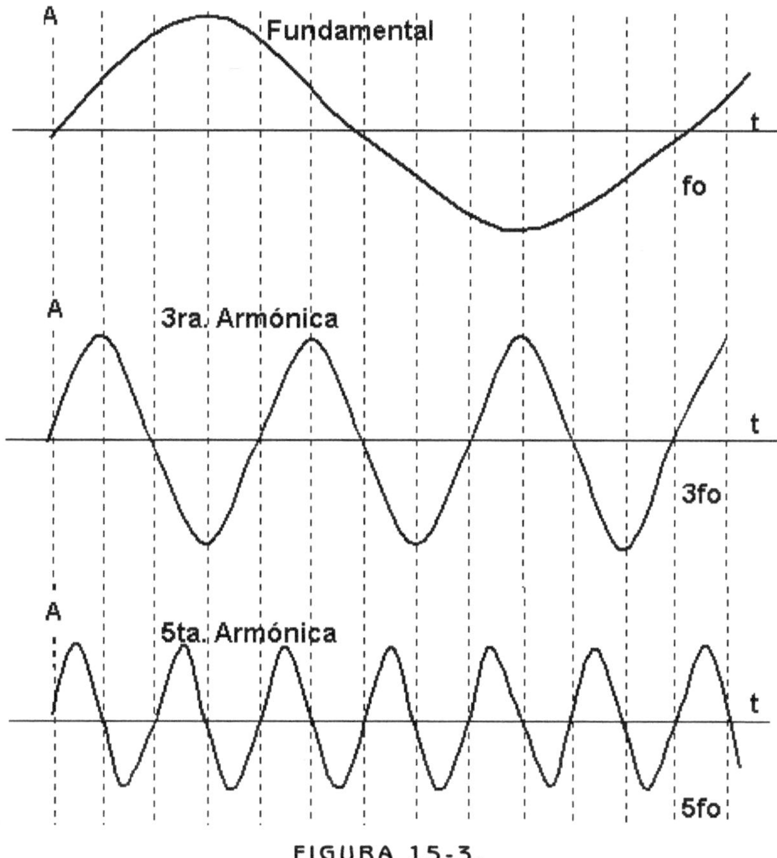

FIGURA 15-3.

Es decir, que debido al alto contenido armónico de la señal digital, necesitamos, para transmitir correctamente a 2.400 Bps, un canal que soporte frecuencias de al menos 12.000 Hz., (la 5ta. Armónica) para la reproducción correcta de la señal.

Pero las líneas telefónicas no han evolucionado de la misma manera que los sistemas de conmutación que, como vimos, son ahora completamente digitales.

Desde los inicios de la telefonía comercial, como servicio, se establecido un ancho de banda de canal de 3.400 Hz. (o 4.000 Hz) para señales analógicas, que es el valor típico.

Este ancho de banda es suficiente para transmitir señales de voz perfectamente inteligibles, (entendibles) lo cual es el fundamento básico de las transmisiones telefónicas. Este principio no se ha alterado desde el año 1892 hasta nuestros días. Ya hemos hablado del ancho de banda del canal telefónico en otras secciones de este libro, y no vamos a redundar en explicaciones, por lo que a priori, diríamos *no* a la pregunta formulada, dado la imposibilidad de transmitir frecuencias muy altas.

Por tanto, para poder utilizar las líneas de teléfono (y en general cualquier línea de transmisión) para el envío de información digital entre ordenadores, es necesario un proceso de transformación de la información.

Durante este proceso la información se adecua para ser transportada por el canal de comunicación. Este proceso se conoce como modulación-demodulación y es el que se realiza en el *módem*.

15.2. EL MODEM

15.2.1. El modem y su génesis

El origen del MODEM se puede situar junto con la aparición del telégrafo, ya que inclusive la unidad de medida de transmisión de datos conocida como Baudio, está nominada en honor a J.M.E. Baudot, inventor del primer protocolo binario de comunicación que soportaba la transmisión múltiple de telegramas a través de un mismo medio. El baudio cambió de nombre a bit cuando comenzaron a crearse protocolos de transmisión que podían transmitir más de un bit por baudio.

En la época moderna, la historia de los módems se inicia antes de 1960 con los Teletipos, que eran como una especie de máquina de escribir remota y una evolución del telégrafo. Estos aparatos podían recibir información a 110 bps.

En 1960 AT&T creó un MODEM de 300 bps para ser utilizado exclusivamente en su sistema telefónico, eran muy caros y por lo tanto al alcance de Gobiernos e instituciones educativas para conectar terminales "bobas" a servidores centrales a través de las líneas telefónicas.

Cuando las computadoras comenzaron a poblar el mundo, eran tan grandes y caras que para poder costear su adquisición, eran explotadas a través de la utilización de terminales "bobas", que son pantallas y teclados conectados a la CPU, para compartir tiempo de procesador. Estas terminales en ocasiones ni siquiera contaban con una pantalla, sino una impresora, a manera de una especie de teletipo inteligente, en el cual se realizaba una consulta en el teclado y el resultado era impreso. Sin embargo, esta solución limitaba la distancia a la cual se podía trabajar, mientras que la utilización de los MODEMS de AT&T resultaba muy costosa para un usuario común.

Esta limitación fue atacada y resuelta por los ingenieros en desarrollo de tecnología de la empresa Bolt Beranek y Newman (BBN), de Cambridge, Massachussets, quienes desarrollaron y patentaron en 1963 la tecnología para que las computadoras pequeñas, incluyendo las terminales bobas, pudieran conectarse a través de una línea telefónica, por medio de un dispositivo que llamaron Modulador-Demodulador de Acoplamiento Acústico, cuyo nombre se recortaría simplemente a **MODEM**.

El primer MODEM era un dispositivo del tamaño de una caja de zapatos que trabajaba en conjunto con un teléfono tradicional de la época, con un rotador numérico.

Este primer MODEM contaba con 2 cuencos de caucho en los que se acoplaba el auricular del teléfono. Dentro de estos cuencos estaba la electrónica que permitía a las computadoras enviar y recibir datos.

Era trabajo de los usuarios el conectar sus terminales al MODEM, marcar el número manualmente y esperar la conexión para después colocar el auricular en los cuencos del MODEM y permitir que los equipos intercambien información digital.

El Acoplador Acústico era un MODEM que alcanzaba los 10 caracteres por segundo, o 70 bps, recordando que los caracteres de aquel entonces eran de 7 bits, además de que debido a que la conexión era por señales acústicas y no existía una conexión eléctrica entre la computadora y la línea telefónica, la velocidad máxima que se podía alcanzar era de 300 bps y se beneficiaba del echo de que no existía una solicitud de transmisión dentro del protocolo de comunicación.

En 1978 Hayes inventa el lenguaje de comandos AT, que es la abreviatura de ATención, y cada comando comienza con el prefijo AT. Este lenguaje de comandos se volvió tan popular que se convirtió en el estándar de facto para los comandos de los MODEMS. El primer MODEM de Hayes estaba diseñado para ser utilizado en bus S-100.

Este lenguaje de comandos permitió el control de la operación del módem con instrucciones simples y los comandos podían ser tan sencillos como marcar un número telefónico o tan complejo como contestar la línea, sólo después de un número determinado de llamadas.

Antes de los comandos AT, muchos MODEMS utilizaban microconmutadores para configurar el MODEM.

Otro conjunto de comandos que coexiste con el AT es el CCITT V.25bis, con lo cual, para aumentar la compatibilidad, algunos MODEMS soportan ambos conjuntos de instrucciones.

Una diferencia importante es que el CCITT V.25bis tiene la capacidad de especificar cómo debe de comportarse la comunicación síncrona entre el MODEM y el puerto serial, utilizando el conjunto de caracteres ASCII o el EBDIC de 8 bits.

Con la llegada de las computadoras personales al mundo doméstico al principio de la década de los 80, las computadoras domésticas comenzaron a ser utilizadas como terminales bobas para conectarse a servidores centrales, e inclusive entre ellas mismas, para transferir archivos.

15.2.2. BBS Vs INTERNET un impulso para el desarrollo del MODEM

La década de los 80 fue la cuna para los Sistemas de Tablero de Boletines (Bulletin Board System, BBS), que eran servicios especializados en los que cualquier persona podía conectarse vía MODEM y descargar software gratuito, actualizaciones, jugar en línea, participar en grupos de discusión, etc. Era algo similar a visitar un sitio de Internet, con la salvedad de que en ese entonces no existían las interfaces gráficas. Algunos BBS eran pagos, mientras que otros eran mantenidos por voluntarios y eran gratuitos.

Este esquema de servicio se volvió tan popular que muchas compañías establecieron sistemas BBS para usuarios, en los que se tenía acceso a información de soporte, catálogos, etc. Para el inicio de la década del 90 los BBS estaban en su apogeo y para mediados de la década, algunos inclusive ofrecían conexión a Internet.

Internet comenzó a crecer a mediados de los 90 y los servicios BBS comenzaron a decaer, especialmente los rentados, ya que la Internet tenía una gran variedad de sitios gratuitos.

Los BBS crearon la necesidad de MODEM más rápidos para descargar software en menos tiempo, y comenzaron a aparecer una infinidad de modelos y protocolos que ofrecían distintas características, sin embargo, básicamente se crearon dos tipos de MODEM, los externos y los internos.

Los MODEMS externos requieren de un adaptador de corriente (fuente de alimentación propia) y se conectan a la computadora por un puerto serial, paralelo o SCSI, e inclusive eventualmente, con la aparición de MODEMS digitales muy veloces, a través de una conexión Ethernet RJ45. El MODEM externo que más se propagó fue el serial debido a que era el más barato de todos, mientras que los otros dos, a más de tener un costo superior, no ofrecían ventaja alguna más allá del tipo de conexión que utilizaban. Por un tiempo los módems externos fueron los favoritos debido a la facilidad de reemplazo por uno de mejores características.

Sea cual fuere el caso, usualmente cuentan con 2 conectores para RJ11 modular, uno para conectar el módem a la línea telefónica y otro para conectar el aparato telefónico, y la mayoría desconecta la salida del teléfono cuando están trabajando, para evitar así la desconexión por pérdida de sincronía en la comunicación al introducir ruido descolgando o activando el aparato telefónico.

Al principio de los 90, con la creación de la norma PCMCIA II que abría esta tecnología a dispositivos, comenzaron a aparecer módems PCMCIA II, que son del tamaño de una tarjeta de crédito. Algunos inclusive ofrecían la comodidad de incluir el MODEM y la tarjeta de red en un mismo dispositivo, como lo fue la tarjeta Mariner de Motorola.

Para finales de los 90, los MODEMS para línea telefónica alcanzaron su máxima velocidad y sofisticación, incorporando inclusive soporte para voz en tiempo real, llegando al límite creando MODEMS por software, también conocidos como **softmódem**, **winmodem**, módem sin controlador o controllerless modem, que carecen de convertidores analógico-digitales, utilizando el procesador de la computadora para estas tareas. También se crearon ranuras exclusivas para ellos, como es el AMR (Audio Modem Raiser, Peine para Audio Modem) que evolucionaría en CNR, incorporando soporte para tarjetas de red. La principal ventaja de estos MODEMS es que la mejora en desempeño se alcanza a través de la actualización del software controlador y no es necesario adquirir o reemplazar componentes, además de que sus precios resultaron bastante accesibles. Sin embargo, con la inclusión de contenido multimedia en Internet fue necesario crear nuevas alternativas de conexión a mayor velocidad, naciendo así los módems digitales para servicios ISDN, ADSL y de Cable.

15.2.3. Faxmodem

Para entender la operatoria de un faxmodem, primero debemos entender la de un fax.

Dada una hoja con texto, el servicio de fax o facsímil permite obtener una copia de la misma en un lugar distante, a través de una línea telefónica establecida entre dos maquinas de fax.

Dos aparatos de fax comunicados telefónicamente son como dos fotocopiadoras tales que una de ellas lee la hoja a copiar, barriéndola mediante censores fotoeléctricos, para convertir la imagen en un conjunto de puntos de valor 0 (blancos) y 1 (negros), que son transmitidos como señales eléctricas binarias hacia la otra fotocopiadora. El MODEMm se encarga de convertir las señales binarias digitales en analógicas.

Esta recibe dichas señales y genera una reproducción de la hoja original usando su sistema de impresión. Cada maquina de fax contiene un teléfono, un sistema de barrido de imagen, un sistema de impresión y un módem, amen de un procesador y memoria.

Típicamente las maquinas de fax para establecer una comunicación envían información de control a 300 baudios, y luego transmiten los datos a 2400, 4800, o 9600 baudios.

La resolución se refiere a la densidad de puntos usada para reproducir un fax; puede tenerse en cada pulgada cuadrada, 98 líneas verticales y 203 horizontales. Estas últimas se duplican para una resolución fina.

Algunas maquinas de fax permiten la transmisión diferida, para enviar automáticamente fax a partir de determinados horarios en que son mas baratas las tarifas telefónicas.

Otra opción es el selector automático de voz/datos que identifica si un llamado es para fax o si se trata de una persona, en cuyo caso debe sonar la campanilla telefónica.

Un módem fax supone la existencia de un computador con un módem, y el software de comunicaciones para recibir y enviar faxes, según los estándares existentes, así como software para manejar archivos de fax.

Puede ser interno o externo.

Si se necesita enviar un texto o un dibujo que esta solo en papel, o sea que no han sido originados por un computador, se necesita un escáner para convertir (digitalizar) dicho escrito o dibujo en un archivo que maneje el computador.

La operatoria para transmitir o recibir con un fax-modem es más compleja que apretar un simple botón como en la maquina de fax común.

Los MODEMS se distinguen por varios parámetros, entre los más importantes que diferencian un modelo de otro, tenemos en primer lugar la velocidad de transmisión, se deseará un MODEM lo más rápido posible pero esto puede constituir un problema, ya que si la línea es de mala calidad, la transmisión a la máxima velocidad que soporta el MODEM sufrirá pérdidas de una cantidad importante de información, por lo tanto se debería reducir la velocidad, existen actualmente MODEMS que testean la calidad de la línea y establecen la velocidad adecuada.

15.3. TRANSMISIÓN VÍA MODEM

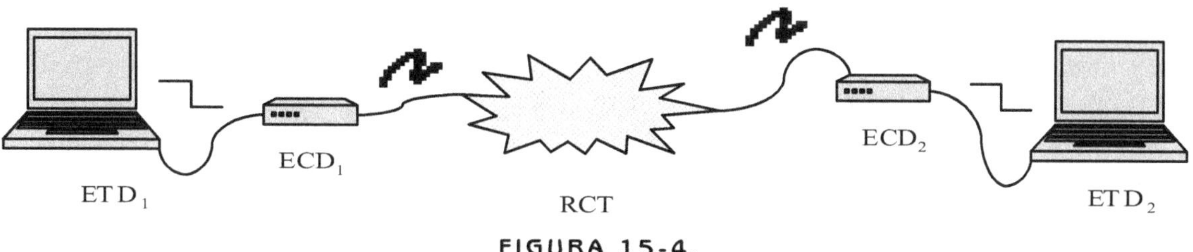

FIGURA 15-4.

La comunicación se logra mediante la utilización de las redes telefónicas y MODEMS.

El módem puede estar en el gabinete de una PC (interno), o ser externo al mismo. Su función es permitir conectar un computador a una línea telefónica, para recibir o transmitir información.

En relación con la línea telefónica, el MODEM además de recibir/transmitir información, también se encarga de esperar el tono, discar, colgar, atender llamadas que le hace otro MODEM, etc.

Respecto del computador al cual esta conectado, recibe e interpreta comandos que le envía como discar, colgar, etc.

Cuando un MODEM transmite, debe ajustar su velocidad de transmisión de datos, tipo de modulación, corrección de errores y de compresión. Ambos MODEMS deben operar con el mismo estándar de comunicación.

Dos MODEMS pueden intercambiar información a través de una transmisión "Full Dúplex". Esto es, mientras el primero transmite y el segundo recibe, este último también puede transmitir y el primero recibir. Así se gana tiempo, dado que un MODEM no debe esperar que el otro termine, para poder transmitir, como sucede en "Half Duplex".

El MODEM que llama (el que origina la comunicación) se designa "**originate**" o "**local**", y el MODEM que contesta o responde, es denominado "**answer**" o "**remoto**".

Un MODEM puede contener en su interior circuitos generadores de señales portadoras de distintas frecuencias, las cuales serán moduladas, en correspondencia con los datos entregados por el ordenador, y luego enviadas a través de la línea telefónica.

Cuando un MODEM transmite de este modo se dice que **modula** o **convierte** la señal digital binaria proveniente de un computador en señales analógicas que representan o portan bits.

Del mismo modo que el oído de la persona en un extremo de la línea puede reconocer la diferencia de frecuencias entre los tonos de una señal analógica que represente un 0 ó un 1, un MODEM en su lugar, también detecta la diferencia entre las dos frecuencias generadas por el MODEM originate, y las convierte en los niveles de tensión continua correspondiente al 0 y al 1 para ser luego leídas por el ordenador.

Esta acción del MODEM de convertir tonos (señales analógicas) en señales digitales, es decir, detectar los ceros y unos que cada frecuencia representa, se llama **Demodulación**.

El tipo de modulación dada como ejemplo, con una frecuencia para el uno y otra para el cero, se denomina **FSK (Frecuency-S**hift-**K**eying)

15.4. Conversión de señales

En términos más generales podemos hablar de conversión de la señal. Esta se basa en dos conceptos principales: Codificación y Modulación.

Codificación

El tren de datos recibido del ETD bajo un cierto código (ASCII, EBCDIC, etc.), se transforma en otro, atendiendo a criterios de transmisión propiamente dichos, como ser: componentes de CC, distribución espectral de potencia, interferencia entre símbolos, influencia de ruidos, intervalos entre transiciones, etc.

Modulación

Proceso por el cual el tren de datos entrante genera una señal analógica MODIFICANDO los parámetros de una señal de entrada, definida por una onda senoidal pura de la forma $A\ sen\ (2\pi ft\text{-}\phi)$, denominada PORTADORA,lo que da lugar a sistemas básicos de modulación Ej: ASK, FSK, PSK, QAM, etc.

En el extremo opuesto de la línea, debe llevarse a cabo el proceso inverso para obtener la información a partir de la cual se originó la señal. Esto supone algunos problemas: el MODEM debe decidir en que instante se produce una transición de un estado a otro en base a una señal que no es necesariamente la misma que salió del modulador contraparte (distorsiones, ruidos, etc.) lo cual deriva en errores de transmisión. Para ello, se prevé un esquema de corrección de errores que debe ser tenido en cuenta. Este proceso se denomina Demodulación, la cual pude ser coherente o no coherente, dependiendo de que la señal posea una referencia en la portadora, con la cual el demodulador pueda ponerse en fase.

Como un proceso intermedio en la recepción de la señal, se puede citar la recepción en banda base, en la cual, a la señal proveniente del demodulador (ó de la línea en los casos de transmisión en banda base) se le aplica directamente la decodificación para obtener el juego de símbolos originales, en este caso estaremos haciendo referencia a un **MODEM de Banda Base**.

Denominación modem

La palabra MODEM deriva de su operación como **MOdulador** o **DEModulador**.

Un MODEM, en su etapa de transmisión, recibe información digital de un computador y la **convierte** en una señal analógica, apropiada para ser enviada por una línea telefónica. En el otro extremo del enlace se encuentra también un MODEM, y en su etapa receptora recibe la señal analógica para ser **convierta** en digital, y luego enviada al computador receptor.

Diferencias entre los modems internos y externos

Un MODEM interno está contenido en una placa que se coloca en un zócalo de expansión de la placa madre, en el interior del gabinete de una PC, y no necesita usar un puerto serie para comunicarse.

El MODEM externo esta contenido en un gabinete propio, requiere un cable para conectarse a la PC y realizar la transferencia de datos y control de transmisión usando un puerto del DTE para esta función. También requiere de un sistema propio de alimentación.

Es adaptable a distintas computadoras. No ocupa ningún zócalo de expansión, pero debe conectase a un puerto de la misma.

Presenta indicadores luminosos para las principales señales, que dan cuenta de la operación que esta realizando.

Dentro de esta clase de MODEM debemos incluir los que usan los puertos PCMCIA para notebooks.

15.4.1. Señal portadora

La portadora (**carrier**) es una señal periódica de parámetros constantes los cuales son modificados convenientemente (**modulación**) según se envíen ceros o unos, denominada **PORTADORA** por "portar" los unos y los ceros que se transmiten. Pero también existen portadoras que se utilizan como señales de control en el establecimiento del enlace cuyos parámetros dependen del protocolo de enlace, y en este caso no está modulada.

Conforme a la **Electronic Industries Association (EIA)** en cada extremo de la línea, el computador se designa "**Equipo Terminal de Datos**" (**DTE**), y el MODEM, "**Equipo para Comunicaciones de Datos**" (**DCE**). En adelante en el presente capítulo estas serán las denominaciones usadas.

Características de modems

Los MODEMS se distinguen por varios parámetros, entre los más importantes que diferencian un modelo de otro, tenemos en primer lugar la velocidad de transmisión, se deseará un MODEM lo más rápido posible pero esto puede constituir un problema, ya que si la línea es de mala calidad, la transmisión a la máxima velocidad que soporta el MODEM sufrirá pérdidas de una cantidad importante de información, por lo tanto se debería reducir la velocidad, existen actualmente MODEMS que testean la calidad de la línea y establecen la velocidad adecuada.

Para esto se han desarrollado dos sistemas que mejoran la seguridad y velocidad de transmisión de datos:

- **Control de Errores**: por hardware o software.
- **Compresión de Datos**

Estos sistemas surgen de la necesidad de aumentar la velocidad de transmisión para reducir los costos de transmisión y el peligro de pérdidas de datos.

Los MODEMS pueden transmitir en forma **síncrona** ò **asíncrona**, sobre distintos tipos de soporte (Red conmutada, Líneas especializadas, Grupo primario, etc.)

15.5. TIPOS DE TRANSMISIÓN

15.5.1. Transmisión asíncrona de datos o protocolo "start- stop"

Los datos que maneja un MODEM están organizados en bytes separables, al igual que cuando se almacenan en una memoria principal.

En la transmisión asincrónica los datos se envían como bytes independientes, separados, pudiendo mediar un tiempo cualquiera t entre un byte y el siguiente. Es el modo de transmisión

corriente vía MODEM usado en las PC, siendo en general el empleado por su sencillez para bajas velocidades de transmisión de datos.

Supongamos que se envía X datos de 8 bits, los 8 bits se envían adjuntando bits de control, "start" (siempre 0) que indica comienzo de carácter, y "stop" (siempre 1) de final de byte enviado. En total se envían 10 bits (rendimiento del 80%).

Para poder distinguir un bit del siguiente, como cada bit debe durar un tiempo igual a **T**, para tal fin, sirve el bit de start, que permite sensar en momentos adecuados (el sincronismo) el valor de los bits siguientes, hasta el "stop".

15.5.2. Transmisión síncrona

En la transmisión sincrónica se envía un paquete de bytes sin separación entre ellos, ni bits de start y stop (aunque existen bytes de comienzo y final que sirven de sincronismo). Así es factible obtener un mayor rendimiento.

Todos estos parámetros y otros que analizaremos posteriormente son tomados en cuenta por el **CCITT** y englobados dentro de Las Normas denominadas **Recomendaciones V**, las cuales permiten normalizar los MODEM según sus características de trabajo garantizando la posibilidad de compatibilidad entre dispositivos que respondan a la misma **Recomendación**.

Codificación y control de errores de la información

La información del ordenador se codifica siempre en unos y ceros, que como se ha visto, son los valores elementales que el ordenador es capaz de reconocer. La combinación de 1 y 0 permite componer números enteros y números reales. Los caracteres se representan utilizando una tabla de conversión. La más común de estas tablas es el código ASCII que utilizan los ordenadores personales. Sin embargo existen otras y por ejemplo los grandes ordenadores de IBM utilizan el código EBCDIC.

La información codificada en binario se transmite entre los ordenadores. En las conexiones por MODEM los bits se transmiten de uno en uno siguiendo el proceso descrito en el apartado modulación de la información. Pero además de los códigos originales de la información, los equipos de comunicación de datos añaden bits de control que permiten detectar si ha habido algún error en la transmisión. Los errores se deben principalmente a ruido en el canal de transmisión que provoca que algunos bits se malinterpreten.

La forma más común de evitar estos errores es añadir a cada palabra (conjunto de bits) un bit que indica si el número de 1 en la palabra es par o impar. Según sea lo primero o lo segundo se dice que el control de paridad es par o impar. Este simple mecanismo permite detectar la mayor parte de errores que aparecen durante la transmisión de la información.

La información sobre longitud de la palabra (7 0 8 bits) y tipo de paridad (par o impar) es básica en la configuración de los programas de comunicaciones. Otro de los parámetros necesarios son los bits de stop. Los bits de stop, pueden ser 1, 1.5 o 2, indican al equipo que recibe que la transmisión se ha completado.

15.5.3. Control de errores en la transmisión

Supongamos que la PC que transmite envía A=01000001, pero por un ruido en la línea telefónica mientras el MODEM, se recibe 01000010, el código recibido será el de la letra C, sin que se pueda notar el error. Dado que ASCII básicamente se codifica en 7 bits, se puede usar el bit restante para detectar si se ha producido un solo error por inversión como el ejemplificado. Entre dos computadores que se comunican, se adopta la convención de que en cada carácter emitido o recibido debe haber un número par de unos. El computador que esta enviando, da valor al bit restante citado, de modo que se cumpla dicha paridad. El computador que recibe debe verificar que cada carácter que le llega tenga la paridad convenida. Caso contrario pedirá su retransmisión pues implica que un bit llego errado

La paridad sirve para detectar si uno de los bits recibidos cambio de valor, que es la mayor probabilidad de errores en transmisión telefónica. Si los bits errados son dos, la paridad par seguirá, y no hay forma de detectar un carácter mal recibido, pues este método supone solo un bit errado. Cuando se usa 8 bits sin paridad ("null parity"), con un bit de stop, se indica 8N1, que es la forma usual de comunicación entre dos PC.

Si como en el ejemplo dado, son 7 bits, con paridad par ("even parity") y un bit de stop, se indica 7E1.

15.6. PROTOCOLOS DE TRANSMISIÓN

En la comunicación **MODEM-MODEM** se debe cumplir cierta secuencia de acciones y señales

1) El MODEM local realiza una acción semejante a levantar el tubo, y luego disca el número telefónico del MODEM remoto.
2) El MODEM remoto lleva a cabo una acción equivalente a levantar el tubo y emite un tono o serie de tonos particulares que indican que respondió el llamado, y que se puede comunicar a una velocidad (bps) y modulación (ambas normalizadas).
3) El MODEM local responde a la serie de tonos, y negocia con el MODEM remoto la mayor velocidad de transmisión posible.

En general, Este conjunto de procedimientos a cumplir, para llevar a cabo las etapas de una comunicación, constituye un **protocolo de enlace.**

Un módem debe ajustarse a normas y protocolos tales como:

- Protocolo de acoplamiento RS-232C ò V 24 entre DTE y DCE (para módems externos)
- Recomendaciones V del CCITT.
- Protocolo de enlace
- Protocolos de compresión de datos
- Protocolos de control de errores

Las sucesivas normas técnicas que han seguido los MODEMS, alguna de ellas establecidas por empresas pioneras y luego copiadas por múltiples fabricantes, otras establecidas en acuerdos nacionales e internacionales, son tan numerosas que confunden a cualquiera. En la actualidad, los MODEMS, son compatibles con la mayoría de las que siguen en uso.

Los protocolos de transmisión son utilizados para coordinar el proceso de envío y recepción de datos y también influyen decisivamente en las velocidades que se pueden alcanzar.

De manera similar, la estandarización de protocolos y métodos de conexión permiten la comunicación entre módems de diversas marcas y modelos.

Ambos MODEMS en los extremos del circuito de comunicación deben de soportar cuando menos el mismo protocolo que se utiliza durante la comunicación.

Para el control del envío de archivos de programas, existen los protocolos de archivo, los más usados:

- **XMODEM:** Referenciado con CHECKSUN. Envía bloques de 128 bytes, uno es de CHECK (verifica).

- **XMODEM _ CRC:** Envía bloques de 128 bytes, con dos bytes de CRC (Cyclic Redundancy Checking - Rutina de verificación de Errores).

- **XMODEM 1K:** Envía bloques de 1K con dos bytes de verificación CRC.

- **YMODEM batch:** Envía bloques de 1024 bytes con dos bytes CRC. Hace la verificación de cada bloque trasmitido y envía fin de transmisión y repite el proceso en el próximo archivo.

- **YMODEM G:** Protocolo "Streaming " donde los módem tienen su propio protocolo de corrección. Si un archivo es enviado y errores son detectados, la transferencia es interrumpida.

- **ZMODEM:** Protocolo " Full Streaming" que permite detección y corrección de errores. Rápido y confiable, indicado para líneas deficientes.

- **SEALINK:** Protocolo " Full Duplex" derivado del padrón XMODEM.

- **KERMIT:** Posee la excepcional características de integrar varios tipos de computadores (PCs y Mainframe). Gobierna la trasferencia de informaciones de sistemas con caracteres de 7 bits. No es recomendable para transferencias entre PCs.

- **COMPUSERVE:** Su módem protocolo privado es: B Y QUICKB.

- **WINDOWED Y XMODEM:** Usado a través de redes de conmutación de paquetes como TYMNET y TELENET.

- **TELINK:** Usado para transferencia "multi-file " con servicio de correo electrónico FIDONET.

- **MODEM7:** Comunicación con sistemas CP/M.

Estos programas dividen al archivo a enviar en bloques de igual tamaño, que se envían (byte a byte con paridad nula) con el agregado de un numero que es el resultado de un calculo polinomial sobre los bits de cada bloque. En el receptor sobre cada bloque recibido se realiza al mismo cálculo. Si se obtiene el mismo número agregado se envía un simple OK. De no recibirlo, se vuelve a transmitir el bloque.

15.7. ESTÁNDARES DE COMPRESIÓN DE DATOS

La compresión de datos consiste en el proceso de tomar un bloque de datos y reducir su tamaño. Se emplea para eliminar información redundante y para empaquetar caracteres empleados frecuentemente y representarlos con sólo uno o dos bits.

La compresión de datos observa estos bloques repetitivos de datos y los envía al módem remoto en forma de **palabras codificadas**. Cuando el otro módem recibe el paquete lo decodifica y forma el bloque de datos original. Son dos las técnicas usadas para hacer más eficaces los movimientos de datos entre dispositivos remotos:

- **Compresión lógica:** Se debe procurar reducir al máximo un volumen de datos almacenados. Esta reducción, en verdad resulta de la eliminación de los campos redundantes y de un uso de la menor cantidad de indicadores lógicos posibles para los campos restantes. Un dato puede ser comprimido usando representación numérica y representación binaria (esta es la más recomendada).

- **Compresión física:** Son varias las técnicas utilizadas, como la sustitución de caracteres repetidos por un comando capaz de expandirlos en el otro extremo del enlace, o hasta la aplicación de un algoritmo que permita generar diccionarios dinámicos de sustitución de secuencias, disminuyendo la cantidad de bits a transmitir.

15.7.1. Estándares y protocolos de compresión más usados

Codificación Relativa

Usado de forma eficaz en filas secuenciales en un flujo original con variaciones muy pequeñas entre una y otra, o cuando las secuencias puedan ser quebradas en padrones relativos a cada uno de ellos.

Compresión Estadística

Hay códigos con el objetivo de reducir el tamaño de código usado para representar los símbolos del alfabeto (como el "Codigo HUFFMAN", etc). Otros métodos son el MNP (Microcom Networking Protocol) que sirven para compresión estadística.

MNP 5

Es exclusivamente un protocolo de compresión de datos 1:2, es decir podemos enviar el doble de información utilizando la misma velocidad de modulación. Además de aumentar la tasa de transmisión, gracias al MNP Data Compresión, la posibilidad de retransmisión también es mucho menor, ya que la cantidad de bytes en la línea también es disminuida.

MNP7

Otro protocolo de compresión, con un límite de hasta 1:3.

Usa un modelo MARKOV de primer orden, para predecir la probabilidad de ocurrencia de un carácter, con base en un carácter previo, y ejecuta la codificación HUFFMAN autoadaptable en un flujo de datos, además de comprimir flujos de caracteres duplicados.

CCITT V.42 bis

Tiene como base la cadena LEMPEL-ZIV. Aquí una cadena que varia de 2 a 4 caracteres comprimidos, es intercambiada por un código originado en la construcción de un diccionario que contiene 512 o más cadenas de texto de palabras claves asociadas. En un receptor los códigos son analizados y decodificados con base en la composición de las cadenas de un diccionario mantenido en el receptor. Con esta norma de compresión se consiguen ratios de 4:1. Estas tasas son las máximas que se pueden conseguir. Las mejores tasas se consiguen con ficheros de tipo texto o gráficos generados por ordenador. Si la información esta ya comprimida con alguna utilidad tipo **arj** o **zip,** estos protocolos no pueden ya comprimir mas la información y en estos casos incluso se pierde capacidad ya que *los archivos pueden inclusive expandirse*.

Si se envía información ya comprimida en el ordenador, el módem ya no podrá comprimirla más, y en estos casos los protocolos de compresión perjudican el rendimiento del módem. *Incompatible con la MNP5 y la MNP7.*

Compresión IBM-3270

Existe dos formas básicas: Repeat to Adress y MDT (Modified Data Tag) En el caso Repeat to Adress el sistema verifica si existe mas de 5 veces un mismo carácter, en secuencia en un mensaje a ser transmitido. Caso positivo esta secuencia es alterada por un comando del sistema IBM-3270. En el segundo caso, el sistema desliga un bit MDT del terminal en cuestión y hace un envío solamente de los caracteres modificados de la "tela", los demás son mantenidos.

15.7.2. Modems no normalizados

Algunos MODEMS incorporan compresión de datos a través de algoritmos propios, que permiten comprimir datos en la transmisión y descomprimirlos al formato original, en el otro extremo se puede obtener un aumento de la transferencia de datos efectiva hasta del 50%. Otros MODEMS no normalizados explotan la técnica **"Packetize Ensemble Protocol** Módem" estos incorporan un microprocesador de alta velocidad y aproximadamente 70000 líneas de instrucciones construidas en memoria ROM y también generan automáticamente un CRC-16 para verificación de errores.

15.8. ESTÁNDARES Y PROTOCOLOS DE CONTROL DE ERRORES MÁS USADOS

La ineludible presencia de ruido en las líneas de transmisión provoca errores en el intercambio de información que se debe detectar introduciendo información de control. Así mismo puede incluirse información redundante que permita además corregir los errores cuando se presenten.

El problema de ruido puede causar perdidas importantes de información en transmisiones vía MODEM a velocidades altas, existen para ello diversas técnicas para el control de errores. Cuando se detecta un ruido, en un MODEM con control de errores, todo lo que se aprecia es una breve inactividad o pausa en la comunicación, mientras que si el MODEM no tiene control de errores lo que ocurre ante un ruido es la posible aparición en la pantalla de caracteres "basura" o, si se esta transfiriendo un archivo en ese momento, este llegará con errores y la detección del mismo será posterior a la transmisión.

Hay dos protocolos orientados a corrección de errores muy usados

- **MNP clases de 1 a 4 y 10**: Desarrollado por Microcom
- **V42:** Estandarizado por el CCITT

En algunos casos el método de control de errores está ligado a la técnica de modulación:

- Módem Hayes V-Serie emplea modulación Hayes Express y un esquema de control errores llamado Link Access Procedure-Modem (LAP-M).
- Módem US Robotics con protocolo HTS emplea una modulación y control de errores propios de US Robotics

15.8.1. MNP (Microcom Networking Protocol)

Reconocido como padrón mundial de protocolos de alto desempeño para corrección de errores y compresión en las transmisiones de datos.

Este protocolo garantiza transferencia de datos libres de errores en conexiones asíncronas. Este protocolo protege la transmisión ante ruidos y distorsiones en las líneas telefónicas. Posee diez clases pero las más conocidas son: 4, 5 y 10.

- **MNP 2, 3 y 4:** Son de uso corriente y se refieren a control de errores.
- **MNP4:** Permite tráfico con gran eficiencia gracias a las técnicas de Adaptive Packet Assembly Data Phase Optimization. Con eso el tamaño de los paquetes es automáticamente ajustado de acuerdo con las condiciones de la línea, aumentando la performance y disponibilidad de enlace. También proporciona alguna medida de compresión de datos.
- **MNP10:** Corrección de errores recomendada para comunicaciones a través de enlaces móviles. Además de permitir un ajuste automático para líneas de baja calidad, un protocolo MNP 10 permite transmisiones totalmente libres de errores.
  El secreto de este desempeño es un componente ACE (Adverce Channel Enhancement), que a parte de asegurar la comunicación en situaciones críticas de enlace, también hace variar continuamente la tasa de transmisión a medida que la calidad de la línea sufre alguna variación, garantizando la optimización de un flujo de transmisión.
- **MNP6:** Ayuda a obtener el mejor rendimiento en conexiones telefónicas de calidad dudosa. Utiliza una técnica llamada Universal Link Negotiation para iniciar la comunicación a baja velocidad para luego elevarla de acuerdo a la calidad de la línea y a la capacidad de cada MODEM. Este es usado en conjunto con los anteriores para garantizar la performance del sistema.

15.9. PROTOCOLO DE ACOPLAMIENTO RS-232C

A fin de que equipos de computación y MODEMS de distintos fabricantes puedan interconectarse de manera universal, la norma estadounidense RS-232C (CCITT v.24 internacional) especifica características mecánicas, funcionales y eléctricas que debe cumplir la interconexión entre un computador y un módem externo.

Si bien la norma es de propósito general, aquí la analizaremos aplicada a un enlace entre un DTE y un MODEM (DCE), de modo tal que las señales de control y sincronismo, no serán de propósito general, sino que tomaran funciones específicas.

15.9.1. Características mecánicas de la conexión (conectores)

Esta sección establece que la conexión debe consistir en una clavija y un receptáculo, y que el receptáculo estará en el DCE. Se especifica la asignación de números a las patillas, pero deberá notarse que el propio conector no ha sido especificado.

El familiar conector de forma "D", el DB-25 que ahora es casi un sinónimo de las conexiones en serie, se deriva de otro organismo de modelos, la Organización Internacional de Modelos o ISO. Los detalles de este conector se muestran en la siguiente figura:

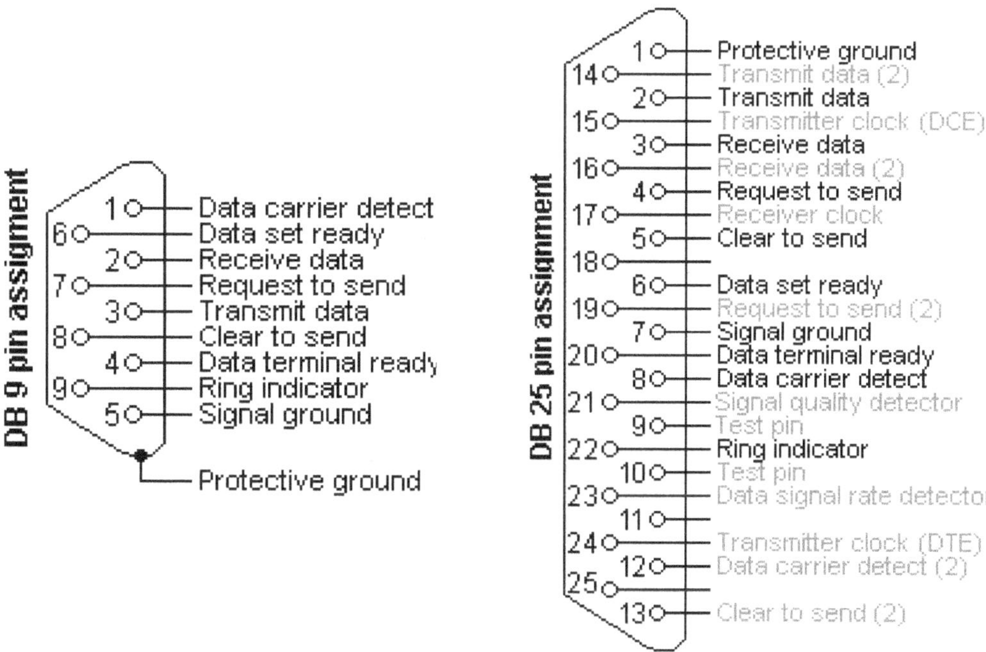

FIGURA 15-5. Esquema de un Conector DB25

15.9.2. Funciones de las señales de datos, control, masa y sincronismo

Canal de datos

PIN 2: **Txd . Transmitter data** línea a través de la cual se transmiten los datos desde el DTE al MODEM, también llamado canal principal de datos, normalmente el más usado en esta función.

PIN 14: **Txd Transmitter data** (secundario) línea a través de la cual se transmiten los datos desde el DTE al MODEM, también llamado canal de baja velocidad o de eco. Algunos MODEMS usan esta línea para enviar una copia de la señal de datos para control de errores. No es lo más usual.

PIN 3: **Rxd Receiver data** línea a través de la cual el DTE recibe los datos transmitidos por el MODEM también llamado canal principal de recepción de datos, normalmente el más usado en esta función.

PIN 16: **Rxd Receiver data** (secundario) línea a través de la cual el DTE recibe los datos transmitidos por el MODEM también llamado canal secundario o de baja velocidad o de eco, Algunos MODEMS usan esta línea para enviar una copia de la señal de datos para control de errores. No es lo más usual.

Canal de control

El interfaz RS-232, posee señales de control que permiten administrar el enlace entre el DTE y el DCE.

Aquí describiremos la función de las señales que intervienen en el establecimiento del enlace entre dos Terminales de Datos vía MODEMS, lo cual nos lleva a una interpretación específica para las señales de control consideradas de propósito general por la norma.

PIN 4: **RTS Request To send** petición de envío de datos. Esta es una señal con la cual el DTE encuesta al MODEM preguntando si esta en condiciones de recibir los datos para realizar una transmisión. Para realizar esta tarea de recepción de datos el MODEM emisor tendrá que haber establecido el enlace con el MODEM receptor, es decir haber establecido la portadora de datos entre los MODEMS, y poseer el control de dirección de los amplificadores de línea en caso de estar en una comunicación Half Duplex.

PIN 5: **CTS Clear to send** Libre para enviar o listo para enviar. Es una señal enviada por el MODEM al DTE e indica si el DCE(MODEM) está o no preparado para recibir los datos, para luego transmitirlos a través de la Red Conmutada telefónica.

PIN 20: **DTR Data Terminal Ready** Terminal de Datos Lista o en espera. Señal que envía el DTE hacia el DCE confirmando que esta se encuentra encendida y lista para operar, a la vez encuesta con esta misma señal el estado de encendido del DCE. Esta señal de control tendrá otras aplicaciones específicas de acuerdo a la secuencia de enlace, la cual analizaremos posteriormente.

PIN 6: **DSR Data Set Ready.** Es una señal enviada por el DCE hacia el DTE e indica si el MODEM está o no encendido Esta señal de control tendrá otras aplicaciones específicas de acuerdo a la secuencia de enlace, la cual analizaremos posteriormente.

PIN 8: **DCD Data Carrier Detector.** Detector de Portadora de Datos. Es una señal enviada por el DCE hacia el DTE. Esta es una señal digital que representa la presencia de la portadora de datos analógica, la cual es censada por el detector de portadora del MODEM, cuyo parámetro de muestreo se encuentra almacenado en el Registro S10 del MODEM. El cual puede ser modificado para líneas con mucho ruido.

PIN 22: **RI Ring Indicator** . Indicador de Llamada. Es una señal enviada por el DCE al DTE indicándole que tiene una llamada en curso.

Canal de masa

PIN 1: **Protective Ground.** Masa de protección. También llamada "masa de carcasa" de forma no oficial. Si un equipo no tiene un conector de masa en su enchufe de alimentación, debería conectarse a través del pin1 a uno que la tuviese. Se usa para prevenir descargas eléctricas de origen estático o fallas en los sistemas de aislamiento de los dispositivos. En el primer caso, para prevenir el deterioro del hardware de los dispositivos conectados y minimizar la ingerencia del ruido que este tipo de señales produce en el enlace. En el segundo caso, para proteger al usuario de dichas descargas.

La función de este pin se confunde frecuentemente con el del pin 7, conocida como retorno común de cuya función hablaremos más adelante.

Se supone que la conexión de masa del enchufe a la red de alimentación llevará estas señales de retorno a tierra, de aquí el término "tierra". Sin embargo, en la práctica, esta ruta puede ser bastante larga, ocasionando una considerable resistencia entre el equipo y la tierra. Cuando se conectan dos equipos a diferentes líneas eléctricas (en un gran edificio, por ejemplo), sus caminos a tierra pueden ser diferentes eléctricamente. Esto ocasiona que sus carcasas no sean eléctricamente iguales. Esto puede impedir las comunicaciones, pero se puede eliminar en forma efectiva uniendo ambas carcasas a través del los pines 1.

Esta situación no aparece muy a menudo. De hecho, bajo circunstancias ordinarias, es más probable que cauces problemas conectando los pines 1 si las tomas de tierra no están debidamente conectados a través de la toma corriente. Un tipo de problema mucho más insidioso llamado "un lazo o bucle de tierra" puede ocurrir al conectar innecesariamente las carcasas a través del cable. Los bucles de tierra hacen que tu equipo se comporte erráticamente, de modo que parezca depender de configuraciones inusuales de de los equipos, posiciones de interruptores, etc. Si esto ocurre comprueba si tus cables tienen conectados el pin 1 de ser así prueba desconectándolos.

Esto nos lleva a tener que **verificar si las tomas a tierra están correctamente realizadas**, pues de lo contrario el remedio será peor que la enfermedad.

En cualquier caso, en las normas RS-232-C, el pin 1 es opcional.

PIN 7: **Signal Ground.** Señal de tierra, retorno de señales o circuito común. Son todas distintas acepciones que determinan que este pin tendrá la función de punto de referencia para todos los voltajes de la conexión. **Obligatorio.**

Canal de sincronismo

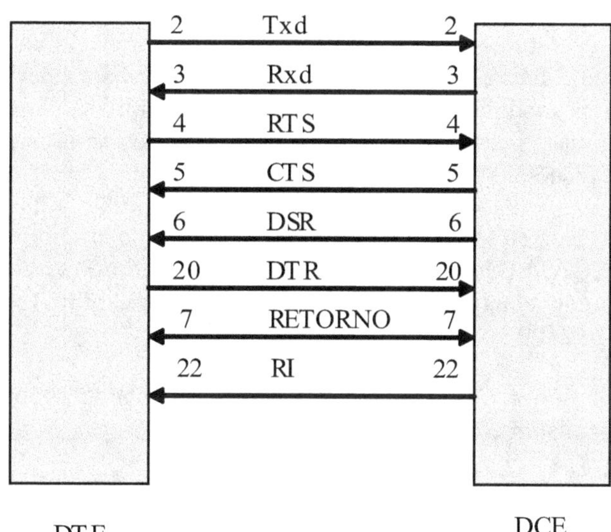

FIGURA 15-6. Conexionado modelo entre DTE y DCE bajo **RS-232**

PIN 15: **Transmit Clock (TSET).**Sincronismo enviado por el MODEM emisor, valor que le permite reconocer la velocidad de transmisión establecida.

PIN 17: **Receiver Clock(RC).** Señal de reloj del emisor para ser regenerada por el ETD receptor. Esta señal le permitirá al puerto serial (USART) recuperar el sincronismo de lectura del bus de datos.

PIN 24: **External Clock.** Reloj de emisión del terminal. Incorpora el sincronismo con el cual se generaron los datos en el terminal, información necesaria para que el MODEM pueda generar la modulación incorporando este parámetro en la señal modulada a transmitir por la RCT (Red Conmutada Telefónica).

PIN 23: Date Rate Select (DSRS). Selector de velocidad. Señal que se utiliza para indicarle al MODEM emisor por parte de su ETD la velocidad de gestión de enlace seleccionada, en caso de no poseer auto-bauedeo, o no haber seleccionado esta posibilidad en el MODEM.

15.10. ESTÁNDARES DE MODULACIÓN

Dos MODEMS para comunicarse necesitan emplear la misma técnica de modulación. La mayoría de los módem son full-duplex, lo cual significa que pueden transferir datos en ambas direcciones. Hay otros módem que son half-duplex y pueden transmitir en una sola dirección al mismo tiempo. Algunos estándares permiten sólo operaciones asícronas y otros síncronas o asícronas con el mismo módem.

15.10.1. Formas más usuales de modulación

Una onda que cambia entre dos frecuencias para codificar uno y cero, esta modulada en frecuencia (FSK= Frecuency-Shift-Keying= Codificación por cambio de frecuencia).

Una onda que presenta cambios en la fase de la misma y con cada cambio de fase es como si la porción de onda que sigue a dicho cambio, se adelantara (o atrasara) con relación a lo que debiera ser una forma senoidal continua pura. Esta forma de cambiar la señal portadora para representar combinaciones binarias, se denomina modulación en fase (PSK=Phase-Shift-Keying=Codificacion por cambio de fase). Resulta ser la más eficaz para transmitir datos binarios en líneas con ruido, siendo que requiere que el emisor y el receptor sean muy complejos.

En un MODEM actual, los cambios en la portadora pueden ser tanto de amplitud como de fase. La primer técnica conocida como QAM (Quadrature Amplitude Modulation), se concretó en las normas V.22 bis, para portadora modulada a 600 baudios, y con 4 bits por cambio (baudio), con lo cual se podía transmitir hasta 600x4= 2400 bps.

Para superar los 600 baudios, la norma V.32 (QAM) elevo la frecuencia de la portadora, existiendo una sola frecuencia para la transmisión como para la recepción.

Con este método, una portadora se pudo modular a 2400 baudios, y con 4 bits por baudio se llego a 2400x4= 9600 bps. Con la denominada "codificación entramada" o Trellis-TC, que permite al MODEM receptor corregir errores a medida que recibe datos, agregando un bit extra cada cuatro (norma V.32- TCQAM), se codifican 6 bits por baudio, con lo cual para 2400 baudios se alcanzaron 2400x6= 14400 bps.

Mediante complejas técnicas se logro que la modulación se adaptara a cada instante al estado de la línea telefónica. Se agregaron otras técnicas que requieren efectos compensatorios del mismo tipo en el MODEM receptor. Se usan cinco velocidades de señalización, siendo la máxima de 3429 baudios, y la mínima de 2400. Cada velocidad implica una frecuencia distinta de portadora, por lo que esta técnica supone la transmisión en un ancho de banda variable según el estado de la línea.

Para 3429 baudios, y con 8,4 bits por cambio de la señal se logra el máximo de 28800 bps. Cuando el MODEM se comunica con otro, sondea unos 15 segundos la línea, enviando una sucesión de tonos, buscando el mayor ancho de banda utilizable compatible con la taza de error permitida (1 bit errado por cada millón)

Posteriormente, para 3429 baudios se lograron 9,8 bits por cambio, con lo cual se alcanzo una velocidad de 33600 bps.

15.11. RECOMENDACIONES V DEL CCITT

Las Normas del CCITT empiezan con la letra V, denominadas Recomendaciones V.

Existen varias, cada una con objetivos, ventajas y con mejoras respecto a versiones anteriores. En ellas se definen las características más importantes con las que deben cumplir los distintos fabricantes de MODEMS

para quedar comprendidos dentro de las mismas.

Anteriormente ya hemos citado algunas de ellas refiriéndonos a velocidades de transmisión, corrección de errores y compresión de datos.

15.11.1. Recomendación V 20

El modem definido por la recomendación V20 está destinado a la transmisión en paralelo de datos sobre la red conmutada. Se adapta especialmente a los sistemas de transmisión de datos unidireccionales en los que un gran número de terminales de precio módico transmite datos hacia un receptor central.

El principio de este modem consiste en emitir simultáneamente 2 (o 3) frecuencias diferentes, pertenecientes a la siguiente tabla:

Canal nro. Grupo	1	2	3	4
A	920 Hz.	1000 Hz.	1080 Hz.	1160 Hz.
B	1320 Hz.	1400 Hz.	1480 Hz.	1560 Hz.
C	1720 Hz.	1800 Hz.	1880 Hz.	1960 Hz.

Se prevén dos sistemas de codificación:

1) Sistema con 64 combinaciones de frecuencias.
    Se emite simultáneamente una frecuencia de cada uno de los tres grupos A, B y C; cada combinación de tres frecuencias corresponde a un caracter.
2) Sistema de 16 combinaciones de frecuencia.
    Se emiten solamente dos frecuencias simultáneas pertenecientes respectivamente a los grupos A y C. El grupo B no se utiliza.

El modem funciona a una velocidad inferior o igual a 40 bauds, lo que permite alcanzar los 40 caracteres por segundo; lo que representa un equivalente de 240 bits en el primer sistema de codificación.

El interfaz lógico es de tipo paralelo, y sus características funcionales y eléctricas están definidas en las recomendaciones V30 y V31, respectivamente.

15.11.2. Recomendación V 21

Las principales características del modem definido por la Recomendación V21 son las siguientes:

- Velocidad: 300 bits/s.
- Tipo de transmisión: asíncrona.
- Soportes utilizables: red conmutada o línea a punto 2 hilos.
- Modo: dúplex integral.
- Principio: modulación de frecuencia.
- Interfaz lógico: conforme a las recomendaciones V24 y V28.

La transmisión en dúplex integral se logre mediante dos canales centrados respectivamente sobre 1080 y 1750 Hz.

Los datos binarios 0 y 1 corresponden a las frecuencias siguientes:

Datos	Canal Inferior	Canal Superior
1	980 Hz.	1650 Hz.
0	1180 Hz.	1850 Hz.

La existencia de dos canales conduce a diferenciar los módems según que emitan en el canal inferior o en el canal superior.

Convencionalmente, cuando la comunicación se establece a través de la red conmutada, el modem que llama, emite en el canal inferior, y el modem que es llamado, emite en el canal superior.

15.11.3. Recomendación V22

La Recomendación V22 define un modem para la transmisión en dúplex integral sobre la línea telefónica de dos hilos para datos síncronos o asíncronos.

Sus principales características son:

- Velocidad:

    Variante A/   1200 bits/s síncrono
    600 bits/s síncrono (facultativo).

    Variante B/ y C/   1200 bits/s síncrono
    600 bits/s síncrono (facultativo)
    1200 bits/s asíncrono
    600 bits/s asíncrono (facultativo).

- Modo: duplex integral.
- Principio: Modulación de fase.
- Interfaz lógico: conforme a las recomendaciones V24 y V28.

Tanto si la utilización es síncrona como asíncrona, el modem transmite siempre señales síncronas; el funcionamiento asíncrono se logra mediante un dispositivo de conversión asíncrono/síncrono incorporado.

Los sentidos de transmisión. Los cambios de fase se corresponden con los bits transmitidos según indica la tabla siguiente:

Valor de dibit (a 1200 bits/s)	Valor de bit (a 600 bits/s)	Cambio de fase (modos I,II,III,IV)	Cambio de fase (modo V)
0 0	0	+ 90	+ 270
0 1	—	0	+180
1 1	1	+ 270	+ 90
1 0	—	+ 180	0

Los modos I, II, III, IV corresponden a diferentes combinaciones de velocidad (600 o 1200 bits) y de tipo de señal (síncrona o asíncrona) dentro de las tres variantes A, B y C autorizadas.

Los datos a transmitir se aleatorizan previamente a su transmisión; los valores de bit o dibit que figuran en la tabla anterior corresponden a los datos ya aleatorios.

En la red pública conmutada, el modem del extremo que llama transmite en la vía inferior y recibe en la vía superior.

15.11.4. Recomendación V 22 Bis

Recomendación para 2400 bit/s y modo dúplex.

Se presenta como mejora de la Recomendación V22.

Técnicamente se define como un sistema de modulación cruzada que mezcla modulación por cuadratura. Cada baudio posee 16 estados, capaces de codificar cualquier configuración de 4 bits. Cada estado se define simultáneamente por su relación con la fase y con la amplitud de la portadora no modificada. V22 Bis opera con 4 fases y 4 amplitudes distintas V32 9600/4800 y dúplex.

15.11.5. Recomendación V 23

El modem definido en la recomendación V23 tiene un amplio dominio de aplicación. Sus principales características son las siguientes:

- Velocidad:

    a) 600 bits/s en modo asíncrono
    b) 1200 bits/s en modo asíncrono
    c) 600 bits/s en modo síncrono
    d) 1200 bits en modo síncrono

- Tipo de transmisión: asíncrono (opcionalmente, síncrono)
- Soportes utilizables: red conmutada o línea punto a punto de calidad normal.

- Modo:

  dúplex alternativo en línea dos hilos.
  dúplex integral en línea 4 hilos.

- Principio: modulación de frecuencia.
- Canal de retorno: un canal de retorno opcional puede funcionar a 75 baudios simultáneamente con el canal principal.
- Interfaz lógico: de acuerdo con las recomendaciones V24 y V28.

Las frecuencias características del modem son las siguientes:

Datos binarios	Velocidad 600n bits/s	Velocidad 1200 bits/s	Canal de retorno 75 baudios
0	1700 Hz.	2100 Hz.	450 Hz.
1	1300 Hz.	1300 Hz.	390 Hz.

15.11.6. Recomendación V 26

Las principales características del modem definido por la Recomendación V26 son las siguientes:

- Velocidad: 2400 bits.
- Tipo de transmisión: síncrona.
- Soporte de transmisión utilizable: línea punto a punto de 4 hilos de calidad normal.
- Modo dúplex integral o alternativo.
- Principio: modulación de fase.
- Canal de retorno: opcionalmente puede incluirse un canal de retorno idéntico al definido a la recomendación V23.
- Interfaz lógico: conforme a las recomendaciones V24 y V28.

El tren de datos a transmitir se divide en parejas de bits (dibits). Cada dibits se codifica en forma de un cambio de fase en relación a la fase del elemento de señal precedente. Se han normalizado dos posibilidades de codificación, indicadas en la tabla siguiente:

Dibits		Cambio de Fase Solución A	Cambio de Fase Solucion B
0	0	0	+ 45
0	1	+ 90	+ 135
1	1	+ 180	+ 225
1	0	+ 270	+ 315

(la cifra izquierda del dibit es la que se presenta antes en el tren de datos).

Recomendación V26, por ejemplo, la posibilidad de transmitir en alternativo sobre una línea a dos hilos, o la selección entre la solución A y la solución B.

15.11.7. Recomendación V 26 Bis

La recomendación V26 bis constituye una extensión de la recomendación V26 para la transmisión sobre la red conmutada. Se conserva el principio de modulación de la recomendación V26, aunque desde 1977 solamente se mantiene la solución de codificación B. El modem funciona en alternativo sobre la red conmutada o sobre la línea punto a punto de 2 hilos; el canal opcional de retorno funciona simultaneamente con el canal principal.

Permiten la transmisión de datos a 2400 bps vía Red Automática Conmutada o línea dedicada de 2 hilos.

Esta prevista una velocidad de repliegue de 1200 bits para el caso en que las condiciones de transmisión fueran incompatibles con la velocidad de 2400 bits, el estado binario 0 corresponde a un salto de fase de +90 y el estado binario 1 a un salto de fase de +270.

15.11.8. Recomendación V 27

El modem definido en la Recomendación V27 se destina a la transmisión sobre la línea punto a punto de calidad superior.

Sus principales características son las siguientes:

- Velocidad: 4800 bits
- Tipo de transmisión: síncrona
- Soportes utilizables: línea punto a punto de calidad superior (M 1020).
  A menudo suele ser satisfactorio el funcionamiento sobre la línea de calidad normal.
- Modo: dúplex integral o alternativo.
- Principio: modulación de fase (octofase).
- Canal de retorno: canal de retorno opcional, conforme a la recomendación V23.
- Interfaz lógico: conforme a las recomendaciones V24 y V28.

El tren de datos a transmitir se divide en grupos de tres bits (tribits). Cada tribit se codifica de forma de un cambio de fase respecto de la fase del elemento precedente, según la siguiente tabla:

Tribit	Cambio de Fase
001	0
000	+ 45
010	+ 90
011	+ 135
111	+ 180
110	+ 225
100	+ 270
101	+ 315

(el bit de la izquierda de cada tribit es el que se presenta antes en el tren de datos).

El modem está provisto de un aleatorizador autosincronizable. La transmisión a 4800 bits necesita una corrección precisa de las distorsiones de amplitud y de tiempo de propagación del grupo. La Recomendación V27 prevé un ecualizador ajustable manualmente en el momento de la instalación.

Con este tipo de modem se puede obtener tiempos de sincronización muy cortos (menos de veinte ms.), por lo que se adapta bien a la red multipunto.

15.11.9. Recomendación V 27 Bis

El modem V27 Bis se destina, al igual que el modem V27, al funcionamiento a 4800 bps sobre líneas punto a punto, y la señal transmitida en línea es identica. La diferencia esencial entre ambos modem consiste en el método de equalización: el modem V27 Bis esta provisto de un equalizador automático, mientras que el equalizador del modem V27 es de ajuste manual.

El modem V27 Bis puede utilizarse punto a punto o en multipunto sobre líneas privadas conforme a la recomendación M 1020 del CCITT. Estas condiciones se sincroniza en 50 ms. sin embargo, gracias a su equalizador automático, es capaz de funcionar sobre líneas de calidad netamente inferior a las definidas por los límites M 1020, aunque el tiempo de sincronización llegue a ser entonces de 700 ms.

También esta prevista como opción un canal de retorno conforme a la Recomendación V23.

También esta previsto que en este caso de fallo de la línea privada, el modem puede utilizar eventualmente, la red conmutada como emergencia, de acuerdo con la Recomendación V27 Ter.

15.11.10. Recomendación V27 TER

La Recomendación V27 Ter se refiere al funcionamiento a 4800 bits/s sobre la red conmutada.

El modem descrito es idéntico al de la Recomendación V27 Bis, aunque incluye ciertas características adicionales, tales como la protección contra ecos, a fin de mejorar el funcionamiento en líneas conmutadas.

El modem V27 Ter funciona en alternativo sobre la red conmutada.

Al establecer el enlace, la primera sincronización tarda 700 ms, y las inversiones sucesivas se efectúan en 50 ms.

15.11.11. Recomendación V29

La Recomendación V29 define un modem destinado a transmitir a 9600 bits/s sobre líneas privadas. Sus principales características son las siguientes:

- Velocidad: 9600, 7200, 4800 bits/s.
- Tipo de transmisión: síncrona.
- Soportes utilizables: línea a 4 hilos conforme a la Recomendación M 1020 del CCITT. A menudo resulta satisfactorio el funcionamiento sobre la línea de calidad normal.
- Modo: dúplex integral.

- Principio: Modulación combinada de fase y amplitud.
- Interfaz lógico: conforme a las recomendaciones V24 y v28.
- Ecualización automática: sincronización en 250 ms.

La señal transmitida es una señal octofase modulada en amplitud (dos niveles por fase).

Cada elemento de señal corresponde a un grupo de 4 bits consecutivos (16 combinaciones posibles).

Aunque también es utilizable en la redes multipunto, el tiempo de sincronización relativamente largo del modem V29 se destina más bien a comunicaciones punto a punto, especialmente para el transporte de datos multiplexados. A estos efectos, la Recomendación V29 prevee la descomposición opcional del flujo a 9600 bits/s en una combinación de subflujos a 7200, 4800 y 2400 bits/s.

15.11.12. Recomendación V 32Bis y V32

Los módems con esta Recomendación son los más rápidos para las líneas telefónicas ordinarias, pueden reducir sus costos de llamadas a distancia, dan un control remoto más rápido sobre las PCs que ejecutan Windows y entregan la información más rápido.

Ofrecen señalización de 14.400 bps, pero esto depende de la calidad de las líneas.

Los módems V32Bis usan una técnica reconocida internacionalmente para transmitir los datos de computación simultáneamente en ambas direcciones por el sistema de línea telefónica, tomando 6 bits y comprimiéndolos en variaciones de tono y enviando 2400 de éstas en cada dirección en un segundo.

Usan la cancelación de eco para enviar variaciones de tono en ambas direcciones sin interferencia. Esto significa que los módems deben probar el canal antes de usarlo para identificar todos los posibles caminos para el eco.

Los módems V.32 utilizan un nuevo tipo de modulación, llamada Cuadrature Amplitude Modulation (QAM), que combina modulación en frecuencia y en fase. Puede transmitir 4 bits por baudio a 2.400 baudios, lo que da un total de 9.600 bps.

Otro tipo de modulación que pueden utilizar los módems V.32 es la Trellis code modulation (TCM), que añade un quinto bit que proporciona un código para el control de errores. Existen otros métodos similares propuestos y utilizados por algunos fabricantes de módems que sustituyen a este tipo de modulación debido a su eficiencia baja, como por ejemplo el MNP y el LAPM.

Esta recomendación mejora a la recomendación V32 para módems de 9600 bps al definir la transmisión a 12000 y 14400 bps.

Se prestan mejor para las aplicaciones punto a punto entre estaciones localizadas dentro de una compañía, o entre dos compañías, cubriendo distancias cortas, tales como los puentes para LAN, peticiones de intercambio de archivos y la tele conmutación con software para control remoto. Estos pueden usarse con servicios en línea y boletines electrónicos que también usen módems V32Bis.

15.11.13. Recomendación V34

El V34 es un cambio mas radical que el V32 ter, e intenta llevar la velocidad de los módems a sus límites prácticos en líneas de banda de voz. A demás de la velocidad, el V.34 es innovador en su capacidad de "saturar el canal" o seleccionar las mejores técnicas para lograr una performance óptima a través de la línea telefónica.

Muchas compañías que venden módem V34 aseguran la posibilidad de upgrade al estándar formal. Esto podría variar desde una revisión mínima de firware hasta un cambio importante de la plaqueta, ya que en pruebas realizadas resulta ser no tan formalizado y a menudo requería actualizaciones.

Para módems full-dúplex, operando en tasas de transferencia de hasta 28800 b/s, para utilizarse en las redes telefónicas conmutadas.

El módem V34 es aplicable a aplicaciones donde se controla ambos extremos del enlace.

15.11.14. Recomendación V34 Ter

El V32 ter representa un cambio relativamente simple al V32 bis (de 14400 bps) y, como tal, puede considerarse más como una mejora al V32 bis que como un competidor del V34.

Recomendable para cuando se controla un extremo de la comunicación.

15.11.15. Recomendación V36

El modem V36 permite la transmisión digital sobre un canal de grupo primario (60 – 108 Khz), siendo sus características principales:

- Velocidad: 48, 56, 72 Kbits/s.
- Tipo de transmisión: síncrona.
- Soportes utilizables: grupo primario (Recomendación H14).
- Modo: dúplex integral.
- Principio: modulación de amplitud a banda lateral única.
- Interfaz lógico: conforme a las recomendaciones V24, V10, y V11.

La señal transmitida corresponde a una modulación de banda lateral única de una portadora de 100 Khz. Esta portadora se modula mediante una señal de banda base sin componente continua, de tipo bipolar entrelazada de orden 2.

Por lo general, el modem V36 se instala en los locales de la Administración, por lo que debe establecerse una prolongación hasta el usuario.

La solución más corriente es que esta prolongación se realice en banda base, aunque los equipos correspondientes no están aún normalizados por el CCITT.

15.11.16. Recomendación V37

La recomendación V37 define un modem para la transmisión sobre circuitos con un ancho de banda correspondiente al grupo primario (60 a 108 Khz.), aunque no necesariamente conformes a la Recomendación H14.

- Velocidad: 96, 112, 128 a 144 Kbits/s (opcionalmente 168 Kbits/s).
- Modo: dúplex integral o alternativo.
- La portadora se modula por una señal banda base de 7 niveles, obtenida por codificación de una secuencia de símbolos cuadrivalentes (dibits).
- Interfaz lógico: conforme a las recomendaciones V24, V10, y V11.

El modem incluye además:

- Un ecualizador autoadaptativo.
- Un aleatorizador idéntico al descrito en la Recomendación V36.

15.11.17. Recomendación V 42

Es una norma CCITT para la corrección de errores. Es superior pero compatible con la MNP4 ofrecida habitualmente en módems estadounidenses.

MNP4 es una norma para control de errores.

El control de errores V42 disponible durante cierto tiempo en los módems de 2400 y 9600 bps, le permite a los módems que traten de compensar el ruido y la otra basura electrónica que entra por la conexión telefónica. (El control de errores V42 no resuelve el problema del ruido y la basura que entran en el lado de datos de cada modem).

La recomendación contiene un protocolo basado en HDLC llamado LAPM (Procedimientos de Acceso al Enlace para Módem).

Si se combinan la V.32 bis con la V.42 bis se logra un rendimiento óptimo de 57600 bps bajo condiciones ideales.

La técnica de compresión de datos V.42 bis sirve para reducir el tiempo y el costo de las llamadas telefónicas. Siempre es mejor comprimir los archivos antes de transmitirlos usando un programa de múltiples pases como ARJ o PKZIP, que tratar de depender solamente de la compresión V.42 bis. Estos programas examinan el contenido de un archivo y usan la mejor técnica de compresión. Pero el V.42 bis da un buen rendimiento cuando no hay disponible ninguna técnica anterior a la transmisión. La compresión V.42 bis no retrasa la transmisión de archivos que ya se han comprimido.

15.11.18. Recomendación V 42Bis

Norma CCITT para la compresión de datos. Incompatible con la MNP5 y la de corrección de errores MNP7.

MNP7 es un protocolo para compresión.

MNP5 es un protocolo de compresión de datos.

V42 se basa en el método de diccionario de un solo pase de Ziv-Lempel, que reconoce las cadenas repetidas como si fueran un solo código.

Con una elección apropiada de diccionario, capacidad y longitud de cadena, el algoritmo de compresión V42 Bis logra una razón de compresión superior a 2:1 en texto, y aún mejores en archivos más estructurados como base de datos, hojas de cálculo y archivos gráficos.

La técnica de compresión de datos V42 Bis representa lo más avanzado entre las técnicas de compresión de adaptación de un solo pase. Si se quiere reducir el tiempo y el costo de las llamadas telefónicas, siemprees mejor comprimir los archivos antes de transmitir usando un programa de múltiple pase como Lharc o PKzip, que tratar de depender solamente en la compresión V42Bis.Pero V42Bis ofrece una buena opción cuando no hay disponible ninguna técnica de compresión anterior a la transmisión. Al contrario del sistema de compresión MNP5, más antiguo, que todavía usan muchos módems, la compresión V42Bis no retrasa la transmisión de archivos que ya se hayan comprimido.

Se aumenta el rendimiento en los módems si se combina la señalización V32Bis con el control de errores y compresión de V42Bis.Teóricamente esta combinación debe dar un rendimiento de hasta 57600 bps.

15.11.19. Recomendación V Fast

Es una implementación preliminar de la norma V34.

Esto sucedió porque los módems y las líneas telefónicas tenían posibilidades de comunicar datos, entre computadoras, a mayores velocidades que las que permitían las especificaciones existentes; pero por no tener todavía lista la norma V34 y la llamaron Vfast.

Con ello se comercializaron modem que lograban mayores velocidades, pero como esta norma podía tener algún tipo de incompatibilidad con la V34 se comercializó un chip para realizar el cambio de recomendación en los módems.

Alcanzan los modems con esta Recomendación hasta 28800Bps.

En el '93 la CCITT creó la V.Fast, el cual tenía señalización a 19200 bps, las cuales eran efectivas bajo condiciones óptimas muy específicas.

El cambiante Standard VFast se enfrenta a un principio físico llamado el límite de Shannon. Esta ley dice que la máxima velocidad de señalización esta controlada por el ancho de banda y la relación señal /ruido de esa línea. Ya que el ancho de banda de la línea telefónica de llamada directa se determina por estándares técnicos y el nivel de salida del módem está regulado por leyes, el rendimiento de la línea está controlado realmente por el ruido de la línea. Los módems VFast podrán enviar la señal tan rápidamente como las líneas lo permitan.

Es la implementación general para la transmisión a 28800 bps. Fue la precursora a la norma V34.

Cada fabricante adoptaba V.Fast de una forma diferente, haciendo los módems incompatibles entre sí.

En un intento de hacer más compatibles los módems de VFast, las empresas crearon VFC, para las transmisiones 28800 bps. El surgimiento de V34 hace obsoletas las dos normas anteriores.

15.12. V.FC

Los primeros trabajos para el desarrollo de módems de 28.800 bps los inició el grupo de trabajo número 1 del ITU a finales de 1990, estando casi completo en Octubre de 1993. Esta norma o recomendación se aprobó con el nombre de V.34 en Junio de 1994. La parte referida al modo de transferencia de datos (Data Phase) estuvo terminada en Octubre de 1993. Lo que retrasó su lanzamiento fue la parte referida al establecimiento y negociación de la conexión.

V.FC es una propuesta de Rockwell que se desarrolló basándose en las recomendaciones iniciales del ITU en el período de tiempo de Marzo a Abril de 1993, fabricándose hasta mediados de 1995 módems que podían conectar a 28.800 bps pero que no seguían una recomendación oficial del ITU, pese a nombrarse con la nomenclatura Vxx.

El ancho de banda de las líneas telefónicas convencionales de alta calidad es de 3429 Hz, que es precisamente el máximo ancho de banda que utilizan VFC y V34. En el caso de las líneas telefónicas de baja calidad y que generalmente utilizan centralitas analógicas, se quedan en un ancho de banda de 3000 Hz, lo que impide una comunicación a mayor velocidad de 24,4 Kbps con ambas recomendaciones. Para poder conectar a 28.800 bps es necesario un ancho de banda mínimo de 3200 Hz.

Los módems son muy sensibles a nivel de ruido en la línea respecto a la potencia de la señal. V.FC y V34 necesitan líneas de muy buena calidad, con al menos una relación señal ruido de 32 a 34 decibelios (ver teorema de Shannon). En cualquier caso la velocidad máxima que podemos alcanzar en una conexión depende de la calidad del peor tramo de cableado que se interponga entre nuestro teléfono y el de destino de nuestra llamada. En las pruebas realizadas comprobamos que conectando desde el centro de Madrid a San Sebastián de Reyes (siendo esta última aún analógica), logramos conectar a 28.800 bps., pero desde Aravaca no logramos obtener mejor resultado que una conexión a 14.400 y 24.000 IDG Online.

Dos módems V34 pueden reconocerse perfectamente mediante la negociación de conexión V.8. En el caso de conectar con un V.FC con un V34, si este último soporta V.FC la conexión será V.FC. Si el V34 no contiene también V.FC la conexión caerá a V32bis. Resumiendo, la conexión de un V.FC con un V34 soporta la velocidad de 28.800 o 14.400 o inferior, en ningún caso velocidades inferiores a 14.400 e inferiores a 28.800 ambas exclusive. La mayoría de los modems que hemos analizado contiene chips 20.34 de Rockwell que también reconocen conexiones V.FC (USR Sportster y Courier, por ejemplo).

Las diferencias y similitudes entre V.FC y V.34 son las siguientes.

Prueba de línea: V.FC prueba la línea con 68 frecuencias y un intervalo de 50 Hz, mientras que V.34 utiliza 21 frecuencias y 150 Hz de intervalo. Por lo tanto V.FC utiliza muchas más frecuencias y un intervalo de tiempo mayor (el triple). Esta fase de prueba de línea sólo se realiza en el momento del establecimiento de la conexión.

Precodificación: En ambos sistemas se realiza de la misma forma, sólo que en V34 se realiza una leve modificación del ruido de precodificación reduciéndolo. En la práctica no se ha obtenido un resultado lo suficientemente diferenciador entre las dos normas atendiendo a este parámetro.

Codificación Trellis: V.FC utiliza codificación Trellis bidimensional, mientras que V34 utiliza codificación tetradimesional. Sorprendentemente los 32 estados posibles de V.FC son más potentes que los 64 de los V34. Algunos fabricantes de modems V34 implementan las dos posibilidades, 32 y 64 estados. La diferencia entre los dos es mínima, lográndose una mejora de 2.400 bps en líneas de baja calidad en los V.34 respecto de los V.FC.

Retracción y cambio de velocidad: V.FC y V34 tienen las mismas posibilidades de retracción y cambio de velocidad, pero V34 tiene la posibilidad de variar la velocidad de una forma especial cuando está establecida la conexión. Si el estado de la línea empeora, puede reducir la velocidad, para aumentarla cuando se recupere el nivel de calidad de la línea, evitando la interrupción de la modulación. La retracción en ambas normas requieren el mismo tiempo.

15.13. RPI (ROCKWELL PROTOCOL INTERFACE)

El RPI es una característica según la cual un módem es capaz de establecer una comunicación de datos con corrección de errores y con compresión de datos sin soportar por sí mismo estos protocolos. Para ello, debe emplearse un software de comunicaciones adecuado que pueda realizar esta funcionalidad junto con el RPI del módem. El motivo por el cual se ha creado este nuevo funcionamiento es doble. Por una parte la gran mayoría de protocolos de transferencia de ficheros incluidos en los programas de comunicaciones realizan corrección de errores, con lo cual es absurdo que el módem realice también esta operación. Y, por otra parte, la gran variedad de programas comerciales compresores de datos y su fácil empleo hacen que sea innecesaria la compresión de datos que lleva a cabo el módem puesto que por norma general un fichero comprimido no se puede comprimir más.

Otras de las razones fundamentales de existencia del RPI es el alto costo de fabricación del Hardware V.42bis, que supone mayores SRAM y EPROM y procesadores para la ejecución de algoritmos. MNP5 y V.42bis necesitan además métodos de comunicación sincrónicos (HDLC) para obtener el máximo rendimiento. RPI permite la utilización del Protocolo HDLC a través de un puerto de comunicaciones asincrónico (UART 16450/16550). Con la conexión asincrónica establecida se puede conseguir MNP5 y V.42bis para software, lo que reduce sensiblemente el costo del hardware adicional del módem. Esto puede hacer pensar que en sistemas multitarea puede fallar, debido al intenso uso del microprocesador por algoritmos MNP5 V.42bis. Numerosas pruebas han demostrado que con la rapidez de los procesadores actuales el RPI es un sistema válido y una opción a tener en cuenta, pero con la reducción de precios de orden diaria a nuestro entender está en claro declive. Programas de comunicaciones que soportan RPI son por ejemplo, Procomm Plus, Quicklink II, COMit, BITCOM, Mirror III y Qmodem.

15.14. VELOCIDADES DE TRANSMISIÓN

La velocidad de transmisión de datos en los MODEMS se mide en bits por segundo ó bps y/o baudios por segundo, ambos con la "b" minúscula.

La mayoría de las personas confunden baudios con bits, entendiendo que son lo mismo. Sin embargo los baudios hacen referencia a la velocidad de modulación a la cual se trasmiten los datos sobre la línea telefónica. En un principió los baudios eran igual a la velocidad de transmisión de los MODEMS. Un MODEM de 300 baudios enviaba y recibía 300 bits por segundo. Eventualmente los ingenieros descubrieron formas de comprimir y codificar los datos logrando que en cada estado de modulación (baudio) se puedan insertar más de un bit de datos. Esto hace que los bits por segundo son mayores en cantidad que los baudios por segundo.

Por ejemplo un MODEM que modula a 56,000 baudios puede enviar datos a 115.200 bits por segundo.

Antes del estándar V.32, a 9600 bps, los MODEMS típicamente manejaban velocidades de 300 a 2400 bps. Algunos muy rápidos podían alcanzar tasas de hasta 19.2 Kbps, utilizando protocolos no estándares que requerían de la utilización de MODEMS específicos que soportaran el protocolo específico, lo que habitualmente obligaba a que fueran de la misma marca.

Antes del estándar V.42, que soporta corrección de errores, y el v.42bis de 1990 que soporta la compresión de datos, y los estándares MNP un estándar con corrección de errores y compresión de datos, X.PC fue utilizado en algunas redes comerciales de datos. La compresión y corrección de errores estuvo disponible en algunos MODEMS de 2400 bps.

De 1960 a 1980 la mayoría de los módems únicamente alcanzaban velocidades de hasta 300 bps, o 0.3 Kbps, y siguen siendo útiles para algunas aplicaciones aún cuando los modelos recientes soportan hasta 115 Kbps.

15.14.1. Velocidades de transmisión virtuales (mediante compresión de datos y otras técnicas)

Un MODEM que transmite 4800 bps, si transmite un carácter en ASCII con 10 bits, teóricamente seria posible enviar 4800/10= 480 caracteres por segundo. Dado que de esos 10 bits, 8 son de datos y 2 de para control start/stop, en realidad se transmiten 480x8= 3840 bps de información.

Si la transmisión es asincrónica, entre caracteres media un tiempo muerto variable, de donde resulta una velocidad real menor que los 3840 bps antes calculados.

Se empezó a enviar y recibir los caracteres sin los bits de start/stop, formando bloques de caracteres (transmisión sincrónica). Esto supone módems igualmente inteligentes, operando bajo una misma norma.

Luego se hizo que la longitud de estos bloques este en función del ruido presente en la línea telefónica.

A mayores velocidades, aumenta el número de bits errados, por lo cual los MODEMS empezaron a contener circuitos para detectar y corregir errores.

Cuando el ruido aumenta, se envían bloques con menos caracteres. En caso de retransmisión, los bloques no son grandes, a fin de que se pierda menos tiempo en esta tarea.

Un MODEM que incorpora estas técnicas (V.42 LAPM &MNP 2, 3,4) puede negociar con el MODEM al que se conecto, (si es inteligente), el mejor método de corrección.

Si también cumple con la norma V.42.bis/MNP5, significa que a las mejoras anteriores se agrega la compresión de datos, con lo cual la velocidad de transmisión se mejora notablemente (se puede llegar a recibir hasta cuatro veces más rápido).

Un MODEM que puede transmitir hasta 28800 bps, con compresión de datos se pueden lograr velocidades de transmisión equivalentes a 28800x4= 115200 bps.

Un MODEM rápido es mas caro, pero tarda menos tiempo en la transferencia de archivos (si el MODEM con el que se conecta es igualmente inteligente), ahorrando tiempo y costo de servicio telefónico.

15.15. MODEMS INTELIGENTES

El término MODEM inteligente es atribuido al conjunto de comandos ejecutados por los MODEM para desempeñar funciones específicas. En esta línea son más populares los de la serie " Hayes Microcomputer Products". Los comandos Hayes Command Set son iniciados con la transmisión de un Attention Code (AT), para un MODEM seguido por el comando o conjunto de comandos. El buffer de este comando de Hayes es de 40 caracteres, no incluye el AT, suprimiendo los espacios entre los caracteres.

15.15.1. Hardware de los modems inteligentes actuales

Hoy en día, en un módem podemos encontrar un microcontrolador, encargado de procesar los comandos que envía el usuario y un microprocesador (el Digital Signal Processor – DSP), dedicado a la demodulación de las complejas señales analógicas.

Este hardware permite operar a grandes velocidades y que los MODEMS sean multinorma.

15.16. MODEMS DE ALTA VELOCIDAD

Las líneas telefónicas para señales analógicas, tienen un ancho de banda comprendido entre 300 y 3300 Hz. Estas no fueron pensadas para transmitir datos. La velocidad de 33600 bps de los MODEMS actuales, constituye un techo difícil de superar. Los 3000 Hz citados, limitan la velocidad de transmisión.

Los denominados MODEMS de 56 Kbps pueden transmitir información analógica o digital. Así permiten recibir datos a 56 Kbps desde Internet, pero solo pueden enviar a 28800 bps. Para el resto de las aplicaciones que no sean Internet o BBS, el módem funciona a 28800 bps. Debe también mencionarse que los citados 56 Kbps son un límite que solo se alcanza en determinado estado óptimo de las líneas.

15.17. AUTO AJUSTE DE VELOCIDAD (AUTOBAUDING)

Este término tiene varios significados. En general significa que la velocidad MODEM-MODEM se ajusta automáticamente, aunque también se refiere al ajuste automático de la velocidad MODEM-puerto serial, para el caso de los MODEM externos.

15.17.1. Velocidad modem-modem

Los MODEMS modernos negocian la velocidad de conexión y el protocolo MODEM-MODEM durante el proceso de interconexión y usualmente se conectan a la máxima velocidad posible.

Si uno de los lados no puede negociar el otro acepta la velocidad y protocolo disponible en el extremo con configuración fija, a menos que se trate de una velocidad o de algún protocolo no soportado.

Durante la negociación, el MODEM originate inicia la secuencia de enlace a su máxima velocidad, en baudios, posible para poder conectarse con el MODEM remoto, pero si este no puede hacerlo a la velocidad requerida, el MODEM originate disminuye su velocidad a la próxima normalizada, lo que se denomina "Fallback", hasta lograr una velocidad compatible para ambos MODEMS.

Para ello ambos MODEMS deben estar configurados en auto ajuste de velocidad(autobauding) modo automático. En algunas ocasiones la caída también sucede cuando ambos MODEMS reducen su velocidad debido a ruido en la línea o algún otro tipo de contaminación del medio.

Usualmente el registro S37 de los MODEMS es el que ajusta la habilitación o deshabilitación del auto ajuste de velocidad.

Debido a que los MODEMS funcionan sobre velocidades y protocolos idénticos en ambos extremos del canal de comunicación, y algunos MODEMS antiguos no soportan el ajuste automático, o tienen una sola velocidad, es muy probable que en condiciones específicas no se logre una conexión utilizando MODEMS viejos en ambos extremos.

En el pasado, aún cuando existía el auto ajuste de velocidad, existían pocas alternativas estándar, por lo cual los sitios y servicios de acceso telefónico regularmente contaban con grupos de líneas telefónicas que cumplían con ciertos estándares, las cuales deberían de utilizar igualmente ciertos usuarios que contaran con un MODEM que requiriera de estas. Eventualmente, con la utilización de estándares, la necesidad de ofrecer servicios de acceso telefónico agrupados según las características de los MODEMS fue quedando atrás.

15.17.2. Velocidad modem-puerto serial

Para los MODEMS de baja velocidad, en general menor a 9600 bps, la velocidad del MODEM al puerto serial debía de ser la misma que había de MODEM a MODEM. Esto se debía a que el flujo de datos era directo a través del módem sin la utilización de antememoria para el almacenamiento previo de bytes dentro del MODEM, forzando, que la velocidad de transmisión entre el puerto serial y el MODEM sea la misma que entre los MODEMS.

Un razonamiento erróneo es suponer que siempre una mayor velocidad del puerto serial soportaría una conexión telefónica de menor ancho de banda; sin embargo, esto únicamente funciona siempre para la recepción, debido a que el puerto está preparado para recibir una mayor cantidad de datos. Esto no funciona para la transmisión, en la cual el MODEM no puede transmitir a una velocidad mayor a la que el MODEM en el otro extremo recibe, provocando la pérdida de información por la falta de prealmacenamiento si este no lo posee.

15.17.3. Estabilización de velocidad

Si el MODEM tenía sólo una velocidad MODEM a MODEM, o estaba configurado para operar a una velocidad preestablecida, podía no representar un problema ya que únicamente se configura el puerto de la computadora a esta velocidad. Aún cuando el MODEM puede tener varias velocidades que pueden ser establecidas por la negociación con el otro módem, no hay problema en ajustar correctamente la velocidad del puerto serial.

Los MODEMS que nosotros usamos en nuestras computadoras se denominan MODEMS asíncronos. Cada dato se arma en una cadena de bits, (un byte) y estos bytes están separados entre si por un bit especial. Un bit de inicio y otro de parada. También en este envío se coloca un bit más de control de errores, se llama bit de paridad. El MODEM que recibe la comunicación recibe también, en un momento establecido un bit de paridad, esta comprobación se llama comprobación de paridad. Los bits enviados tienen que coincidir con los bits recibidos, lo cual ya fue desarrollado anteriormente con mayor profundidad.

V90

La tecnología V90 son los últimos estándares con respecto a los procedimientos técnicos que realiza el MODEM al enviar y recibir datos. Es, por comentar, una fusión de las dos últimas tecnologías mas usadas, X2 y Kflex.

La tecnología V90 realiza nuevos procesos para determinar el ruido en la línea telefónica, pudiendo dar con mayor precisión la cantidad de este. Con este dato tan exacto e importante los MODEMS pueden encontrar la mejor relación señal/ruido, aprovechando más ancho de banda, realizando conexiones más eficaces y permitiendo cambios en esta, o de mantener la comunicación estable, si la línea así se mantiene y no se produce ninguna alteración.

El estado de las comunicaciones por MODEM hasta ahora era el siguiente: el dato se genera en nuestro ordenador en forma digital, el módem la modula a analógica, la introduce en la línea y la envía, cuando la señal llega hasta la central de teléfonos (de nuestra Cia. telefónica) mas cercana a nuestro domicilio, es convertida nuevamente a digital, pasa por todo su sistema de comunicaciones de forma digital, llega hasta la central mas cercana al domicilio del servidor, la vuelve a modular y la envía por la línea en forma analógica hasta que llega al MODEM servidor donde se vuelve a demodular, convirtiendo la señal en digital, manejable así por la computadora.

La última tecnología que hace esto se llama V34

Pero, la tecnología V90, toma en cuenta que el servidor se encuentra conectado a la línea telefónica digitalmente por RDSI o T1, por ejemplo, cosa que no hacían las tecnologías anteriores.

Esto es muy simple (y vuelvo a explicar el trabajo de las señales). Cuando realizamos una conexión telefónica con un servidor de Internet, la señal de datos, debe ser convertida en analógica por nuestro MODEM, pasar por la línea hasta la central de telefónica mas cercana a nuestro domicilio, aquí, la señal se vuelve a convertir en digital ya que la mayoría de las comunicaciones entre centrales de conmutación están digitalizadas, y de aquí hasta la central mas cercana al domicilio del servidor de Internet, donde se vuelve a hacer analógica e ingresar en el cable hasta el MODEM del servidor, donde nuevamente se hace digital.

Todo este trabajo supone tiempo, pérdidas de datos, perdidas de velocidad y otras (como el ruido de cuantificación).

La tecnología V90 realiza una conexión con el MODEM del servidor, suponiendo (si esto fuese así, por supuesto) que el servidor tiene un MODEM sincrónico conectado a una línea digital de red (RDSI), por lo que se encuentra conectado con la central de teléfonos de forma digital, entonces la cantidad de veces que los datos se modulan y demodulan es mucho menor, con la notable baja de la perdida de datos y velocidad por este trabajo. El MODEM nuestro modula, introduce la señal analógica al cable, llega a la central mas cerca de nuestro domicilio, se demodula a digital y así llega hasta el servidor. Una sola modulación, en ves dos. Por otro lado el MODEM del servidor envía el dato digitalmente sabiendo también que solo tendrá una sola conversión cuando llegue hasta la central más cercana al domicilio del usuario. Al no haber existido ninguna conversión previa, el trabajo es menor, las causas de ruidos son menores, por ende se gana velocidad y calidad de información.

Los MODEM V90 funcionan como tal, si y solo si, hay en el camino al servidor solo una conversión, si esto no fuera así (ya sea por las centrales de teléfono o por el servidor) seguirá utilizando V34, donde se tiene en cuenta mas de una conversión a lo largo del camino de los datos.

También son asimétricos siempre, y solo descargan con protocolo V90 cuando del otro lado la descarga hay un servidor con este protocolo, o sea que solo se baja información a 56 k con tecnología V90 bajo estas condiciones. El envío de datos seguirá siendo de 33.6 k bps. Recuerde él límite de datos para las líneas telefónicas: 64 k bps, así que sumando ambos, no deben superar este valor, pudiendo el MODEM asignar el ancho de banda. Si aumenta el de recepción de datos, disminuye el de envío de datos.

15.18. SOFTWARE NECESARIO PARA OPERAR UN MODEM

Se los denomina "programas de comunicaciones". Típicamente puede realizar las siguientes funciones:

- Atender el teléfono y transferir archivos hacia otro computador
- Recibir archivos
- Llevar un directorio de números telefónicos y parámetros de otros computadores.
- Hacer que una PC emule una terminal de teclado y pantalla tipo VT100, ANSI o TTY en comunicaciones con grandes computadoras (mainframes)
- Permitir tipear comandos y que sean visibles en el monitor.
- Manejar buffers para guardar la ultima información que se fue de pantalla (scrollback)
- Ayudar sobre la operatoria en curso.

Al ser inicializado un programa de este tipo, preguntara por la marca o tipo de módem conectado. El usuario tiene a su disposición en el modo comando un conjunto de órdenes para definir los contenidos de los registros S0, S1... de un MODEM, de los cuales hablaremos en detalle mas adelante. De esta forma se establece como operara un MODEM.

15.19. COMUNICACIÓN CON SU MODEM

Tras completar la instalación de su módem, puede instalar el software de comunicaciones y utilizarlo con su módem.

Hay dos maneras de comunicarse con su módem: indirectamente, utilizando las características proporcionadas por su software de comunicaciones o directamente utilizando los comandos AT.

Los métodos indirectos de comunicación le permiten utilizar los comandos en su software de comunicaciones para realizar operaciones tales como marcar o responder a una llamada, transferencias de ficheros y emulación de terminales. Con estos métodos, el software de comunicaciones actúa como un buffer entre usted y su MODEM, dictando la cantidad de interacción directa que tendrá con su MODEM. Por ejemplo, su software de comunicaciones puede tener comandos o menús que le permitan marcar o responder a llamadas.

Si su software de comunicaciones incluye funciones de fax, puede asimismo utilizarlo para enviar faxes y para recibirlos desde máquinas de fax y fax/módems. El manual que acompañaba a su software de comunicaciones debería describir cómo realizar estas actividades tanto de datos como de faxes.

El método directo de comunicación le permite, por otro lado, acceder a su MODEM directamente enviando comandos AT desde su teclado y observando los códigos de resultado del módem enviado a la pantalla de su ordenador. Para utilizar este método, utilice su software de comunicaciones para cambiar su ordenador a modo de terminal local o a modo de conexión directa (el manual que acompaña a su software de comunicaciones debería explicar cómo hacer esto).

Su software de comunicaciones debe utilizar el mismo número de bits de inicio, bits de datos, bits de parada que el módem o fax/módem remoto, independientemente de si está utilizando su software o los comandos AT para realizar sus tareas. En caso contrario, no podrá intercambiar datos.

Usted puede querer hablar con la persona en el dispositivo remoto para asegurarse de que el fax/módem remoto está utilizando los mismos números de bits de inicio, bits de datos y bits de parada que su fax/módem. El manual que acompaña a su software de comunicaciones debería describir como cambiar estas configuraciones. Las máquinas de faxes son más permisivas en este aspecto que los MODEMS o FAX/MODEMS, y no necesitan que especifique esta información.

15.20. DIAGRAMA EN BLOQUES DEL HARDWARE DE UN MODEM EXTERNO

15.20.1. Funcionamiento

Analizaremos a continuación un diagrama en bloques del hardware presente en un MODEM externo. Dicho análisis será cualitativo, tendiente a esclarecer el comportamiento del mismo en función del flujo de señales que a través de él se realiza.

Los MODEMS están formados básicamente por dos grandes bloques, uno correspondiente a su etapa moduladora, vinculada con su función de transmisión, y otro bloque correspondiente a la etapa demoduladora, vinculada con su función receptora.

En ambas etapas analizaremos la relación de los componentes de hardware y las señales de control de RS-232 que gobiernan la transferencia de datos, sin cuya comprensión, será muy difícil profundizar sobre el manejo de los comandos AT y registros S del MODEM.

Como es sabido tanto en la generación de los datos como en la lectura de los mismos es indispensable la presencia de una señal de reloj (clock) que determine el ciclo durante el cual se lleva a cabo el intervalo de lectura de un bit. Si mi intención es ahora transmitir esta información a través de una red, conmutada por paquetes, conmutada telefónica o dedicada, necesariamente tendré que enviar esta información juntamente con mis datos; de lo contrario el receptor no podrá regenerar los ciclos de lectura. Entonces estamos hablando de la necesidad de una señal de sincronismo la cual pude ser modulada juntamente con los datos y una portadora, en el modulador de la etapa transmisora, haciendo uso de las técnicas de modulación digital ASK, PSK, FSK, QPSK, etc.

15.20.2. Etapa de transmisión

El MODEM, antes de realizar una transmisión de datos, deberá cumplir con ciertos requisitos del protocolo de enlace telefónico si estamos haciendo uso de una red telefónica pública para establecer el enlace entre dispositivos MODEMS (ya que existe la posibilidad de hacerlo sobre una red privada, donde habrá cambios sustantivos en dicho protocolo). Haciendo esta salvedad, continuaremos analizando la lógica de control de enlace.

En una primera etapa el DTE conectado al MODEM originate le enviará una señal indicándole que está encendido y listo para trabajar; esta señal a su vez encuesta al MODEM sobre su estado.

Si el modem está encendido y listo para operar (lo que implica que se ha inicializado a través de un Reset de Inicio actualizando sus parámetros de trabajo almacenados en sus registros S), contestará esta señal.

La secuencia se hará usando por parte del DTE la señal de control DTR, la cual se pondrá en un nivel alto y el MODEM responderá con la señal CTS en un nivel alto si está en condiciones, de lo contrario CTS estará en un nivel bajo.

Hasta que CTS no presente un nivel, alto toda otra secuencia es inviable.

Continuando con la secuencia y habiendo obtenido la habilitación de CTS, se procederá al discado del número correspondiente al modem remoto. Esto implica por parte del modem originate el envío de una portadora de marcado, la cual especifica la velocidad de transferencia de datos a la que gestiona el enlace, esperará por una respuesta de ésta. El tiempo de espera está especificado en su registro S7, el cual puede modificarse para líneas con mucho ruido.

Esta parte de la secuencia no tiene representación en el diagrama interno del dispositivo para no complicar su entendimiento ya que carece de importancia en el contexto de análisis.

Si el modem remoto no puede establecer el enlace a la velocidad sugerida por el originate no responderá la portadora de marcado, transcurrido el tiempo especificado en el S7, el originate enviará una nueva portadora de marcado, que represente una velocidad de trabajo mas baja proceso denominado "fallback".

Establecida una velocidad de trabajo común, el modem originate detecta la portadora de datos a través de la línea DCD lo propio ocurre con el modem remoto el cual también informa de la presencia de la portadora a su terminal colocando en un nivel alto la línea DCD.

A partir de este instante los modems se encuentran "on line" o "conect" estado que será informado por el software de comunicación al usuario, sin que este haya intervenido en la ejecución de la secuencia (por no estar trabajando en modo terminal) ya que el software de comunicación es el encargado de realizarla.

El modem inicialmente se encontraba en su **Estado de Reposo,** luego al ejecutar la secuencia de enlace Ingresó al **Estado de Comando** y cuando logra establecer el enlace ingresa en el **Estado Interactivo de Línea**. Es importante tomar en cuenta que aunque no se transmitan datos, al estar establecido el enlace, la facturación por el uso de la red está vigente.

En el momento que lo determine el DTR antes de realizar una transmisión de datos, se generará una secuencia de control tendiente a verificar la posibilidad del modem de realizar una transferencia de datos a través del canal de comunicación. Para lo cual enviará una señal de control RTS en nivel alto al modem y este responderá con la señal CTS en nivel alto o en bajo. Si CTS está en bajo el DTE no podrá transferir los datos al MODEM. La opción de transferencia de datos quedará habilitada únicamente cuando CTS presente un nivel alto.

El MODEM entonces ingresará en el **Estado de Datos** y se mantendrá en el mientras el DTE le envíe datos por la línea 2 **Txd.**

Desde el punto de vista del hardware, la secuencia de control de encendido se realizará por el bloque denominado en el gráfico como CONTROL y la secuencia de habilitación para la transferencia de datos se engloba en el bloque marcado como RETARDO (aquí es donde se verifica los parámetros del modem, estado del buffer para la recepción de datos, algoritmos de compresión y direccionalidad de los amplificadores de línea en caso de estar en una comunicación half-duplex).

Una vez que se ha cumplido con los requisitos mencionados se habilita la puerta lógica, la cual habilita desde el hardware el paso de la señal modulada hacia el transformador de línea induciendo éste la señal en la línea de transmisión propiamente dicha. El transformador está conectado a su vez a la línea 7 para dar conformidad, desde el punto de vista del circuito eléctrico, a la circulación de la corriente.

La señal modulada que sale del bloque MODULADOR e ingresa en la puerta lógica, es obtenida a partir de las señales que ingresan en el mismo por la línea 2 Txd (datos), la línea 24 (señal de sincronismo) y la portadora provista por el oscilador.

El OSCILADOR será el encargado de generar las portadoras de distinta frecuencia necesarias para el establecimiento del enlace "fallback". Para lo cual posee una entrada de selección de velocidad, la línea 23 (DSRS). También posee como función generar las portadoras necesarias para posibilitar la modulación bajo las distintas técnicas ya mencionadas.

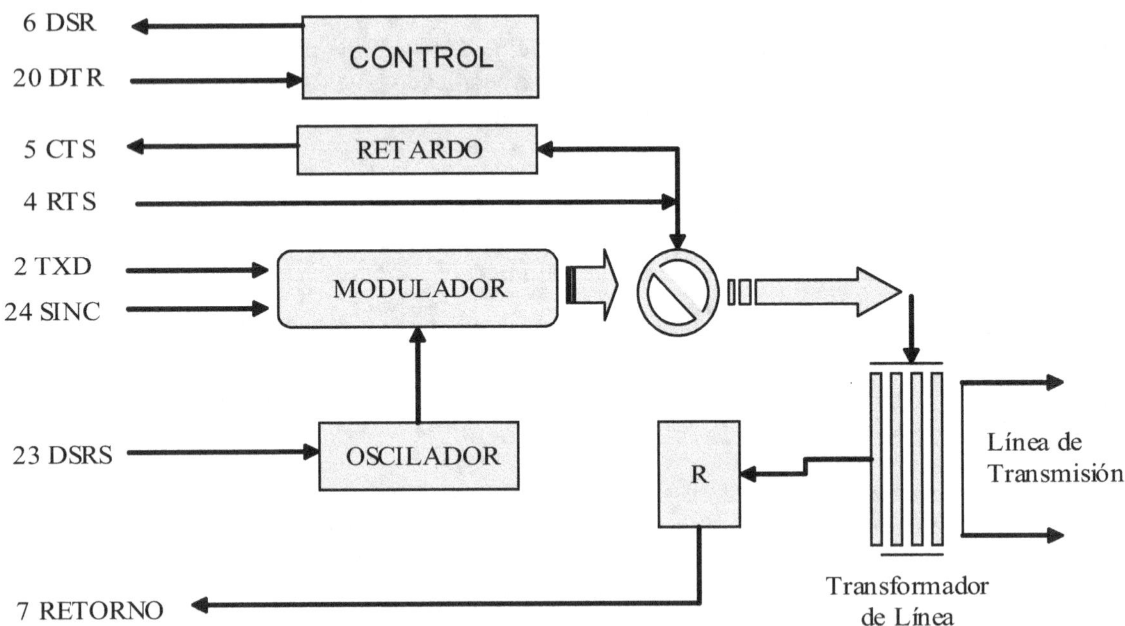

FIGURA 15-7. Diagrama interno de la etapa transmisora

15.20.3. Etapa de recepción del modem

El MODEM remoto al recibir una portadora indicándole que tiene una llamada entrante, si no se encuentra programado en auto-answer, antes de comunicar la llamada a su DTE, realizará una secuencia de chequeo, la cual consistirá en enviar una señal de control para testear si el terminal está encendido y esperará una respuesta positiva antes de comunicar la llamada, para que el DTE determine que hacer con la misma, contestarla o no.

Las señales de control involucradas en esta etapa de la secuencia de enlace serán: DSR en nivel alto, la enviada desde el MODEM hacia el DTE,y como respuesta a ella el terminal responderá con DTR, que será en un nivel alto si esta encendido y listo para trabajar, o un nivel bajo, si está fuera de servicio.

Si está fuera de servicio el Terminal, el MODEM, no responderá a la portadora enviada (comenzando la secuencia de desconexión). Transcurrido el tiempo de espera fijado en el S7 del MODEM originate aparecerá en su menú del software de comunicación, la advertencia de no conexión y un pedido de reintento en un tiempo estipulado con anterioridad por el usuario, o definido por defecto por el fabricante.

Si está en servicio el Terminal, el MODEM, comunicará la llamada activando la línea 22 (RI) que proviene del bloque definido como Detector de Llamada.

Si el DTE quiere contestar la llamada mantendrá la línea 20(DTR) en alto habilitando la secuencia de respuesta de portadora, por parte del MODEM remoto, con una portadora que represente la máxima velocidad a la que éste puede comunicarse, enviando caracteres de control para poder chequear el estado de la línea. Si alguno de los tres, MODEM originate, MODEM remoto o línea telefónica, no lo puede hacer, se ingresa en la secuencia de "fallback" hasta lograr el "on line".

Si el DTE no quiere recibir la llamada coloca la línea 20 (DTR) en un nivel bajo ordenando con esto al MODEM a ingresar en la secuencia de desconexión analizada anteriormente.

Siguiendo con la secuencia de enlace en la etapa receptora del MODEM remoto, una vez establecido el "on line", la señal modulada ingresará en el bloque DEMODULADOR, allí serán discriminadas las señales correspondientes al sincronismo, datos y portadora.

En el caso de la señal de sincronismo ingresará al bloque denominado REGENERADOR DE SEÑAL DE RELOJ. La función de esta etapa del hardware es volver a conformar los flancos de la señal, que fueron deteriorados por las sucesivas transformaciones a la que fue sometida, para luego permitir regenerar al DTE la señal de sincronismo con que fueron generados los datos por parte del DTE transmisor.

La portadora de datos ingresa en el bloque denominado DETECTOR DE PORTADORA. La función de esta etapa es convertir esta señal analógica en una señal digital. Esta señal habilita la puerta lógica ubicada a la salida del DEMODULADOR, permitiendo el paso de los datos a la línea 3 (Rxd), desde la cual el DTE los leerá. También tiene como función el muestreo de la presencia de portadora al DTE, el cual censa esta señal por la línea 8 (DCD) definiendo su velocidad de muestreo en el registro S10. Esta señal es muy importante en la secuencia de enlace ya que es la encargada de verificar si la condición de "on line" es vigente. De lo contrario DCD presentará un nivel bajo indicando la ausencia de portadora como consecuencia de ello la puerta lógica se abrirá e impedirá el flujo de la señal por la línea 3 (Rxd), garantizando que no ingrese ruido por dicha línea, ya que no existe portadora. Esto desencadena en el software de comunicación del DTE receptor la aparición del mensaje de "no connect", y en el MODEM, la secuencia de desconexión.

El bloque denominado SWITCH, corresponde a un dispositivo de hardware que cumple con la función de conmutar la línea telefónica entre el teléfono y el MODEM, siempre que la línea telefónica, el MODEM y el teléfono se encuentren conectados correctamente.

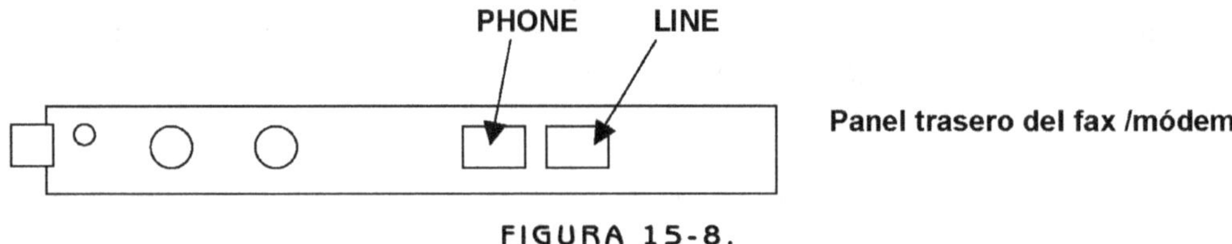

FIGURA 15-8.

Como conectar su MODEM a la línea telefónica correctamente.

1) Desconecte su teléfono de la conexión de su roseta telefónica presionando la pestaña hacia el conector de plástico y retirando el conector de la roseta en la pared.

2) Tome el cable de conexión del MODEM a la línea telefónica y conecte uno de los dos extremos a la entrada del MODEM marcado como LINE (ver Figura).

3) Conecte el otro extremo del cable de teléfono a la roseta telefónica en su pared.

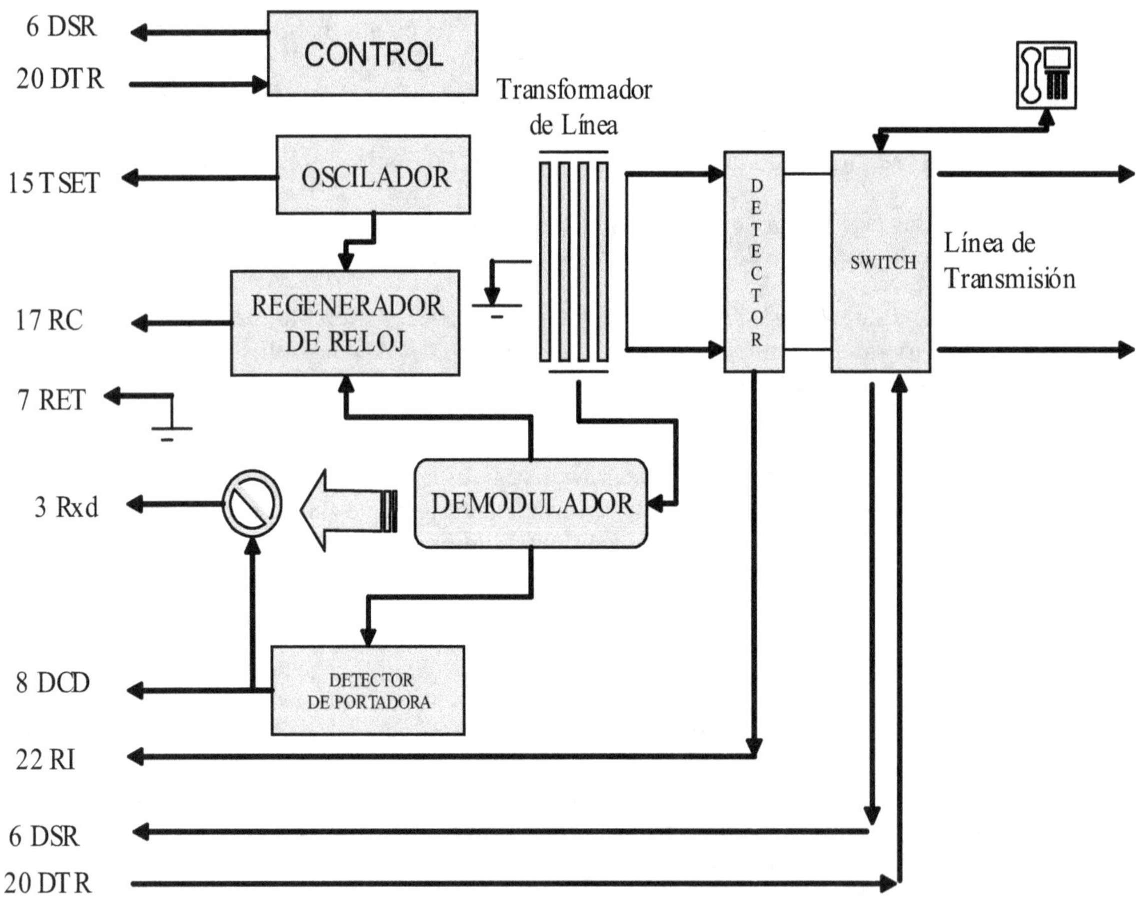

FIGURA 15-9. Diagrama interno de la etapa receptora

Si existen otras rosetas telefónicas en el domicilio, deberá tomar la línea principal de ingreso y conectar las restantes a la salida PHONE del MODEM para que el SWITCH posea comando sobre la línea principal.

Siguiendo estas instrucciones evitará la pérdida del enlace cuando el MODEM se encuentre trabajando y alguien en forma inesperada levante el tubo del teléfono.

El **SWITCH** trabajará tanto en la etapa de transmisión como en la de recepción, ya que será el encargado de garantizar que la línea telefónica se encuentre conectada al MODEM a la hora de intentar cualquier tipo transferencia de señales. Las señales de control de RS-232 que lo gobiernan son DTR(20), para indicarle que debe conectarse, y DSR(6) con la cual el **SWITCH** indica que está conectado.

En los diagramas de bloque solo se encuentra graficado en la etapa receptora para simplificar su análisis ya que hemos graficado las dos etapas constitutivas de un mismo MODEM.

15.20.4. Secuencia de enlace

En los diagramas de flujo se representa la secuencia de enlace que realiza un MODEM externo bajo el control de un DTE, a través de las señales de RS-232, tanto para transmisiones Half como Full Duplex.

SECUENCIA DE ENLACE
HALF / FULL DUPLEX

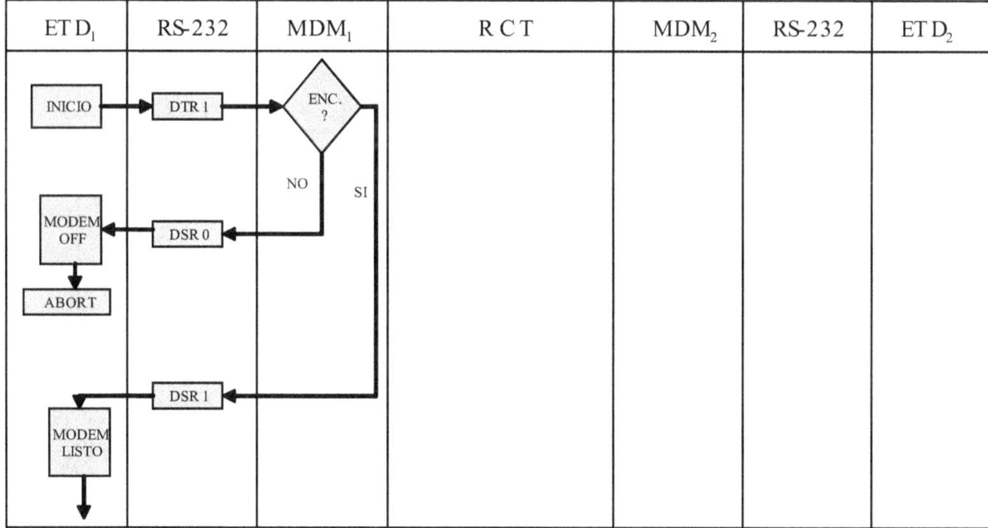

FIGURA 15-10.

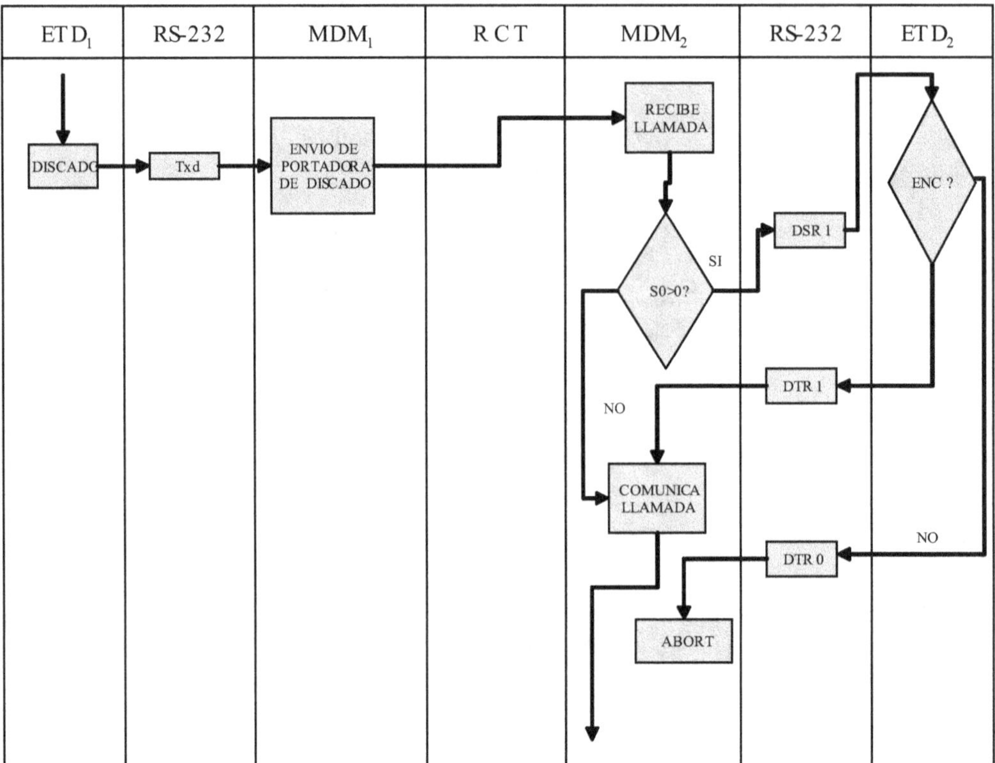

FIGURA 15-11.

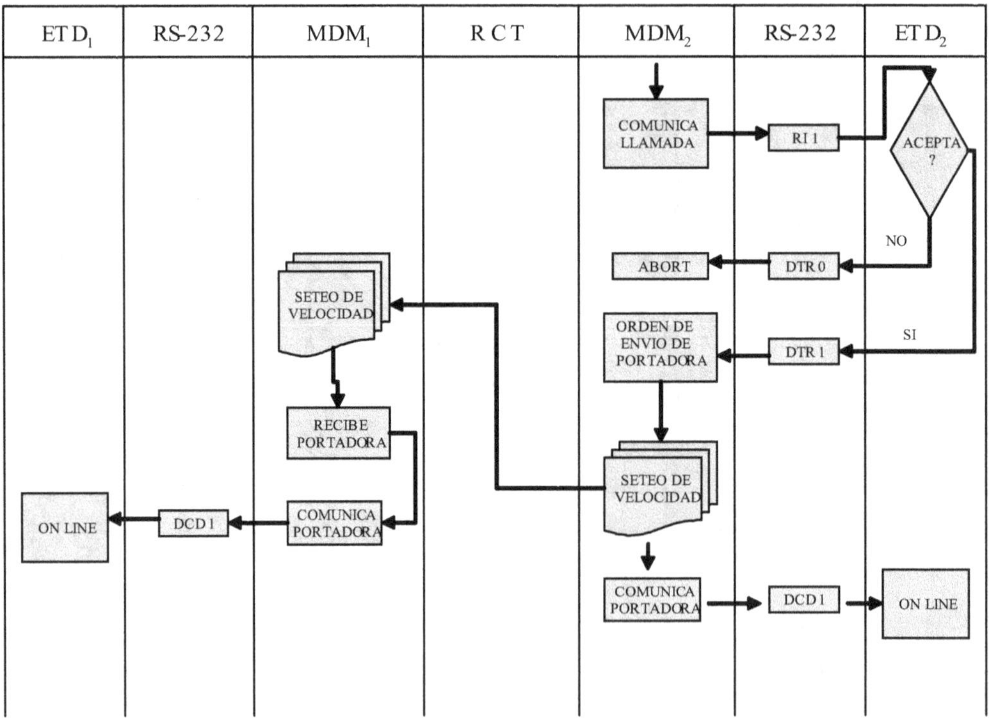

FIGURA 15-12.

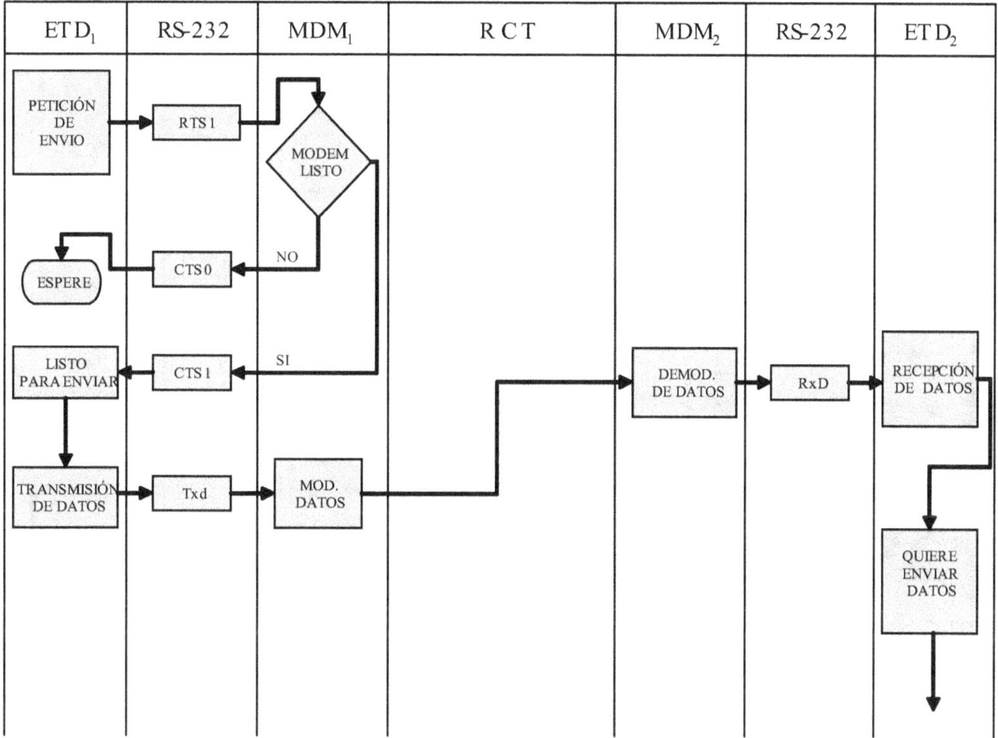

FIGURA 15-13.

SECUENCIA EN FULL - DUPLEX

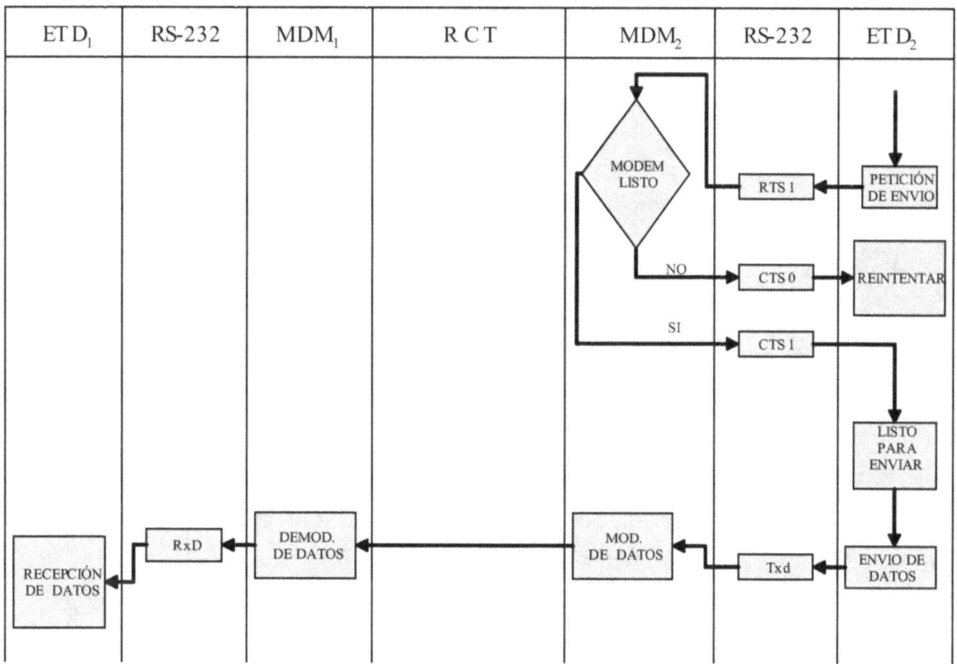

FIGURA 15-14.

FIN DE TRANSMISIÓN DE DATOS
FULL - DUPLEX

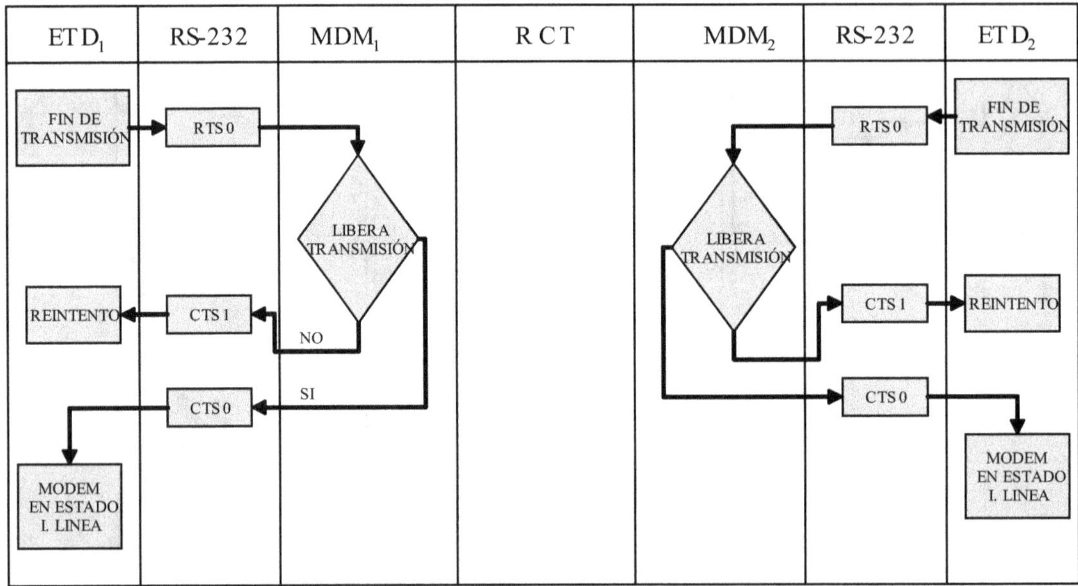

FIGURA 15-15.

SECUENCIA EN HALF- DUPLEX

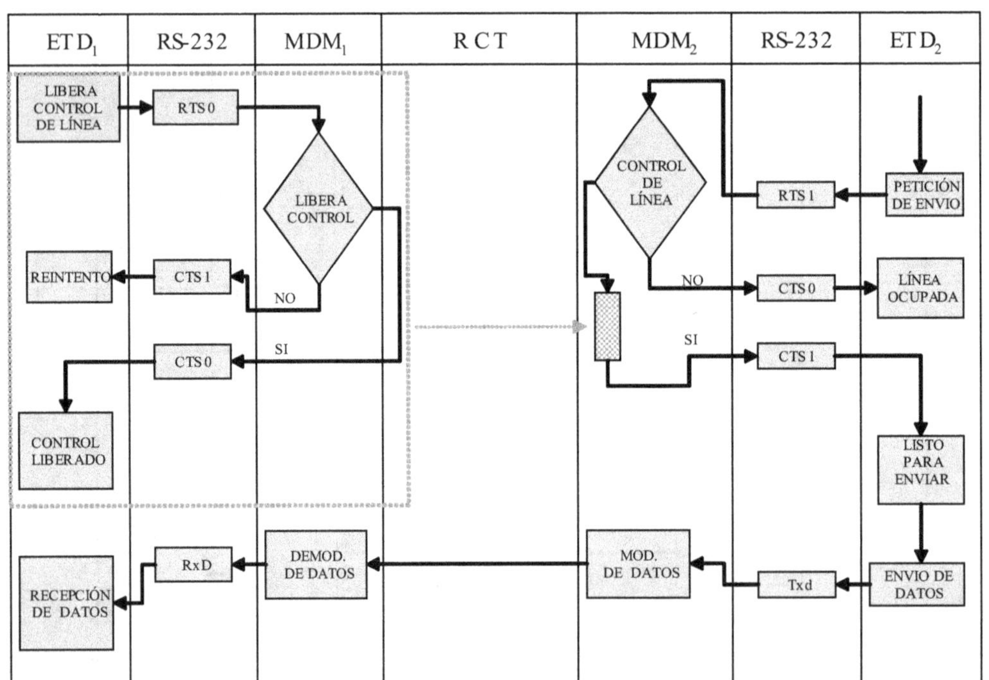

FIGURA 15-16.

En el caso de una transmisión Half-Duplex, el MODEM remoto solo podrá acceder a la transmisión de datos cuando el originate no lo haga y con esto libere los amplificadores de línea diseccionados a él. Esta es la condición que espera CTS.

SECUENCIA DE LIBERACIÓN DE ENLACE

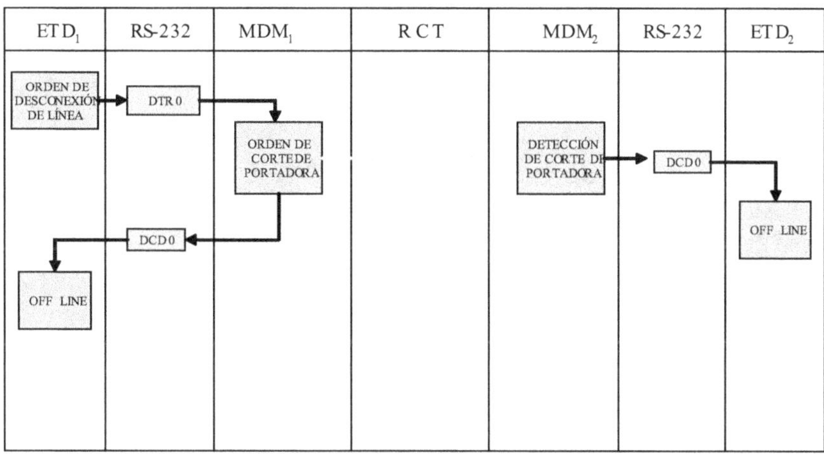

FIGURA 15-17.

La secuencia de liberación de enlace es la misma para ambos tipos de transmisión, a partir de encontrarse el MODEM en el estado **interactivo de línea.**

15.21. ESTADOS DE OPERACIÓN DEL MODEM

Existen cuatro estados distintos durante la operación del MODEM, estos son:

- Estado de Reposo
- Estado de Comando
- Estado de datos
- Estado interactivo de línea
- Estado de Reposo

Se entra en este estado en el reset de encendido. También se puede acceder después de que el MODEM ha ejecutado un comando. En este estado el equipo está esperando una secuencia "AT" para determinar el perfil y la velocidad (autobaud); o una señal de llamada entrante de la línea telefónica.

Si se detecta una secuencia "AT" válida el MODEM entra en el estado de comando; en cambio, si es una llamada, el MODEM enviará un mensaje "RING" al terminal a la última velocidad detectada, y si fue seleccionada la opción de respuesta automática (S0 > 0), el MODEM tomará la línea y entrará en el estado de datos

15.21.1. Estado de Comando

Luego de que se ha ejecutado una secuencia "AT" válida el MODEM entra en el estado de comando. Aquí el equipo toma los caracteres enviados por la terminal hasta que reciba un retorno de carro <cr>. Se pueden entrar hasta 40 caracteres incluyendo la puntuación, si el MODEM recibe más de esto, esperará el retorno de carro para enviar un mensaje de "ERROR" que indica el desborde del buffer.

Al recibir un comando correcto el MODEM procederá a ejecutarlo, y continuará ejecutando comandos secuencialmente hasta que ocurra uno de los siguientes eventos:

Detección de retorno de carro

Resultado: Si es de discado, espera tono de respuesta.

Si no lo es, vuelve al estado de reposo.

Comando AT ilegal

Resultado:　　1. Envía mensaje de "ERROR".
2. Vacía el buffer.
3. Vuelve al estado de reposo.

Comando de reset (ATZ)

Resultado:　　1. Asume las opciones iniciales.
2. Envía mensaje de "OK".
3. Vuelve al estado de reposo.

Comando de Answer (A) u Online (O)

Resultado:　　Entra al estado de datos.

15.21.2. Estado de Datos

Después de que se ha recibido un comando AT ["A"u "O"], o se ha detectado el tono de respuesta en el modo respuesta automática, el MODEM entra en el estado de datos. Ahora este intentará negociar con el MODEM lejano la velocidad de señalización, o si ya estaba conectado comenzará a transmitir y recibir datos con el MODEM remoto.

El MODEM puede salir del estado de DATOS de las siguientes maneras

Detectando la secuencia de escape (+ + +)

Resultado:　　1. Envía un mensaje de "OK".
2. Enclava la transmisión en marca.
3. Deshabilita la recepción hacia el DTE.
4. Pasa al estado interactivo de línea.

Por falta de portadora (si S10 < 255)

Resultado: 1. Envía un mensaje de "NO CARRIER"
     2. El MODEM se desconecta de la línea.
     3. Vuelve al estado de reposo.

Por apertura de DTR (si no está forzado)

Resultado: 1. Envía el mensaje de "NO CARRIER".
     2. El MODEM se desconecta de la línea.
     3. Vuelve al estado de reposo.

Detectando la secuencia de espacio largo (si está seleccionada)

Resultado: 1. Envía un mensaje de "NO CARRIER".
     2. El MODEM se desconecta de la línea.
     3. Vuelve al estado de reposo.

15.21.3. Estado Interactivo de Línea

Se entra en este estado luego de la detección de la secuencia de escape "+++". Se retiene el enlace y ahora el usuario puede efectuar comandos. De aquí el MODEM puede salir a los otros estados de las siguientes maneras:

Recepción de comando "ATH"

Resultado: 1. Envía mensaje de "OK"
     2. El MODEM se desconecta de la línea.
     3. Vuelve al estado de reposo.

Recepción de comando de reset "ATZ"

Resultado: 1. Carga las opciones iniciales.
     2. El MODEM se desconecta de la línea.
     3. Vuelve al estado de reposo.

Recepción de comando de Answer (A) u Online (O)

Resultado: 1. Envía mensaje de "CONNECT".
     2. El MODEM desenclava Rxd y Txd .
     3. Vuelve al estado de datos.

15.21.4. Diagrama de estados del modem

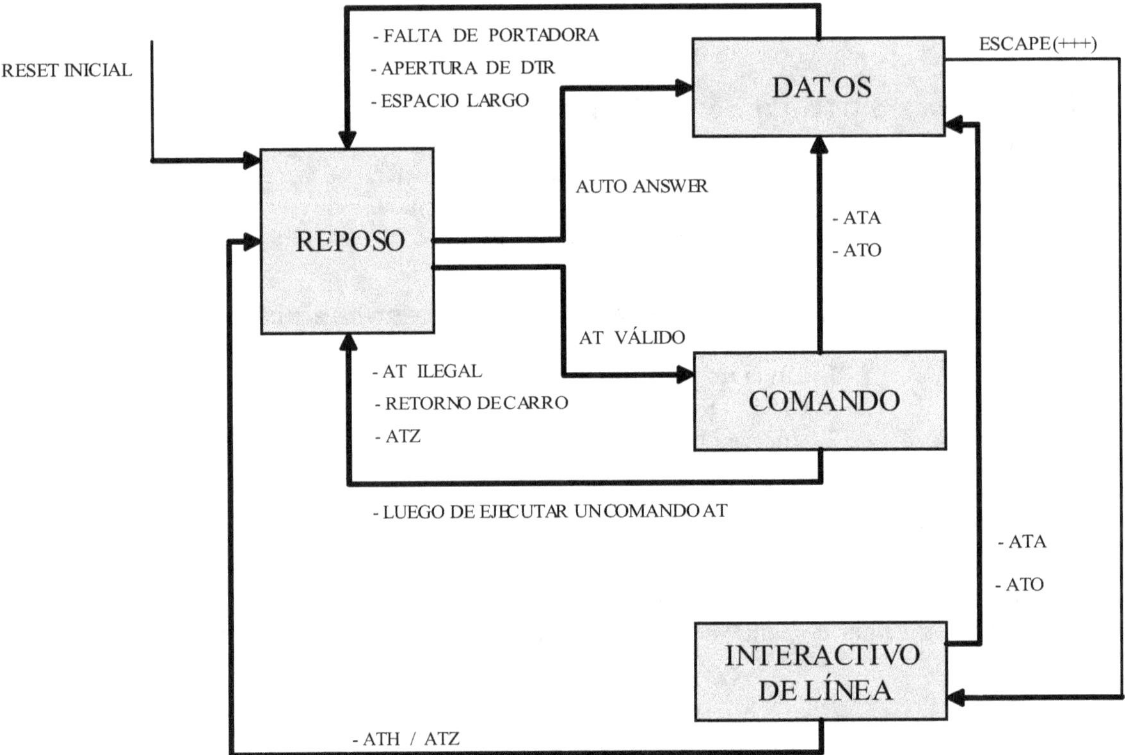

FIGURA 15-18.

15.22. COMANDOS AT

A   (Answer)

Parámetros – ninguno
Valor inicial – ninguno

Este comando inicia el modo Answer. El MODEM tomará la línea y entrará en el estado de datos. Dejando primero un silencio de 2 segundos para permitir el tarifado y luego emitiendo un tono de respuesta. Si no se detecta la portadora dentro del lapso determinado por el registro S7 el MODEM libera la línea y vuelve al estado de reposo.

A/   Re-ejecute el último comando

Este es el único comando que no necesita ser precedido por un prefijo "AT ". Permite repetir el último comando entrado, tampoco necesita cerrarse con un retorno de carro. Puede usarse para repizcar si el número estaba ocupado.

B   Selección de norma CCITT/ Bell

Parámetros - 0 ó 1
Valor inicial - 0 (CCITT)

Este comando selecciona el protocolo de conexión y el método de modulación de acuerdo a la velocidad (baud-rate) de establecimiento del enlace.

C   Control de portadora

Parámetros - ninguno, 0 ó 1.
Valor inicial - 1 (portadora habilitada)

Este comando permite controlar la presencia o ausencia de portadora en la línea: con ATC0 se inhibe la misma.

D   Comando de discado

Dígitos: 0 1 2 3 4 5 6 7 8 9 # *
Separadores: () <espacio>
Modificadores: T P W @! R ¡/:

Este comando indica la secuencia de discado. Cuando es detectado, el MODEM se conecta a la línea, espera 2 segundos y comienza a discar. El MODEM discará los 12 dígitos estándar, estos pueden estar separados por los separadores listados anteriormente, y algunos modificadores pueden afectar la forma en que el número es discado, como se indica a continuación:

- T – Cambiar a discado por tonos.
- P – Cambiar a discado por pulsos.
- W – Esperar el tono de invitación a discar. Este modificador detendrá el discado hasta que se reciba el tono de invitación a discar. Si este no se detecta dentro del plazo establecido por el registro S7, la llamada será abortada.
- @ - Esperar silencio. Cuando este carácter es detectado en una secuencia de discado, el MODEM esperará un silencio de 5 segundos antes de continuar discando, si no se detecta ningún silencio dentro del plazo establecido por el registro S7, la llamada será abortada.
- ! - Golpe de orquilla. Este carácter hace que el MODEM libere la línea por un período de ½ segundo. Esto puede ser útil para las centrales PBX.
- R - Modo revertido. Este modificador causa que el MODEM espere 2 segundos.

E   Comando de eco

Parámetros: 0 ó 1
Valor inicial: 1 (eco habilitado)

Controla el eco de los caracteres en el modo Comando. Con ATE0 se elimina el eco.

F   Comando Full Duplex

Parámetros: ninguno, 0 ó 1
Valor inicial: 1 (eco deshabilitado)

Controla el eco de los caracteres sin importar en que modo se halle el MODEM. Con ATFO se habilita el eco.

H   Control de horquilla

Parámetros: 0, 1ó 2
Valor inicial: 0 (MODEM desconectado)

Controla el relevador de línea. Con:

ATH1 el MODEM se conecta
ATH ó ATH0 el MODEM se desconecta
ATH2 se da solo para línea de compatibilidad y no realiza ninguna función.

I   Identificación

Parámetros: 0, 1 ó 2

Este comando permite ver:

ATI ó ATI0 identificación del tipo de MODEM
ATI1 versión del programa
ATI2prueba de la memoria interna

L   Ajuste de volumen

Parámetros: 0, 1 ó 2
Valor inicial: 1

Controla el volumen del audio:

ATL ó ATL0 volumen bajo
ATL1 volumen medio
ATL2 volumen alto

M   Parlante

Parámetros: 0, 1ó 2
Valor inicial: 1

Controla la operación del parlante:

ATM ó ATM0 Parlante siempre apagado

ATM1 Parlante conectado hasta la detección de CD
ATM2 Parlante conectado siempre

O   Originate (el MODEM que gestiona el enlace), o en línea

Parámetros: ninguno, 1 ó 2
Valor inicial: sin parámetro

La operación de este comando depende del estado actual del MODEM. Cuando el MODEM está en Estado Comando, un ATO lo pone en Estado de Datos y comienza el protocolo de conexión. Este comando debe ser precedido por un comando ATH1 para conectar el MODEM a la línea.

Cuando el MODEM está en Estado Interactivo en Línea, ATO provoca que vuelva al Estado de Datos.

ATO1   saca al MODEM remoto del lazo digital en que lo predispone el comando ATO2.

ATO2   permite pedir al MODEM remoto que se disponga en lazo digital remoto para fines de prueba.

Q   Control de envío de resultado

Parámetros: 0 ó 1
Valor inicial: 0

Este comando controla si envía los mensajes al DTE ó no.

ATQ ó ATQ0   habilita el envío de resultados.

ATQ1   deshabilita el envío. El usuario debe dejar pasar un tiempo suficiente como para permitir la ejecución del comando cuando se está en este modo.

Gr7 Contenido del registro " r "

Parámetros: 0 ó 16
Valor inicial: 0

Reporta el contenido de los registros S.

Sr = n: Escritura del registro " r "

Parámetros: r = 0-16 n = 0-255
Valor inicial: r = 0 n = 0

Este comando escribe en los registros S.

V   Respuestas en texto o en números

Parámetros: 0 ó 1
Valor inicial: 0 (texto)

Selecciona el formato de las respuestas del MODEM.

X   Código de respuestas habilitado

Parámetros: 0 - 4
Valor inicial: 0

Controla cual de los códigos de respuesta está habilitado:

ATX0	Compatible con MODEMS del tipo Hayes 300
ATX1	Habilita el código de resultado Connect 1200
ATX2	Habilita la detección de tono de invitación a discar
ATX3	Habilita la detección de señal de ocupado
ATX4	Lo mismo que ATX2 y ATX3 combinadas

Y   Desconexión por espacio largo

Parámetros: 0 ó 1
Valor inicial: 0 (deshabilitado)

Permite habilitar la desconexión cuando el MODEM recibe "espacio " por un periodo prolongado.

Z   Reset del MODEM

Parámetros: ninguno

Permite resetear el MODEM y retomar todos los valores iniciales en los registros, si se está en el Estado Interactivo en Línea se desconecta y vuelve al Estado de Reposo.

15.23. REGISTROS DE LOS MODEMS

Un módem presenta un centenar de registros no volátiles, designados S0, S1, S2...S99. Estos guardan distintos parámetros que el usuario puede cambiar mediante comandos, referidos a la fijación de tiempos de respuesta y operación del módem. De esta manera, un módem conectado esta incivilizado de forma deseada. Los MODEMS tienen registros para almacenamiento temporario de datos en curso.

Este apéndice explica el propósito de los Registros-S de su fax/módem, y cómo leer y cambiar sus valores. Este apéndice también proporciona una lista secuencial de los Registros-S y una descripción de sus funciones.

Visión General

La configuración de su módem se guarda en los Registros-S. Cada Registro-S tiene un valor establecido por defecto, que usted puede leer o cambiar para adaptarlo a sus necesidades particulares.

Algunos registros tienen equivalentes en los comandos AT. Si usted envía un comando AT que tiene un Registro-S equivalente, el comando cambia el valor del Registro-S apropiado. Normalmente es más fácil usar un comando AT para cambiar las características de funcionamiento del módem, que cambiar el valor de un Registro-S.

Leyendo un valor de un Registro-S

1) El comando **ATSr?** le permite leer el valor de un Registro-S de un fax/módem utilizando los siguientes pasos:
   Por ejemplo, **ATS0?** Lee el valor actual del Registro S0

2) Pulse la tecla Enter.

   Su fax/módem envía el valor del Registro-S a la pantalla de su ordenador, seguido por OK.

Para leer valores de más de un Registro-S:

1) Desde el Modo de Comandos, escriba **AT Sr? Sr?**
   Por ejemplo, para leer los valores de los registros **S0** (respuesta automática después de un número de llamadas especificadas por este valor del Registro-S) y **S1** (el número de llamadas entrantes), escriba **AT S0? S1?** desde el Modo de Comandos.

2) Pulse la tecla Enter.

   Su fax/módem muestra el primer valor del Registro-S, un retorno de carro, el siguiente valor de Registro-S, un retorno de carro y OK.

Cambiando un valor de un Registro-S

Todos los Registros-S tienen valores por defecto que se activan cuando enciende su ordenador o reinicia su fax/módem. Utilizando el comando ATSr=n, puede cambiar el valor de cualquier Registro-S.

1) Escriba **ATS,** el número del Registro-S cuyo valor desea cambiar, un signo igual, y el nuevo valor.
   Por ejemplo, para cambiar el valor del Registro **S0** a 2, y hacer que el fax/módem responda automáticamente a las llamadas después del segundo timbre, escriba **ATS0=2**.

2) Pulse la tecla Enter

   Su fax/módem envía un código de resultado OK para indicar que el nuevo valor ha sido aceptado.

15.23.1. Registros S

Es un conjunto de registros de 8 bits que almacena las distintas opciones seleccionadas por el usuario.

Durante la operación de los comandos AT estos registros se alteran según el comando operado.

<u>Intentar escribir en uno de ellos puede producir efectos impredecibles si no se tiene un conocimiento profundo sobre su programación.</u>

S0

Número de llamadas para contestar (rings)

> Valor inicial: 0
> Rango: 0-255

Establece el número de señales de llamada ("rings") que el MODEM debe recibir antes de atender y conectarse a la línea. Los valores de 1 a 255 habilitan la respuesta automática (autoanswer) y el valor 0 la deshabilita.

S1

Cuenta de llamadas (rings)

> Valor inicial: 0
> Rango: 0-255

Este registro es incrementado cada vez que se recibe una señal de llamada. Es puesto en 0 automáticamente si no se recibe ninguna señal dentro del lapso fijado por el registro **S8**.

S2

Carácter de escape

> Valor inicial: 43 decimal = 43 "+"
> Rango: 0-255

Contiene el valor ASCII decimal del código de carácter de escape. Permite al usuario pasar del Estado de Datos al Estado Interactivo de Línea. Los valores superiores a 127 hacen desactivar el código de escape.

S3

Carácter de retorno de carro

> Valor inicial: 13 decimal "cr"
> Rango: 0-255

Contiene el valor ASCII decimal del código del carácter del retorno de charro cumple la función de terminador de línea de comando y también como terminador de los códigos de resultados.

S4

Carácter de alimentador de línea

> Valor inicial: 10 decimal ☐ if☐
> Rango: 0-255

Contiene el valor ASCII decimal del código del carácter de alimentador de línea. Este carácter es entregado por el MODEM después del de retorno de carro.

S5

Carácter de retroceso

> Valor inicial: 8 decimales "bs"
> Rango: 0-255

Contiene el valor ASCII decimal del código del carácter de retroceso. Cumple con función de borrar el último carácter entrado.

S6

Pausa para discar

> Valor inicial: 2 decimal
> Rango: 2-255 segundos

Contiene el tiempo en segundos que el MODEM debe esperar por tono antes de discar el número.

S7

Tiempo de espera por portadora

> Valor inicial: 30 decimal
> Rango: 2-255 segundos

Unidades = segundos. El máximo tiempo que el módem que gestiona el enlace, después de discar un número, espera por una portadora como respuesta, del módem remoto, antes de colgar. O el tiempo que espera el módem cuando se usa el modificador de comando de discado W.

S8

Pausa en el discado

> Valor inicial: 2 decimal
> Rango: 0-255 segundos

Contiene el tiempo en segundos que el MODEM debe esperar cuando encuentre una coma en el comando de discado, se utiliza para insertar pausas durante el discado.

S9

Tiempo de respuesta de detector de portadora

> Valor inicial: 6 decimal (600 ms)
> Rango: 0-255 segundos

Contiene el tiempo en décimas de segundos en el que el MODEM tomará por válido un tono de respuesta antes de continuar con la secuencia de conexión. Este registro es muy importante, ya que en líneas con mucho ruido es aconsejable ampliar su valor inicial .

S10

Tiempo de desconexión por pérdida de portadora

> Valor inicial: 7 decimal (700 ms)
> Rango: 2-255 segundos

Establece el retardo entre la pérdida de portadora y al momento en el que el MODEM se desconecta. Incrementando este tiempo el MODEM será menos susceptible a los cortes de portadora. <u>Dando el valor 255 al registro el MODEM ignorará el estado del detector de portadora y funcionará como si estuviera siempre pesente.</u>

S12

Tiempo de guarda de código de escape

Alcance = 0-255; 0 inactiva el medidor; predeterminado = 50; unidades = 1/50 de segundos. La demora necesaria antes y después de ingresar el código de escape.

S95

Códigos de resultados extendidos

Alcance = 0 - 128 predeterminado = 0. Un bit fijado en 1 en S95 activa el código de resultados correspondiente, independientemente del ajuste del comando W.

15.23.2. Resumen de Registro-S

Registro	Función	Rango	Unidades	Guardado	Por Defecto**
S0	Timbres hasta respuesta automática	0-255	Timbres	*	0
S1	Contador de timbres	0-255	Timbres		0
S2	Carácter Escape	0-255	ASCII	*	43
S3	Carácter Retorno Carro	0-127	ASCII		13
S4	Carácter Alimentación Líneas	0-127	ASCII		10
S5	Carácter Retroceso	0-255	ASCII		8
S6	Tiempo de espera para Tono de invitación a marcar	2-255	s	*	2
S7	Tiempo de espera para señal	1-255	s	*	50
S8	Tiempo de pausa del Modificador de Retraso de Marcado	0-255	s	*	2
S9	Tiempo de respuesta después de detección de señal	1-255	0.1s	*	6
S10	Tiempo de desconexión después de pérdida de señal	1-255	0.1s	*	14
S11	Duración del Tono DTMF	50-255	0.001s	*	95
S12	Retraso del Aviso de Escape	0-255	0.02s	*	50
S13	Reservado	-	-		-
S14	Estado de las opciones generales del mapeo de bit s	-	-	*	178 (8Ah)
S15	Reservado	-	-		-
S16	Estado de las opciones generales del mapeo de bit s Modo Test (&T)	-	-	*	0
S17	Reservado	-	-		-
S18	Cronómetro del Test	0-255	s	*	0
S19	Opciones autosincrónicas	-	-	*	0
S20	Dirección Autonsincrónico HDLC o Carácter Sincrónico BSC	0-255	-	*	0
S21	Estado de las opciones generales del mapeo de bits / V.24	-	-	*	52(34h)
S22	Estado de las opciones generales del mapeo de bits de resultado / altavoz	-	-	*	117(75h)
S23	Estado de las opciones generales del mapeo de bits		-	*	62(3Dh)
S24	Cronómetro de Inactividad "Sleep"	0-255	s	*	0
S25	Retraso hasta DTR Off	0-255	s ó 0.01s		5
S26	Retraso de RTS a RTS	0-255	0.01s		1
S27	Estado de las opciones generales del mapeo de bits	-	-	*	73(49h)
S28	Estado de las opciones generales del mapeo de bits	-	-	*	0
S29	Tiempo de duración del "flash" de conexión	0-255	10ms		70
S30	Temporizador de inactividad	0-255	10s		0
S31	Estado de las opciones generales del mapeo de bits	-	-	*	194(C2h)
S32	Carácter XON	0-255	ASCII		17(11h)
S33	Carácter XOFF	0-255	ASCII		19(13h)
S34-S35	Reservado	-	-		-
S36	Control de Errores LAPM	-	-	*	7
S37	Velocidad de Conexión de Línea	-	-	*	0
S38	Retraso antes de la desconexión forzada	0-255	s		20

Registro	Función	Rango	Unidades	Guardado	Por Defecto**
S39	Estado de las opciones del mapeo de bits con Control de Flujo	-	-	-	3
S40	Estado de las opciones generales del mapeo de bits	-	-	*	104(68h)
S41	Estado de las opciones generales del mapeo de bits	-	-	*	195(C3h)
S42-S45	Reservado	-	-		-
S46	Control de compresión de datos	-	-	*	138
S48	Control de negociación V.42	-	-	*	7
S82	Control de break LAPM	-	-		128(40h)
S86	Código de Razón del Fallo de la Llamada	0-255	-		-
S91	Nivel de Atenuación de Transmisión PSTN	0-15	dBM		10(depende del país)
S92	Nivel de Atenuación de Transmisión del Fax	0-15	dBM		10(depende del país)
S95	Control de Mensajes de Códigos de Resultado	-	-	*	0

*** Los valores por defecto pueden cambiar de acuerdo a los requerimientos del país o del cliente**

BIBLIOGRAFIA

✦ AMP – Catálogos

✦ Cableado de Redes - www.paginasclick.com

✦ Cables Coaxiles y Fibras Opticas – Pirelli

✦ Centrales Digitales de Conmutación – Erikson 1989

✦ Coding and Information Theory – Hammning, Printence Hall 1980

✦ Comunicaciones de Datos y Redes de Información – Cura N, Universitas 1999

✦ Comunicaciones Digitales - Defays – Fornos, IEC 1982

✦ Comunicaciones Vía Satélite -. Impsat, 1983

✦ Conexiones RS232 – ea5cen@ea5vdr.es.eu

✦ El ABC de la Telefonía – Clark J C IATT 1986

✦ Equipos de Datos – Motorola Inc. 1995

✦ Estandares de Cableado – www.eveliux.com

✦ Fibras Opticas – Bibliografía Técnica de Siemens S.A.

✦ Fibras Opticas – www.frc.utn.edu.ar

✦ Introducción a la Teoría y Sistemas de Comunicación, Lathí B P, 1980

✦ La Telefonía Digital – Clark J C, IATT 1989

✦ Modems – Gonzalez de la Garza, Ed. Paraninfo

✦ NET CONNECT – Guías de Planificación e Instalación

✦ Proyecto VSAT para Cooperativas de Servicios – 1994

✦ Redes de Computadoras – Codificación de Datos 2001

✦ Redes de Fibra Optica – Kustra R

- Redes Satelitales – COMSAT, 1994

- RS 232 – www.euskalnet.net

- Sistemas de Comunicación, Latí B P, Mc Graw Hill, 1998

- Sistemas de Comunicaciones – Connors, 1984

- Sistemas de Comunicaciones – Danizio P, Universitas 2003

- Sistemas de Comunicaciones – V. Sauchelli UTN

- Telecomunications System Enginnering– Freeman, R 1988

- Todo sobre Modems – www.iespana.es

- Tutorial de Modems – Chenn P, 1991

O t r o s   T í t u l o s   d e   e s t a   E d i t o r i a l

MATEMATICA

Algebra y Geometría. Molina-Gigena-Joaquin-Gomez- Vignoli.

Análisis Matemático I. Azpilicueta-Gigena-Joaquin-Molina-Cabrera.

Matemática I para Ciencias Naturales. Vera de Payer - Molina - Gigena - Ludueña Almeida.

Algebra Lineal. Elizabeth Vera de Payer.

Introducción a la Matemática. Azpilicueta-Gigena-Molina-Gómez. (En preparación)

Análisis Matemático II. Gigena - Binia - Joaquín - Cabrera - Abud 2° Ed. (En preparación)

FISICA Y QUIMICA

Notas de Química General. P. Carranza - S. Faillaci.

Física I. G. V. Morelli. (En preparación)

Física II. Electromagnetismo. G. V. Morelli.

Física III. G. V. Morelli. (En preparación)

Calor y Termodinámica. G. V. Morelli. (En preparación)

Mecánica. G. V. Morelli. (En preparación)

Termotransferencia. F. Arenas.

Termodinamica Técnica. F. Arenas

DISEÑO

Representación Gráfica I. O. Maligno y otros.

INGENIERIA E INFORMATICA

Algoritmos y Estructuras de Datos. Valerio Fritelli.

Aprenda Lenguaje ANSI C. J. García.

Aprenda C++. J. García.

Lenguaje C++. K. Barclay.

Aprenda Java. J. García.

Aprenda Visual Basic. J. García.

Sistemas Operativos. Norberto Cura.

Comunicaciones. J. Galoppo - C. Montaña Mansur.

Redes de Información. C. Sánchez-J. Galoppo. 3° Edición.

Introducción a Sistemas de Control. Víctor H. Sauchelli. 4° Edición.

Sistemas Celulares de Comunicaciones Móviles. J. Galoppo.

Métodos Numéricos. Rosendo Gil Montero.

Res. de Prob. con Matlab. Métodos Numéricos. R. Gil Montero.

Res. Prob. con Matlab. Sistemas de Control. V. Garrone.

Guía de Introducción a Matlab. J. García - J. Rodriguez.

Resolución de Problemas con C++. Rosendo Gil Montero.

Comunicaciones de Datos y Redes de Información. Norberto Cura (2 Tomos).

Comunicaciones Digitales. Clark – Villarreal – Miralles.

ADSL - Asymetric Digital Subscriber Line. Norberto Cura.

Economía para Ingenieros. E. Masciarelli. (En preparación).

Problemas Resueltos de Economía. E. Masciarelli.

Gestión de la Calidad. Carlos Boero. 2° Edición.

Organización Industrial. C. Boero.

INGENIERIA INDUSTRIAL

Gestión de Abastecimiento. Carlos Boero.

Costos Industriales. C. Boero.

Evaluación de Proyectos. C. Boero.

Mantenimiento Industrial. C. Boero.

Introducción a la Logística. C. Boero.

Gestión de Mantenimiento. L. Torres.

Mercadotecnia. M. Gómez - G. Gimenez.

Costos Industriales. F. Antón - O. Giovannini.

Recursos Humanos. M. Gomez - G. Gimenez.

Planificación y Control de la Producción. F. Antón - O. Giovannini.

ELECTRONICA Y COMUNICACIONES

Análisis Conjunto Tiempo-Frecuencia. E. Vera de Payer.

Análisis de Sistemas Lineales mediante Gráficos de Flujo de Señal. Eduardo Díaz.

Dispositivos Electrónicos. Carlos Chaer.

Elementos de Diseño Electrónico en Radiofreciencias. Gustavo Carranza.

Elementos de Prog. en C++ para Electrónicos. E. Destéfanis.

Fibras Ópticas. Hugo Grazzini.

Fuentes Conmutadas. Juan Carlos Floriani.

Mediciones Electrónicas. Hugo Grazzini.

Sistemas de Control Digitales. V. Sauchelli.

Sistemas de Control No Lineales. V. Sauchelli.

Teoría de la Información y Codificación. V. Sauchelli.

Teoría de las Comunicaciones. Pedro Danizio.

Teoría de Señales y Sistemas Lineales. V. Sauchelli.

Teoría de Señales. E. Vera de Payer.

Teoría Moderna de Filtros con Matlab. Walter Monsberger.

AERONAUTICA

El Avión. Calidad del equilibrio, control y estabilidad dinámica. José A. Sirena.

Dinámica de los Gases. J. Tamagno - 2008.

MECANICA – ELECTRICIDAD

Sistemas de Puesta a Tierra. Juan Carlos Arcioni.

Mediciones en Alta Tensión. Alberto Torresi.

Sobretensiones. Alberto Torresi.

El Campo Eléctrico en Alta Tensión. Alberto Torresi.

Las descargas atmosféficas en las Líneas de Transmisión Eléctrica. Alberto Torresi – 2008.

INGENIERIA CIVIL

Estabilidad. Saleme - Weber.

Introducción a la Teoría de la Elasticidad. Godoy-Pratto-Flores.

Estructuras Metálicas. Gabriel Troglia.

Proyectos, Dirección de Obras y Valuaciones. A. Armesto.

Ejercicios de Sistemas Planos de Alma Llena. Juan Weber

Lluvias de Diseño. G. Caamaño Nelli - C. Dasso.

Proyecto y Arq. de las Instalaciones Eléctricas. R. Levy.

Gestión, regulación y Control de Servicios Públicos. FCEFyN-UNC.

Congreso Internacional de Servicios Públicos. FCEFyN-UNC.

BIOINGENIERIA

Seguridad y Normalización en Instalaciones Eléctricas Hospitalarias. R. Taborda.

Diagnóstico por Imágenes. M. Malamud.

La presente edición de
Comunicaciones Digitales - se terminó
de imprimir en Universitas en el
mes de mayo de 2020.

Impreso en Argentina

UNIVERSITAS
Editorial Científica Universitaria
CÓRDOBA

www.ingramcontent.com/pod-product-compliance
Lightning Source LLC
Chambersburg PA
CBHW081337160726
48000CB00010B/3127